北大社"十三五"高等教育规划教材
高等院校电气信息类专业"互联网+"创新规划教材

C#面向对象程序设计及实践教程

（第2版）

主　编　唐　燕
副主编　韩爱庆　王　丽

内容简介

本书共分12章，主要内容为：C#语言概述，C#语法基础，类，继承和多态，接口、委托和事件，集合和泛型，异常处理，Windows应用程序及常用控件，图形图像编程，文件和流，C#数据库编程及C# Web应用程序基础。本书提供了丰富的实例代码，并在部分章节精心安排了一个与该章内容相关、与实际开发紧密结合的案例，通过案例介绍，并结合大量实例，层层深入，讲解相关知识点。

本书为读者免费提供全方位的免费教学及学习资料，包括电子课件、全书代码、视频讲解、扩展资料、习题答案，读者可以通过扫描书中所附二维码或上网下载获得。

本书既可作为高等院校计算机、信息管理等相关专业的教学用书，也可作为工程技术人员的参考用书。

图书在版编目(CIP)数据

C#面向对象程序设计及实践教程 / 唐燕主编. —2版. —北京：北京大学出版社，2017.6
（高等院校电气信息类专业“互联网+”创新规划教材）
ISBN 978-7-301-28263-2

Ⅰ. ①C… Ⅱ. ①唐… Ⅲ. ①C语言—程序设计—高等学校—教材 Ⅳ. ①TP312.8

中国版本图书馆CIP数据核字(2017)第095191号

书　　名　C#面向对象程序设计及实践教程(第2版)
　　　　　C# MIANXIANG DUIXIANG CHENGXU SHEJI JI SHIJIAN JIAOCHENG
著作责任者　唐　燕　主编
策 划 编 辑　郑　双
责 任 编 辑　李婷婷
数 字 编 辑　陈颖颖
标 准 书 号　ISBN 978-7-301-28263-2
出 版 发 行　北京大学出版社
地　　址　北京市海淀区成府路205号　100871
网　　址　http://www.pup.cn　新浪微博：@北京大学出版社
电 子 信 箱　pup_6@163.com
电　　话　邮购部010-62752015　发行部010-62750672　编辑部010-62750667
印 刷 者　大厂回族自治县彩虹印刷有限公司
经 销 者　新华书店
　　　　　787毫米×1092毫米　16开本　24印张　564千字
　　　　　2012年10月第1版
　　　　　2017年6月第2版　2022年1月第4次印刷
定　　价　54.00元

未经许可，不得以任何方式复制或抄袭本书之部分或全部内容。

版权所有，侵权必究

举报电话：010-62752024　电子信箱：fd@pup.pku.edu.cn

图书如有印装质量问题，请与出版部联系，电话：010-62756370

第 2 版前言

C#语言是 Microsoft 公司为推行.NET 战略而发布的一种先进的、简单的、面向对象的编程语言。在 Visual Studio .NET 框架下使用 C#语言，不仅可以编写 Windows 应用程序、数据库应用程序、Web 应用程序，还可以进行组件开发、多线程开发等。

C#语言是纯粹的面向对象语言，简单易学，只要有一些 C/C++/Java 程序设计基础，就可以快速上手；即使没有任何语言基础，也可以快速入门。因此，越来越多的高校选用 C#语言讲授面向对象程序设计课程。

本书编者都是长期在教学一线从事 C#程序设计课程教学工作的教师，有着丰富的教学经验和编程经验。编者力图从普通院校本科学生的实际出发，结合实际案例，深入浅出地对 C#语言基础及面向对象编程的理论、思想和方法进行讲解，使学生掌握 C#语言的基本语法，掌握面向对象的编程思想和良好的编程风格，为成长为一名高层次的计算机软件专业人才打下坚实的基础。

本书第 1 版自 2012 年出版后，多次印刷，被多个高校作为教材选用，受到许多读者的好评。编者在此感谢广大读者的厚爱！

经过多轮教学实践，编者对本书第 1 版的部分内容进行了调整，使得教学内容更加合理，将本书全面升级为立体教材，为各章节的重点、难点等知识点录制讲解视频；提供全新的各章演示文稿(PPT)和调试过的实例程序代码。

本书共分 12 章内容：第 1 章介绍 C#语言概述，第 2 章介绍 C#语法基础，第 3 章介绍类，第 4 章介绍继承和多态，第 5 章介绍接口、委托和事件，第 6 章介绍集合和泛型，第 7 章介绍异常处理，第 8 章介绍 Windows 应用程序及常用控件，第 9 章介绍图形图像编程，第 10 章介绍文件和流，第 11 章介绍 C#数据库编程，第 12 章介绍 C# Web 应用程序基础。

与同类教材相比，本书具有以下特色：

(1) 内容难易适中。市面上的同类教材，有些是高职高专教材，对于本科生来说，内容过于简单；有些是针对有一定编程经验的程序员编写的，内容较深，非常全面，章节较多，不适合本科生的教学。本书在内容安排上难易适中，讲解最基本的、最常用的编程技术，有效避免这两种情况，是一本真正适合应用型本科专业的 C#面向对象程序设计课程的教材。

(2) 案例学习。本书除了有丰富的实例代码外，每章都安排了一个实际应用案例，通过使用该章所学知识完成项目，不但加深了对所学内容的理解，而且可以逐步掌握面向对象的编程思想和良好的编程风格，实现了理论知识与实践能力的无缝结合。

(3) 丰富的课后习题和解答。每章最后精编了课后习题，供读者进一步巩固所学知识。

(4) 视频讲解。编者为各个章节的难点、重点内容录制了讲解视频，帮助读者更好地理解内容。

(5) 二维码扫描。各章节的视频、习题答案等资料通过手机扫描二维码即可观看、获取。

对于初学者，建议从第1章按顺序系统地学习各个章节的内容，对于已学习过C#语言基础知识的读者，可挑选其中的某些章节学习。在本科教学中可安排72学时，建议以每周4学时的进度进行，18周可完成，每章结束时做适当的小结和复习。

本书由北京中医药大学的唐燕担任主编，韩爱庆、王丽担任副主编，其中第1章、第2章和第3章由王丽老师编写，第4章、第5章、第7章和第8章由韩爱庆老师编写，其余章节由唐燕老师编写。本书由唐燕、韩爱庆老师统稿。

在此，感谢北京大学出版社为本书提供全新的二维码扫描技术，感谢郑双等编辑人员对本书认真细致的审稿。编者在编写本书的过程中，查阅参考了大量的资料，真诚地感谢这些资料的作者们无私的奉献。编写本书花费了大量的时间，感谢家人对我们工作的理解和支持！

教学演示文稿(PPT)和所有实例代码下载网址：http://www.pup6.cn。

由于编者水平有限，加之时间仓促，不足之处在所难免，敬请读者指正，以激励我们继续为广大读者编写更加优秀的教材。编者电子邮箱为tangyan97_1017@sina.com。

编　者

2017年2月

【资源索引】

目　　录

C#语言概述

【本章代码】

教学目标

- 了解.NET Framework 的构成。
- 了解 C#的概念及特点。
- 了解 Visual Studio 2013 开发环境。
- 掌握用 C#创建简单的控制台应用程序的方法。
- 掌握 C#应用程序的基本结构。
- 掌握 C#程序的基本调试方法。

1.1 C#语言和.NET平台简介

1.1.1 .NET Framework 概述

.NET 是 Microsoft 公司创建的适合网络编程和网络服务的开发平台。平台内部封装了大量的应用程序接口(API)函数，通过这些函数可以开发各类 Windows 应用程序，同时它支持标准的 Internet 协议，可以实现应用程序在不同平台上的交互。

.NET 的核心是.NET Framework，又称.NET 框架，它提供了建立和运行.NET 应用程序所需要的编辑、编译等核心服务。

.NET Framework 具有两个主要组件：公共语言运行时(Common Language Runtime，CLR)和 .NET Framework 类库。CLR 是.NET Framework 的基础，它提供了程序代码可以跨平台运行的机制。CLR 可以被看作一个在执行时管理代码的代理，它提供内存管理、线程管理和远程处理等核心服务，并且还强制实施严格的类型安全以及可提高安全性和可靠性的其他形式的代码准确性。.NET Framework 的另一个主要组件是类库，它提供了一个可以被多种.NET 编程语言调用的、与 CLR 紧密集成的面向对象的可重用类型集合，通过基础类库可以开发多种应用程序，这些应用程序包括传统的命令行或图形用户界面(Graphical User Interface，GUI)应用程序，也包括基于 ASP.NET 所提供的最新创新的应用程序(如 Web 窗体和 XML Web Services)。

.NET Framework 可以实现以下的功能：

(1) 提供一个一致的面向对象的编程环境，而无论对象代码是在本地存储和执行，还是在本地执行但在 Internet 上分布，或者是在远程执行的。

(2) 提供一个将软件部署和版本控制冲突最小化的代码执行环境。

(3) 提供一个可提高代码(包括由未知的或不完全受信任的第三方创建的代码)执行安全性的代码执行环境。

(4) 提供一个可消除脚本环境或解释环境的性能问题的代码执行环境。

(5) 使开发人员的经验在面对类型大不相同的应用程序(如基于 Windows 的应用程序和基于 Web 的应用程序)时保持一致。

(6) 按照工业标准生成所有通信，以确保基于 .NET Framework 的代码可与任何其他代码集成。

1.1.2 C#语言

C#(C Sharp)是 Microsoft 公司在 2000 年 6 月发布的一种简洁、类型安全的面向对象的语言，开发人员可以使用它来构建在 .NET Framework 上运行的各种安全、可靠的应用程序。C#继承了 C 语言的语法风格，同时又继承了 C++的面向对象特性。不同的是，C#的对象模型已经面向 Internet 进行了重新设计，使用的是.NET 框架的类库；C#不再提供对指针类型的支持，使得程序不能随便访问内存地址空间，从而更加健壮；C#不再支持多重继承，避免了以往类层次结构中由于多重继承带来的可怕后果。.NET 框架为 C#提供了一个强大的、易用的、逻辑结构一致的程序设计环境。同时，CLR

为 C#程序语言提供了一个托管的运行时环境，使程序比以往更加稳定、安全。其特点如下：

(1) 语言简洁。

(2) 保留了 C++的强大功能。

(3) 快速应用开发功能。

(4) 语言的自由性。

(5) 强大的 Web 服务器控件。

(6) 支持跨平台。

(7) 与 XML 相融合。

C#语言是 Microsoft 专门为.NET 平台而设计的一种语言，它能够使用.NET Framework 代码库提供的每种功能。使用 C#语言编写的常见应用程序的类型如下：

(1) Windows 客户端应用程序。

(2) XML Web Services 程序。

(3) 分布式组件。

(4) 客户端/服务器应用程序。

(5) 数据库应用程序等。

1.2 Visual Studio 2013 开发环境

Microsoft Visual Studio(简称 VS)是 Microsoft 公司开发工具包系列产品。Microsoft Visual Studio 是一个基本完整的开发工具集，包括了整个软件生命周期中所需要的大部分工具，如 UML 工具、代码管控工具、集成开发环境(Integrated Development Environment，IDE)等。Visual Studio 从 1998 年的 Visual Studio 6.0 到目前为止，无论是在界面方面还是在功能上都有了显著的不同和改进。

Visual Studio Community 2013 是一款免费、功能齐全的 IDE，提供适用于 Windows、iOS 和 Android 的强大的编码工作效率功能和跨平台移动开发工具，以及数千个扩展的访问权限。开发非企业应用程序时，可以在其公司网站上免费获得此版本的 Visual Studio 和 Visual Studio 2013 语言包。

1.2.1 Visual Studio 2013 的新特性

Visual Studio 2013 新增了代码信息指示(Code Information Indicators)、团队工作室(Team Room)、身份识别、.NET 内存转储分析仪、敏捷开发项目模板、Git 支持以及更强力的单元测试支持。其在功能上的改进和增加主要体现在以下几个方面：

1. 支持 Windows 8.1 App 开发

Visual Studio 2013 支持在 Windows 8.1 预览版中开发 Windows 应用商店应用程序，具体表现在：①对工具、控件和模板进行了许多更新；②对于 XAML 应用程序支持新近提出的编码 UI 测试；③用于 XAML 和 HTML 应用程序的 UI 响应能力分析器和能耗探查器；④增强了用于 HTML 应用程序的内存探查工具；⑤改进了与 Windows 应用商店的集成。

2. 敏捷项目管理

Visual Studio 2013 提供敏捷项目管理(Agile Portfolio Management)，提高团队协作。TFS 2012 已经引入了敏捷项目管理功能，在 TFS 2013 中，该功能将得到进一步改进与完善(如 backlog 与 sprint)。TFS 将更擅长处理流程分解，为不同层级的人员提供不同粒度的视图 backlog，同时支持多个 Scrum 团队分开管理各自的用例 backlog，最后汇总到更高级的 backlog。

3. 版本控制

Visual Studio 一直在改进自身的版本控制功能，包括 Team Explorer 新增的 Connect 功能，可以帮助用户同时关注多个团队项目。

4. 轻量代码注释

与 VVS 高级版中的代码审查功能类似，Visual Studio 2013 可以通过网络进行简单的注释，即实现轻量代码注释(Lightweight Code Commenting)。

5. 编程过程中新增代码信息指示功能

在编程过程中，Visual Studio 2013 增强了提示功能，能在编码的同时监察错误，并通过多种指示器进行提示。此外，Visual Studio 2013 中还增加了内存诊断功能，对潜在的内存泄漏问题进行提示。

6. 测试方面的改进

Visual Studio 2013 中新增了测试用例管理功能，能够在不开启专业测试客户端的情况下对测试计划进行全面管理，包括通过网络创建或修改测试计划、套件以及共享步骤。

Visual Studio 2013 还有团队工作室、身份识别、.NET 内存转储分析仪、Git 支持等特性，团队合作作为 Visual Studio 2013 的一个重要的部分，结合 Windows Azure 云平台进行同步协作。

1.2.2 安装 Visual Studio 2013

在安装 Visual Studio 2013 版本时，要考虑系统硬件和软件环境需求，下面给出 Visual Studio Community 2013 安装环境需求：

(1) CPU：1.6 GHz 或以上。

(2) 内存：1 GB 的 RAM(如果在虚拟机上运行，则为 1.5 GB)。

(3) 硬盘：20 GB 可用硬盘空间。

(4) 硬盘驱动：5400 RPM 硬盘驱动器。

(5) 显卡：以 1024 像素×768 像素或更高的显示分辨率运行的支持 DirectX 9 的视频卡。

(6) 操作系统：Windows Server 2008 R2 SP1(x64)、Windows Server 2012(x64)、Windows Server 2012(x64)、Windows 7 SP1(x86 和 x64)、Windows 8(x86 和 x64)、Windows 8.1(x86 和 x64)。

(7) IE 浏览器：IE 10 或以上版本。

在 Microsoft 的官方网站中提供了 Visual Studio 2013 的多种版本，在本书中以“Visual Studio Community 2013”为例进行演示。

第一步：下载 Visual Studio Community 2013 的安装文件，选择“vs_community.exe”程序并双击，运行安装程序，如图 1.1 所示。

图 1.1　运行 Visual Studio Community 2013 安装程序界面

第二步：单击“运行”按钮，进入 Visual Studio Community 2013 安装向导的界面，如图 1.2 所示。

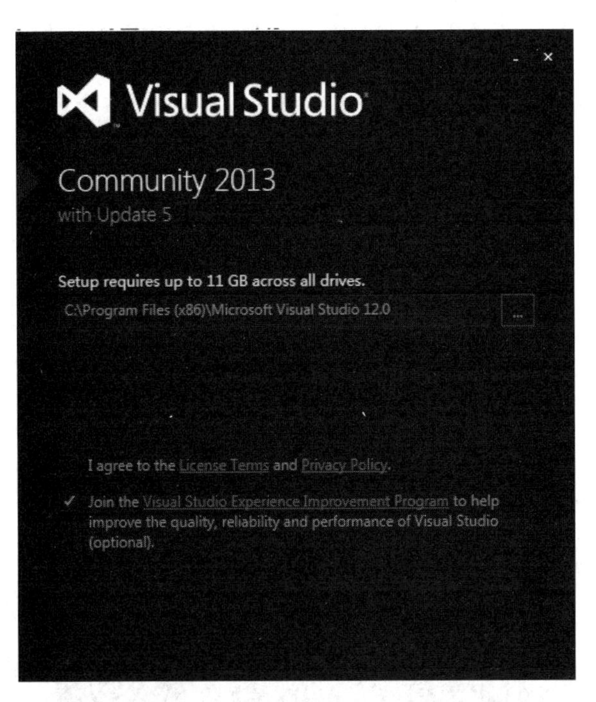

图 1.2　Visual Studio Community 2013 安装向导

第三步：选择安装路径，并勾选“I agree to the License Terms and Privacy Policy”复选框，单击“Next”按钮，如图 1.3 所示。

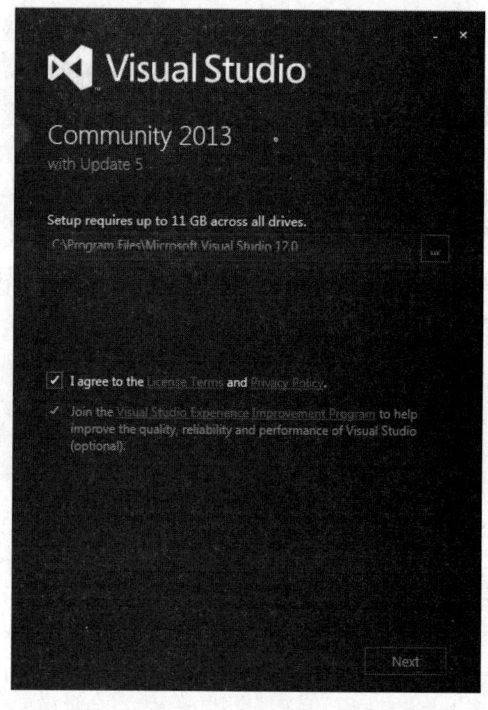

图 1.3 Visual Studio Community 2013 安装程序——选择安装路径

第四步：进入图 1.4 所示的界面，在选择安装的可选功能里，把鼠标指针移动到选项上会显示各个功能的详细描述，可以根据自己需要勾选相关复选框，也可以默认勾选全部复选框，单击“INSTALL”按钮进行安装。

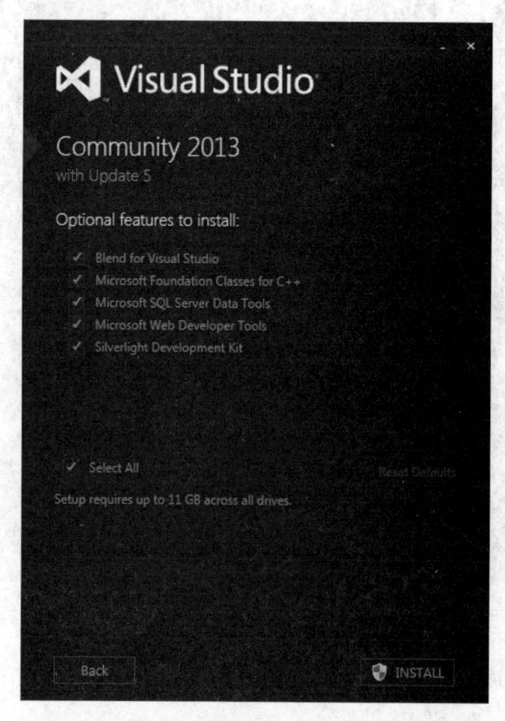

图 1.4 Visual Studio Community 2013 安装程序——选项界面

第五步：进入图 1.5 所示的安装界面开始安装，等待几十分钟后安装完成。

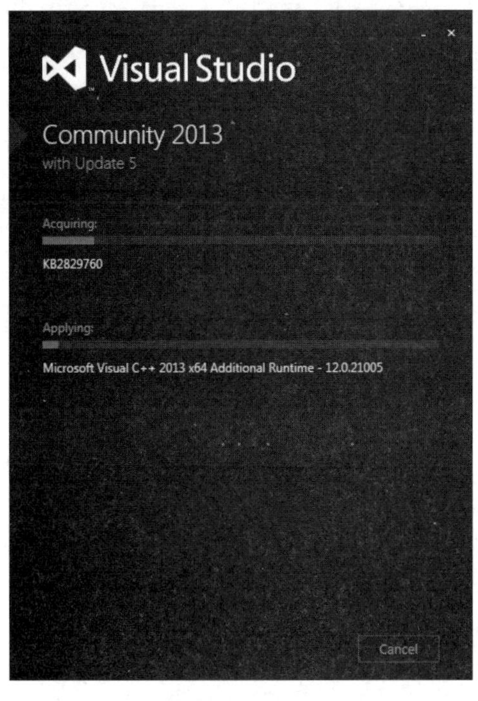

图 1.5　Visual Studio Community 2013 安装程序——安装界面

第六步：安装完成后会显示图 1.6 所示的完成界面，表明 Visual Studio Community 2013 安装成功，单击“Restart Now”按钮重新启动系统。

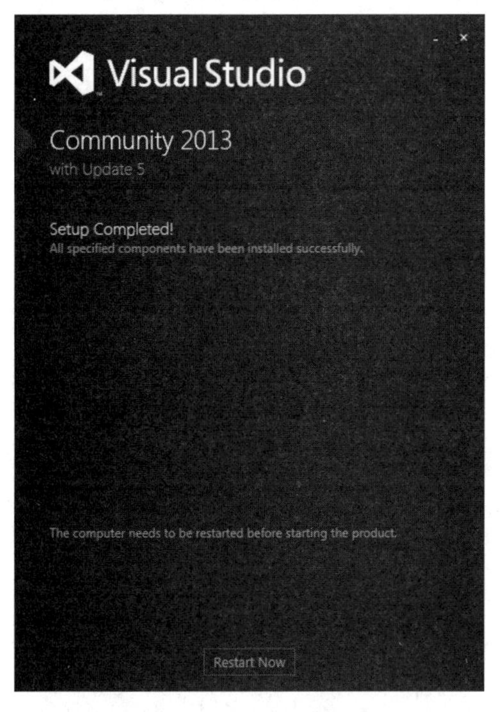

图 1.6　Visual Studio Community 2013 安装程序——完成界面

在Microsoft的官方网站中还提供了Visual Studio 2013的语言包，可以选择下载安装。Visual Studio 2013语言包是一个免费的加载项，可用于切换Visual Studio用户界面中显示的语言。

第一次运行Visual Studio Community 2013还需要进行一些基本配置。由于Visual Studio 2013引入了一种联网IDE体验，可以使用Microsoft的账户登录，自动采用联网IDE体验的设备上的同步设置，包括快捷键、Visual Studio外观(主题、字体等)各种类别同步的设置，如图1.7所示。如果需要注册或者登录可以单击“登录”按钮，否则选择下面的“以后再说”选项，进入图1.8所示的界面。在图1.8所示的界面中设置“开发设置”和“颜色主题”，单击“启动Visual Studio”按钮，进入图1.9所示页面，等待几分钟后就可以进入Visual Studio 2013，如图1.10所示。

图1.7　Visual Studio 2013第一次登录起始页

图1.8　选择开发设置和颜色主题

图 1.9　等待系统配置

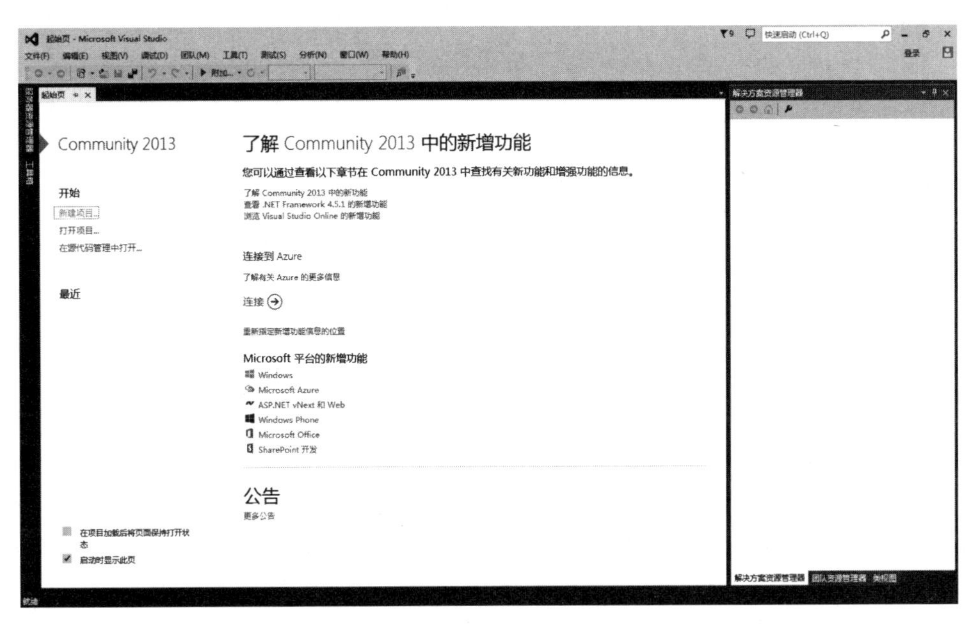

图 1.10　进入 Visual Studio Communit 2013 界面

1.2.3　认识 Visual Studio IDE

Visual Studio 2013 是一个自动化的集成开发环境，如图 1.11 所示。在使用 Visual Studio 2013 开发程序之前，通过一个窗体应用程序框架先认识一下 Visual Studio 2013 集成开发环境。

在 Visual Studio 中编写代码时，需要打开 Visual Studio 解决方案，其中包括一个或多个 Visual Studio 项目。项目包含编译项目所需的不同的代码和其他文件。在图 1.11 右侧的解决方案资源管理器(Solution Explorer)中可以看到 Visual Studio 解决方案的结构。该解决方案的名称是 “WindowsFormsApplication1”，项目(紧接解决方案的下面)的名称是 “WindowsFormsApplication1”。开发者可以在解决方案和项目中找到有关项目的详细信息。

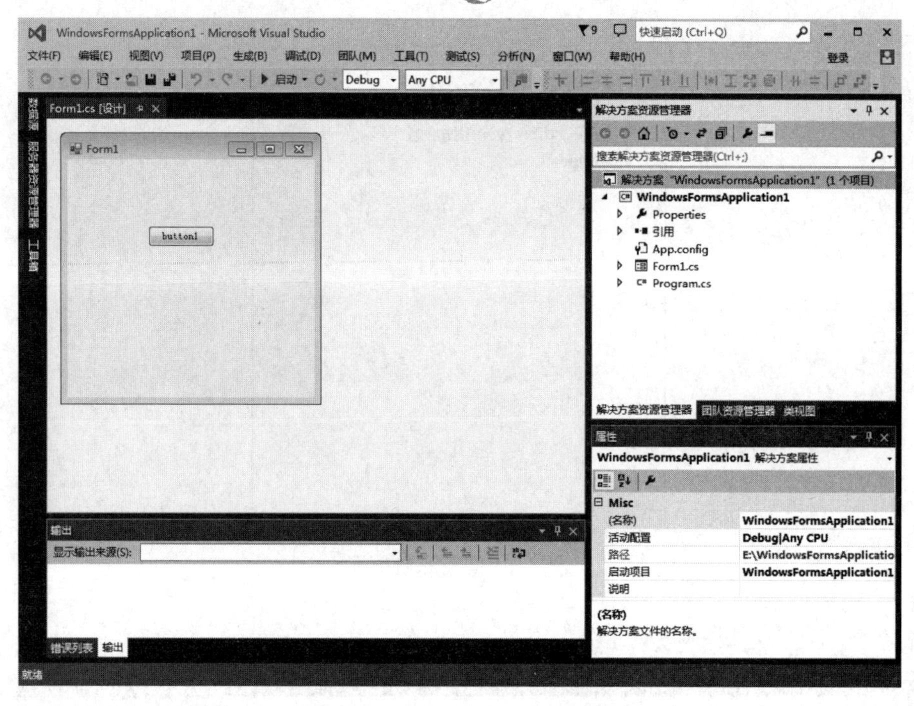

图 1.11　Visual Studio 2013 IDE

Visual Studio 提供了两类容器帮助用户有效地管理在开发工作中所需要的引用、数据连接、文件夹和文件等。这两类容器分别为解决方案(Solutions)和项目(Projects)。在 Visual Studio 中可以使用解决方案资源管理器查看和管理项目、解决方案以及其他关联文件。

1. 解决方案

解决方案包含创建应用程序所需要的文件。一个解决方案包括一个或多个项目，以及帮助定义整个解决方案的文件和元数据。新建一个项目时，Visual Studio 会自动生成一个解决方案，并将解决方案的定义存储在.sln 和.suo 两个文件中。解决方案的定义文件(.sln)存储了定义这个解决方案所需的元数据，包括：

(1) 与该解决方案相关的项目。

(2) 与某一指定项目无关的通用文件。

(3) 构建每种类型的项目都适用的配置文件。

每当解决方案活动时，都使用构建该解决方案并设置其属性时存储在 .suo 文件中的元数据来自定义 IDE。例如，如果启用了“杂项文件”选项，解决方案资源管理器就会显示解决方案的一个“杂项文件”文件夹，工具箱中适用于该解决方案中包含的项目类型的工具也变得可用。

2. 项目

项目用于解决方案管理，逻辑上生成和调试构成应用程序的项目。项目的输出通常是可执行程序(.exe)、动态链接库(.dll)文件或模块等。

Visual Studio 提供几个预定义的项目模板。可以使用这些模板创建基本项目，以及一组项目可能需要以开发应用程序时使用的数据源、选件类、控件或库。例如，如果选择创建 Windows 应用程序，则项目提供可自定义的 Windows 窗体项。同样，如果选择创建一个 Web 应用程序，则项目将提供一个 Web 窗体项。

1.2.4 在 Visual Studio 中自定义开发设置

在 Visual Studio 中，用户可以自定义字体、颜色、菜单、工具栏、窗口位置和键盘快捷键，也可以创建模板、使用外部工具和管理扩展。而自定义 Visual Studio 后可以与他人共享这些设置，甚至将所有设置全部还原为默认值。

在关闭并重新打开 Visual Studio 之后，之前所做的自定义设置仍会保留，因为它们会在文件中自动保存，并且还将应用于使用其他计算机登录的 Visual Studio 中。

【操作文本】

1. *在 Visual Studio 中更改字体和颜色*

在 Visual Studio 2013 中，可以使用多种方式来自定义 IDE 框架和工具窗口的颜色。

1）更改 IDE 的颜色主题

(1) 在菜单栏中选择“工具”→“选项”命令，打开“选项”对话框，如图 1.12 所示。

【操作视频】

(2) 在“选项”对话框的左侧列表中，选择“环境”→“常规”选项。

(3) 在“颜色主题”下拉列表中，选择“深”或“浅”选项，然后单击“确定”按钮。效果如图 1.13 所示。

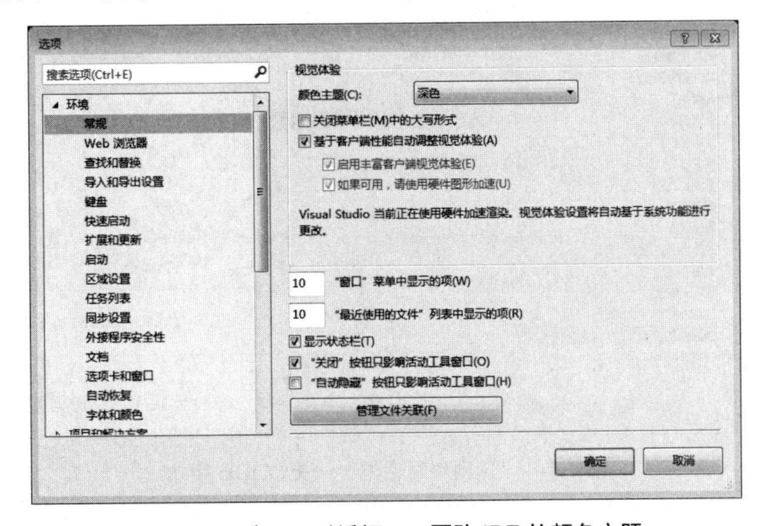

图 1.12 “选项”对话框——更改 IDE 的颜色主题

2）更改 IDE 字体

在 IDE 中可以更改所有窗口和对话框的字体和文本大小，也可以选择只自定义某些窗口和其他文本元素，方法如下。

(1) 在菜单栏中选择“工具”→“选项”命令，打开“选项”对话框。

(2) 在“选项”对话框的左侧列表中，选择“环境”→“字体和颜色”选项。

(3) 在“显示其设置”下拉列表中，选择“环境字体”选项。

(4) 在“字体”下拉列表中，选择字体。在“大小”下拉列表中，选择文本大小，然后单击“确定”按钮，如图 1.14 所示。

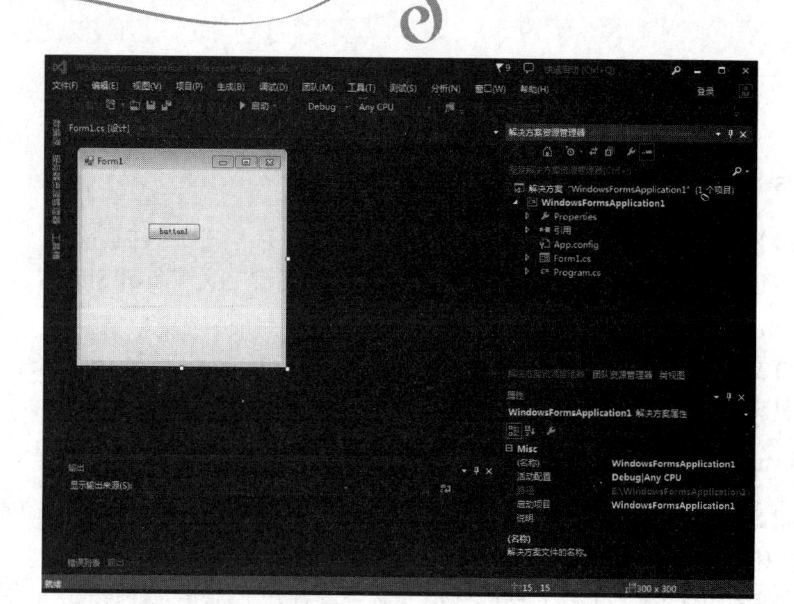

图 1.13　改变窗口的颜色

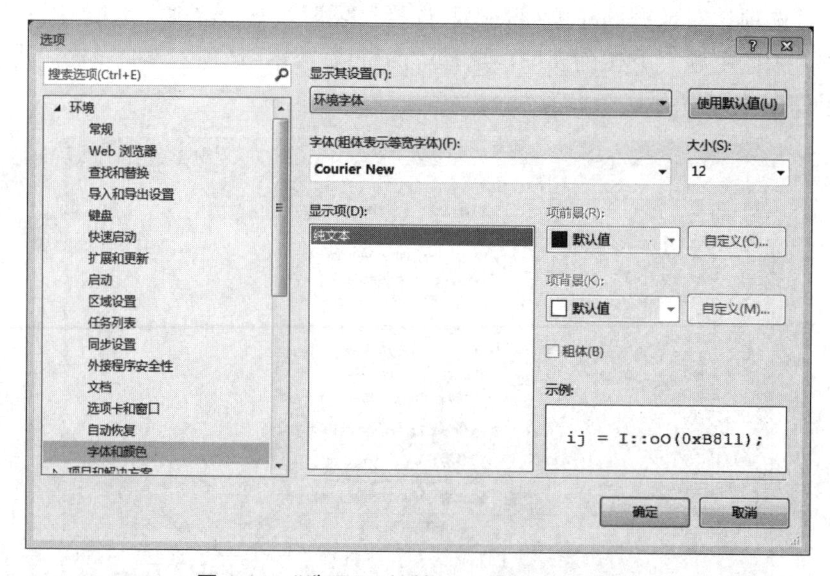

图 1.14　“选项”对话框——更改 IDE 字体

注意

如果仅更改工具窗口的字体，则在“显示其设置”下拉列表中，选择“所有文本工具窗口”选项。

2. 自定义菜单和工具栏

在自定义 Visual Studio 时，不仅可以添加、移除工具栏及菜单栏中的菜单，还可以添加、移除与任何给定工具栏或菜单有关的命令。

1）添加、移除或移动菜单栏中的菜单

在菜单栏中，选择“工具”→“自定义”命令，此时将打开“自定义”对话框。在“命令”选项卡中，选中“菜单栏”单选按钮，然后在该选项旁的下拉列表中选择“菜单栏”选项，如图 1.15 所示，然后执行下列步骤：

(1) 若要添加菜单，可单击“添加新菜单”按钮，然后命名要添加的菜单。

(2) 若要移除菜单，可在“控件”列表中选择该菜单，然后单击“删除”按钮。

(3) 若要移除菜单栏内的菜单，可在“控件”列表中选择该菜单，然后单击“上移”或“移”按钮。

图 1.15　“自定义”对话框——添加、移除或移动菜单栏中的菜单

2) 添加、移除或移动工具栏

在菜单栏中选择“工具”→“自定义”命令，打开“自定义”对话框。在“工具栏”选项卡中，执行下面一组步骤，如图 1.16 所示。

(1) 若要添加工具栏，可单击“新建”按钮，指定要添加的工具栏的名称，然后单击“确定”按钮。

(2) 若要移除自定义工具栏，可在“控件”列表中选择该工具栏，然后单击“删除”按钮。

注意

用户可以删除自己创建的工具栏，但无法删除默认的工具栏。

(3) 若要将工具栏移动到其他停靠位置，可在“工具栏”列表中选择该工具栏，单击“修改所选内容”按钮，然后在随后显示的列表中选择一个位置。也可以拖动工具栏的左边缘，将其移动到主停靠区域内的任何位置。

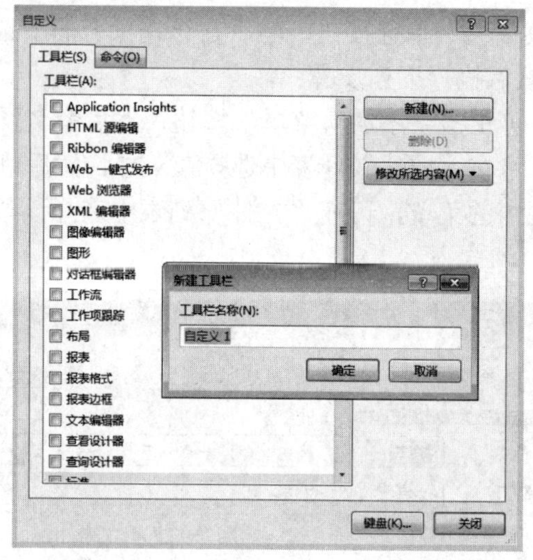

图 1.16 “自定义”对话框——添加、移除或移动工具栏

3) 自定义菜单或工具栏

在菜单栏中选择“工具”→“自定义”命令，打开“自定义”对话框。在“命令”选项卡中，选择要自定义的元素类型的选项按钮。在该类型元素的列表中，选择要自定义的菜单或工具栏，然后执行下面一组步骤：

(1) 若要添加命令，可单击“添加命令”按钮。在打开的“添加命令”对话框中，选择“类别”列表中的项，选择“命令”列表中的项，然后单击“确定”按钮。

(2) 若要删除命令，可在“控件”列表中选择该命令，然后单击“删除”按钮。

(3) 若要重新排序命令，可在“控件”列表中选择一个命令，然后单击“上移”或“下移”按钮。

(4) 若要将命令分组，可在“控件”列表中选择一个命令，单击“修改所选内容”按钮，然后在显示的菜单中选择“开始一组”选项。

4) 重置菜单或工具栏

(1) 在菜单栏中选择“工具”→“自定义”命令，打开“自定义”对话框。

(2) 在“命令”选项卡中，选择要重置的元素类型的选项按钮。

(3) 在该元素类型的列表中，选择要重置的菜单或工具栏。

(4) 单击“修改所选内容”按钮，然后在显示的菜单中选择“重置”选项。也可以单击“全部重置”按钮，从而重置所有菜单和工具栏。

注意

在自定义工具栏或菜单后，确保在“自定义”对话框继续选中其复选框。否则，在关闭并重新打开 Visual Studio 之后，之前所做的更改将不会保留。

3. 在编辑器中显示行号

在 Visual Studio 2013 中可以在代码中显示或隐藏行号，具体操作步骤如下。

(1) 在菜单栏中选择“工具”→“选项”命令。

(2) 展开“文本编辑器”节点，然后选择正在使用的语言对应的节点，或选择“所有语言”，在所有语言中启用行号。在图 1.17 中以 C#语言为例。或者，也可以在“快速启动”框中输入行号。

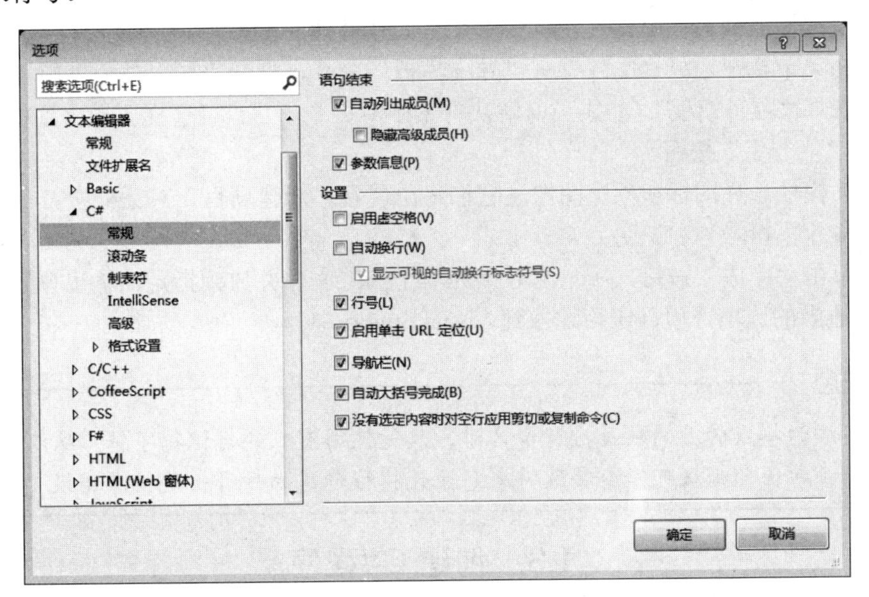

图 1.17　设置在代码中显示或隐藏行号

注意

行号并未添加到代码中，它们仅供参考使用。如果要打印行号，需要在“打印”对话框中勾选 “包括行号”复选框。

4. 在 Visual Studio 中创建项目模板

在安装 Visual Studio 时会安装许多预定义的项目模板和项模板。“新建项目”对话框中提供的 Visual Basic 和 Visual C# Windows 窗体应用程序模板和类库模板都是项目模板。已安装的项模板在“添加新项”对话框中提供，其中包括 XML 文件、HTML 页和样式表等项。

这些模板为用户开始创建项目或扩展当前项目提供了一个起点。项目模板提供特定项目类型所需的文件(包括标准程序集引用)，并且设置默认项目属性和编译器选项。项模板可能具有不同的复杂程度，简单的可能只是一个具有正确文件扩展名的空文件，复杂的则可能是包含源代码文件(带有存根代码)、设计器信息文件以及嵌入资源等内容的多文件项。

所有项目模板和项模板，不管是与 Visual Studio 一起安装的还是用户自己创建的，都遵循相同的工作原理并由同样的内容组成。所有模板都包含下列各项：

(1) 使用模板时要创建的文件。这包括源代码文件、嵌入资源以及项目文件等。

(2) 一个 .vstemplate 文件。此文件包含为 Visual Studio 提供必需信息的一些元数据，有了这些信息，vsprvs 才能在“新建项目”对话框和“添加新项”对话框中显示模板并从模板创建项目或项。

将这些文件压缩为一个 .zip 文件并放在正确的文件夹中时，Visual Studio 会自动在“新建项目”对话框和“添加新项”对话框的“我的模板”部分显示这些文件。

下面给出使用标准导出模板向导创建自定义项目模板的过程。

(1) 创建一个项目。

(2) 编辑该项目，直至其可以作为模板导出为止。

(3) 根据需要编辑代码文件，以指示发生参数替换的位置。

(4) 在菜单栏中选择“文件”→“导出模板”命令，打开“导出模板”向导。

(5) 选择“项目模板”。如果当前解决方案中有多个项目，可选择要导出到模板中的项目，单击“下一步”按钮。

(6) 为模板选择图标和预览图像。它们将出现在“新建项目”对话框中。

(7) 输入模板名称和说明。

(8) 单击“完成”按钮，项目将导出为一个.zip 文件并放到指定的输出位置。而且，如果选择适当的选项，项目还会导入到 Visual Studio 中。

注意

对将成为模板的源的项目进行命名时，只能使用有效的标识符字符。从以无效字符命名的项目导出的模板可能会导致将来基于此模板创建的项目出现编译错误。

1.3 创建 C#程序

1.3.1 创建控制台应用程序

【操作视频】

下面开始使用 Visual Studio 2013 创建第一个控制台应用程序，然后通过这个简单的程序介绍控制台应用程序的基本结构和关键特性。在本书的后续章节中将大量使用这种类型的程序。

(1) 启动 Visual Studio 2013 后，在菜单栏中选择“文件”→“新建”命令，在打开的界面中选择“项目”选项，然后会出现“新建项目”对话框，如图 1.18 所示。

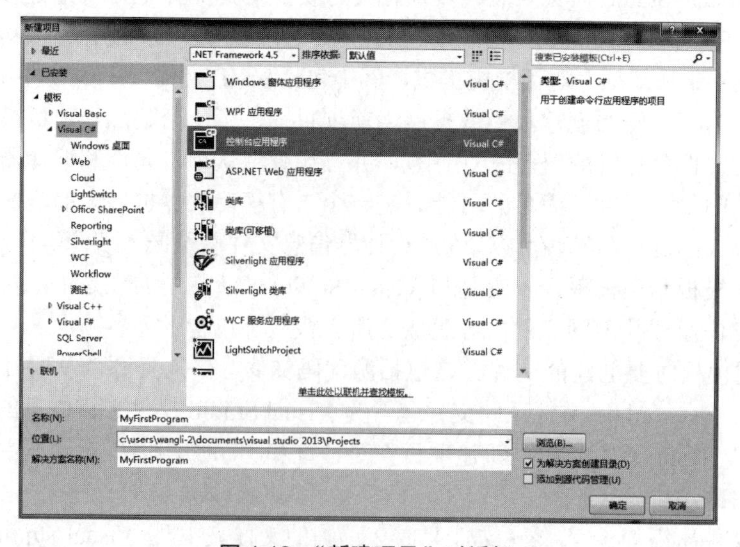

图 1.18 “新建项目”对话框

(2) 在“新建项目”对话框的左侧列表中选择“模板”→“Visual C#”选项，然后在中间的窗格中选择“控制台应用程序”选项，在下方的“名称”文本框中输入项目名称，在“位置”文本框中可以更改目录。单击“确定”按钮，出现图 1.19 所示界面。

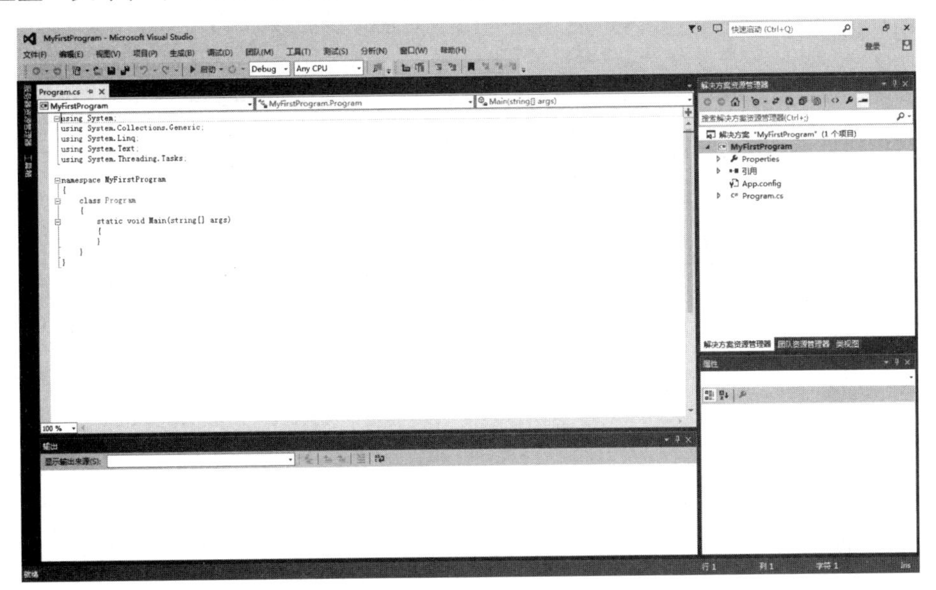

图 1.19　创建控制台应用程序

(3) 在 Main 方法的花括号中输入以下代码：

```
//输出字符串
Console.WriteLine("Welcome to C# Programming");
```

(4) 单击标准工具栏中的“保存”按钮，保存文件。

(5) 选择“调试”→“启动调试”命令，或单击标准工具栏的启动调试按钮，或按 F5 键，调试程序；使用 Ctrl+F5 组合键或者选择“调试”→“开始执行(不调试)”命令运行程序。

(6) 显示运行结果，如图 1.20 所示，可以按任意键返回开发环境。

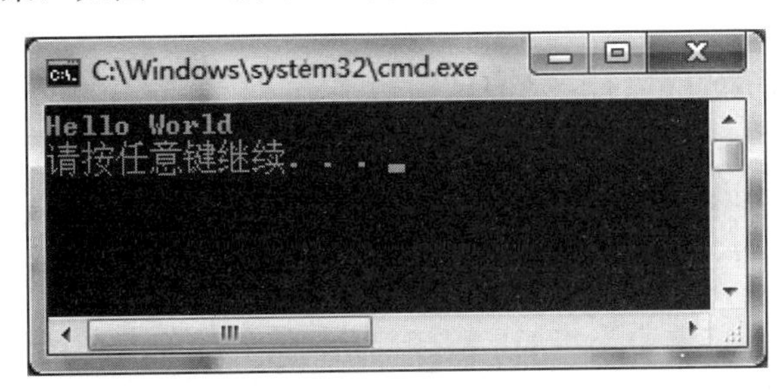

图 1.20　HelloWorld 程序运行结果

(7) 如果在输入的过程中，程序有错误，系统会在有错误的位置将错误用红色波浪线标注出来。运行有错误的程序时，系统会给出警告，如图 1.21 所示。单击“否”按钮以后，在程序编辑窗口的下方会出现错误列表。如图 1.22 所示。在错误列表中会列出错误出现的位置，以及对错误的描述。(本例中的错误是在 13 行缺少分号“;”)

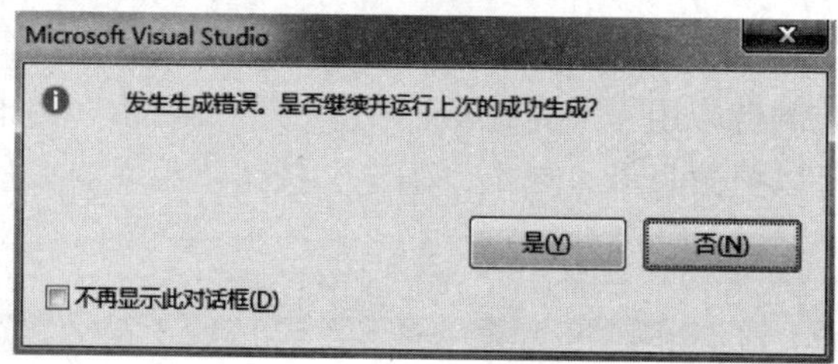

图 1.21　程序运行警告

图 1.22　错误列表

注意

如果运行程序时出现运行窗口出现后立即消失的情况，可以在语句后面增加一条语句“Console.ReadLine();”，这样在运行程序后可以按 Enter 键结束运行；也可以使用 Ctrl+F5 组合键运行程序。

1.3.2　C# 程序基本结构

C#语言是一种块结构的语言，所有的语句都包含在一个语句块中，语句块通过花括号“{}”来界定。在一个程序块中可以包含多条语句，也可以不包含语句。

下面以“HelloWorld”程序为例，介绍C#程序的基本结构。

1. 命名空间

C#程序可以由一个或多个类组成，程序都是封装在某个类中的。在程序中需要声明类型，类型包括成员并能够被组织到命名空间中。System 是.NET Frameworks 库提供的命名空间，关键字 System 是 C#的关键字，表示要引用这个命名空间。关键字 namespace 声明了与类相关的命名空间，它后面的花括号中的所有代码都认为是在这个命名空间中。

```
using System;
using System.Collections.Generic;
```

```
using System.Linq;
using System.Text;
namespace HelloWorld
{    }
```

在 Visual Studio 2013 中默认使用项目名称作为顶级命名空间。运行程序时，编译器会在 using 指定的命名空间中查找在代码中引用的类。

命名空间的作用在大规模的程序代码中会显现出来。如果在一个庞大复杂的程序中有多个方法多个类时，势必会有很多的名称，极有可能出现名称冲突的情况，利用命名空间可以很好地解决这个问题。它相当于为标识符创建一个有标签的容器，如果同名的两个类处于不同的命名空间中，那么它们就不会出现混淆。

注意

在大量程序中，都需要使用 System.Console 类库中 WriteLine 和 ReadLine 方法，通过使用 using System 指令可以允许简写 Console 类。System 命令空间中的类会在程序中经常被使用，所以这些代码文件都包含“using System;”语句。

2. 声明类

在声明了命名空间后，需要声明一个类。在“HelloWorld”程序中，Program 类位于 HelloWorld 命名空间中。C#与 Java 一样，所有的代码都要包含在一个类中，并使用 class 关键字进行声明，后面需要有一对花括号，与类相关的代码都放在这个花括号中。类的描述可以由多条语句组成，在 C#语言中，每个程序描述语句都必须以分号“;”作为结束的标志。

```
class Program
{    }
```

3. Main 方法

Main 方法是 C# 控制台应用程序或窗口应用程序的入口点。每个 C#程序都必须有一个 Main 方法，它可以在任何一个类中进行定义。Main 方法可以看作程序的一个入口，程序的控制从这个方法中开始和结束。这个方法必须被定义为 Public static，表示该方法是一个全局的静态的方法。void 关键字标志 Main 方法没有返回值。Main 方法的返回值只能为 void 或 int。

Main 方法可以包含 string[] 形参，也可以没有这样的形参。使用 Visual Studio 创建 Windows 窗体应用程序时，可以手动添加形参，也可以使用 Environment 类获取命令行实参。形参读取为从零开始编制索引的命令行实参。

4. 输入和输出

C#程序的输入和输出通常使用 .NET Framework 的运行库提供的 Console 类来完成。其中 WriteLine()和 ReadLine()是这个类中最基本的两个方法。WriteLine()方法将带有行结束符的字符串写入标准输出设备中；ReadLine()方法读取标准输入设备中的字符串，并通过 Enter 键结束输入。其他 Console 方法用于不同的输入和输出操作。如果程序开始处包含“using System;”指令，则不需要完全限定 System 类和方法就可直接使用它们。

5. 注释

为程序的源代码添加注释是一个良好的编程习惯。注释信息不参与程序的执行，只是帮助人们理解这段程序。C#语言的注释方法有很多种，常用的是以“//”开头的单行注释，以及使用“/*……*/”的多行注释。

单行注释以双斜线(//)开头，表示从这个位置起到该行结束都属于注释的部分，在“HelloWorld”程序中使用的就是这种注释的方式。

多行注释以“/*”开头，以“*/”结束，介于这两部分符号之间的内容属于注释内容。

【例 1-1】 C#程序中的注释符号。

```
/*这是一个控制台应用程序*/
namespace ConsoleApplication1
{
    class Program
    {
        static void Main(string[] args)
        {
            //输出字符串
            Console.WriteLine("Hello World");
        }
    }
}
```

注意

在代码中为了提高程序的可读性，通常都会采用缩进的格式，以便代码结构层次清晰。

【操作视频】

1.3.3 C#程序的基本调试

即使是经验丰富的程序员在开发应用程序时，出现错误也是在所难免的。对程序进行检查修改的过程就是程序调试的过程。任何一个开发环境都提供调试工具，Visual Studio 2013 也不例外。在 Visual Studio 2013 中可以设置断点，分析程序的运行过程，还可以通过单步执行程序观察变量和表达式的值的变化情况，以此来帮助程序员发现程序中出错的位置。

对于一般的程序来说，断点调试是一个比较常用的调试方法。断点调试是指在程序的某一行设置一个断点，调试时，程序执行到这一行会暂停，程序员可以观察在这个位置上各个变量或表达式的值，并可以一步一步往下调试。通过这样的调试方法可以定位出现错误或产生不正确输出的代码行。

设置断点的方法有多种。首先可以在代码行左侧通过单击的方式在该行设置断点，如果想删除断点可以再次单击；还可以通过使用 F9 快捷键设置断点，再次按下 F9 键可以取消设置；除此之外还可以通过菜单栏“调试”→“切换断点”命令插入断点，再次选择“切换断点”命令或选择“删除所有断点”命令删除断点。

设置断点以后，运行程序，程序会在有断点的代码行暂停运行，然后可以通过逐语句或逐过程的方式对程序进行调试。逐语句调试可以使用 F11 快捷键，也可以通过“调试”菜单中的命令实现；逐过程调试可以使用 F10 快捷键，也可以通过“调试”菜单中的命令实现。在调试的过程中可以通过局部变量窗口观测变量和表达式的值的变化情况。如果程序有异常，则会出现提示异常警告框，由此可判断异常的位置和产生的原因。如果要修改异常则需要停止调试，重新返回到程序编辑状态修改代码。

下面通过一个简单的控制台应用程序演示上述调试的过程。

【例 1-2】 C#程序的调试。

```
using System;
using System.Collections.Generic;
using System.Linq;
using System.Text;
using System.Threading.Tasks;

namespace ConsoleApplication1
{
    class Program
    {
        static void Main(string[] args)
        {
            int a, b, c, m, n;
            a = 12;
            b = 0;
            c = 2;
            m = a / c;
            n = a / b;
            Console.WriteLine("c = {0}", c);
            Console.ReadLine();
        }
    }
}
```

(1) 在代码编辑器中输入代码后，在代码的适当位置加入断点，例如，在“m = a / c;”语句前设置断点。

(2) 按 F5 键进入代码调试状态。这时会看到断点位置出现黄色箭头指向当前运行的行，并且在自动窗口和局部变量窗口中会看到当前变量的类型和值，如图 1.23 所示。

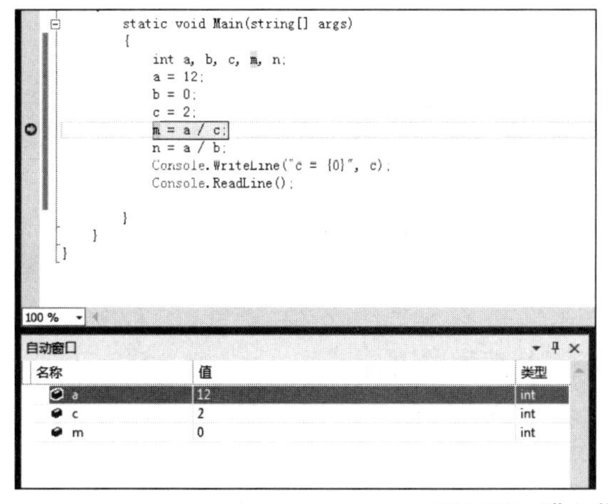

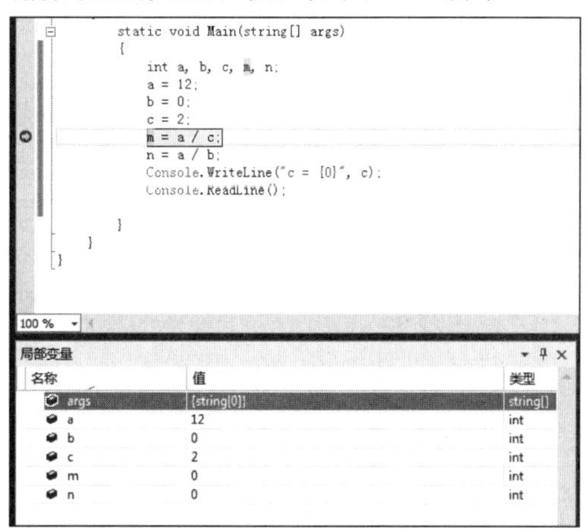

图 1.23　进入代码调试状态

(3) 按 F11 键，逐步执行语句。这时程序逐步执行，光标会向下移动，同时相应的变量的值也会发生变化。不断按 F11 键可以对整个程序进行调试。

(4) 当执行到有异常的语句时，会出现异常警告。在本例中有除数为 0 的异常，异常警告如图 1.24 所示。

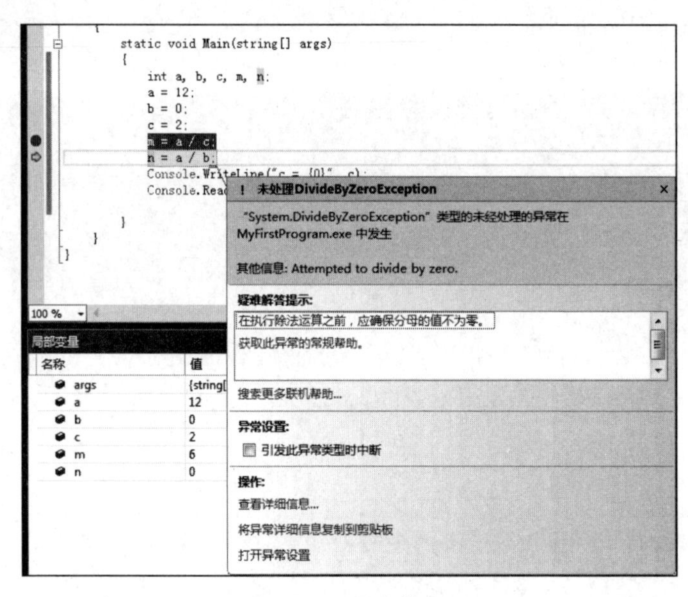

图 1.24 异常警告

【本章拓展】

(5) 单击停止调试按钮，回到程序编辑状态修改代码。

以上只是介绍了断点调试的方法，除此以外在“调试”菜单中还有多种进行调试的命令，例如，逐语句调试和逐过程调试在没有设置断点的情况下也可以使用。另外也可以通过“调试”→“窗口”命令设置代码调试编译环境，显示调试过程中各个对象的运行情况，以便程序员获得修改代码的目标。

习 题

1. 填空题

(1) .NET Framework 的一个主要组成部分是________，它提供了程序代码可以跨平台运行的机制。

(2) C#主要从________继承而来，同时又吸收了________的优点。

(3) ________可以看作程序的一个入口，程序的控制从这个方法中开始和结束。

2. 选择题

(1) C#语言主要是面向________开发环境进行编程的语言。

A．DOS　　B．.NET　　C．Windows　　D．Linux

(2) C#语言取消了________语法。

A．循环　　B．指针　　C．判断　　D．数组

(3) .NET 是一个用于建立应用程序的平台，它在内部封装了大量功能强大的________，利用它们可以开发各类 Windows 应用程序。

A．通用语言运行库(CLR)　　B．应用程序接口函数(API)

C．扩展标记语言 (XML)　　D．微软基础类(MFC)

(4) 程序编写完成后可以按________键运行程序。

A．F3　　B．F5　　C．F10　　D．F11

(5) 在程序中增加________可以增强程序的可读性。

A．代码　　B．分析　　C．注释　　D．语句

3. 问答题

(1) C#语言都有哪些特点？

(2) 请说明命名空间的作用。

(3) 简述断点调试的过程。

【习题答案】

C#语法基础

【本章代码】

教学目标

- 掌握常量和变量的声明和使用方法。
- 掌握C#数据类型及其用法。
- 掌握C#运算符和表达式及其用法。
- 掌握C#程序控制语句及其用法。
- 掌握数组的基本概念、声明和初始化数组的方法，以及访问数组元素的方法。

案例说明

利用C#基本语言知识可以实现比较简单的功能，如查找、排序、分组等。本章案例通过选择语句和循环语句以及结构体和数组等内容实现竞赛分数统计的功能。案例输出结果如图2.1所示。

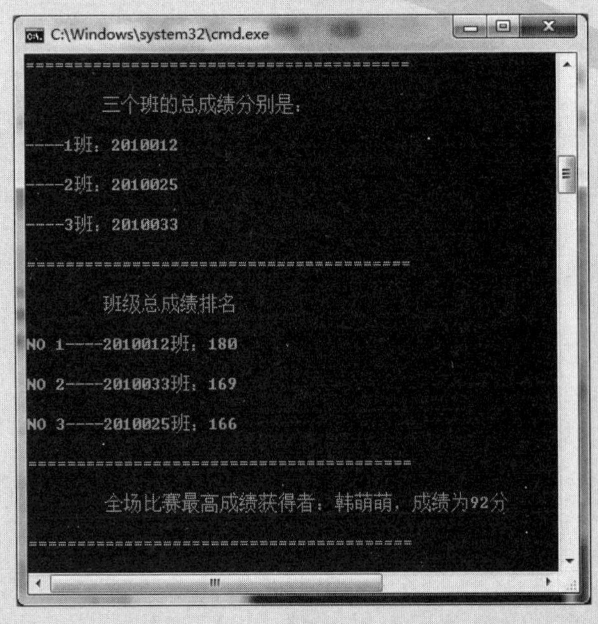

图2.1　案例输出结果

2.1 变量和常量

在一个程序中，数据是必不可少的内容。对数据的描述可以使用常量和变量来进行。常量是指在程序运行过程中其值不会发生变化的量；而变量是计算机内存中存储单元的标识，在程序运行的过程中，变量的值可以发生变化。

2.1.1 标识符和关键字

1. 标识符

程序中经常要用到许多名字，如类、对象、变量、方法的名字等，标识符是用来标识常量、变量、类、方法等名称的有效字符序列，也就是一个名字。在对其进行命名时要遵循下列规则：

(1) 标识符可以使用大小写字母、数字、下划线和@字符，但是不能以数字开头，也不能包含空格。

(2) 区分大小写。例如，stuname 和 stuName 是两个不同的标识符。

(3) 不能使用 C#的关键字作为标识符，如果在关键字前加上@符号，则是合法的标识符。

(4) 不能与 C#的类库同名。

例如，合法的标识符如 Year2011、_value、@string(string 是 C#的关键字，但有前缀@合法)等，不合法的标识符如 string(这是 C#的关键字，不能作为标识符)、12month(不能以数字开头)、weight*(包含非法字符*)等。

在实际应用中，标识符最好做到“见名知意”，也就是使用有实际意义的英文单词作为标识符的名称。目前在.NET Framework 命名空间中有两种命名规定，分别为 PascalCase 和 CamelCase，它们分别在名称中使用大小写英文字母表示标识符的作用。

(5) PascalCase：使用单词的前缀或后缀指定标识符名称，如 StudentName、MyBook。

(6) CamelCase：如果标识符由两个或多个单词构成，则第一个单词小写，其他单词首字母大写，如 stuName、myBook。

2. 关键字

【操作文本】

关键字是对编译器具有特殊意义的预定义保留标识符。它们不能在程序中用作标识符，除非它们有一个@前缀。在表 2-1 中列出的关键字在 C#程序的任何部分都是保留标识符。

表 2-1 C#中的关键字

abstract	as	base	bool	break
byte	case	catch	char	checked
class	const	continue	decimal	default
delegate	do	double	else	enum
event	explicit	extern	false	finally
fixed	float	for	foreach	goto

(续)

if	implicit	in	in(泛型修饰符)	int
interface	internal	is	lock	long
namespace	new	null	object	operator
out	out(泛型修饰符)	override	params	private
protected	public	readonly	ref	return
sbyte	sealed	short	sizeof	stackalloc
static	string	struct	switch	this
throw	true	try	typeof	uint
ulong	unchecked	unsafe	ushort	using
virtual	void	volatile	while	

2.1.2 变量

变量可以作为一个数据存储空间的标识，所以它是一类重要的标识符。在计算机内存中，不同数据存入不同的内存地址空间，并且相互独立。内存中的数据需要通过变量来存取。

1. 声明和使用变量

在C#语言中规定所有的变量都要遵循“先声明后使用”的原则。在声明变量时还要指明变量的类型。因为不同类型的数据在内存中所占用的存储空间是不一样的，声明变量时指定数据类型的一个重要目的是告诉编译器为该变量分配多少存储空间，这个变量中要存储什么类型的数值。声明变量的格式如下：

数据类型　变量名;

如果有多个变量的数据类型相同，则可以将这些变量声明在一条语句中，用逗号隔开。例如：

```
int sum,max,min;
string year,month,day;
```

在声明变量时也可以对变量进行初始化。例如：

```
int  i=23; //声明变量，变量的初始值为 23
```

声明变量后，还可以对变量进行赋值，为变量赋值的格式如下：

变量名=表达式;

为变量赋值的过程实际上是先计算表达式的值，然后将这个值传递给变量。例如：

```
int i;
i=23;
```

2. 变量的作用域

变量的作用域就是变量的有效使用范围，或者可以访问变量的代码区域。变量的作用域是在声明此变量的程序块(由{}括起来的部分)或它的子程序块内，这部分程序块运行后，变量被释放，在其他程序块中调用此变量会提示错误。

【例 2-1】 变量的作用域。

```
namespace ConsoleApplication1
{
    class Program
    {
        static void Main(string[] args)
        {
            int a;
            a = 1;
            {
                int b = 2;
            }
            if (a > 0)
            {
                int c = 3;
                a = c * 10;
                Console.WriteLine(a);
            }
            b = 5;    //错误
            c = 6;    //错误
        }
    }
}
```

变量 a 的作用域在声明它的 main 方法程序块内，在这个程序块的任何位置都可以使用变量 a。变量 b 的作用域是在声明它的{}语句块内，执行{b=2;}后，b 的存储空间被释放，后面的语句如果再使用变量 b，则会提示错误。变量 c 的作用域在声明它的 if 语句块内，在这个语句块外的其他位置再调用这个变量会出错。

2.1.3 常量

在实际应用中，程序中可能会经常出现某个实用的数值，如产品价格、利率等，类似这样的数值在程序中总是相同的，但在不同的时期或不同的应用中，它们的数值又需要统一发生变化。例如，产品的价格在第一季度是 50 元，下一个季度上调 10%。对于这样的量可以使用常量来表示它们。

1. 声明和使用常量

常量可以用来表示一个固定值，它可以赋值给任何基本类型的变量。声明常量的格式如下：

const 数据类型 常量名=数值表达式

例如，声明一个常量 RATE，它的值为 0.035，声明语句如下：

```
const float RATE=0.035;
```

2. 使用常量注意事项

(1) 常量必须在声明时初始化，在程序的其他地方不允许更改常量的值。

(2) 声明常量时，常量的值只能是常量或常数，不能使用变量。

使用常量可以使程序便于更改，也能避免频繁更改数值所引发的错误。

【例 2-2】 声明常量和变量，并将它们的值输出。

```
namespace ConsoleApplication1
{
    class Program
    {
        const double RATE = 0.05;
        static void Main(string[] args)
        {
            int count = 20000;
            double result;
            result = count * (1 + RATE);
            Console.WriteLine("result={0}", result);
        }
    }
}
```

在程序例 2-2 中，声明了一个 double 型常量 RATE；一个 int 型变量 count，初始值为 20000；一个 double 型变量 result；通过语句“result = count * (1 + RATE);” 计算 result 的值；在输出语句中根据指定的格式将变量 result 的值输出。

2.2 数据类型

C#语言的数据类型可以分为值类型和引用类型两大类。二者的区别是值类型直接存储这个类型的值，而引用类型存储的是对某一个数值的引用。这两种类型在内存中的存储位置也是不同的，值类型存储在栈中，而引用类型所指向的对象保存在堆中。值类型又可以分为简单值类型和复合值类型。引用类型中包括类(class)、接口(interface)、委托(delegate)、数组(array)几种类型，如图 2.2 所示。在本节内容中将主要介绍值类型和部分引用类型，在后面的章节中对引用类型会有进一步的介绍。

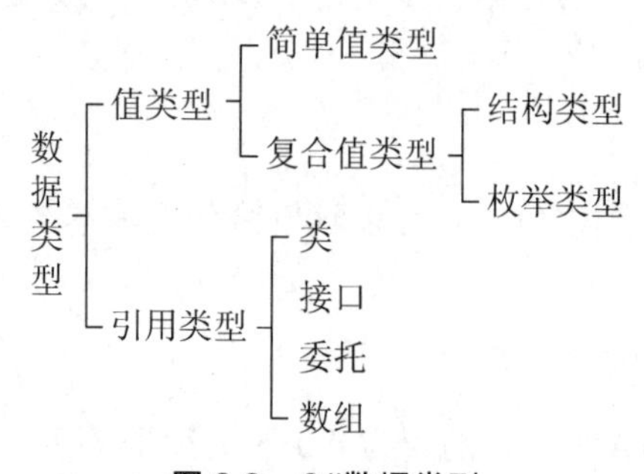

图 2.2 C#数据类型

2.2.1 简单值类型

简单值类型包括整型、浮点型、布尔型、字符型。

1. 整型

具有整型类型的变量存储的值为整数。根据整型数据在计算机内存中需要的存储空间和取值范围，可以将 C#语言中的整型类型分为 8 种类型，如表 2-2 所示。

表 2-2 整数类型

数据类型	说明	取值范围
sbyte	8 位有符号整数	–128～+127
byte	8 位无符号整数	0～255
short	16 位有符号整数	–32 768～+32 767
ushort	16 位无符号整数	0～65 535
int	32 位有符号整数	–2 147 483 648～+2 147 483 647
uint	32 位无符号整数	0～4 294 967 295
long	64 位有符号整数	–9 223 372 036 854 775 808～+9 223 372 036 854 775 807
ulong	64 位无符号整数	0～18 446 744 073 709 551 615

整型常量可以使用字符“U”和“L”作为后缀，U 表示无符号，L 表示 64 位。例如：

```
int a=500;
long b=-567L;
ushort c=328u;
```

注意

使用数据类型时要考虑是否超出了预定义的取值范围，可以使用 MaxValue 和 MinValue 属性获得数据类型的取值范围。

【例 2-3】 使用 MaxValue 和 MinValue 属性获得数据类型的取值范围。

```
namespace ConsoleApplication1
{
    class Program
    {
        static void Main(string[] args)
        {
            Console.WriteLine("sbyte 型的最大值为:{0},最小值为:{1}\n",
                 sbyte.MaxValue, sbyte.MinValue);
            Console.WriteLine("byte 型的最大值为:{0},最小值为:{1}\n",
                 byte.MaxValue, byte.MinValue);
            Console.WriteLine("short 型的最大值为:{0},最小值为:{1}\n",
                 short.MaxValue, short.MinValue);
            Console.WriteLine("ushort 型的最大值为:{0},最小值为:{1}\n",
                 ushort.MaxValue, ushort.MinValue);
            Console.WriteLine("int 型的最大值为:{0},最小值为:{1}\n",
                 int.MaxValue, int.MinValue);
            Console.WriteLine("uint 型的最大值为:{0},最小值为:{1}\n",
                 uint.MaxValue, uint.MinValue);
```

```
            Console.WriteLine("long 型的最大值为:{0},最小值为:{1}\n",
                long.MaxValue, long.MinValue);
            Console.WriteLine("ulong 型的最大值为:{0},最小值为:{1}\n",
                ulong.MaxValue, ulong.MinValue);
        }
    }
}
```

输出结果如图 2.3 所示。

图 2.3　数据类型的取值范围

2. 浮点型

带有小数的数值在 C#中属于浮点型数据。C#中提供了 float 和 double 浮点数类型，还提供了适合高精度的金融和货币计算的 decimal 类型，如表 2-3 所示。

表 2-3　浮点型

数据类型	说　明	精　度	取值范围
float	32 位单精度浮点数	7	$\pm1.5\times10^{-45}$～$\pm3.4\times10^{38}$
double	64 位单精度浮点数	15/16	$\pm5.0\times10^{-324}$～$\pm1.7\times10^{308}$
decimal	128 位高精度十进制数	28	$\pm1.0\times10^{-28}$～$\pm7.9\times10^{28}$

如果在计算中对精度的要求不是很高，可以使用 float 型，而使用 double 型得到的结果将更为精确。但是如果大量使用 double 类型，会占用更多的存储单元，加重计算机的处理任务。decimal 类型具有更好的精度和更小的范围，C#通过提供这种专门的数据类型，可以更方便地开发有关金融和货币方面的应用程序。

默认情况下，赋值运算符“=”右侧的实数被视为 double 类型，如果要指定为 float 类型，需要在数字后面加上 F(或 f)后缀。如果要指定为 decimal 类型，需要在数字后面加上 M(或 m)。例如：

```
double d = 2.5;
float y = 3.6f;
decimal m = 10.1m;
```

3. 布尔型

C#中表示“真”或“假”的逻辑数据用 bool 型表示，其值为 True 或者 False。例如：

```
bool m=true;
bool n=false;
```

注意

bool 型数据值与整数值不能互相转换，将 0 或 1 赋值给 bool 型变量的做法是错误的。例如：

```
int  x = 0;
bool b1, b2;
b1 = 1;     //错误，常量值“1”无法转换为“bool”
b2 = x;     //错误，无法将“int”转换为“bool”
```

4. 字符型

C#采用 Unicode 字符集，字符型变量可以使用关键字 char 来声明，以无符号 16 位数字存储，它的取值范围是 0～65535。字符型常量是用单引号“' '”括起来的，'a'和'A'表示不同的常量。每个字符型变量只能被赋值一个字符，例如：

```
char c1='v';            //正确
char c3='xyz';          //错误
```

除了普通的字符常量以外，C#还可以使用 4 位十六进制、带有数据类型转换的整数值或十六进制数表示，另外还有以“\”开头的特殊形式的转义字符常量，如表 2-4 所示。

表 2-4　转义字符

转 义 序 列	字 符 含 义	Unicode 编码
\'	单引号	0x0027
\"	双引号	0x0022
\\	反斜杠	0x005C
\0	空字符	0x0000
\a	警告	0x0007
\b	退格	0x0008
\f	换页	0x000C
\n	换行	0x000A
\r	回车	0x000D
\t	水平制表符	0x0009
\v	垂直制表符	0x000B

【例 2-4】 使用转义字符打印九九乘法表。

```
namespace ConsoleApplication1
{
   class Program
```

```
    {
        static void Main(string[] args)
        {
            Console.WriteLine("\n\t\t\t 九九乘法表\n");
            Console.WriteLine("  1*1=1\n");
            Console.WriteLine("  2*1=2\t2*2=4\n");
            Console.WriteLine("  3*1=3\t3*2=6\t3*3=9\n");
            Console.WriteLine("  4*1=4\t4*2=8\t4*3=12\t4*4=16\n");
            Console.WriteLine("  5*1=5\t5*2=10\t5*3=15\t5*4=20\t5*5=25\n");
            Console.WriteLine("  6*1=6\t6*2=12\t6*3=18\t6*4=24\t6*5=
                30\t6*6=36\n");
            Console.WriteLine("  7*1=7\t7*2=14\t7*3=21\t7*4=28\t7*5=
                35\t7*6=42\t7*7=49\t\n");
            Console.WriteLine("  8*1=8\t8*2=16\t8*3=24\t8*4=32\t8*5=
                40\t8*6=48\t8*7=56\t8*8=64\n");
            Console.WriteLine("  9*1=9\t9*2=18\t9*3=27\t9*4=36\t9*5=
                45\t9*6=54\t9*7=63\t9*8=72\t9*9=81\n");
        }
    }
}
```

程序运行结果如图 2.4 所示。

图 2.4　使用转义字符控制输出格式

2.2.2　复合值类型

简单值类型可以用于一些常见的数据运算、文字处理，但是在一些实际应用中，可能会遇到一些比较复杂的数据类型，这就需要使用复合值类型来处理。

1. 结构体类型

对于一些有关联意义的数据，如图书信息、人员信息等，如果都用简单值类型来表示，那么每条信息都要存放在不同的变量中，数据量会很大，也不够直观。这样的情况可以使用结构体来处理。结构体类型将一系列相关变量组合为一个实体，每个变量都是结构体的成员。结构体类型用关键字 struct 定义，定义的格式如下：

struct 结构体名称 [:接口名列表]
{
访问权限 数据类型 成员变量 1;
访问权限 数据类型 成员变量 2;
……
}

其中，[]部分表示可选项，结构体成员的数据类型可以不同。例如，定义一个图书结构体类型：

```
struct book //定义一个 book 结构体
{
    public string bookName;
    public string authorName;
    public float price;
    public string publisher;
}
```

在上述定义中，book 表示结构体的名称，public 表示对结构体成员的访问权限(访问权限可以使用 public、private、internal 等关键字)，bookName、authorName、price、publisher 是结构体的成员。

定义了结构体以后就可以声明结构体变量了。对结构体变量成员的访问的格式如下：

结构体变量名.成员名

【例 2-5】 定义和使用结构体。

```
struct book     //定义一个 book 结构体
{
   public string bookName;
   public string authorName;
   public float price;
   public string publisher;
}
namespace ConsoleApplication1
{
   class Program
   {
      static void Main(string[] args)
      {
         book b1;  //声明一个 book 型变量
         /*为变量 b1 成员赋值 */
         b1.bookName = "Math";
         b1.authorName = "Deng gang";
         b1.price = 30;
         b1.publisher = "AAA";
```

```
            /*调用 b1 变量成员*/
            Console.WriteLine("\n\t 图书信息\n");
            Console.WriteLine("书名: {0}\n", b1.bookName);
            Console.WriteLine("作者: {0}\n", b1.authorName);
            Console.WriteLine("价格: {0}\n", b1.price);
            Console.WriteLine("出版商: {0}\n", b1.publisher);
            Console.WriteLine();
        }
    }
}
```

程序运行结果如图 2.5 所示。

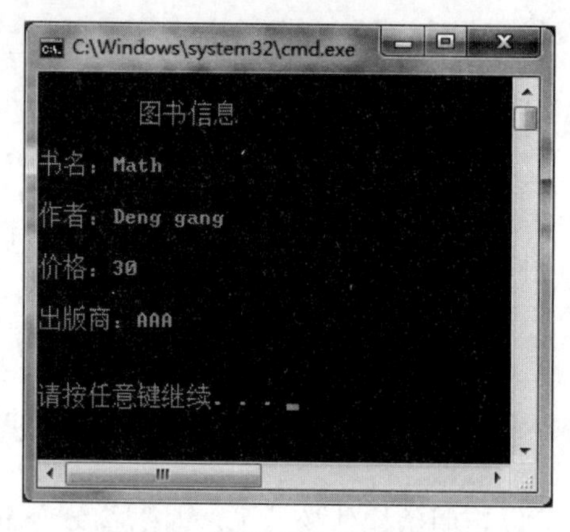

图 2.5　例 2-4 程序运行结果

结构体还可以嵌套定义，就是在一个结构体中再定义一个结构体。

【例 2-6】 在 book 结构体中嵌套定义 publisher 结构体。

```
struct book                          //定义一个 book 结构体
{
    public string bookName;
    public string authorName;
    public float price;
    public struct publisher          //嵌套定义一个 publisher 结构体
    {
        public string name;
        public string phone;
        public string address;
    }
}
namespace ConsoleApplication1
{
    class Program
    {
        static void Main(string[] args)
        {
```

```
            book b1;//声明一个 book 型变量
            /*为变量 b1 成员赋值 */
            b1.bookName = "Math";
            b1.authorName = "Deng gang";
            b1.price = 30;
            book.publisher p1;//声明一个 publisher 型变量
            /*为变量 p1 成员赋值 */
            p1.name = "AAA";
            p1.phone = "12345678";
            p1.address = "Beijing";
            /*调用 b1 变量成员*/
            Console.WriteLine("\n\t 图书信息\n");
            Console.WriteLine("书名: {0}\n", b1.bookName);
            Console.WriteLine("作者: {0}\n", b1.authorName);
            Console.WriteLine("价格: {0}\n", b1.price);
            /*调用 p1 变量成员*/
            Console.WriteLine("\n\t 出版社信息\n");
            Console.WriteLine("出版社名称: {0}\n", p1.name);
            Console.WriteLine("出版社电话: {0}\n", p1.phone);
            Console.WriteLine("出版社地址: {0}\n", p1.address);
        }
    }
}
```

在例 2-6 程序代码中，book 结构体中又包含了 publisher 结构体，publisher 结构体中有 name、phone、address 3 个成员。程序运行结果如图 2.6 所示。

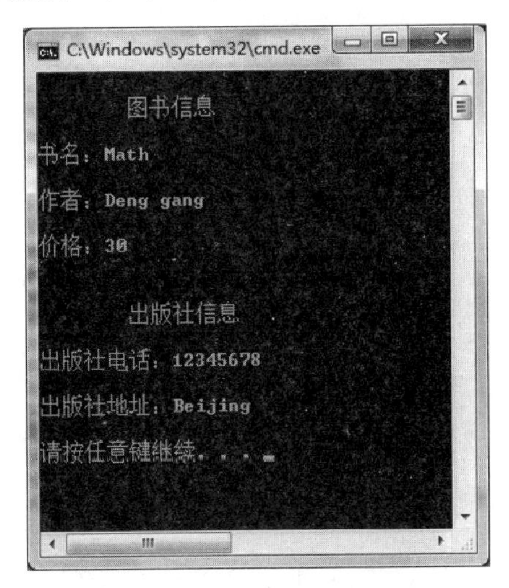

图 2.6 例 2-5 程序运行结果

2. 枚举类型

枚举类型由一组命名常量组成，经常用一些常用符号表示一组整数值，其中每个命名常量称为枚举成员。枚举类型使用关键字 enum 定义，定义的格式如下：

[访问权限] enum 枚举名称 [:数据类型]
{
  枚举成员1,
  枚举成员2,
  ……
};

其中，[]部分表示可选项，枚举成员之间用逗号隔开。默认情况下，枚举的数据类型为32的整型(int)，第一个枚举成员的值为0，后面的枚举成员的值依次增加1。例如：

```
public enum color                //定义一个color类型
{
    red,yellow,green             //包含3个枚举成员
};
```

定义枚举类型时也可以根据需要设置枚举成员的初始值，后面成员的值依次增加 1。例如：

```
public enum color                //定义一个color类型
{
    red=5,yellow,green           //yellow的值为6，green的值为7
};
```

如果从中间成员开始指定值，后面成员值依次加1。例如：

```
public enum color                //定义一个color类型
{
    red,yellow=12,green          //red的值为0，green的值为13
};
```

访问枚举成员的格式如下：

枚举名称.枚举成员名称

【例2-7】 定义和使用枚举类型。

```
namespace ConsoleApplication1
{
    public enum color          //定义一个color类型
    {
        red = 5, yellow, green
    };
    class Program
    {
        static void Main(string[] args)
        {
            Console.WriteLine("red={0}", color.red);
            Console.WriteLine("red={0}", (int)color.red);
        }
    }
}
```

程序运行结果如图 2.7 所示。

图 2.7　例 2-7 程序运行结果

从运行结果可以看到，枚举成员的值需要经过显式转换才能显示出相应类型的值。

2.2.3　字符串

【操作视频】

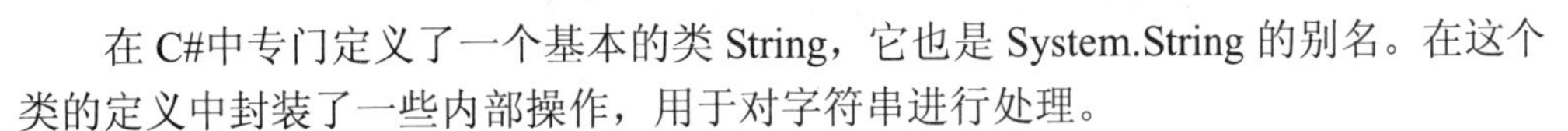

在 C#中专门定义了一个基本的类 String，它也是 System.String 的别名。在这个类的定义中封装了一些内部操作，用于对字符串进行处理。

使用双引号(" ")括起来的量是字符串常量，而字符串类型的变量通过关键字 string 声明，例如：

```
string str1="C# Program";
string str2,str3;
str2="I am a student";
str3=str2;
```

string 类型的变量是 String 类的一个对象，在 String 类中封装了一些处理字符串类型数据的方法，string 类型的变量都可以调用这些方法。

【例 2-8】 字符串类型的方法的使用。

```
namespace ConsoleApplication1
{
    class Program
    {
        static void Main(string[] args)
        {
            string str1 = "    Welcom to Beijing!    ";//字符串常量前后各有 4 个空格
            Console.WriteLine("{0}: {1}", str1, str1.Length);
            string str2 = str1.Trim();
            Console.WriteLine("{0}: {1}", str2, str2.Length);
            string str3 = str2.ToUpper();
            Console.WriteLine(str3);
            string str4 = str2.ToLower();
            Console.WriteLine(str4);
            string str5 = string.Copy(str2);
            Console.WriteLine(str5);
            string str6 = str2.Substring(0, 6);
            Console.WriteLine(str6);
            string str7 = str2.Substring(10);
```

```
            Console.WriteLine(str7);
        }
    }
}
```

程序运行结果如图 2.8 所示。

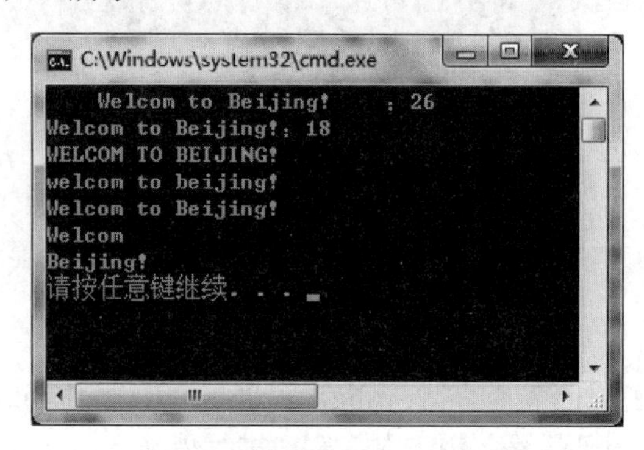

图 2.8　例 2-8 程序运行结果

其中，Length 属性可以获取字符串的长度，即字符串中包括空格在内的字符的个数，这是字符串对象唯一的属性。Trim()方法可以去掉字符串两端的空格；ToUpper()方法将字符串中的小写字母转换成大写字母；ToLower()方法将字符串中的大写字母转换成小写字母；静态方法 Copy()可以进行字符串的复制；Substring()方法可以返回一个字串。

2.2.4　类型转换

在计算机程序中，经常会遇到不同类型的数据进行混合运算的情况，或者需要将一种简单的数据类型转换成另一种简单的数据类型，这就需要不同数据类型的数据进行转换。在 C#语言中，允许不同数值类型之间的数据进行转换，并且根据转换方式的不同，可以分为隐式转换和显式转换两种方式。C#语言也允许数值类型与引用类型之间的转化，并提出了装箱和拆箱机制使得数值类型和引用类型可以与对象类型数据进行转换。

1. 隐式转换

隐式转换是系统自动进行的转换，不需要加以声明。这种转换会在很多情况下发生，例如，在对变量赋值或调用方法时，系统会根据数据类型的精度，完成“从低级类型向高级类型的转换，结果为高级类型”。简单类型的隐式转换规则参见表 2-5。

表 2-5　隐式转换规则

源 类 型	目 标 类 型
sbyte	short、int、long、float、double、decimal
byte	short、ushort、int、uint、long、ulong、float、double、decimal
short	int、long、float、double、decimal
ushort	int、uint、long、ulong、float、double、decimal
int	long、float、double、decimal
uint	long、ulong、float、double、decimal

（续）

源　类　型	目 标 类 型
long	float、double、decimal
ulong	long、float、double、decimal
char	ushort、int、uint、long、ulong、float、double、decimal
float	double

隐式数值类型转换时，从int、uint或long到float的转换，以及从long到double的转换可能会导致精度降低，但数值大小不受影响。在隐式数值类型转换中不存在向char类型的转换，也不存在float或double向decimal类型之间的转换。

【例2-9】 数据类型的隐式转换。

```
namespace ConsoleApplication1
{
    class Program
    {
        static void Main(string[] args)
        {
            int i = 6;
            long l = i; //int 类型隐式转换成 long 类型
            Console.WriteLine("i={0},l={1}",i,l);
            Console.ReadLine();
        }
    }
}
```

2. 显式转换

显式转换属于强制进行的一种数据类型转换方式。在转换时需要用户明确地指出转换的目标类型。例如：

```
double d=12.256;
int i=(int)d;
```

C#允许隐式转换用显式转换的方式表达出来。

需要注意的是，显式转换有可能导致信息丢失或发生异常。

【例2-10】 数据类型的显式转换。

```
namespace ConsoleApplication1
{
    class Program
    {
        static void Main(string[] args)
        {
            double d=12.3456;
            int i;
            i = (byte)d;
            Console.WriteLine("d={0}",d);
```

```
            Console.WriteLine("i={0}",i);
        }
    }
}
```

程序运行结果如图 2.9 所示。

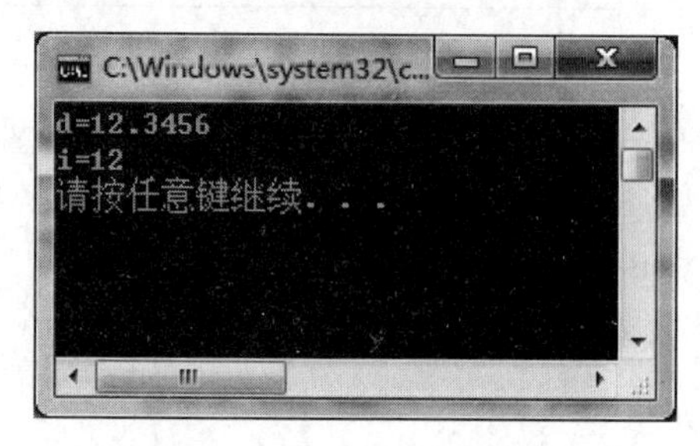

图 2.9 例 2-10 程序运行结果

在这个程序中将 double 型数据显式转换为 int 型，结果舍弃了小数部分，只保留整数部分。

显式转换可能发生的信息丢失或引发异常，可以按照下列规则处理：

(1) 对于从一个整型到另一个整型的转换，编译器会进行溢出检查，如果没有发生溢出则转换成功，否则引发 OverflowException 异常。

(2) 对于从 float、double 或 decimal 到整型的转换，源数据舍入到最接近的整型值，如果结果超出了目标值的取值范围会引发 OverflowException 异常。

(3) 对于从 double 到 float 的转换，double 值舍入到最接近 float 值，如果 double 值太小，结果为正 0 或负 0；如果 double 值过大，结果为正无穷大或负无穷大；如果 double 值为 NaN，结果仍为 NaN。

(4) 对于从 float 或 double 到 decimal 的转换，源数据转换成 decimal 形式，并舍入到小数点后 28 位。如果源数据太小，则结果为 0；如果源数据太大或者为无穷或者为 NaN，则会引发 OverflowException 异常。

(5) 对于从 decimal 到 float 或 double 的转换，decimal 舍入到最接近 double 或 float 型的值。这种转换可能会损失精度，但是不会引发异常。

【操作视频】

3. 拆箱和装箱

拆箱和装箱机制是发生在值类型和引用类型相互转换过程中的。

装箱机制是将值类型隐式转换为 object(对象)类型，或者转换为任何该值类型所执行的接口类型。

【例 2-11】 装箱过程。

```
namespace ConsoleApplication1
{
    class Program
    {
        static void Main(string[] args)
        {
```

```
            int i = 10;
            object obj = i;//装箱转换
            i = 15;
            Console.WriteLine("i={0},obj={1}",i,obj);
            obj = 20;
            Console.WriteLine("i={0},obj={1}", i, obj);
        }
    }
}
```

上述语句执行时，首先会为 int 型变量 i 在内存栈中分配空间，经过装箱转换后，变量 i 的值 10 存放到了内存堆中，声明的 object 型的变量 obj 在内存栈中分配空间，但是其指向堆上的 int 型数值 10。所以变量 i 和装箱副本是相互独立的。程序运行结果如图 2.10 所示。

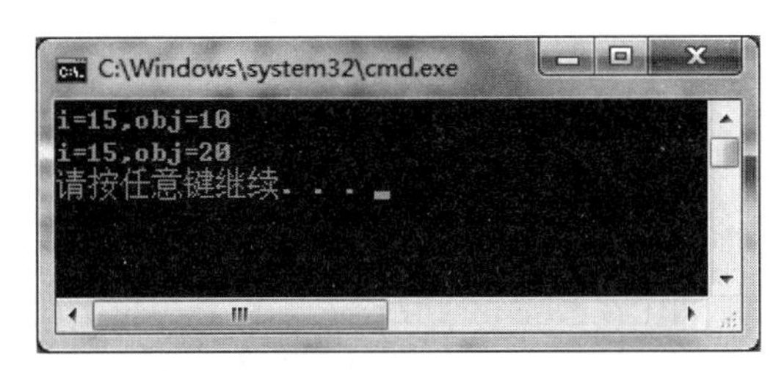

图 2.10　例 2-11 程序运行结果

拆箱是将 object 类型转换为值类型，或者是把任意接口类型转换成执行该接口的值类型的过程。拆箱转换需要执行显式转换，这也是拆箱转换与装箱转换不同的地方。

【例 2-12】 拆箱过程。

```
namespace ConsoleApplication1
{
    class Program
    {
        static void Main(string[] args)
        {
            int i = 10;
            object obj = i;   //装箱转换
            i = 15;
            int j = (int)obj;//拆箱转换
            Console.WriteLine("i={0},obj={1},j={2}",i,obj,j);
            obj = 20;
            Console.WriteLine("i={0},obj={1},j={2}", i, obj, j);
            j = 30;
            Console.WriteLine("i={0},obj={1},j={2}", i, obj, j);
        }
    }
}
```

上述语句在执行拆箱转换时，先会检查 obj 的实例值是否与指定装箱值的数据类型匹

配，如果满足拆箱的条件，则将内存堆中的数据 10 赋值给 int 型变量 j。程序运行结果如图 2.11 所示。

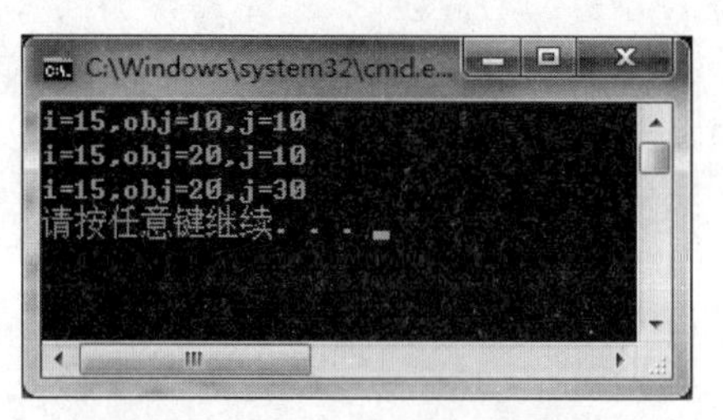

图 2.11　例 2-12 程序运行结果

2.3　运算符和表达式

运算符是用来表示某种操作的符号，它所连接对象称为运算量。由运算符和运算量组合而成的式子称为表达式。C#语言中有大量的运算符和表达式类型。按照运算量的个数可以把运算符分为 3 类。

(1) 一元运算符：处理一个运算量，包括前缀运算符和后缀运算符。

(2) 二元运算符：处理两个运算量，使用时二元运算符位于两个运算量之间。

(3) 三元运算符：处理三个运算量，C#中只有一个三元运算符——条件运算符“?:”。

【操作文本】

2.3.1　算术运算符和表达式

算术运算符是 C#中常用的运算符，主要用于数学运算中。算术运算符包括 5 个简单的算术运算符(+、–、*、/、%)，还包括自增运算符和自减运算符(++、––)。表 2-6 列出了这些运算符和由这些运算符构成的表达式。

表 2-6　算术运算符

运　算　符	说　　明	表　达　式	运 算 结 果
+	加法运算符	a=b+c	a 的值是 b 与 c 的和
–	减法运算符	a=b–c	a 的值是 b 与 c 的差
*	乘法运算符	a=b*c	a 的值是 b 与 c 的乘积
/	除法运算符	a=b/c	a 的值是 b 与 c 的商
%	求余运算符	A=b%c	A 的值是 b 除以 c 所得到的余数
++	自增运算符	a=++b a=b++	a=b+1，b 的值增加 1 a=b，b 的值增加 1
––	自减运算符	a=––b a=b––	a=b-1，b 的值减少 1 a=b，b 的值减少 1

加法运算符连接的运算量可以是数值，也可以是字符串。如果两个运算量都是数值，表达式的结果仍然为数值；如果两个运算量都是字符串，加法运算的结果是将两个字符串连接在一起；如果一个运算量是数值，另一个运算量是字符串，执行加法运算时先将数字转换成字符串，然后进行字符串连接；如果一个运算量是数字，另一个运算量是字符，执行加法运算时会将字符常量对应的 Unicode 编码值与数字运算量相加，结果仍为数字。例如下面这段程序。

【例 2-13】 加法运算符的使用。

```
namespace ConsoleApplication1
{
    class Program
    {
        static void Main(string[] args)
        {
            int a = 12, b = 5;
            string s1 = "Hello", s2 = "World";
            char c = 'e';
            Console.WriteLine("a+b={0}",a+b);
            Console.WriteLine("s1+s2={0}",s1+s2);
            Console.WriteLine("a+s1={0}",a+s1);
            Console.WriteLine("b+c={0}",b+c);
        }
    }
}
```

程序运算结果如图 2.12 所示。

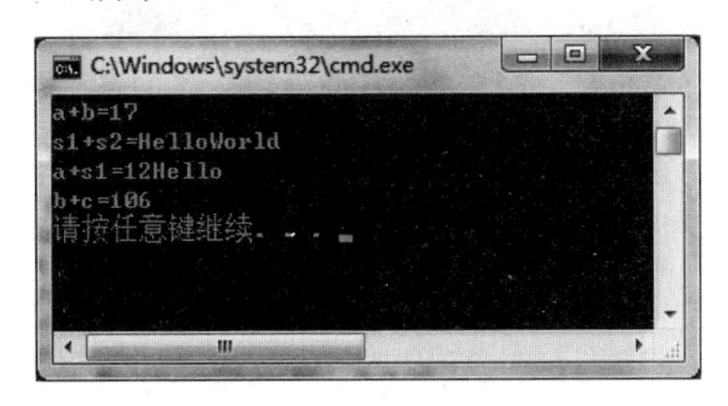

图 2.12　加法运算符的使用

除法运算符用于进行除法运算。需要注意的是，如果运算量都为整型数值时，运算的结果会将小数部分舍去(不进行四舍五入运算)，仍为整数。例如下面的语句。

```
int a = 12, b = 5;
Console.WriteLine("a/b={0}",a/b);                //输出的结果为 a/b=2
```

如果想要使两个整型运算量的除法运算结果为浮点数，需要把其中的一个运算量显式转换成浮点型，例如下面的语句：

```
int a = 12, b = 5;
Console.WriteLine("a/b={0}",(float)a/b);     //输出的结果为 a/b=2.4
```

自增(++)、自减(--)运算符属于一元运算符，它们的作用是可以使变量的值自动增加 1 或减少 1。它们有前缀和后缀两种形式，位置不同所得到的结果也是不一样的。

【例 2-14】 自增(++)、自减(--)运算符的使用。

【操作视频】

```
namespace ConsoleApplication1
{
    class Program
```

```
    {
        static void Main(string[] args)
        {
            int a = 5, b=12,c ;
            c = a++;     //等价于 c=a;a=a+1;
            Console.WriteLine("c={0},a={1}", c, a);
            c = ++a;     //等价于 a=a+1;c=a;
            Console.WriteLine("c={0},a={1}", c, a);
            c = b--;     //等价于 c=b;b=b-1;
            Console.WriteLine("c={0},b={1}", c, b);
            c = --b;     //等价于 b=b-1;c=b;
            Console.WriteLine("c={0},b={1}", c, b);
        }
    }
}
```

程序运行结果如图 2.13 所示。

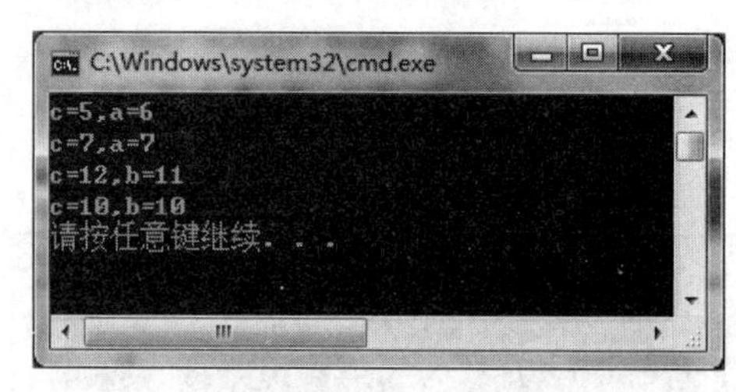

图 2.13　自增自减运算符的使用

注意

自增(++)、自减(--)运算符只能用于变量，不能用于常量或表达式。例如，++5、(a+b)--，这样的表达式都是不合法的。

2.3.2　赋值运算符和表达式

赋值运算符(=)的作用是将一个数据赋值给一个变量，具有简单赋值运算符和复合赋值运算符两种形式。例如：

```
int a = 12;       //将整型常量 12 赋值给 int 型变量 a
int b, c, d;
b = a;            //将变量 a 的值赋值给变量 b
c = d = 5;        //将整型常量 5 赋值给变量 c 和变量 d
```

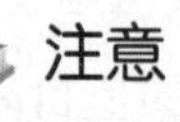

注意

赋值运算符的左边只能是变量，不能是常量或表达式。例如，5=a、a+b=12，这样的表达式都是不合法的。

C#还提供了复合赋值运算符，就是将赋值运算符与其他数值运算符结合在一起使用，如表 2-7 所示。

表 2-7 复合赋值运算符

复合赋值运算符	表 达 式	说 明
+=	a+=b	等价于 a=a+b
–=	a–=b	等价于 a=a–b
*=	a*=b	等价于 a=a*b
/=	a/=b	等价于 a=a/b
%=	a%=b	等价于 a=a%b
^=	a^=b	等价于 a=a^b
&=	a&=b	等价于 a=a&b
|=	a|=b	等价于 a=a|b
>>=	a>>=b	等价于 a=a>>b
<<=	a<<=b	等价于 a=a<<b

复合赋值运算符的右边可以是表达式，例如：

```
s*=k+2;          //等价于 s=s*(k+2);
a/=a-2;          //等价于 a=a/(a-2);
```

在实际应用中，程序员经常使用复合赋值运算符，因为使用复合赋值运算符可以使赋值语句更简洁，而且使运算量只被运算一次，从而使代码的效率得到提高。

2.3.3 关系运算符和表达式

C#语言提供了 6 种关系运算符，用于表达式的比较。关系表达式的结果为布尔值，即 True 或者 False，见表 2-8。

表 2-8 关系运算符

关系运算符	表 达 式	说 明
>	c=(a>b)	如果 a>b，c 的值为 True，否则 c 的值为 False
<	c=(a<b)	如果 a<b，c 的值为 True，否则 c 的值为 False
>=	c=(a>=b)	如果 a<b，c 的值为 False，否则 c 的值为 True
<=	c=(a<=b)	如果 a>b，c 的值为 False，否则 c 的值为 True
==	c=(a==b)	如果 a 的值与 b 的值相等，c 的值为 True，否则为 False
!=	c=(a!=b)	如果 a 的值与 b 的值相等，c 的值为 False，否则为 True

关系运算符==、!=可以应用于所有数据类型，<、>、>=、<=可以应用于数值和枚举类型。

【例 2-15】 关系运算符的使用。

```
namespace ConsoleApplication1
{
    class Program
    {
        static void Main(string[] args)
        {
            int a = 12, b = 5;
```

```
            Console.WriteLine("12>=5,{0}",a>b);
            string s1 = "bool", s2 = "boil";
            Console.WriteLine("bool==boil,{0}",s1==s2);
            Console.WriteLine("bool!=boil,{0}", s1!= s2);
            object s = 1, t = 1;
            Console.WriteLine(s==t);
            Console.WriteLine(s!=t);
        }
    }
}
```

程序运行结果如图 2.14 所示。

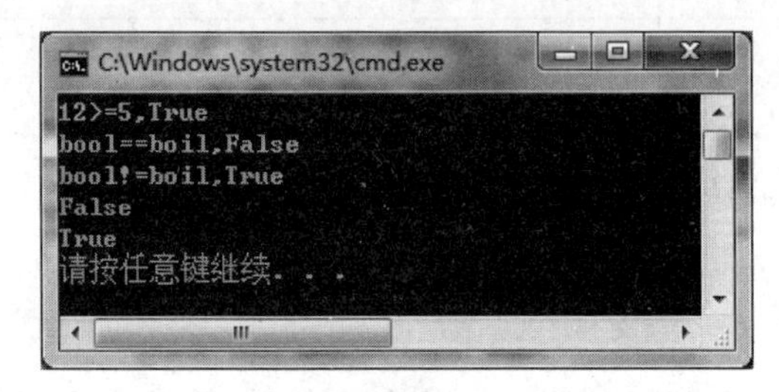

图 2.14　关系运算符的使用

2.3.4　逻辑运算符和表达式

逻辑运算符有 3 种，分别为&&(逻辑与运算符)、||(逻辑或运算符)、!　(逻辑非运算符)，其中逻辑非运算符为一元运算符。由逻辑运算符构成的表达式的结果为布尔值，它们的使用方法见表 2-9。

表 2-9　逻辑运算符

逻辑运算符	说　明	表 达 式	结　　果
&&	只有两边的运算量都为 True 时，表达式的结果才为 True	a>=0&&a<=1	表示 a 的取值在[0,1]之间
||	只要其中一个运算量为 True，表达式的结果就为 True	a<0||a>1	表示 a 的取值是(–∞,0)或者(1,+∞)
!	!True 即为 False，!False 即为 True	bool a = false, b = !a;	b 的值为 True

逻辑与运算符(&&)可用在判断两个或两个以上的条件是否同时满足的表达式中，逻辑或运算符(||)可用在判断是否满足多个条件之一的表达式中。

【例 2-16】 逻辑运算符的使用。

```
namespace ConsoleApplication1
{
    class Program
    {
        static void Main(string[] args)
        {
            int a=5,b=0;
```

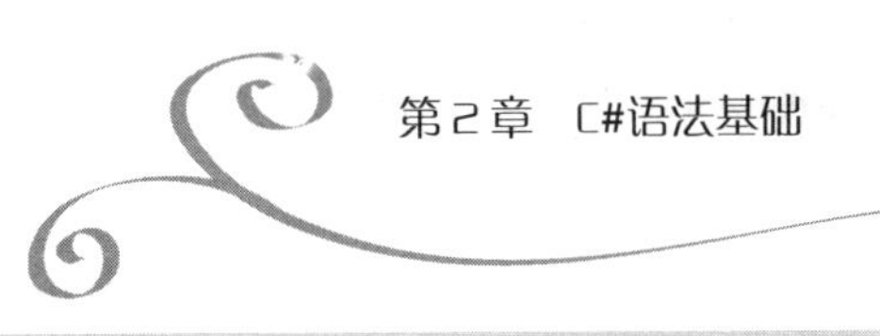


```
            bool c;
            c=(a>0)&&(b!=0);
            Console.WriteLine(c);          //结果为 False
            c=(a!=0)||(b<0);
            Console.WriteLine(c);          //结果为 True
            Console.ReadLine();
        }
    }
}
```

值得注意的是，在整个逻辑表达式的计算中，如果前面的表达式的值已经可以确定整个逻辑表达式的值，则剩下的表达式不予以求解。例如，在上面的程序代码中，语句c=(a!=0)||(b<0)中表达式 a!=0 的结果为 True，对于逻辑或表达式来讲已经可以确定结果为True，那么后面的表达式 b<0 将不被运行。

2.3.5 位运算符和表达式

【操作视频】

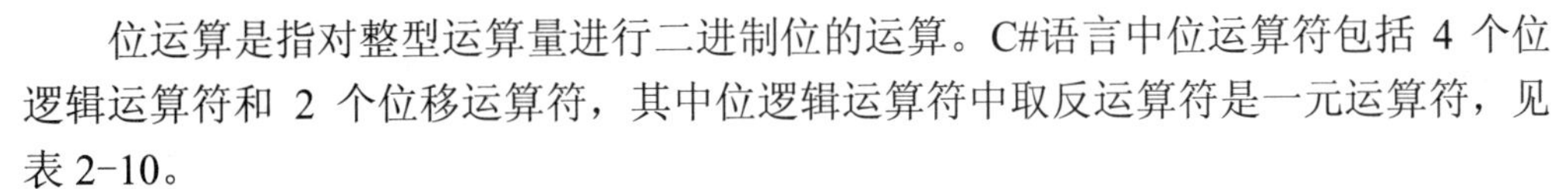

位运算是指对整型运算量进行二进制位的运算。C#语言中位运算符包括 4 个位逻辑运算符和 2 个位移运算符，其中位逻辑运算符中取反运算符是一元运算符，见表 2-10。

表 2-10 位运算符

位 运 算 符	说 明	表 达 式	结 果
&	参与运算的两个二进制数，如果相应位都是 1，则结果为 1，否则为 0	12&54	4
|	参与运算的两个二进制数，如果相应位有一个为 1，则结果为 1；如果都为 0，则结果为 0	12|54	62
^	参与运算的两个二进制数，如果相应位的值不同，则结果为 1；相应位值相同，结果为 0	12^54	58
～	如果二进制数某位为 1，结果为 0；如果某位为 0，结果为 1	～12	3
<<	将二进制数的各位向左移若干位	12<<2	48
>>	将二进制数的各位向右移若干位	12>>2	3

在表 2-10 的表达式中 12 的二进制码为 00001100，它的补码与原码相同；54 的二进制码为 00110110，它的补码与原码相同，按照位运算符&、|、^的运算规则将它们的补码进行位运算可以得到表 2-10 中的结果。对整型数据 12 的二进制码左移 2 位后，得到二进制码 00110000，对应的十进制数为 48；对整型数据 12 的二进制码右移 2 位后，得到二进制码 00000011，对应的十进制数为 3。

2.3.6 条件运算符和表达式

条件运算符(?:)是 C#语言中唯一的一个三元运算符，它与 3 个运算量组成条件表达式，格式如下：

表达式 1？ 表达式 2： 表达式 3

运算过程如下：如果表达式 1 的值为真，则整个条件表达式的值为表达式 2 的值；如果表达式 1 的值为假，则整个条件表达式的值为表达式 3 的值。

例如：

```
int a = 3, b = 5, c;
c = a > b ? a : b;       //c的值为5
```

在上面的语句中，首先判断表达式 a>b 是否成立，如果成立则整个表达式的值为 a 的值，否则为 b 的值。因为 3>5 不成立，所以整个表达式取 b 的值，并把这个值赋值给变量 c。

2.3.7　其他运算符

1. new 运算符

new 运算符用于创建对象和调用构造函数，使用 new 运算符的格式如下：

变量=new 数据类型;

例如：

```
int a=new int();
```

利用 new 运算符声明的变量系统会自动赋初始值。关于 new 运算符的使用在后面的章节中会有介绍。

2. is 运算符

is 运算符用于检查对象是否与指定类型相同，运算结果为布尔值(True 或 False)。

【例 2-17】 is 运算符的使用。

```
namespace ConsoleApplication1
{
    class Program
    {
        static void Main(string[] args)
        {
            int i = 10;
            object obj = i;   //装箱转换
            Console.WriteLine(i is int);
            Console.WriteLine(obj is object);
        }
    }
}
```

程序运行结果如图 2.15 所示。

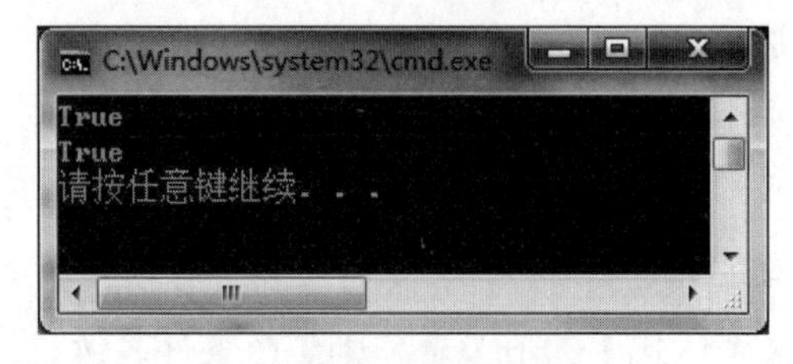

图 2.15　is 运算符的使用

3. sizeof 运算符

sizeof 运算符可以获取数值型变量在内存中所占的字节数，通过这个运算符可以检索数值类型的大小。

【例 2-18】 sizeof 运算符的使用。

```
namespace ConsoleApplication1
{
    class Program
    {
        static void Main(string[] args)
        {
            Console.WriteLine(sizeof(byte));  //输出结果为 1
            Console.WriteLine(sizeof(short)); //输出结果为 2
            Console.WriteLine(sizeof(int));   //输出结果为 4
            Console.WriteLine(sizeof(long));  //输出结果为 8
            Console.WriteLine(sizeof(float)); //输出结果为 4
            Console.WriteLine(sizeof(double));    //输出结果为 8
            Console.WriteLine(sizeof(decimal)); //输出结果为 16
            Console.WriteLine(sizeof(char));  //输出结果为 2
            Console.ReadLine();
        }
    }
}
```

4. typeof 运算符

typeof 运算符可以获取指定类型的 System.Type 对象。

【例 2-19】 typeof 运算符的使用。

```
namespace ConsoleApplication1
{
    class Program
    {
        static void Main(string[] args)
        {
            Type s=typeof(string);
            Console.WriteLine(s);           //输出结果为 System.String
            Type i=typeof(int);
            Console.WriteLine(i);           //输出结果为 System.Int32
            Console.ReadLine();
        }
    }
}
```

2.3.8　运算符的优先级

当一个表达式含有多个运算符时，需要按照运算符的优先级控制运算的过程，运算级别高的运算符优先于运算级别低的运算符进行运算，同等级别的运算符按照从左至右的顺序进行运算。运算符的优先级见表 2-11。

表 2-11　运算符优先级

<table>
<tr><th>类　　别</th><th>运　算　符</th></tr>
<tr><td>基　　本</td><td>x.y、f(x)、a[x]、x++、x––、new T()、new T[]、typeof、checked、unchecked</td></tr>
<tr><td>一　　元</td><td>+、–、!、～、++x、––x、(T)x</td></tr>
<tr><td>乘　　除</td><td>*、/、%</td></tr>
<tr><td>加　　减</td><td>+、</td></tr>
<tr><td>位　　移</td><td><<、>></td></tr>
<tr><td>关　　系</td><td><、>、<=、>=</td></tr>
<tr><td>相　　等</td><td>==、!=</td></tr>
<tr><td>逻 辑 与</td><td>&</td></tr>
<tr><td>逻辑异或</td><td>^</td></tr>
<tr><td>逻 辑 或</td><td>|</td></tr>
<tr><td>条 件 与</td><td>&&</td></tr>
<tr><td>条 件 或</td><td>||</td></tr>
<tr><td>条　　件</td><td>?:</td></tr>
<tr><td>赋　　值</td><td>=、复合赋值运算符</td></tr>
</table>

当一个运算量出现在两个具有相同优先级的运算符之间时，运算符的结合性控制运算的执行顺序：

(1) 除赋值运算符和条件运算符外，所有的二元运算符都是从左至右进行运算。例如，a+b+c 按照(a+b)+c 执行。

(2) 赋值运算符和条件运算符的结合性是从右至左。例如，a=b=c 按照 a=(b=c)执行。

(3) 优先级和结合性可以使用圆括号“()”控制。例如，a+b*c 与(a+b)*c 的运算过程是不同的。

2.4　程序控制语句

在一个 C#程序中，语句是最小的可执行单元。每个语句都能实现特定的操作，并且都以分号作为结束的标志。从程序流程控制的角度来看，程序语句有 3 种基本的结构：顺序结构、选择结构和循环结构。这些结构可以通过多种语句来实现，其中顺序结构是按照语句的先后顺序依次执行的，而选择结构和循环结构则需要通过特定的语句来实现。

2.4.1　选择结构

选择结构可以根据条件判断控制程序流程，C#中提供了两种可以进行选择结构程序设计的语句：if 语句和 switch 语句。

【操作视频】

1. if 语句

if 语句可以根据所给的条件判断是否执行后续的操作，有 3 种表现形式。

1) if 语句的一般形式

if 语句的一般形式如下：

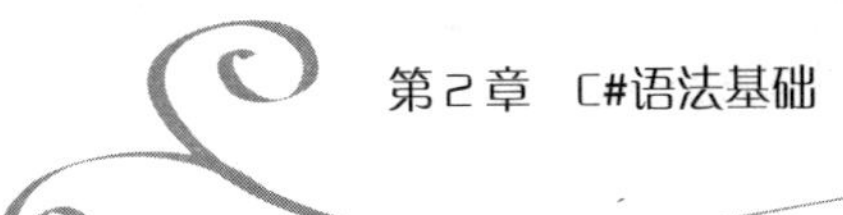

if(表达式)
{
    语句块
}

执行 if 语句时，先对表达式进行判断。如果表达式的值为 True，则执行其后的语句；如果表达式的值为 False，则跳出 if 结构继续执行其后面的语句。if 语句流程图如图 2.16 所示。

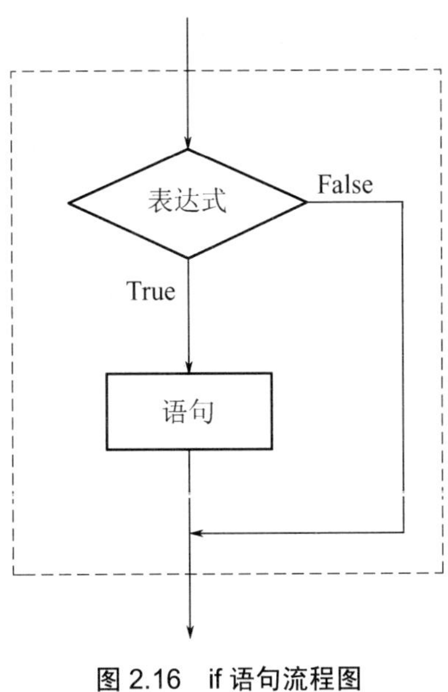

图 2.16　if 语句流程图

【例 2-20】 判断用户输入的用户名和密码是否与设定的用户名和密码相同，如果相同则反馈给用户有关用户名和密码正确的信息。

```
namespace ConsoleApplication1
{
    class Program
    {
        static void Main(string[] args)
        {
            string uName, pwd;
            Console.WriteLine("请输入用户名");
            uName = Console.ReadLine();
            Console.WriteLine("请输入密码");
            pwd = Console.ReadLine();
            if (uName == "admin" && pwd == "123456")
            {
                Console.WriteLine("用户名和密码正确！");
            }
        }
    }
}
```

在上面的程序中使用了 ReadLine()方法从控制台中读取一行字符串，通过 Enter 键返

回读取的字符串。如果要将输入的字符串与其他的数据类型进行转换，可以调用 System 命名空间的 Convert 类，调用的方法如下：

Convert.方法名(源数据)

注意

if 中的语句使用缩进格式，可以增强程序的可读性。

2）if-else 语句

if-else 语句是典型的双分支选择语句结构，它的格式如下：

```
if (表达式)
{
    语句块1
}
else
{
    语句块2
}
```

执行 if-else 语句时，先对表达式进行判断，如果表达式的值为 True，则执行语句块 1；如果表达式的值为 False，则执行语句块 2。在这种形式的语句中，两组语句只能有一组语句被执行。if-else 语句流程图如图 2.17 所示。

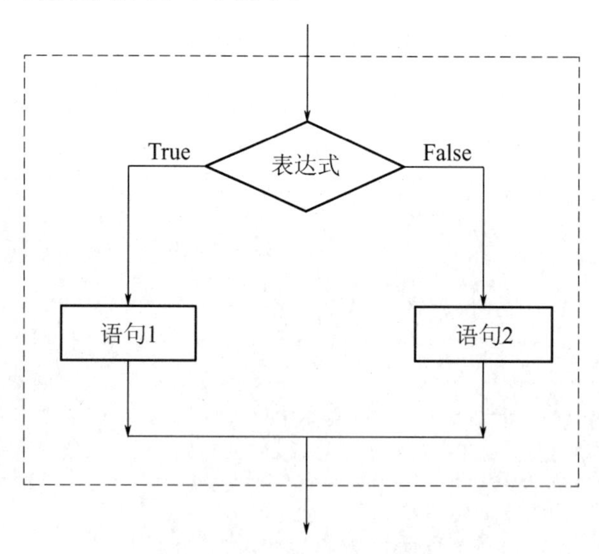

图 2.17　if-else 语句流程图

【例 2-21】判断用户输入的用户名和密码是否与设定的用户名和密码相同，如果相同则反馈给用户有关用户名和密码正确的信息，如果不相同则反馈给用户有关输入的用户名或密码有误的信息。

```
namespace ConsoleApplication1
{
```

```
    class Program
    {
        static void Main(string[] args)
        {
            string uName, pwd;
            Console.WriteLine("请输入用户名");
            uName = Console.ReadLine();
            Console.WriteLine("请输入密码");
            pwd = Console.ReadLine();
            if (uName == "admin" && pwd == "123456")
            {
                Console.WriteLine("用户名和密码正确！");
            }
            else
            {
                Console.WriteLine("输入的用户名或密码有误！");
            }
        }
    }
}
```

在 if 和 else 分支中分别可以嵌套 if-else 语句。

【例 2-22】 嵌套 if-else 语句的嵌套使用。

```
namespace ConsoleApplication1
{
    class Program
    {
        static void Main(string[] args)
        {
            double x;
            x = Convert.ToDouble(Console.ReadLine());
            if (x >= 0)
            {
                if (x < 1)
                {
                    Console.WriteLine("A");
                }
                else
                {
                    Console.WriteLine("B");
                }
            }
            else
            {
                if (x >= -1)
                {
```

```
                    Console.WriteLine("C");
                }
                else
                {
                    Console.WriteLine("D");
                }
            }
            Console.ReadLine();
        }
    }
}
```

通过嵌套的形式可以判断更多的条件。如果在上面程序中 else 分支后面使用的不是语句块，而是将 else 与后面的 if 放在一行，就形成了 if-else-if 语句形式。改写上面的程序代码：

```
namespace ConsoleApplication1
{
    class Program
    {
        static void Main(string[] args)
        {
            double x;
            x = Convert.ToDouble(Console.ReadLine());
            if (x >= 1)
            {
                Console.WriteLine("B");
            }
            else if (x >= 0)
            {
                Console.WriteLine("A");
            }
            else if (x >= -1)
            {
                Console.WriteLine("C");
            }
            else
            {
                Console.WriteLine("D");
            }
            Console.ReadLine();
        }
    }
}
```

【操作视频】

2. switch 语句

switch 语句类似于上面的多分支比较的 if 语句，可以根据表达式的结果执行相应的操作。switch 语句的格式如下：

switch (表达式)
{
case 常量表达式 1:{ 语句块 1} break;
case 常量表达式 2:{ 语句块 2} break;
...
case 常量表达式 n:{ 语句块 n} break;
default : { 语句块 n+1} break;
}

执行 switch 语句时，先计算 switch 后面表达式的值，然后将这个值逐个与 case 后面的常量表达式的值进行比较，当表达式的值与某个常量表达式的值相等时，执行这个常量表达式后面的语句块；如果表达式的值与所有 case 后的常量表达式的值均不相同，则执行 default 后的语句块。

【例 2-23】 使用 switch 结构判断用户输入的运算符号并进行相应的算术运算。

```
namespace ConsoleApplication1
{
    class Program
    {
        static void Main(string[] args)
        {
            int a=6, b=12;
            string str;
            Console.WriteLine("请输入运算符号");
            str = Console.ReadLine();
            switch (str)
            {
                case "+": Console.WriteLine("a+b={0}", a + b); break;
                case "-": Console.WriteLine("a-b={0}", a - b); break;
                case "*": Console.WriteLine("a*b={0}", a * b); break;
                case "/": Console.WriteLine("a/b={0}", (double)a / b); break;
                default: Console.WriteLine("输入的运算符不正确！"); break;
            }
        }
    }
}
```

在 switch 语句中，switch 后面的表达式可以是整型、字符型、枚举型或字符串类型。case 子句后面必须是常量表达式，不能是变量，并且这些常量表达式的值不能相同，否则会出现错误。

在 switch 语句中多个 case 可共用一组语句。

【例 2-24】 根据输入的分数划分不同的等级。分数在 0～10 分之间，其中 10 分和 9 分为“优”，8 分为“良”，7 分为“中”，6 分为“及格”，其他分数为“不及格”。

```
namespace ConsoleApplication1
{
    class Program
```

```
    {
        static void Main(string[] args)
        {
            int i;
            string str;
            Console.WriteLine("请输入分数");
            i = Convert.ToInt32(Console.ReadLine());
            switch (i)
            {
                case 10:
                case 9: Console.WriteLine("优"); break;
                case 8: Console.WriteLine("良"); break;
                case 7: Console.WriteLine("中"); break;
                case 6: Console.WriteLine("及格"); break;
                case 5:
                case 4:
                case 3:
                case 2:
                case 1:
                case 0: Console.WriteLine("不及格"); break;
                default: Console.WriteLine("请输入 0 至 10 的数字！"); break;
            }
        }
    }
}
```

在 switch 结构中，每个 case 后面都有一个 break 语句，它的作用是中断 switch 语句的执行。除了可以使用 break 语句以外，还可以使用 return 语句和 goto 语句跳出 switch 结构，执行其他语句。

注意

各个 case 子句和 default 子句的顺序并不是固定的，可以进行变动，这样不会影响程序执行的结果。

2.4.2 循环结构

实际应用经常会遇到重复处理某些数据的情况，这在程序设计中可以通过循环结构实现。C#中提供了 4 种循环语句：while 语句、do-while 语句、for 语句和 foreach 语句。通过循环语句可以控制语句块执行的次数，还可以设置满足什么样的条件才执行这个循环，下面分别介绍这几种循环语句。

1. while 语句

while 循环语句是一种实现“当型”循环结构的语句，即当满足某种条件时不断地执行某种循环操作。while 循环的一般形式如下：

while (表达式)

{

语句块
}

其中，表达式是控制循环的条件，它可以是任何合法的表达式，其值是布尔值 True 或 False。执行时，先计算表达式的值，当表达式的值为真时， 执行循环体语句，这时循环变量的值会发生变化，并使表达式的值发生变化，就再判断表达式，直到表达式的值为假跳出循环，执行循环体外语句。while 语句流程图如图 2.18 所示。

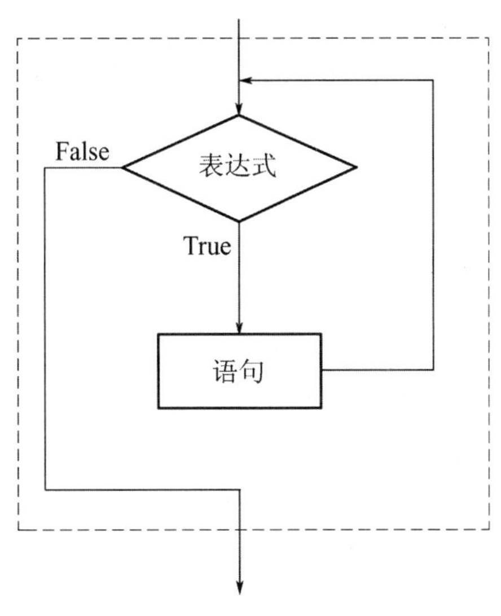

图 2.18 while 语句流程图

【例 2-25】 使用 while 语句计算 n!。

```
namespace ConsoleApplication1
{
    class Program
    {
        static void Main(string[] args)
        {
            int i = 1, n;
            long m = 1;
            Console.WriteLine("请输入一个数值");
            n = Convert.ToInt32(Console.ReadLine());
            while (i <= n)
            {
                m *= i;
                i++;
            }
            Console.WriteLine("{0}!={1}",n,m);
        }
    }
}
```

在使用 while 语句时，注意在循环体中应该有能使循环趋于结束的语句，如上面程序中的语句“i++;”，否则会造成死循环。

2. do-while 语句

do-while 语句是先执行循环再进行判断的循环语句，do-while 语句的一般格式如下：

do
{
    语句块
}
while (表达式);

其中，语句块是循环体，表达式是循环条件。执行时先执行循环体语句一次， 再判别表达式的值，若表达式的值为 True 则继续循环，否则终止循环，执行循环体外语句。do-while 语句流程图如图 2.19 所示。

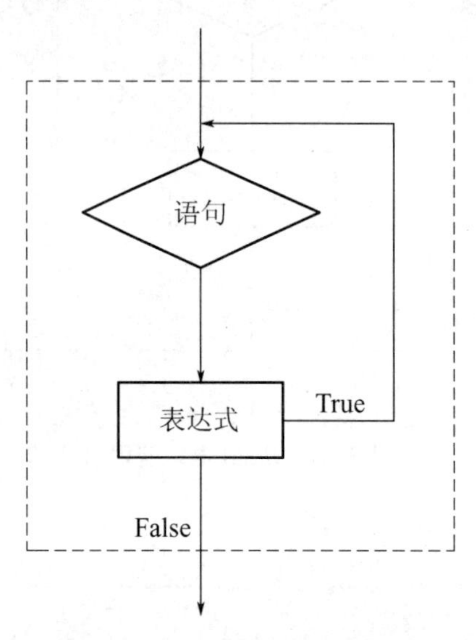

图 2.19 do-while 语句流程图

【例 2-26】 使用 do-while 语句计算 n!。

```
namespace ConsoleApplication1
{
    class Program
    {
        static void Main(string[] args)
        {
            int i = 1, n;
            long m = 1;
            Console.WriteLine("请输入一个数值");
            n = Convert.ToInt32(Console.ReadLine());
            do
            {
                m *= i;
                i++;
            }
            while (i <= n) ;
            Console.WriteLine("{0}!={1}",n,m);
```

```
            }
        }
}
```

使用 while 语句和 do-while 语句解决同一个问题时，如果二者的循环条件和循环体相同，它们是没有区别的。但是要注意的是，如果第一次判断表达式的值就为 False，do-while 语句会执行一次循环体，而 while 语句一次都不执行。

3. for 语句

for 循环语句是一种更为灵活、应用更为广泛的循环结构，它将循环变量的初值、循环的条件以及循环变量的变化都定义在表达式序列中，其一般形式如下：

for (表达式 1；表达式 2；表达 3)
{
    语句块
}

其中，表达式 1 通常用来给循环变量赋初值，表达式 2 通常是循环条件，表达式 3 通常用来控制循环变量的值，语句块为循环体。执行 for 循环语句时首先计算表达式 1 的值，再计算表达式 2 的值，若表达式 2 的值为真则执行循环体一次，并计算表达式 3 的值，然后再判断表达式 2 的值，直到表达式 2 的值为假则跳出循环，执行循环体外面的语句。在整个 for 循环过程中，表达式 1 只计算一次，表达式 2 和表达式 3 则可能计算多次。for 语句流程图如图 2.20 所示。

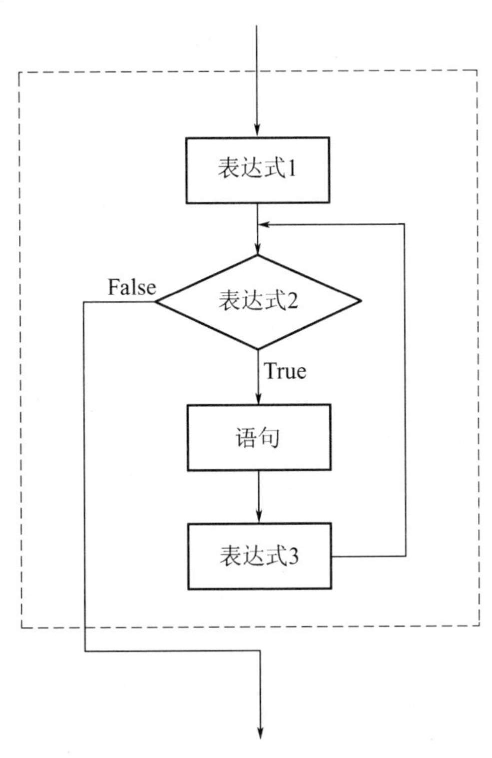

图 2.20 for 语句流程图

【例 2-27】 使用 for 语句计算 n!。

```
namespace ConsoleApplication1
{
    class Program
    {
        static void Main(string[] args)
        {
            int i , n;
            long m = 1;
            Console.WriteLine("请输入一个数值");
            n = Convert.ToInt32(Console.ReadLine());
            for (i = 1; i <= n; i++)
            {
                m *= i;
            }
            Console.WriteLine("{0}!={1}", n, m);
        }
    }
}
```

使用 for 循环书写的程序相对于 while 循环和 do-while 循环来讲要简洁一些。3 种语句执行的结果是相同的。

for 语句使用非常灵活，在应用中要注意以下几个方面。

(1) 如果在 for 语句之前就已经对循环变量赋初始值，那么表达式 1 是可以省略的，但是其后面的分号要保留。所以上面的程序中 for 语句可以改写为

```
int i=1,n;
for(;i<=n;i++)
```

(2) for 语句中的表达式 2 也是可以省略的，即不判断循环的条件，循环始终进行下去。注意，这种情况容易造成死循环，所以在实际应用中会在循环体中增加跳出循环的控制语句。即使省略表达式 2，它后面的分号是不能省略的。

(3) for 语句中的表达式 3 也可以省略，这就需要在循环体中增加能够使循环变量变化的语句，避免造成死循环。

(4) 在 for 语句中可以同时省略表达式 1 和表达式 3，只给出表达式 2，这样的 for 语句与 while 语句相同，在 for 语句之前为循环变量赋初值，在循环体中改变循环变量的值。

(5) 如果将 for 语句中的 3 个表达式都省略，这就是一个死循环，需要在循环体中增加可以跳出循环结构的控制语句。

(6) 在 for 语句中，表达式 1 和表达式 3 中可以包含多个表达式，之间用逗号隔开。例如例 2-27 可以改写为下面的形式：

```
namespace ConsoleApplication1
{
    class Program
    {
```

```
        static void Main(string[] args)
        {
            int i = 1, n;
            long m;
            Console.WriteLine("请输入一个数值");
            n = Convert.ToInt32(Console.ReadLine());
            for (i = 1, m = 1; i <= n; m *= i, i++)
            {
            }
            Console.WriteLine("{0}!={1}", n, m);
        }
    }
}
```

在上面这段代码中将 m 的赋值与循环变量赋值包含在表达式 1 中，“m*=i”包含在表达式 3 中，循环体中为空语句。运行后会发现这与例 2-27 的运行结果是相同的。

注意

初学者注意在 for 表达式后面不要加分号，如果加上分号表示没有循环体，本来放在{}里的语句将不受 for 语句的控制。

4. foreach 语句

在 C#引入了 foreach 循环语句，这在 C/C++中是没有的。通过 foreach 语句可以简单、方便地遍历数组或集合对象中的每个元素。foreach 语句的一般格式如下：

foreach (类型 变量名称 in 集合对象)
{
语句块
}

执行 foreach 语句时，首先要声明循环变量。这个变量是一个局部变量，它的作用范围只在 foreach 语句内，这个变量的作用是依次存放要遍历的集合对象中的各个元素，但并不更改这些元素的内容。在循环体中，这个变量的值也不能被赋予其他的新值。

【例 2-28】 使用 foreach 语句访问字符串中的字符。

```
namespace ConsoleApplication1
{
    class Program
    {
        static void Main(string[] args)
        {
            string str = "Hello";
            foreach (char c in str)
            {
                Console.Write(c+"\t");
            }
```

```
            }
        }
    }
```

在 foreach 语句中循环变量的类型与集合对象的类型是要兼容的，如果两者的类型不一致，需要将集合中的元素类型转换成循环变量元素的类型。

foreach 语句还可以应用在其他的集合对象类型中，在后面的章节中将会有关于 foreach 语句在如数组、接口等类型中的应用介绍。

【操作视频】

5. 嵌套循环

嵌套循环是指在一个循环的循环体中有另外一个完整的循环结构，外层循环称为外循环，内层循环称为内循环。如果内循环还完整地包含另外一个循环结构，则构成多重循环嵌套。上面介绍的 3 种循环(while 循环、do-while 循环、for 循环)，每一种循环都可以完整地嵌于某一种循环中，内循环和外循环的结构可以相同也可以不同。

【例 2-29】 使用嵌套循环输出九九乘法表。

```
namespace ConsoleApplication1
{
    class Program
    {
        static void Main(string[] args)
        {
            int i,j;
            for (i = 1; i <= 9; i++ )
            {
                for (j = 1; j <= i; j++)
                {
                    Console.Write("{0}*{1}={2}\t", i, j, i * j);
                }
                Console.WriteLine();
            }
        }
    }
}
```

在上面的程序中，第一个 for 循环结构通过外层循环变量 i 控制要输出的行，第二个 for 循环结构通过内层循环变量 j 控制每行中输出的列。i 的变化范围为从 1 到 9，而 j 的变化范围由 i 决定，即第 i 行时 j 的变化为从 1 到 i。i 每取一个值，j 都会从 1 变到 i，即外层循环变量 i 每变化一次，j 就从 1 到 i 循环一遍。

在这个程序中调用了 Write()方法，通过调用 Write()方法可以向控制台输出信息，并且输出结束后光标不换行，停留在输出信息的结尾。

2.4.3 跳转结构

在程序设计中，使用跳转语句可以控制程序的流程。C#中提供 break 语句、continue 语句、goto 语句和 return 语句以及其他一些跳转语句。它们通常用在选择结构和循环结构中，但是有时也可以用在其他情况中。

1. break 语句

在前面的内容中曾经把 break 语句和 switch 语句搭配使用，用来保证多分支情况的正确运行。除此以外，break 语句也经常用在循环结构中，作用是在某一时刻或位置终止当前循环语句，跳出当前的循环控制结构，使程序执行该循环体外的语句。

【例 2-30】 编写程序依次输出 1～100 以内的素数。

```
namespace ConsoleApplication1
{
    class Program
    {
        static void Main(string[] args)
        {
            int k, i, j;
            int num=0;
            for (i = 1; i <= 100; i++)
            {
                k = (int)Math.Sqrt((double)i); //调用数学函数 Sqrt()求 i 的平方根
                for (j = 2; j <= k; j++)
                {
                    if (i % j == 0)
                    {
                        break;       //如果能被整除，说明不是素数，跳出内层循环结构
                    }
                }
                if (j >= k + 1)     //i 不能被 2 至 k 之间的数整除，它是一个素数
                {
                    num ++;
                    Console.Write(i + "\t");
                    if (num % 5 == 0)            //控制每行输出 5 个素数
                    {
                        Console.WriteLine();
                    }
                }
            }
            Console.WriteLine("\n在 1 至 100 之间共有{0}个素数\n",num);
        }
    }
}
```

在上面的程序代码中，外层循环变量 i 控制在 1 至 100 以内循环，用 i 去除 2 至 i 的平方根(即 k)之间的数，如果不能整除，这个数就是素数。如果能够整除，说明这不是素数，使用 break 语句结束对这个数字的判断。变量 num 用来统计素数的个数，每行输出 5 个素数。程序运行结果如图 2.21 所示。

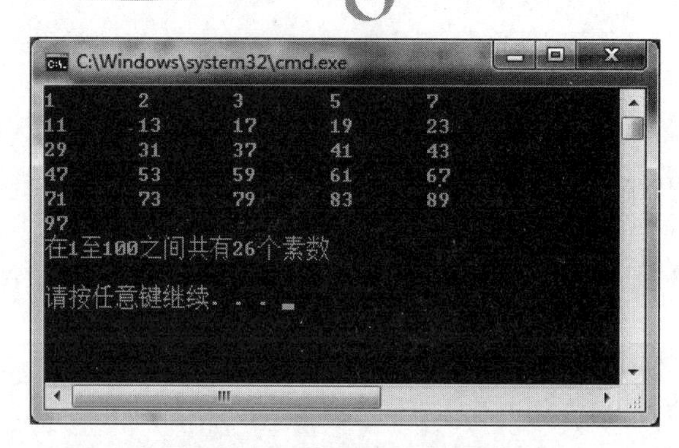

图 2.21　1 至 100 的素数

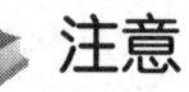
注意

break 语句如果用在循环语句及 switch 语句之外的语句结构中，程序不能正常编译运行。

2. continue 语句

Continue 语句只能用于循环结构中，它的作用是结束本次循环，进行下一次循环。

【例 2-31】 编写程序依次输出 100～200 之间能够被 6 整除的数字。

```
namespace ConsoleApplication1
{
    class Program
    {
        static void Main(string[] args)
        {
            int i, num = 0;
            for (i = 100; i <= 200; i++ )
            {
                if(i%6!=0)
                {
                    continue;   //如果不能被 6 整除，结束本次循环
                }
                Console.Write(i+"\t");
                num++;
                if (num % 5 == 0)   //控制每行输出 5 个数
                {
                    Console.WriteLine();
                }
            }
            Console.WriteLine();
        }
    }
}
```

程序运行结果如图 2.22 所示。

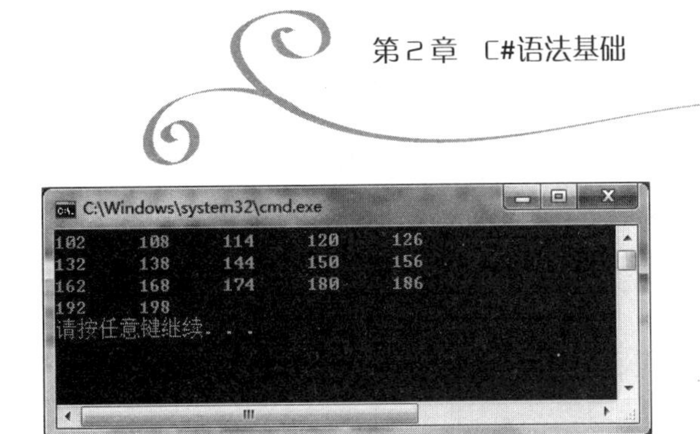

图 2.22 100～200 之间能够被 6 整除的数字

注意

continue 语句只能用在循环结构内，在其他的语句结构中都会引起错误。

3. goto 语句

goto 语句是一个无条件的跳转语句，它的一般形式如下：

goto 语句标号;

其中，语句标号是一个有效标识符，它可以出现在程序的某个位置，用冒号(：)与语句分隔开。执行 goto 语句时，程序将跳转到语句标号所在的位置，并执行它后面的语句。

【例 2-32】 使用 goto 语句求 1+2+3+…+100 的值。

```
namespace ConsoleApplication1
{
    class Program
    {
        static void Main(string[] args)
        {
            int i = 1, sum = 0;
            loop:
            sum += i;
            i++;
            if (i <= 100)
            {
                goto loop;
            }
            Console.WriteLine("1+2+3+…+100={0}",sum);
        }
    }
}
```

注意

在结构化程序设计方法中要尽量避免使用 goto 语句，可使用条件语句和循环来代替它，增强代码的可读性。

4. return 语句

return 语句可以终止它所在的方法的执行并将控制返回给调用方法。它还可以返回一个可选值。如果方法为 void 类型，则可以省略 return 语句。

【例 2-33】 使用 return 语句结束 Main()方法的运行。

```
namespace ConsoleApplication2
{
    class Program
    {
        static void Main(string[] args)
        {
            int a = 0, i;
            for (i = 1; i < 9; i++)
            {
                if (i == 5)
                {
                    a = i;
                    return;     //结束 return 所在的方法，即 Main()方法的运行
                }
            }
            Console.WriteLine(a);
        }
    }
}
```

在上面的程序代码中，当循环变量 i 的值为 5 时，将 i 的值赋值给变量 a，执行 return 语句，结束 Main()方法的运行，所以运行这段代码会发现，下面的输出变量 a 的值的语句并没有运行。

【例 2-34】 利用 return 语句获得方法的返回值。

```
namespace ConsoleApplication1
{
    class Program
    {
        static void Main(string[] args)
        {
            Console.WriteLine(Add(1,2));
        }
        static int Add(int a, int b)
        {
            return a + b;
        }
    }
}
```

2.5 数　　组

【操作文本】在一些应用中经常要处理一些具有逻辑关系的大批量的数据。例如，对多个学生成绩进行排序，计算它们的最大值、最小值和平均值，在解决这个问题时需要多次访问这些数据。如果每个成绩都用一个变量来保存，在数据量很大的时候这是不现实的。这就需要将这些数据组合在一起成为一个有序序列。类似这样的问题可以借助数组来实现。

数组是一个变量的索引列表，存储在数组类型的变量中。每个数组都有一个基本类型，数组中的每个元素都是这个类型。数组可以是一维、多维或交错的。在本节中将重点介绍一维数组、二维数组以及交错数组。

2.5.1　一维数组

1. 声明一维数组

声明一维数组的格式如下：

数据类型[] 数组名称;

其中，数据类型可以是C#中的任何类型，包括数值类型和引用类型。方括号“[]”表示此语句声明的是一个数组。数组名称遵循C#中标识符的命名规则。例如：

```
int[] arr;        //声明int型一维数组arr
string[] str;     //声明string型一维数组str
```

2. 一维数组的初始化

数组在访问之前必须初始化。数组的初始化有两种方式。

(1) 声明数组时指定数组元素的完整内容。例如：

```
int[] arr= {1,2,3,4,5};
```

在上面的语句中声明了int型数组arr，数组arr中有5个元素，元素的值分别为1、2、3、4、5。

(2) 声明数组时指定数组的大小，然后使用关键字new初始化所有数组元素。例如：

```
int[] arr= new int[5];
```

在这个语句中使用关键字new显示初始化数组arr，使用数值常量定义数组大小(有5个元素)。使用这种方法初始化的数组根据数据类型都有一个统一的默认值。数组arr为int型数组，它的元素初始值为0。

上面的语句也可以改写为

```
int[] arr;
arr = new int[5];
```

注意

在C#中可以使用变量初始化数组，如下面的例子。

```
int i = 5;
int[] arr= new int[i];
```

在C#中可以使用以上两种方式的组合方式来进行数组初始化的操作。例如：

```
int[] arr= new int[5] {1,3,5,7,9};
```

使用这种方式时，要注意数组的大小必须要与元素的个数相同，否则就会出错。另外，使用这种方式时是不能使用变量初始化数组大小的。例如，下面的语句就是错误的：

```
int i = 5;
int[] arr= new int[i] {1,3,5,7,9, };   //错误，数组的大小应使用常量
```

在上面的语句中如果将变量i声明为常量，语句就是正确的，例如:

```
const int i = 5;
int[] arr= new int[i] {1,3,5,7,9, };   //正确
```

3. 引用一维数组元素

在 C#中数组元素的引用是通过数组元素的下标实现的，数组元素的下标从 0 开始取值，并且下标的值要小于数组元素个数。

例如，在“int[] arr= {1,2,3,4,5};”语句中，数组 arr 有 5 个元素，分别为 arr[0]、arr[1]、arr[2]、arr[3]、arr[4]。

【例 2-35】 一维数组元素的引用。

```
namespace ConsoleApplication1
{
    class Program
    {
        static void Main(string[] args)
        {
            int[] arr1 = new int[5];   //声明并初始化数组 arr1

            /*为数组元素赋值*/
            arr1[0] = 1;
            arr1[2] = 3;
            arr1[4] = 5;

            /*输出数组元素*/
            for (int i = 0; i < arr1.Length; i++)
            {
                Console.Write("{0}\t",arr1[i]);
            }
            Console.WriteLine();
        }
    }
}
```

程序运行结果如图 2.23 所示。

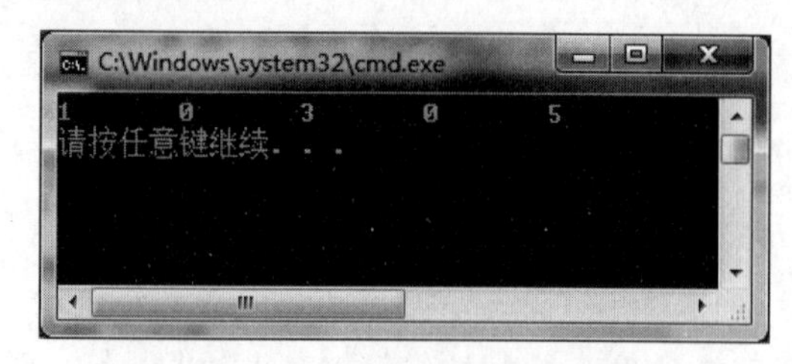

图 2.23 一维数组元素的引用

在上面的程序中，使用 for 循环遍历数组中的元素，使用 Length 属性获得数组元素个数。也可以使用 GetLength(0) 方法获取一维数组长度，效果是相同的。

【例 2-36】 使用冒泡排序方法对输入的任意 10 个数字从小到大进行排序。

```
namespace ConsoleApplication1
{
    class Program
    {
        static void Main(string[] args)
        {
            int[] arr = new int[10];
            int t = 0;
            Console.WriteLine("请输入任意 10 个数字");
            for (int i = 0; i < 10; i++)
            {
                Console.Write("第{0}个数：",i+1);
                arr[i] = Convert.ToInt32(Console.ReadLine());
            }
            Console.WriteLine("输入的 10 个数字是：");
            for (int i = 0; i < 10; i++ )
            {
                Console.Write(arr[i]+"\t");
            }
            for (int i = 1; i < 10; i++ )
            {
                for (int j = 1; j <= 10 - i; j++ )
                {
                    if (arr[j - 1] > arr[j])
                    {
                        t = arr[j - 1];
                        arr[j - 1] = arr[j];
                        arr[j] = t;
                    }
                }
            }
            Console.WriteLine("排序后的数字是：");
            foreach (int i in arr)
            {
                Console.Write(i+"\t");
            }
        }
    }
}
```

运行程序，依次输入 10 个整数，排序结果如图 2.24 所示。

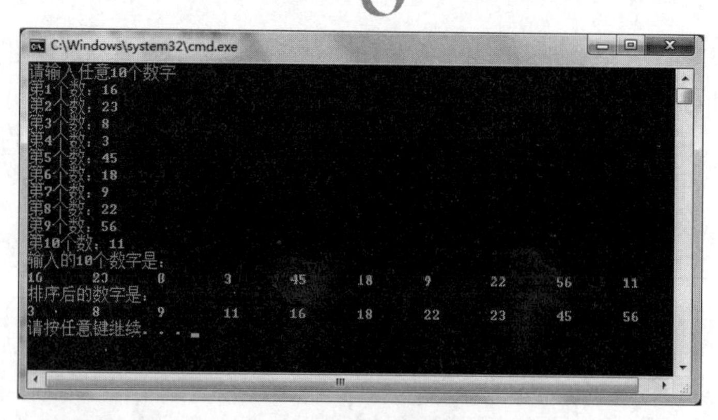

图 2.24　冒泡排序法

注意

string 类型变量可以看作 char 类型变量的只读数组，所以也可以通过数组的方式访问字符串变量的每个字符。例如：

```
string str = "C# Program";
char ch=str[6];
Console.WriteLine(ch);
```

2.5.2　二维数组

1. 二维数组的声明和初始化

二维数组相当于一个矩阵，在声明和初始化时与一维数组相似。二维数组的声明形式如下：

数据类型[,] 数组名称;

在方括号[]中，各个维度用逗号隔开。例如，下面的语句：

```
double[,] arr;  //声明 double 型二维数组 arr
```

二维数组的初始化与一维数组初始化的方式相同，也有两种方法。例如：

```
int[,] arr1={{1,2},{3,4},{5,6}};
int[,] arr2 = new int[2, 3];
```

在声明数组 arr1 的语句中，没有指明数组 arr1 的行数和列数，而在对它初始化的过程中外层花括号{}内包含的{}的数目就是行数，内层的{}里包含的数据个数就是列数。所以数组 arr1 共有 3 行 2 列。

使用 new 运算符初始化的二维数组根据数据类型有统一的默认值。数组 arr2 为 int 型二维数组，它的元素初始值为 0。

注意

在 C#中不允许对二维和二维以上的多维数组的部分元素初始化。

2. 引用二维数组元素

二维数组中的元素引用也是通过数组元素下标实现的。二维数组中每一个维度下标都是从 0 开始取值，下标的值小于所在维度的长度。在前面的二维数组初始化的语句中，arr1 有 3 行 2 列共 6 个元素，它们分别是

```
arr2[0,0]  arr2[0,1]
arr2[1,0]  arr2[1,1]
arr2[2,0]  arr2[2,1]
```

对二维数组元素的遍历可以通过双重循环或 foreach 语句实现。

【例 2-37】 遍历二维数组元素。

```
namespace ConsoleApplication1
{
    class Program
    {
        static void Main(string[] args)
        {
            int[,] arr = new int[3,4];
            Console.WriteLine("输入数组元素的值");
            for (int i = 0; i < arr.GetLength(0); i++)
            {
                Console.WriteLine("请输入第{0}行元素值",i+1);
                for (int j = 0; j < arr.GetLength(1); j++)
                {
                    arr[i, j] = int.Parse(Console.ReadLine());
                }
            }

            Console.WriteLine("将二维数组元素的值以矩阵的形式输出");
            for (int i = 0; i < arr.GetLength(0); i++)
            {
                for (int j = 0; j < arr.GetLength(1); j++)
                {
                    Console.Write(arr[i,j]+"\t");
                }
                Console.WriteLine();
            }

            Console.WriteLine("使用 foreach 语句将二维数组元素的值输出");
            foreach (int i in arr)
            {
                Console.Write(i+"\t");
            }
            Console.ReadLine();
        }
    }
}
```

在.NET Framework 体系中定义了 System.Array 类，在这个类的内部封装了多个用于操作数组的属性和方法，在一维数组中用到的Length属性和在这个程序中使用的GetLength()方法都包括在其中。GetLength()方法用于获取 Array 类数组对象中指定维度的元素个数，GetLength(0)为 GetLength 的一个示例，它返回数组的第一维中的元素个数。

2.5.3 交错数组

交错数组是用数组作为元素的数组，交错数组元素的维度和大小可以不同，所以交错数组有时称为“数组的数组”。

1. 二维交错数组的声明和初始化

声明二维交错数组时，要使用两个方括号。其一般格式如下：

数据类型[][] 数组名称;

其中，数据类型和数组名称与声明一维、二维数组时相同。例如：

下面声明一个由 3 个元素组成的一维数组，其中每个元素都是一个一维整数数组：

```
int [][] jArr;
string [][] str;
```

交错数组必须初始化才能使用。因为交错数组的每一行包含的元素个数不同，所以在初始化交错数组时，只要在第一个方括号中设置该交错数组包含的行数，第二个方括号为空。这里需要注意的是，二维交错数组的初始化需要对每一个子数组都进行初始化，即每个子数组的初始化都由独立的一条语句来完成。例如，初始化数组 jArr 的元素：

```
int [][] jArr=new int[3][];
jArr[0]=new int[5];
jArr[1]=new int[4];
jArr[2]=new int[2];
```

在上面的代码中，jArr 是由 3 个一维 int 型数组组成的交错数组。第一个元素是由 5 个整数组成的数组，第二个元素是由 4 个整数组成的数组，而第三个元素是由 2 个整数组成的数组。

在声明和初始化二维交错数组时，也可以使用下面的语句：

```
jArr [0] = new int[] { 1, 2, 3, 4, 5 };
jArr [1] = new int[] { 11, 12, 13, 14 };
jArr [2] = new int[] { 21, 22 };
```

还可以在声明数组时将其初始化。例如：

```
int[][] jArr = new int[][]
{
   new int[] {1,3,5,7,9},
   new int[] {0,2,4,6},
   new int[] {11,22}
};
```

2. 引用二维交错数组元素

二维交错数组同样通过数组名称和元素下标来引用，可以使用循环语句遍历交错数组元素。

【例 2-38】 二维交错数组元素的使用。

```
namespace ConsoleApplication1
{
    class Program
    {
        static void Main(string[] args)
        {
            int[][] jArr = new int[3][];
            jArr[0] = new int[5];
            jArr[1] = new int[4];
            jArr[2] = new int[2];

            Console.WriteLine("输入数组元素");
            for (int i = 0; i < jArr.Length; i++)
            {
                Console.WriteLine("第{0}个数组的元素",i+1);
                for (int j = 0; j < jArr[i].Length; j++)
                {
                    jArr[i][j] = int.Parse(Console.ReadLine());
                }
            }

            Console.WriteLine("按行输出数组元素");
            for (int i = 0; i < jArr.Length; i++)
            {
                for (int j = 0; j < jArr[i].Length; j++)
                {
                    Console.Write(jArr[i][j]+"\t");
                }
                Console.WriteLine();
            }
            Console.WriteLine("使用 foreach 语句输出全部数组元素");
            foreach (int i in jArr[0])
            {
                Console.Write(i + "\t");
            }
            foreach (int i in jArr[1])
            {
                Console.Write(i + "\t");
            }
            foreach (int i in jArr[2])
            {
```

```
                Console.Write(i + "\t");
            }
            Console.ReadLine();
        }
    }
}
```

因为二维交错数组中，各个数组元素的长度是不同的，所以在上面的程序中，使用内层循环控制数组元素的时候，数组的长度使用的是 jArr[i].Length，这样可以通过循环变量 i 的变化，取得各个数组元素的长度。

【例 2-39】 编写程序，通过交错数组输出杨辉三角形。

```
namespace YanghuiTriangle
{
    class Program
    {
        static void Main(string[] args)
        {
            int t;
            Console.WriteLine("请指定杨辉三角形的长度");
            t = int.Parse(Console.ReadLine());

            int[][] arr = new int[t][];   //声明初始化二维交错数组 arr
            for (int i = 0; i < arr.Length; i++)  //初始化数组 arr 中的数组元素
            {
                arr[i] = new int[i + 1];
            }

            for (int i = 0; i < arr.Length; i++)
            {
                arr[i][0] = 1;      //杨辉三角形中第一列的元素均为 1
                arr[i][i] = 1;      //杨辉三角形中对角线上的元素为 1
                //杨辉三角形中其余元素的值为上一行同列元素与前一列元素的和
                for (int j = 1; j < arr[i].Length - 1; j++)
                {
                    arr[i][j]=arr[i-1][j]+arr[i-1][j-1];
                }
            }
            Console.WriteLine("输出杨辉三角形");
            for (int i = 0; i < arr.Length; i++)
            {
                for (int j = 0; j < arr[i].Length; j++)
                {
                    Console.Write(arr[i][j]+"\t");
                }
                Console.WriteLine();
            }
```

```
            }
        }
    }
```

运行程序，输入杨辉三角形的长度为 8，输出结果如图 2.25 所示。

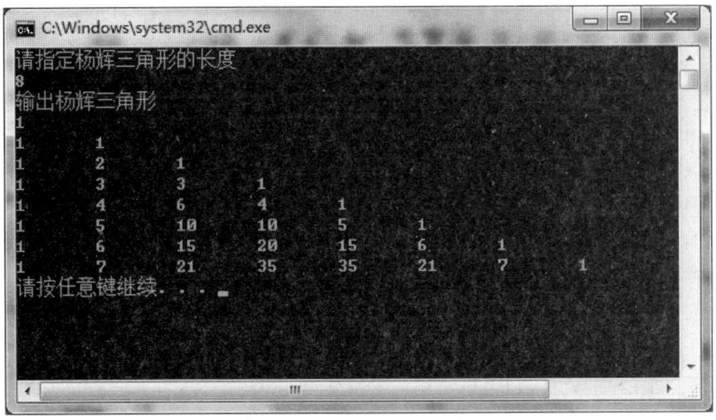

图 2.25 杨辉三角形

2.6 案　　例

在实际应用中经常会遇到对数据进行分组、排序等操作，例如，对学生进行专业的划分、对图书进行分类、对学生的成绩进行排序、对产品的价格进行排序等。本章案例通过本章中介绍的结构体、数组、选择语句和循环语句等内容实现竞赛分数统计的功能。

例如，在一场竞赛中有 3 个班级进入总决赛，其中每个班级有两名学生代表，通过每名参赛学生的成绩得到每个班参赛的总成绩，得到冠、亚、季军，并且这场比赛会对参赛学生中分数最高的学生个人进行奖励。编写程序实现这一过程。

首先定义两个结构体，分别用来描述学生和班级的属性。

```
//定义 student 结构体
struct student
{
    public string sID;
    public string sName;
    public float sScore;
}
//定义 clas 结构体
struct clas
{
    public string cID;
    public float cScore;
}
```

为了能让学生与班级信息联系在一起，可以通过学生的学号与班级编号建立关系，假设学生学号的前 7 位表示班级号。在 Main()方法中声明 student 结构体数组 stu，其中

有 6 个元素；声明 clas 结构体数组 cl，其中有 3 个元素。通过循环语句输入班级编号和学生信息。

```
namespace StudentScoreManage
{
    class Program
    {
        static void Main(string[] args)
        {
            student[] stu = new student[6];  //声明 student 结构体数组 stu
            clas[] cl = new clas[3];         //声明 clas 结构体数组 cl
            Console.WriteLine("=====================================\n");
            Console.WriteLine("\t 请输入参加比赛班级的编号\n");
            for (int i = 0; i < cl.Length; i++)
            {
                Console.Write("\t--比赛班级{0}:  ",i+1);
                cl[i].cID = Console.ReadLine();
                Console.WriteLine();
            }
            Console.WriteLine("=====================================\n");
            Console.WriteLine("\t 请输入比赛学生的信息\n");
            for (int i = 0; i < stu.Length; i++)
            {
                Console.WriteLine("--请输入第{0}位学生的信息\n", i + 1);
                Console.Write("\t 学号：");
                stu[i].sID=Console.ReadLine();
                Console.Write("\t 姓名：");
                stu[i].sName=Console.ReadLine();
                Console.Write("\t 分数：");
                stu[i].sScore=float.Parse(Console.ReadLine());
                Console.WriteLine();
            }
            Console.WriteLine("=====================================\n");
```

输入班级和学生信息后可以根据学生编号的前 7 位判断该名学生属于哪个班级，这时可以使用处理字符串的 Substring()方法。Substring()方法的语法为 String.Substring(int startIndex, int length)，表示返回一个从 startIndex 开始到结束的子字符串，或返回一个从 startIndex 开始，长度为 length 的子字符串。下面就使用这个方法求各个班级的总成绩。

```
            //求班级总成绩
            for (int i = 0; i < stu.Length; i++)
            {
                for (int j = 0; j < cl.Length; j++)
                {
                    if((stu[i].sID.Substring(0,7))==cl[j].cID)
                    {
                        cl[j].cScore+=stu[i].sScore;
```

```
            }
        }
    }
    Console.WriteLine("\t 3个班的总成绩分别是：\n");
    for (int i = 0;  i < cl.Length;  i++)
    {
        Console.WriteLine("----{0}班：{1}\n",i+1,cl[i].cID,cl[i].cScore);
    }
    Console.WriteLine("=========================================\n");
```

班级总成绩求得后可以对总成绩进行排序，排序时可以使用冒泡排序法，也可以使用其他的排序方法。

```
    //根据总成绩由高到低排序
    for (int i = 1; i < cl.Length; i++)
    {
        for (int j = 1; j <= cl.Length - i; j++)
        {
            string m;
            float n;
            if (cl[j].cScore > cl[j - 1].cScore)
            {
                m = cl[j].cID;
                n = cl[j].cScore;
                cl[j].cID = cl[j - 1].cID;
                cl[j].cScore = cl[j - 1].cScore;
                cl[j - 1].cID = m;
                cl[j - 1].cScore = n;
            }
        }
    }
    Console.WriteLine("\t 班级总成绩排名\n");
    for (int i = 0; i < cl.Length; i++)
    {
        Console.WriteLine("NO{0}----{1}班：{2}\n",i+1, cl[i].cID,
                cl[i].cScore);
    }
    Console.WriteLine("=========================================\n");
    //求个人成绩最高的参赛学生
    float max = 0;
    int t = 0;
    for (int i = 0; i < stu.Length; i++)
    {
        if (stu[i].sScore > max)
        {
            max = stu[i].sScore;
            t = i;
        }
    }
    Console.WriteLine("\t 全场比赛最高成绩获得者：{0}，成绩为{1}分\n",
```

```
                    stu[t].sName, stu[t].sScore);
            Console.WriteLine("================================\n");        }
        }
    }
```

运行程序，输入班级信息，如图 2.26 所示。

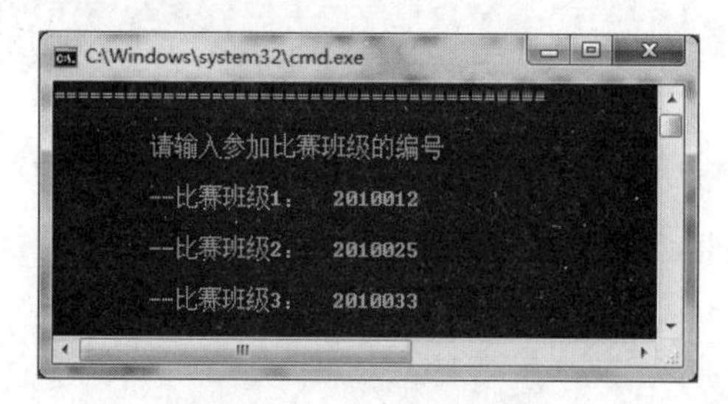

图 2.26　输入班级信息

输入学生信息，如图 2.27 所示。

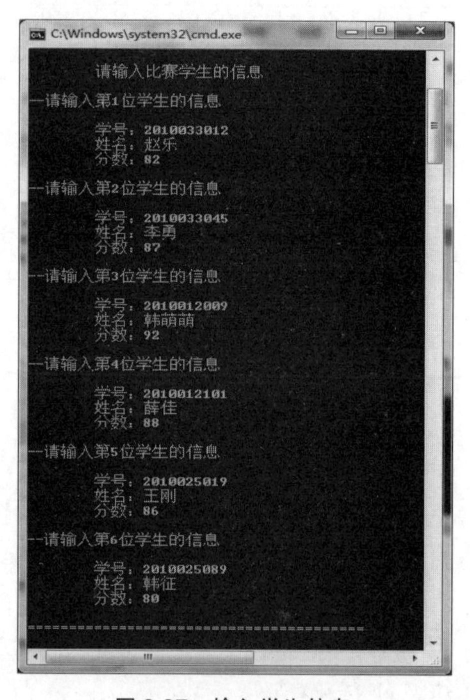

【本章拓展】

图 2.27　输入学生信息

根据以上信息，可以输出班级成绩排名和个人成绩最高的学生，如图 2.1 所示。

习　　题

1. 填空题

(1) C#语言规定变量在使用之前必须先________后使用。

(2) 在 C#表达式中可以使用________改变运算符的运算顺序，使表达式清晰易懂。

(3) 在C#语言中，使用________关键字声明符号常量。

(4) 在代码中明确表示将某一数据类型转换为另一种数据类型称为________。

(5) 循环语句“for(int i=20;i>=9;i=i-3)”的循环次数为________。

(6) 运行以下程序后，i的值为________，s的值为________。

```
namespace ConsoleApplication1
{
    class Program
    {
        static void Main(string[] args)
        {
            int i=0, s=1;
            do
            {
                s/=s+1;
                i++;
            }
            while(i<=10);
            Console.WriteLine("i={0},s={1}",i,s);
            Console.ReadLine();
        }
    }
}
```

(7) 运行下面的程序后，m的值为________，n的值为________。

```
namespace ConsoleApplication1
{
    class Program
    {
        static void Main(string[] args)
        {
            int i = 0, m = 0, n = 0;
            while (i <= 100)
            {
                if (i % 2 == 0)
                {
                    m += i;
                }
                else
                {
                    n = n + i;
                }
                i++;
            }
            Console.WriteLine("m={0},n={1}",m,n);
            Console.ReadLine();
```

```
        }
    }
}
```

2. 选择题

(1) C#语言的标识符只能由字母、数字和下划线组成，且第一个字符________。

A. 必须为字母

B. 必须为下划线

C. 必须为字母或下划线

D. 可以是字母、数子或下划线中的一种

(2) 在 C#的运算符中，优先级最高的是________。

A. !　　B.*　　C. >　　D. %

(3) 下列语句中，不属于跳转语句的是________。

A. break　　B. continue　　C. if　　D. goto

(4) 执行下面的语句，退出循环后 i 的值为________。

A. 100　　B. 101　　C. 102　　D. 1

```
namespace ConsoleApplication1
{
    class Program
    {
        static void Main(string[] args)
        {
            int i;
            for (i = 0; i <= 100; i++)
            {
                i += 1;
            }
            Console.WriteLine("i={0}", i);
            Console.ReadLine();
        }
    }
}
```

(5) 下面的转换中，不是隐式转换的是________。

A. int 转换成 short　　B. short 转换成 int

C. bool 转换成 string　　D. bytes 转换成 float

(6) 下列语句执行后，控制台输出的是________。

A. hello world　　B. HELLO WORLD

C. STR　　D. Hello World

```
namespace HelloWorld
{
    class Program
```

```
    {
        static void Main(string[] args)
        {
            string str = "Hello World";
            Console.WriteLine(str.ToUpper());
            Console.ReadLine();
        }
    }
}
```

3．问答题

(1) C#为什么规定变量要“先声明，后使用”，这样做的好处是什么？

(2) 请写出下列表达式的值，设 a 的值为 3，x 的值 2.5，y 的值为 4.7。

① 26/3+34%5+3.6；

② a=b=(c=a+=8)；

③ (int)(a+5.3)%2+(a=b=4)；

④ x+a%3*(int)(x+y)%2/4。

(3) 设圆的半径 r=5，圆柱高 h=3，求圆的周长、圆的面积、圆球的体积、圆柱的体积。

(4) 输入一个华氏温度，要求输出摄氏温度。公式为 $C=\frac{5}{9}(F-32)$，结果保留两位小数。

(5) 求 1!+2!+3!+…+n!，n 的值由用户输入。

(6) 输入两个正整数，求它们的最大公约数和最小公倍数。

(7) 编写程序输出下面的图案：

【习题答案】

类

【本章代码】

教学目标

- 理解类和对象的基本概念。
- 掌握声明类的方法。
- 掌握声明、访问类的成员的方法。
- 掌握重载方法、重载运算符的概念和使用方法。
- 掌握声明、使用索引器的方法。

案例说明

面向对象编程的主要思想是将数据以及处理数据的方法封装到类中，通过类创建实例对象。例如，对学生信息进行管理时可以为学生创建类，对图书进行管理时可以为图书创建类。除此以外对实体的操作也可以创建类，例如，为学生管理、图书管理创建类。本章的案例通过控制台应用程序的方式实现学生成绩信息管理系统的初级版本，主要目的是介绍类的字段、属性和方法的使用方法。学生成绩信息管理系统如图 3.1 所示。

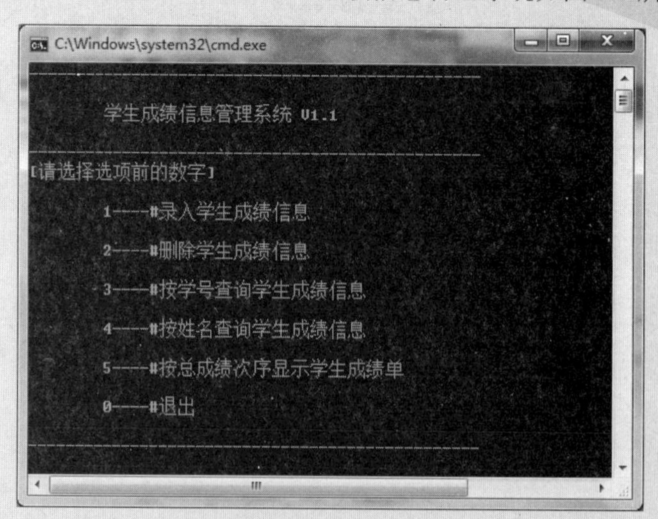

图 3.1　学生成绩信息管理系统

3.1 类和对象

C#是一种纯粹的面向对象的编程语言，其中类(Class)和对象(Object)是面向对象方法中的核心概念。在C#中类、对象、属性和方法无处不在。例如，每个变量类型都是一个类，控制台应用程序中的 Main()是类的一个方法，数组 arr 的长度 arr.length 是一个属性，Console.Write()是一个方法。这些属性和方法通过句点符号“.”把实例名与属性和方法分隔开，方法通过圆括号“()”与属性区别开。在这一节中将主要介绍类和对象的概念，以及如何定义一个类。

1. 对象

客观世界中对象无处不在，人、汽车、房子、计算机等都是对象。这些对象有一些共同的特征，例如都有尺寸、颜色、质量等属性，还有一些行为，例如人能走路，汽车能转向等。人们就是通过对象的这些属性和行为来了解对象的。对象的属性描述了对象的状态，对象的行为描述了对象的功能。例如，在学生成绩管理系统中，每个学生都可以看作一个对象，可以使用学生的学号、姓名、性别、专业等属性对一个具体的学生进行描述，而这名学生可以具有注册、选修课程、退选课程等行为。

2. 类

类是对一组对象的抽象，它将这组对象具有的共同特征集中起来，说明这组对象的性质和功能。所以，具有相似属性和行为的一组对象可以抽象为类。简单来说，类就好比一张图纸，而对象是根据这张图纸制造出来的真实存在的物品。例如，在学生成绩管理系统中，每个学生对象都有学号、姓名、性别、专业等属性，都能进行注册、选修课程、退选课程等操作，所以可以将所有学生对象抽象为学生类。

类是所有具有共同特征的对象的抽象，是一个抽象的概念；而对象是一个类中某个具体的实体，称为类的实例(Instance)。类和实例的关系就是抽象和具体的关系，对象是程序执行过程中由所属的类动态生成的。

3.2 类

【操作视频】

3.2.1 类的声明

类可以看作一种可以由用户自定义的数据类型，而这种数据类型是抽象的数据类型。在C#中使用关键字 class 声明类，声明类的一般格式如下：

```
修饰符 class 类的名称
{
    类的成员
}
```

其中，类的名称遵循C#中标识符的命名规则。为了与对象名称区别开，通常类的名称的首字母用大写字母，并为这个类取一个有意义的名称。类的成员包括数据成员和函数成员，它们就是面向对象方法理论中的属性和方法。

【例 3-1】 声明一个 Student 类。

```
public class Student                      //声明Student类
{
    public int intNo;
    public string name;
    public char ChrSex;
    public void setValue(int i,string s,char c)
    {
        intNo=i;
        name=s;
        ChrSex=c;
    }
    public void print()
    {
        Console.WriteLine ("学号:{0},姓名:{1},性别:{2}",intNo,name,ChrSex)
    }
}   //类的声明结束
class Class1
{
    static void Main(string[ ] args)
    {
        Student zhangsan=new Student();
        zhangsan.setValue(1, "张三",'M');
        zhangsan.print();
    }
}
```

在上面的语句中，“public class Student{}”声明了一个 Student 类，其中 intNo、name、ChrSex 是类的数据成员，setValue()和 print()是函数成员，在 Main()方法中，使用 new 关键字创建了类的实例(对象)：zhangsan，并且调用了实例的方法。

在声明类时，可以在关键字 class 的前面使用修饰符。类的修饰符可以是下面修饰符之一或是它们的组合，但是在定义类时同一修饰符是不允许出现多次的。

(1) new：仅允许在嵌套类声明中使用，表示所修饰的类会将继承下来的同名成员隐藏起来。

(2) internal：内部类，默认情况下类的声明是内部的，即只有当前项目中的代码才能访问它。

(3) pubic：公共类，表示对这个类的访问不受限制。

(4) protected：受保护的类，表示只能从所在类和所在类派生的子类进行访问。

(5) private：私有类，表示只能由该类访问。

(6) abstract：抽象类，表示该类不能被实例化，只能被继承。

(7) sealed：密封类，表示该类只能实例化，不能被继承。

例如，下面声明的两个类：

```
internal class MyClass1
{
```

```
        //类的成员
    }
    public abstract class MyClass2
    {
        //类的成员，也是抽象的
    }
```

其中，类 MyClass1 前面使用的修饰符 internal 是可以省略的；类 MyClass2 是一个公共抽象类，即这个类可以在任何地方访问，但是不能实例化，只能继承。

3.2.2 类的成员

类的成员包括数据成员和函数成员。其中数据成员有常量和字段，常量是与该类相关的常量值，字段就是该类的变量，它们可以是前面章节中介绍的任何类型，还可以是其他类；函数成员是执行操作的方法，主要有以下几种：

(1) 方法成员：实现该类可执行的操作。

(2) 属性成员：定义命名特征以及读取和写入这些特征的操作。

(3) 事件成员：定义由该类生成的消息。

(4) 构造函数：定义初始化该类的实例时需要进行的操作。

(5) 析构函数：定义在永久放弃该类的一个实例前需要进行的操作。

(6) 索引成员：可以使该类的实例按照与数组相同的方式进行索引。

(7) 运算符成员：定义表达式运算符，使用它对该类的实例进行运算。

在声明类时，可以使用访问修饰符限定类的成员的访问级别。使用 internal 修饰符，表示这是内部成员，对它的访问只限定于当前项目；使用 public 修饰符表示这是一个公共成员，访问不受限制，这是最高的访问级别；使用 protected 修饰符，表示这是受保护成员，它的访问仅限当前类或当前类派生的类；使用 private 修饰符，表示这是私有成员，只能在声明该成员的类中访问，这是最低的访问级别。下面可以通过图 3.2 理解成员访问修饰符的作用范围。

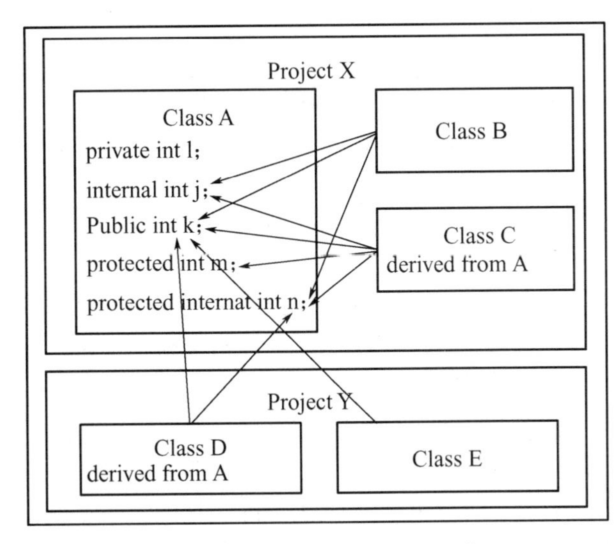

图 3.2 成员访问修饰符作用域

【例 3-2】 声明一个 Person 类说明成员访问修饰符的作用范围。

```
public class Person
{
    private string name;                              //私有字段(域),当前类才能访问。
    private int age;
    private long ID;
    public Person(string n,int a ,long i)   //构造函数
    {
        name=n;
        age=a;
        ID=i;
    }
    public virtual void Display()                     //公有方法,外部可访问
    {
        Console.WriteLine("Name:{0}",name);
        Console.WriteLine("Age:{0}",age);
        Console.WriteLine("ID:{0}",ID);
    }
}
```

3.2.3 类的实例

类的实例是通过关键字 new 创建的，创建后类的实例是一个引用类型的变量。创建类的实例的一般格式如下：

类名 实例名=new 类名(参数);

例如：

```
Student 张三=new Student();
Person myTest=new Person("LiFei",25,001);
```

也可以分两步创建类的实例：

```
Person myTest;
myTest =new Person ("LiFei",25,001);
```

类的实例创建后，在程序中就可以通过实例调用类的方法和属性。访问成员是通过“.”运算符实现的。

3.2.4 类与结构体

类和结构体是 .NET Framework 中的常规类型系统的两种基本构造。两者在本质上都属于数据结构，封装着一组整体作为一个逻辑单位的数据和行为。数据和行为是该类或结构体的“成员”，它们包含各自的方法、属性和事件等。

类或结构体的声明类似于图纸，用于在运行时创建实例或对象。如果定义一个名为 Person 的类或结构体，则 Person 为类型名称。如果声明并初始化 Person 类型的变量 p，则 p 称为 Person 的对象或实例。可以创建同一 Person 类型的多个实例，每个实例在其属性和字段中具有不同的值。

类是一种“引用类型”。创建类的对象时，对象赋值到的变量只保存对该内存的引用。将对象引用赋给新变量时，新变量引用的是原始对象。通过一个变量做出的更改将反映在另一个变量中，因为两者引用同一数据。

结构体是一种值类型。定义结构体后，声明的该结构体变量保存实际数据。将结构体赋给新变量时，将复制该结构。因此，新变量和原始变量包含同一数据的两个不同的副本。对一个副本的更改不影响另一个副本。

类通常用于对较为复杂的行为建模，或对要在创建类对象后进行修改的数据建模。结构体最适合一些小型数据结构，这些数据结构包含的数据以创建结构后不修改的数据为主。

3.3　构造函数和析构函数

【操作视频】

构造函数和析构函数是类中比较特殊的两个成员函数。在对象的生命周期中，构造函数为对象分配空间，完成对象初始化的过程；析构函数完成释放实例化对象所占的内存空间。

3.3.1　构造函数

在C#中声明类时，即使没有显式声明构造函数，编译器也会自动添加一个默认的构造函数。除此之外，可以根据用户的需要，创建自己的构造函数。实际上，任何构造函数在执行时都隐式调用了系统提供的默认构造函数base()。构造函数具有以下特性。

(1) 构造函数名称通常与类名相同，大小写是一致的。

(2) 构造函数不声明返回值类型，也没有void修饰符，可以有参数，也可以没有参数。

(3) 构造函数通常都是public型的，如果声明为private型，说明这个类不能被实例化，这适用于只含有静态成员的类。

(4) 构造函数的作用是完成类的初始化工作，在构造函数中不能对类的实例进行初始化以外的事情，也不要尝试显式地调用构造函数。

在3.2.3节中定义了Person类，并声明了带有3个参数的实例构造函数，下面在Main()方法中调用这个实例构造函数。

```
static void Main(string[] args)
{
    Person p1=new Person("张三",23,1001);
    p1.Display();
}
```

只要创建基于Person类的对象，这个构造函数就会被调用，并在初始化过程中通过参数传递的方式为数据成员指定初始值。

注意

实例构造函数可以被重载，但不能被继承。因为一个类除了自己的实例构造函数外不会有其他的实例构造函数。

用static修饰符修饰的构造函数是静态构造函数。它主要用于初始化静态变量。因为构造函数属于类不属于对象，所以静态构造函数只会被执行一次。静态构造函数既没有访

问修饰符也没有参数，并且在一个类中只能有一个静态构造函数，它可以与无参数的构造函数并存。

【例 3-3】 声明 Person 类的构造函数。

```
namespace Person
{
    public class Person
    {
        public static long total =0;
        string name;
        public const float PI=3.14f;
        public  byte age;
        public long ID;
        static Person()
        {
            Console.WriteLine("调用静态构造函数，人数为{0}",total);
        }
        public Person(string n,byte a,long i)
        {
            name=n;
            age=a;
            ID=i;
            total++;
            Console.WriteLine("调用实例构造函数，人数为{0}",total);
        }
    }
    class Program
    {
        static void Main(string[] args)
        {
            //在调用实例构造函数前先调用静态构造函数
            Person p1 = new Person("abc",23,4567);
            Person p2 = new Person("xyz",25,4444);
        }
    }
}
```

程序运行结果如图 3.3 所示。

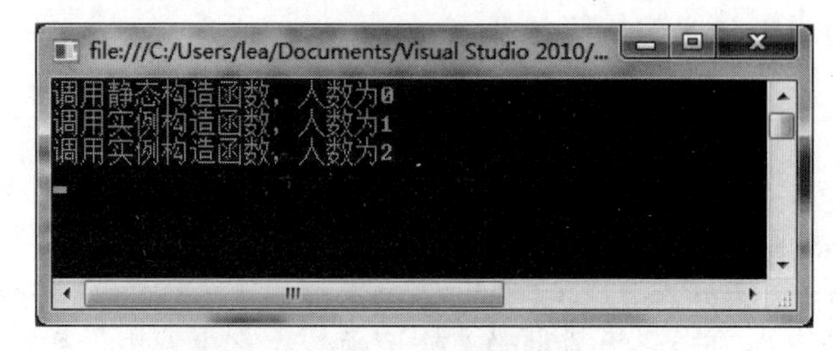

图 3.3　静态构造函数调用结果

在上面的程序代码中既有静态构造函数，又有实例构造函数。当初始化对象 p1 时，首先触发静态构造函数执行，通过静态构造函数初始化类的成员，然后再执行实例构造函数，并且静态构造函数只被执行一次。所以在输出结果中先输出构造函数的语句，再输出实例构造函数的语句。

3.3.2 析构函数

析构函数用于释放类的实例，回收对象所占用的资源。析构函数名称也与类的名称相同，但是在名称前加了运算符“~”。在一个类中只能有一个析构函数，在函数体中包含了销毁类的实例时需要执行的语句。析构函数既没有修饰符也没有参数，所以它不能被重载，也不能被继承，并且析构函数时被自动调用的，也就是说析构函数不能被显式调用。

【操作文本】

【例 3-4】 声明 Student 类的析构函数。

```
namespace Student
{
    class Student
    {
        public Student()
        {
            Console.WriteLine("Constructing a student……");
        }
        ~Student()
        {
            Console.WriteLine("Destroying a student……");
        }
    }

    class Program
    {
        static void Main(string[] args)
        {
            Student b = new Student();
        }
    }
}
```

在这段程序代码中，创建 Student 类的对象 b 时会调用构造函数，退出 Main()方法后会程序自动调用析构函数，按 Ctrl+F5 组合键运行程序，程序运行结果如图 3.4 所示。

图 3.4 自动调用析构函数

3.4 字段和属性

3.4.1 常量

在类中声明的常量属于这个类的常量成员。在这个类中，其他成员可以使用这个常量成员表示某个值。在类中声明常量成员时使用关键字 const，例如：

```
class MyClass
{
    public const int a = 1;
    public const double b = 2.0;
}
```

使用关键字 const 声明的静态常量需要像访问静态成员的那样去访问它，但是在声明常数时不需要使用 static 修饰符。在声明常量时关键字 const 前的修饰符可以使用 new、public、protected、internal、private。

3.4.2 字段

字段是与类或对象相关的变量。在类中声明字段可包括字段修饰符、数据类型、变量名称。字段修饰符可以使用 new、public、protected、internal、private、static 和 readonly，其中 static 和 readonly 可以与其他修饰符组合使用。例如：

```
class MyClass
{
     public static int a=1,b=2,c=3;
}
```

在类中使用 static 修饰符声明的字段属于静态字段。静态字段属于类本身，而不属于某个对象。也就是说，无论类生成多少对象，静态字段必须通过定义它们的类来访问，而不能通过类的对象来访问。

【例 3-5】 类的静态字段和实例字段。

```
namespace Person
{
    public class Person
    {
        public static int count = 0;      //静态字段
        public string name;               //实例字段
        public int ID;                    //实例字段
        public Person(string n)           //构造函数
        {
            name = n;
            count++;
            ID = count;
        }
```

```
    }
    class Program
    {
        static void Main(string[] args)
        {
            Person p1 = new Person("Zhangsan");    //创建第一个实例
            Console.WriteLine("ID={0}", p1.ID);
            Console.WriteLine("count={0}", Person.count);
            Console.WriteLine("name={0}", p1.name);
            Person p2 = new Person("Lisi");        //创建第二个实例
            Console.WriteLine("ID={0}", p2.ID);
            Console.WriteLine("count={0}", Person.count);
            Console.WriteLine("name={0}", p2.name);
        }
    }
}
```

程序运行结果如图 3.5 所示。

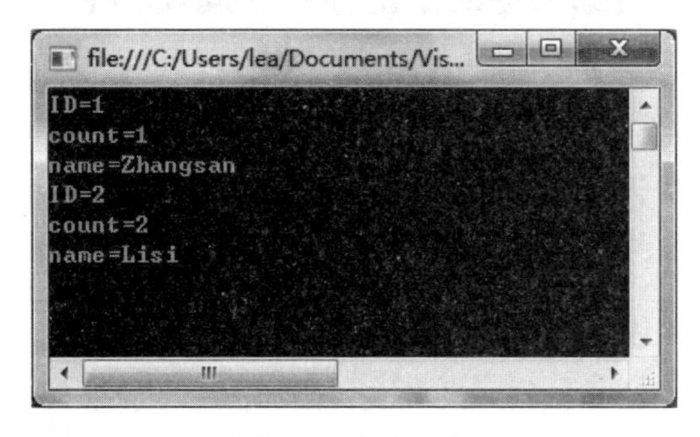

图 3.5 静态字段

通过上面的程序可以看到静态字段与实例字段最大的区别就是静态字段在类的实例之间共享，而实例字段属于类的某个特定实例。

在类中使用 readonly 修饰符声明的字段属于只读字段。只读字段只能在字段声明或构造函数中赋值，其他地方均不能改变。

【例 3-6】 类的只读字段。

```
namespace Person
{
    public class Person
    {
        public readonly string name = "null";    //只读字段
        public readonly int age = 0;             //只读字段
        public Person(string n,int i)
        {
            name = n;                        //在构造函数中对只读字段赋值
            age = i;                         //在构造函数中对只读字段赋值
        }
    }
```

```
    class Program
    {
        static void Main(string[] args)
        {
            Person p1 = new Person("Zhangsan",20);
            //p1.name = "Lisi";          //这是错误的，不能在此修改只读字段的值
            //p1.age = "30";             //这是错误的，不能在此修改只读字段的值
            Console.WriteLine("name={0}\tage={1}",p1.name,p1.age);
        }
    }
}
```

程序运行结果如图3.6所示。

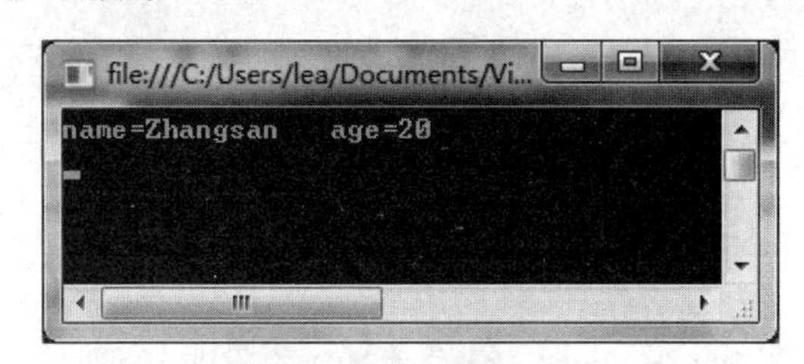

图3.6　只读字段

在上面的程序中，对于只读字段，可以在声明它的位置和在构造函数中对其赋值，在其他地方赋值就会出现错误，如在程序中注释掉的语句。

3.4.3　类的属性

【操作视频】

类的属性成员是对实例特征的抽象。例如，学生的学号、姓名、出生日期等都可以作为属性。但是属性与字段不同的是，属性本身不存储数据，它只参与数据交换的过程。在C#语言中，属性更充分体现了对象的封装性：不直接操作类的数据，而是通过访问器访问，因而它提供了比变量成员更加灵活的应用机制。

1. 声明类的属性成员

声明类的属性成员的一般格式如下：

class　类名
{
　　[修饰符]　数据类型　属性名
　　{
　　　　访问函数体
　　}
}

其中，修饰符可以是new、public、protected、internal、private、static、virtual、sealed、override、abstract和extern。如果使用abstract修饰符，说明属性的访问器是抽象的，没有提供访问器的实际实现，则访问函数体中只包含一个分号“;”；如果使用extern修饰符，说明这个属性为外部属性，不提供实际的实现，所以每个访问器声明都只有一个分号。

2. 属性的使用

属性的访问是通过访问器实现的。属性访问器由两部分构成：get 函数和 set 函数。get 函数是一个不带参数的方法，用于对属性值的读操作(访问字段)；set 函数带有简单值类型参数的方法，用于对属性值的写操作(修改字段)。这两个访问函数的一般格式如下：

[修饰符] get {访问体}
[修饰符] set {访问体}

【例 3-7】 类的属性的使用。

```
namespace Student
{
    class Student
    {
        private string name;
        public string Name
        {
            get { return name; }
        }
        private int intNo;
        public int IntNo
        {
            get { return intNo; }
        }
        private int age;
        public int Age
        {
            get { return age; }
            set
            {
                if(age!=value)
                {
                    age=value;
                }
            }
        }
        public Student(string stuName,int stuNo,int stuAge)
        {
            name=stuName;
            intNo=stuNo;
            age=stuAge;
        }
    }

    class Program
    {
        static void Main(string[] args)
```

```
        {
            Student s=new Student("Deng Liwei",20111032,18);
            Console.WriteLine("the name of the student:{0}",s.Name);
            Console.WriteLine("the No of the student:{0}",s.IntNo);
            s.Age=21;
            Console.WriteLine("the age of the student:{0}",s.Age);
        }
    }
}
```

在 get 函数中，主要使用 return 或 throw 语句返回某个变量成员的值。set 函数有一个特殊的关键字 value，它是 set 函数的隐式参数。在 set 函数中通过 value 参数传递数据，并赋值给变量成员。

在类中，一个属性不一定同时具有 get 函数和 set 函数，这两个函数是否存在决定了这个属性是只读属性(只有 get 函数)还是只写属性(只有 set 函数)，或是读写属性(既有 get 函数又有 set 函数)。

注意

类中最好不要使用 public 或 protected 的实例字段，避免将字段直接公开，而应采用 private 的。通过为字段提供 get 和 set 属性访问器，可以更轻松地对类进行版本控制。

3. 静态属性

使用 static 修饰符声明的属性属于静态属性。同其他静态成员一样，静态属性属于类，不属于某个具体的实例。

【例 3-8】 类的静态属性。

```
namespace Student
{
    class Student
    {
        public static int intNo;           //公共静态字段
        private string name;               //私有实例字段
        private int age;                   //私有实例字段
        private static int counter=0;      //私有静态字段
        public string Name                 //可读写实例属性
        {
            get { return name; }
            set { name = value; }
        }
        public int Age                     //可读写实例属性
        {
            get { return age; }
            set { age = value; }
        }
        public Student()                   //构造函数
```

```
        {
            counter = ++counter + intNo;
        }
        public static int Counter          //只读静态属性
        {
            get { return counter; }
        }
    }
    class Program
    {
        static void Main(string[] args)
        {
            Student.intNo = 20111032;
            Student s=new Student();
            s.Name="Deng Liwei";
            s.Age=20;
            Console.WriteLine("Student.intNo={0}",Student.Counter);
            Console.WriteLine("s.Name={0}",s.Name);
            Console.WriteLine("s.Age={0}",s.Age);
            Console.ReadLine();
        }
    }
}
```

通过上面的这段程序可以看到，静态属性可以实现静态只读变量的作用，并且不用初始化变量，也不用保存，随时调用。

程序运行结果如图 3.7 所示。

图 3.7　静态属性

注意

在静态属性的 get 函数中不能使用 this 关键字，否则出错。

3.5　类 的 方 法

方法是表示类或对象行为的成员函数。每个方法都有一个名称、一个形参列表和一个返回值，其中形参列表可以为空，返回值的类型可以为 void。方法可以是静态的，通过类被访问，也可以是实例方法，即通过类的对象进行访问。

3.5.1 方法的声明

声明方法的一般格式如下：

修饰符 返回值类型 方法名称(形参列表)
{
方法体
}

说明：

(1) 方法的修饰符可以是new、public、protected、internal、private、static、virtual、sealed、override、abstract和extern。

(2) 返回值的类型可以是C#中的任何一种数据类型。返回值是通过方法体中的return语句得到的。如果该方法没有返回值，可以把返回值类型指定为void。

(3) 方法名可以是满足C#语言的合法标识符，但是最好是能表示方法功能的名字。方法名不能与类中的其他成员同名。

(4) 在方法的形参列表中要表明形参的修饰符、数据类型和形参的名称，多个形参之间用逗号隔开。如果没有形参，圆括号中为空，但是圆括号不能省略。

(5) 方法体是一系列的执行语句，如果是使用abstract或extern修饰声明的方法，则方法体中只有一个分号。

【例3-9】 类的方法的声明。

```
namespace Student
{
   class Student
   {
      public static int total = 0;
      public int intNo;
      public string name;
      public int age;
      public Student(int n, string s, int a)
      {
         intNo = n;
         name = s;
         age = a;
         total++;
      }
      public static void displayNum()
      {
         Console.WriteLine("total:{0}",total);
      }
      public void DisplayAll()
      {
         Console.WriteLine("stuID:{0}\tstuName:{1}\tstuAge:{2}",intNo,name,age);
      }
   }
```

```
    class Program
    {
        static void Main(string[] args)
        {
            Student stu = new Student(1001, "ZhangLiang", 19);
            Student.displayNum();
            stu.DisplayAll();
        }
    }
}
```

在上面的程序中，在 Student 类中声明了两个方法：displayNum()和 DisplayAll()。displayNum()方法是静态方法，没有返回值，没有形参。DisplayAll()方法也没有返回值和形参。在 Main()方法中，displayNum()方法通过类调用，DisplayAll()方法通过实例 stu 调用。无论是通过类还是通过类的实例调用方法，后面的圆括号都是必须要有的。

3.5.2 方法的参数类型

在C#中，方法的参数有 4 种类型，它们分别是值参数、引用参数、输出参数和数组参数。

1. 值参数

值参数是没有使用任何修饰符声明的参数。当使用值类型的参数调用方法时，编译程序将实参的值做一份副本，并将副本的值传递给该方法的形参，这样就可以保证对形参所做的任何操作都不会影响实参。值参数相当于局部变量，在方法被调用时，由系统会为其分配内存空间，方法调用结束后，存储空间被收回。

【例 3-10】 类的方法的值参数类型。

```
namespace ConsoleApplication1
{
    class Program
    {
        public static void Fun(int a)
        {
            a += 5;
            Console.WriteLine("a={0}", a);
        }
        static void Main(string[] args)
        {
            int b = 10;
            Fun(b);
            Console.WriteLine("b={0}", b);
            Console.ReadLine();
        }
    }
}
```

在上面的程序中声明了Fun()方法，其中形参a没有使用任何修饰符，表明它是一个值参数。在Main()方法中调用Fun()方法时，值参数通过复制实参b的值来初始化，所以调用fun()方法对变量b的值无影响。程序运行的结果如下：

```
a=15
b=10
```

2. 引用参数

声明方法时，在形参列表中使用ref修饰符声明的形参是引用参数。与值参数不同的是，引用参数不创建新的存储位置，在参数传递的过程中，编译程序将原实参的地址传递给引用参数，使得实参和形参都指向相同的地址。所以在程序中对引用参数的修改就是对相应的实参的修改。

【例3-11】 类的方法的引用参数类型。

```
namespace ConsoleApplication1
{
    class Program
    {
        public static void Fun(ref int a)
        {
            a += 5;
            Console.WriteLine("a={0}", a);
        }
        static void Main(string[] args)
        {
            int b = 10;
            Fun(ref b);
            Console.WriteLine("b={0}", b);
            Console.ReadLine();
        }
    }
}
```

其中，在Fun()方法中声明的形参a使用ref修饰符修饰，说明它是一个引用参数。在Main()方法中调用Fun()方法时，修改引用参数a实际就是修改实参b。程序运行的结果如下：

```
a=15
b=15
```

注意

声明和调用有引用参数的方法时，形参和实参前都要使用ref修饰符。

3. 输出参数

声明方法时，在形参列表中使用out修饰符声明的形参是输出参数。输出参数适用于有多个计算结果的方法。输出参数与引用参数类似的地方是都不为形参创建新的存储位置，在方法中对输出参数的任何操作都会影响实参。两者不同的是调用带有输出参数的方法之前，不需要对传递给形参的实参进行初始化，方法调用完成后，实参变量会被方法中的形参赋值。

【例 3-12】 类的方法的输出参数类型。

```
namespace ConsoleApplication1
{
    class Program
    {
        public static void calc(int x,int y,out int cAdd,out int cSub)
        {
            cAdd = x + y;
            cSub = x - y;
        }
        static void Main(string[] args)
        {
            int n1=10, n2=5;
            int add, sub;
            calc(n1, n2, out add, out sub);
            Console.WriteLine("n1={0},n2={1}",n1,n2);
            Console.WriteLine("add={0}",add);
            Console.WriteLine("sub={0}",sub);
            Console.ReadLine();
        }
    }
}
```

在上面的程序中，在方法 calc()中声明了两个输出参数 cAdd 和 cSub，在 Main()方法中调用 calc()方法之前，变量 add 和 sub 不需要进行初始化操作，并接受从 calc()方法中返回的值。程序运行的结果如下：

```
n1=10,n2=5
add=15
sub=5
```

注意

声明和调用有输出参数的方法时，形参和实参前都要使用 out 修饰符。

4. 数组参数

声明方法时，在形参列表中使用 params 修饰符声明的形参是数组参数。如果一个方法的形参列表中包含数组参数，那么它必须位于参数列表的最后面，而且是一维数组类型。并且不可能将 params 修饰符与 ref 和 out 修饰符组合使用。数组参数适用于方法的参数个数不确定的情况，这样可以在调用方法过程中传递实参的个数。

【例 3-13】 类的方法的数组参数类型。

```
namespace ConsoleApplication1
{
```

```
    class Program
    {
        static void MutiParams(params int[] var)
        {
            for (int i = 0; i < var.Length; i++)
            {
                Console.WriteLine("var[{0}]={1}",i,var[i]);
            }
            Console.WriteLine("-------------------------");
        }
        static void Main(string[] args)
        {
            int[] arr = { 10, 20, 30 };
            MutiParams(arr);
            MutiParams(100,200);
            MutiParams();
        }
    }
}
```

在这段程序中，MutiParams()方法被调用了3次。每次调用传递的参数个数都不相同。程序运行的结果如图3.8所示。

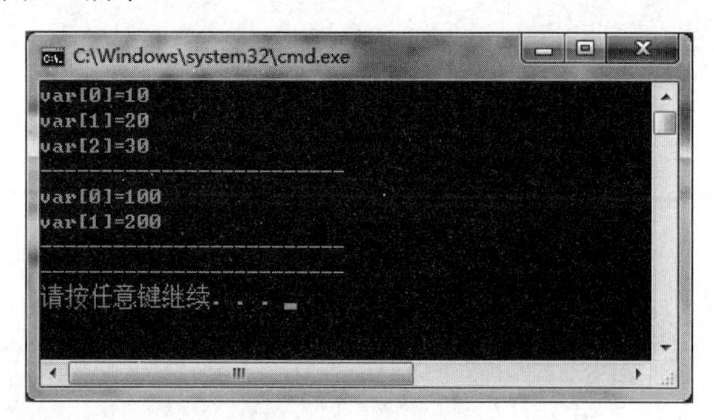

图3.8　数组参数

3.5.3　静态方法和实例方法

在声明方法时如果使用了static修饰符，则该方法称为静态方法；如果没有使用static修饰符，则该方法称为实例方法。

静态方法属于一个类，不对特定的实例进行操作，也就是说静态方法只能通过类而不能通过实例访问。访问静态方法的格式如下：

类名.静态方法名()

静态方法只能访问类中的静态成员。在静态方法中引用this也是错误的。

实例方法对类的实例进行操作，可以访问类中的任何成员。访问实例方法的格式如下：

实例名.实例方法名()

另外，实例方法可以使用 this 访问实例，访问的格式如下：

this.实例方法名()

【例 3-14】 类的静态方法和实例方法。

```
namespace ConsoleApplication1
{
    class MyClass
    {
        private static int a, b;
        private static void Fun(int m, int n)
        {
            a = m + 5;
            b = n + 6;
            Console.WriteLine("{0},{1}", a, b);
        }
        public static void Print()
        {
            Fun(2, 3);
        }

    }
    class Program
    {

        static void Main(string[] args)
        {
            MyClass.Print();
        }
    }
}
```

在上面程序的 MyClass 类中，使用了两个静态方法：Fun()和 Print()。在 Main()方法中通过类名.方法名()的方式调用 Print()方法，在静态方法 Print()中可以调用静态方法 Fun()，在 Fun()中可以调用静态变量 a 和 b。如果变量 a 和 b 没有使用 static 修饰符声明，那么程序中就会出现错误。

3.5.4　方法的重载

【操作视频】

在 C#程序中，方法是通过方法名称进行调用的。在类中，如果有两个或两个以上的方法名称相同，但是参数的个数或者参数的类型不同，这被称为方法的重载。通过在一个类中定义多个名称相同、方法参数个数和参数顺序不同的方法，可以大大提高编写程序的效率和程序的可读性。但是需要注意的是，方法的重载不能通过返回值类型来区别，也不能通过类型相同而只是变量名不同的参数来区别。

【例 3-15】 方法的重载。

```
namespace ConsoleApplication1
{
```

```
    class Program
    {
        static void Area(float r)
        {
            Console.WriteLine(1.14 * r * r);
        }
        static void Area(float a, float b)
        {
            Console.WriteLine(a * b);
        }
        static void Area(string n)
        {
            Console.WriteLine("hello " + n);
        }

        static void Main(string[] args)
        {
            Area(10);
            Area(10,10);
            Area("Brown");
        }
    }
}
```

在这段程序中，声明了3个Area()方法，它们具有不同的参数个数和参数类型。根据实参的类型和个数，系统会调用相应的方法。程序运行结果如图3.9所示。

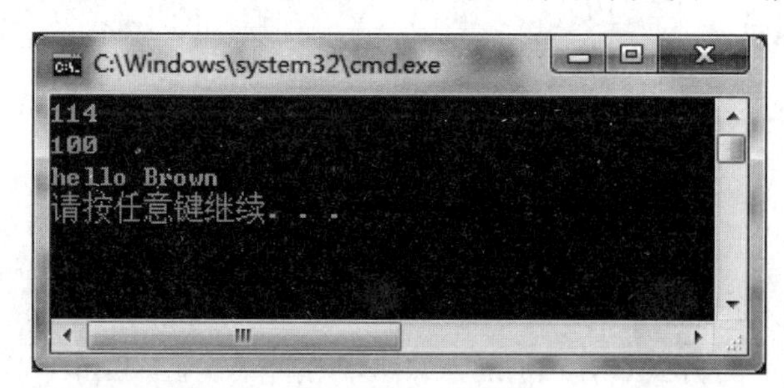

图3.9　方法重载

3.5.5　运算符的重载

运算符的重载是指允许用户对已有运算符重新定义，按照自己的定义要求进行运算。在C#中各种运算符都有自己的方法。如果要对运算符进行重载需要使用operator关键字来定义静态成员函数。运算符重载的格式如下：

public static 返回值类型 operator 运算符(参数列表)

在运算符重载时，参数只能是值参数。

【例3-16】 运算符重载。

```
namespace ConsoleApplication1
{
```

```
    class Point
    {
        int x, y;
        public Point(int a, int b)
        {
            x = a;
            y = b;
        }
        public static Point operator ++(Point p)
        {
            p.x++;
            p.y++;
            return p;
        }
        public void Display()
        {
            Console.WriteLine("Point.x={0},Point.y={1}", x, y);
        }
        public static Point operator +(Point p1, Point p2)
        {
            Point p=new Point (0,0);
            p.x = p1.x + p2.x;
            p.y = p1.y + p2.y;
            return p;
        }

        static void Main(string[] args)
        {
            Point a = new Point(10, 20);
            Point b = new Point(30, 40);
            a = a + b;
            a.Display();
            a++;
            a.Display();
        }
    }
}
```

程序运行结果如图 3.10 所示。

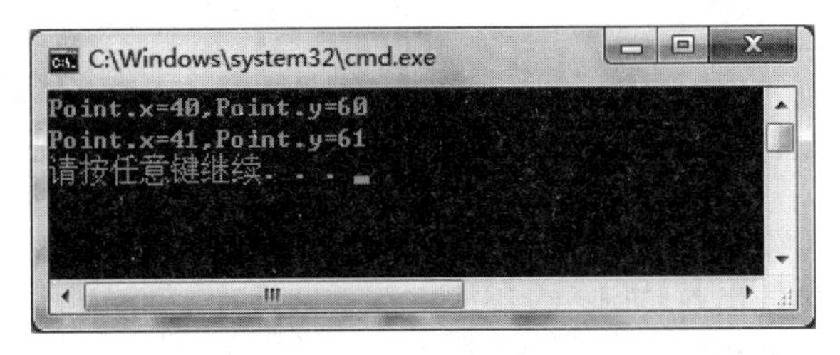

图 3.10　运算符重载

并不是所有的运算符都可以重载，在表 3-1 中列出了可重载的运算符。

表 3-1　可重载的运算符

运　算　符	重 载 条 件
+、–、!、~、++、––、True、False	可重载的一元运算符
+、–、*、/、%、–、|、^、<<、>>	可重载的二元运算符
==、!= 、<、>、<=、>=	需要成对重载，即==与!=同时重载，<与>、<=与>=相同
&&、||	不能被重载，可使用重载的&和|进行计算
[]	数组运算符不可被重载，但可以定义索引器
()	强制类型转换符不能被重载，但可以定义新的转换运算符

【例 3-17】 运算符重载。

```
namespace ConsoleApplication1
{
    class Complex
    {
        int real;
        int imag;
        public Complex(int a, int b)
        {
            real = a;
            imag = b;
        }
        public void Display()
        {
            Console.WriteLine("Complex.real={0},Complex.imag={1}", real, imag);
        }
        public static Complex operator +(Complex p1, Complex p2)
        {
            Complex p = new Complex(0, 0);
            p.real = p1.real + p2.real;
            p.imag = p1.imag + p2.imag;
            return p;
        }
        static void Main(string[] args)
        {
            Complex a = new Complex(2, 3);
            Complex b = new Complex(3, 4);
            a = a + b;
            a.Display();
        }
    }
}
```

3.5.6　this 关键字

this 关键字引用类的当前实例，仅限于在构造函数和类的实例中使用。出现的位置不同，它所具有的作用也不相同。

(1) 在类的构造函数中出现的 this 作为值类型，表示对正在构造的对象本身的引用。

(2) 在实例方法中出现的 this 作为值类型，表示对调用该方法的对象的引用。

(3) 在结构的构造函数中出现的 this 作为变量类型，表示对调用该方法的结构的引用。

除了以上情况，在其他地方出现的 this 关键字都是不合法的。

【例 3-18】 this 关键字。

```
namespace ConsoleApplication1
{
    public class Employee
    {
        public string name;
        public string department;
        public Employee(string name, string department)
        {
            this.name = name;
            this.department = department;
        }
    }

    class Program
    {
        static void Main(string[] args)
        {
            Employee E1 = new Employee ("LiMing", "Technology");
            Console.WriteLine(E1.name + "\t" + E1.department);
            Console.ReadLine();
        }
    }
}
```

3.6 索 引 器

索引器(indexer)也称下标指示器，它是 C#语言提供的一个给对象元素编写下标的索引指示器。对于类中包含的数组型的对象，利用索引器可以通过对象的元素的下标访问对象的各个元素。索引器与属性类似，在声明索引器时也要使用 get 和 set 访问函数，但是在声明索引器时不需要给出名称，而是使用 this 关键字引用当前对象实例。声明索引器的一般格式如下：

```
class  类名
{
    [修饰符]  数据类型  this[索引参数表]
    {
        访问函数体
    }
}
```

其中，修饰符可以是 new、virtual、override、public、protected、internal、private。数据类型是索引器中的元素类型，可以是 C#中的任何数据类型。索引器的使用方法与数组类似，声明索引器后，通过方括号“[]”读写对象的值。

【例 3-19】 索引器的使用。

```
namespace SchoolClass
{
    class SchoolClass
    {
        private string[] student;
        public SchoolClass(int n)     //n 为班内的学生数
        {//学号从 1 开始，所以使用 n+1
            student = new string[n + 1];
        }
        public string this[int ID]        //声明索引器
        {
            get { return student[ID]; }
            set { student[ID] = value; }
        }
    }
    class Program
    {
        static void Main(string[] args)
        {
            SchoolClass xg = new SchoolClass(50);
            xg[1] = "ZhangWei";
            xg[2] = "WangYing";
            Console.WriteLine(xg[2]);
            Console.ReadLine();
        }
    }
}
```

3.7 案　　例

本案例通过一个控制台应用程序实现简单的学生成绩信息管理系统，在这个系统中可以实现录入学生成绩信息、删除学生成绩信息，按学生总成绩显示学生成绩单，以及分别按学号、按姓名查询学生成绩信息。

在这个程序中分别创建了学生结构体和学生管理类，为学生创建结构体而不创建类的目的是深化对结构体类型的学习，并通过这个结构体显示类与结构体的关系。在学生结构体中包括对学生信息和成绩信息的描述。对学生成绩信息的操作都包含在学生管理类中，每个操作都用方法实现。

本章案例通过这个程序继续说明类的各个成员的创建和使用方法。具体操作过程如下。

(1) 设计 Student 结构体，在这个结构体中声明 ShowStuInfo()方法，用于显示学生成绩信息。

```
public struct Student   //学生结构体
{
    private string stuID;
    public string StuID
    {
        get { return stuID; }
        set { stuID = value; }
    }
    private string name;
    public string Name
    {
        get { return name; }
        set { name = value; }
    }
    public double chinese, math, english;
    public double ave, all;
    public void ShowStuInfo()   //显示学生成绩信息函数
    {
        Console.Clear();
        Console.WriteLine("\n\t\t学生信息");
        Console.WriteLine("----------------------------------------\n");
        Console.Write("学号：{0}\t", stuID);
        Console.Write("姓名：{0}\n\n", name);
        Console.Write("语文：{0}\t", chinese);
        Console.Write("数学：{0}\t", math);
        Console.Write("英语：{0}\n\n", english);
        Console.Write("总成绩：{0}\t", all);
        Console.Write("平均成绩：{0}\n\n", ave);
        Console.WriteLine("----------------------------------------");
    }
}
```

(2) 创建 StudentManage 类，并在这个类中定义添加、删除、查询、排序学生成绩信息的方法。

```
class StudentManage //学生管理类
{
        int x = 0;
        public Student[] stud = new Student[10];
        public void Add()
        {
            Console.Clear();
            Console.WriteLine("请输入要添加的学生信息");
            Console.Write("\n请输入学号：");
            stud[x].StuID = Console.ReadLine();
            Console.Write("\n请输入姓名：");
            stud[x].Name = Console.ReadLine();
```

```
            Console.Write("\n 语文成绩: ");
            stud[x].chinese = double.Parse(Console.ReadLine());
            Console.Write("\n 数学成绩: ");
            stud[x].math = double.Parse(Console.ReadLine());
            Console.Write("\n 英语成绩: ");
            stud[x].english = double.Parse(Console.ReadLine());

            double[] infom = new double[] { stud[x].chinese, stud[x].math,
                     stud[x].english };
            for (int i = 0; i < infom.Length; i++)
            {
               stud[x].all += infom[i];
               stud[x].ave = stud[x].all / 3;
            }
            stud[x].ShowStuInfo();
            x = x + 1;
        }
        public void delete()            //删除信息
        {
            Console.Clear();
            int n = -1;
            string no = Console.ReadLine();
            for (int i = 0; i < x; i++)
            {
                if (no == stud[i].StuID)
                {
                    n = i;
                    for (int m = n + 1; m < x; m++)
                    {
                        stud[m - 1] = stud[m];
                    }
                    x = x - 1;
                    break;
                }
            }
            Console.WriteLine("学号为{0}的学生信息已删除！", no);
            if (n == -1)
            {
               Console.WriteLine("输入信息有误，请重新输入！");
            }
        }
        public void Searchno()          //按学号查询
        {
            Console.Clear();
            int n = -1;
            string no = Console.ReadLine();
            for (int i = 0; i < x; i++)
```

```
        {
            if (no == stud[i].StuID)
            {
                n = i;
                stud[i].ShowStuInfo();
                break;
            }
        }
        if (n == -1)
        {
            Console.WriteLine("输入信息有误，请重新输入！");
        }
    }
    public void Searchname()      //按姓名查询
    {
        Console.Clear();
        int n = -1;
        string name = Console.ReadLine();
        for (int i = 0; i < x; i++)
        {
            if (name == stud[i].Name)
            {
                n = i;
                stud[i].ShowStuInfo();
                break;
            }
        }
        if (n == -1)
        {
            Console.WriteLine("输入信息有误，请重新输入！");
        }
    }
    public void score()              //成绩信息
    {
        Console.Clear();
        for (int i = 1; i < x; i++)
        {
            for (int j = 0; j < x - i; j++)
            {
                if (stud[j].all < stud[j + 1].all)
                {
                    stud[x] = stud[j];
                    stud[j] = stud[j + 1];
                    stud[j + 1] = stud[x];
                }
            }
        }
```

```
            int[] no = new int[x];
            Console.WriteLine("\n\t 按总成绩次序显示学生成绩单");
            Console.WriteLine("-------------------------------------\n");
            for (int i = 0; i < x; i++)
            {
                no[i] = i + 1;
                Console.Write(no[i] + "\t");
                Console.Write(stud[i].StuID + "\t");
                Console.Write(stud[i].Name + "\t");
                Console.Write(stud[i].chinese + "\t");
                Console.Write(stud[i].math + "\t");
                Console.Write(stud[i].english + "\t");
                Console.Write(stud[i].all + "\t");
                Console.Write(stud[i].ave + "\n");
                Console.WriteLine();
            }
            Console.WriteLine("---------------------------------------");
        }
        public void Menu()
        {
            Console.Clear();
            do
            {
                Console.Clear();
                Console.WriteLine("-----------------------------------");
                Console.WriteLine("\n\t 学生成绩信息管理系统 V1.1\n");
                Console.WriteLine("-----------------------------------");
                Console.WriteLine("[请选择选项前的数字]\n");
                Console.WriteLine("\t1----#录入学生成绩信息\n");
                Console.WriteLine("\t2----#删除学生成绩信息\n");
                Console.WriteLine("\t3----#按学号查询学生成绩信息\n");
                Console.WriteLine("\t4----#按姓名查询学生成绩信息\n");
                Console.WriteLine("\t5----#按总成绩次序显示学生成绩单\n");
                Console.WriteLine("\t0----#退出\n");
                Console.WriteLine("-----------------------------------");
                int number = int.Parse(Console.ReadLine());
                if (number > 5 || number < 0)
                {
                    Console.WriteLine("输入有误，请重新输入");
                }
                switch (number)
                {
                    case 1:
                        {
                            Add();
                            break;
                        }
```

```
                case 2:
                    {
                        Console.WriteLine("请输入要删除的学生的学号：");
                        delete();
                        break;
                    }
                case 3:
                    {
                        Console.WriteLine("请输入学生学号：");
                        Searchno();
                        break;
                    }
                case 4:
                    {
                        Console.WriteLine("请输入学生姓名：");
                        Searchname();
                        break;
                    }
                case 5:
                    {
                        Console.WriteLine("成绩单:");
                        Console.WriteLine("名次\t 学号\t 姓名\t 语文\t 数学
                                    \t 英语\t 总成绩\t 平均成绩");
                        score();
                        break;
                    }
                case 0:
                    {
                        Environment.Exit(0);
                        break;
                    }
            }
            Console.WriteLine("\n 是否继续！");
            char f;
            f = char.Parse(Console.ReadLine());
            if (f == 'Y' || f == 'y')
            {
                continue;
            }
            else
            {
                break;
            }
        } while (true);
    }
}
```

(3) 在 Main()方法中输入下面的语句：

```
class Program
{
     static void Main(string[] args)
     {
         StudentManage sm_user = new StudentManage();
         sm_user.Menu();
     }
}
```

【本章拓展】

程序运行结果如图 3.1 所示，选择相应的数字可以对程序的功能进行验证。

习　　题

1. 填空题

(1) ________是面向对象的编程的基础模块，在 C#中，所有的内容都被封装到它中。

(2) 声明类之后，通过 new 创建________，它是一个引用类型的变量。

(3) ________是用 static 修饰符声明的字段，无论存在多少个类实例，它们都共享一个字段副本。

(4) ________是面向对象程序设计的一个重要特征，通过它可以使多个具有相同功能但参数不同的方法共享同一个方法名。

(5) 运行下面代码，输出结果是“x=10,y=100”，在横线处补充完整代码。

```
public class TestVarition
{
        public static long x = 10;
        public int y;
}
class Program
{
    static void Main(string[] args)
    {
        TestVarition var = new TestVarition();
        var.y=100;
        Console.WriteLine("x={0},y={1}",________);
    }
}
```

(6) 请将 Person 类的构造函数补充完整。

```
public class Person
{
    private string name;                              //私有字段(域)，外部不能访问
    private byte age;
    private long ID;
```

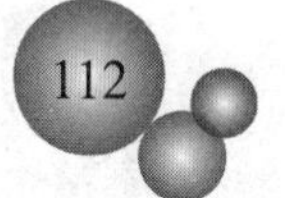

```
    public Person(string n,byte a ,long i)          //实例构造函数
    {
        ________
    }
    public void Display()                           //公有方法，外部可访问
    {
        Console.WriteLine("Name:{0}",name);
        Console.WriteLine("Age:{0}",age);
        Console.WriteLine("ID:{0}",ID);
    }
}
```

(7) 下面代码的输出结果是“he=10,cha=-4”，空格处是对函数 OutChar 的调用代码，请补充完整代码。

```
static public int OutChar(int a1, int a2, out int he, out int cha)
{
    he = a1 + a2;
    cha = a1 - a2;
    return 0;
}
static void Main( )
{
    int t1 = 3, t2 = 7, he, cha;
    ________________________
    Console.WriteLine("he={0},cha={1}", he, cha);
}
```

(8) 下面代码功能是重载 Point 类的操作符“--”，请补充完整代码。

```
class Point
{
    private int x, y;
    public Point(int a, int b)
    {
        x = a;
        y = b;
    }
    public static________
    {
        p.x--;
        p.y--;
    }
}
```

2. 选择题

(1) 以下有关类和对象的说法中，不正确的是________。

A. 类是一种系统提供的数据类型

B．对象是类的实例

C．类和对象的关系是抽象和具体的关系

D．任何对象只能属于一个具体的类

(2) 以下有关构造函数的说法中，不正确的是________。

A．构造函数中，不可以包含 return 语句

B．一个类中只能有一个构造函数

C．实例构造函数在生成类实例时被自动调用

D．用户可以定义无参构造函数

(3) ________是用 readonly 修饰符声明的字段，它只能在字段声明或构造函数中赋值，在其他任何地方都不能改变字段的值。

A．只读字段　　B．静态字段

C．实例字段　　D．读写字段

(4) 以下有关类的成员修饰符或类修饰符的叙述中，错误的是________。

A．public 声明公有成员

B．private 修饰符声明私有成员，私有成员只能被类中的成员和派生类访问

C．protected 修饰符声明保护成员，保护成员可以被类中成员和派生类访问

D．sealed 作为类修饰符，声明密封类，密封类不能被继承

(5) 在类的外部可以被访问的成员是________。

A．public 成员　　B．private 成员

C．protected 成员　　D．protected internal 成员

(6) 下面有关静态方法的说法中，错误的是________。

A．静态方法不对特定实例进行操作，不与实例相关联

B．使用静态方法的语法格式：类名.静态方法()；

C．静态方法能访问类中的静态成员，静态方法不能访问非静态成员

D．静态方法不能访问类中的静态字段

(7) 以下有关函数重载的说法中，完全正确的是________。

A．重载函数的参数个数必须不同

B．重载函数必须具有不同的形参列表

C．重载函数必须具有不同的返回值类型

D．重载函数的参数类型必须不同

(8) 已知：

```
class Program
{int a = 100;
static void Func(ref int b) { }
static void Main()
{
    int a=10;
    Console.Write(________)
}
```

在程序的空白处调用 Func 方法，则以下方法调用正确的是________。

A. Func(ref(10*a))　　B. Func(ref 10)

C. Func(a)　　D. Func(ref a)

(9) 若有两个函数：

```
void f1(int a, int b)
{
    int temp = a;
    a = b;
    b = temp;
}
void f2(ref int a, ref int b)
{
    int temp = a;
    a = b;
    b = temp;
}
```

则以下有关这两个函数的描述中，正确的是________。

A. 函数 f1 和 f2 均能实现交换两个实参值的功能

B. 函数 f1 和 f2 都不能实现交换两个实参值的功能

C. 函数 f1 能实现交换两个实参值的功能，函数 f2 不能实现交换两个实参值的功能

D. 函数 f1 不能实现交换两个实参值的功能，函数 f2 能实现交换两个实参值的功能

(10) 下面运算符中不可以被重载的是________。

A. *　　B. >=　　C. ture　　D. &&

3. 编程题

(1) 创建 person 类，含有表示总学生数的静态变量 total，以及实例变量：学号、姓名、性别、籍贯。

构造函数：为新实例设置变量值，并记录实例个数；

创建静态方法：显示当前实例数；

创建实例方法：显示该学生的学号、姓名、性别、籍贯。

在主函数中调用实例化 person 类，并调用静态方法和实例方法，要求第一次实例化显示学生自己的学号和名字等。

(2) 使用同一个方法名分别执行输出整数、字符串和数组元素的功能。

(3) 编写程序在主函数中定义一个一维数组 char[] ch，数组元素为：a、b、c、x、y、z。编程实现一个方法，方法参数为 params 修饰的参数数组，该方法将数组的元素输出。再次调用方法，并在方法调用中输入实参：h、e、l，并查看结果。

【习题答案】

继承和多态

教学目标

- 了解继承和多态的基本概念。【本章代码】
- 掌握多态性的使用方法。
- 掌握如何使用抽象类和抽象方法。
- 掌握如何密封类和密封方法。
- 掌握静态类和静态成员的使用方法。

案例说明

现实中，很多对象具有继承关系，例如，圆形、矩形和三角形都属于形状，它们具有图形的一般特性，又具有自身的特殊特性。使用继承和多态，可将一般概念上的形状定义为一个基类，从此基类派生出圆形、矩形和三角形。本章将介绍继承和多态等相关知识，并实现该示例。

为了提高软件模块的可重用性和可扩张性，以便提高软件的开发效率，我们总是希望能够利用前人或自己的开发成果，同时又希望在自己的开发过程中能够有足够的灵活性，不拘泥于重用的模块。今天，任何面向对象的程序设计语言都必须提供两个重要的特性：继承性(inheritance)和多态性(polymorphism)。

4.1 类的继承

继承是面向对象编程(Object Oriented Programing，OOP)的一个重要特征，它允许在已有类的基础上创建新类，新类不但从既有类中继承类成员，而且可以重新定义或添加新成员。被继承(也称为被派生)的类为基类或父类，继承后产生的类为派生类或子类。注意，C#中的派生类只能直接继承于一个基类，当然基类也可以有自己的基类。

4.1.1 派生类的声明格式

派生类的声明格式如下：

类修饰符 class 类名:基类
{
类体
}

关于派生类，需注意以下几点：

- 只允许单继承，即派生类只能有一个基类。
- 继承可传递，即 A 派生出 B，B 又可派生出 C。
- 派生类可扩展它的直接基类，但不能删除从基类继承的成员。
- 构造函数和析构函数不能被继承。
- 派生类可以隐藏(new)基类的成员：如果在派生类中声明了与基类同名的新成员，则该基类的成员在派生类中就不能被访问(但可以用 base 访问)。

【例 4-1】 现有一个 Animal 类，由 Animal 类派生一个 Dog 类。由于 Dog 除了具有自身的特有性质，还有 Animal 的所特有性质，所以可用继承的方法来重用 Animal 类。示例代码(位于文件夹 Chap4-1 中)如下：

```
Public class Animal
{
    protected string name;
    private int numOfSpecies;
    public Animal(string name)
    {
        this.name = name;
    }
    public Animal(string name, int num)
    {
        this.name = name;
        numOfSpecies = num;
    }
    private void displayNumOfSpecies()
    {
        Console.WriteLine("The number of animal species is {0} ",numOfSpecies );
    }
```

```
    public void Eat()
    {
        Console.WriteLine("{0} is eating",name );
    }
}
public class Dog:Animal
{
    private int numOfLegs;
    public Dog(string name,int num):base( name)
    {
        numOfLegs = num;
    }
    public void Bark()
    {
        Console.WriteLine("{0} is barking.",name );
    }
}
class Program
{
    public static void Main(string[] args)
    {
        Dog dg = new Dog("Lary", 4);
        dg.Eat();
        dg.Bark();
        Console.ReadKey();
    }
}
```

程序运行结果如图 4.1 所示。

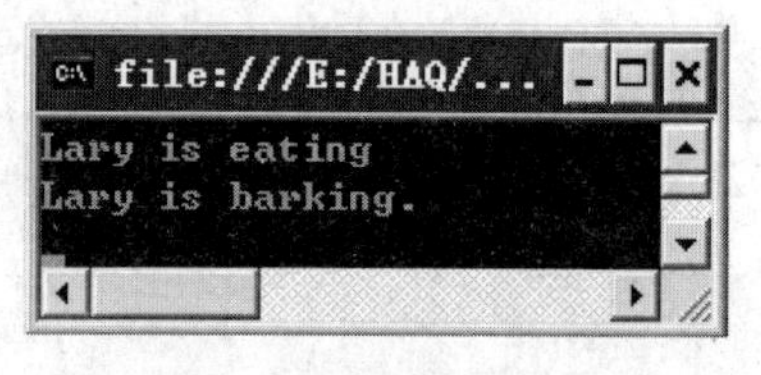

图 4.1　例 4-1 运行结果

注意

派生类不能访问基类中的私有成员，但可以访问其公共成员。若允许一个成员可由基类和派生类访问，但不能由外部的代码访问，则可使用 protected 修饰符将其声明为保护成员。

4.1.2　隐藏基类方法

当派生类从基类继承时会获得基类的所有方法、字段、属性和事件。若要更改基类的数据和行为，有两种选择，一是在派生类中使用 new 关键字名称相同的成员隐藏基类成员，二是重写虚拟的基类成员。本节介绍第一种隐藏基类成员的方法，第二种隐藏方法将在后续章节中介绍。

【例 4-2】 创建类 A 和类 B，B 派生于 A，B 和 A 有相同的方法 display，在 B 中使用 new 关键字隐藏基类 A 中的方法，示例代码(位于文件夹 Chap4-2 中)如下：

```
class A
{
    public A()
    { }
    public void display()
    {
        Console.WriteLine("class A");
    }
}
class B : A
{
    public B()
    { }
    public new void display()
    {
        Console.WriteLine("class B");
    }
}
class Program
{
    static void Main(string[] args)
    {
        A classA = new A();
        B classB = new B();
        classA.display();
        classB.display();
        Console.ReadKey();
    }
}
```

程序运行结果如图 4.2 所示。

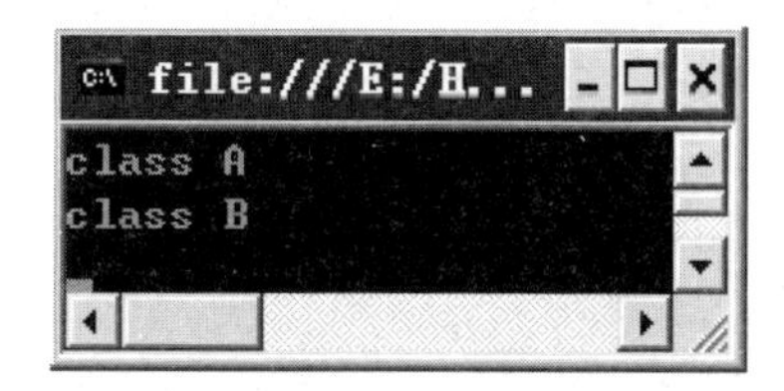

图 4.2　例 4-2 代码运行结果

4.1.3　base 关键字

在 C#中可以使用 base 关键字从派生类中访问基类的成员。使用 base 的一种情形是调

用基类上已被其他方法重写的方法，另一种情形是指定创建派生类示例时应调用的基类构造函数。

【例 4-3】在派生类 Employee 中使用 base 关键字访问父类中与派生类 GetInfo 同名的方法，示例代码(位于文件夹 Chap4-3 中)如下：

【操作视频】

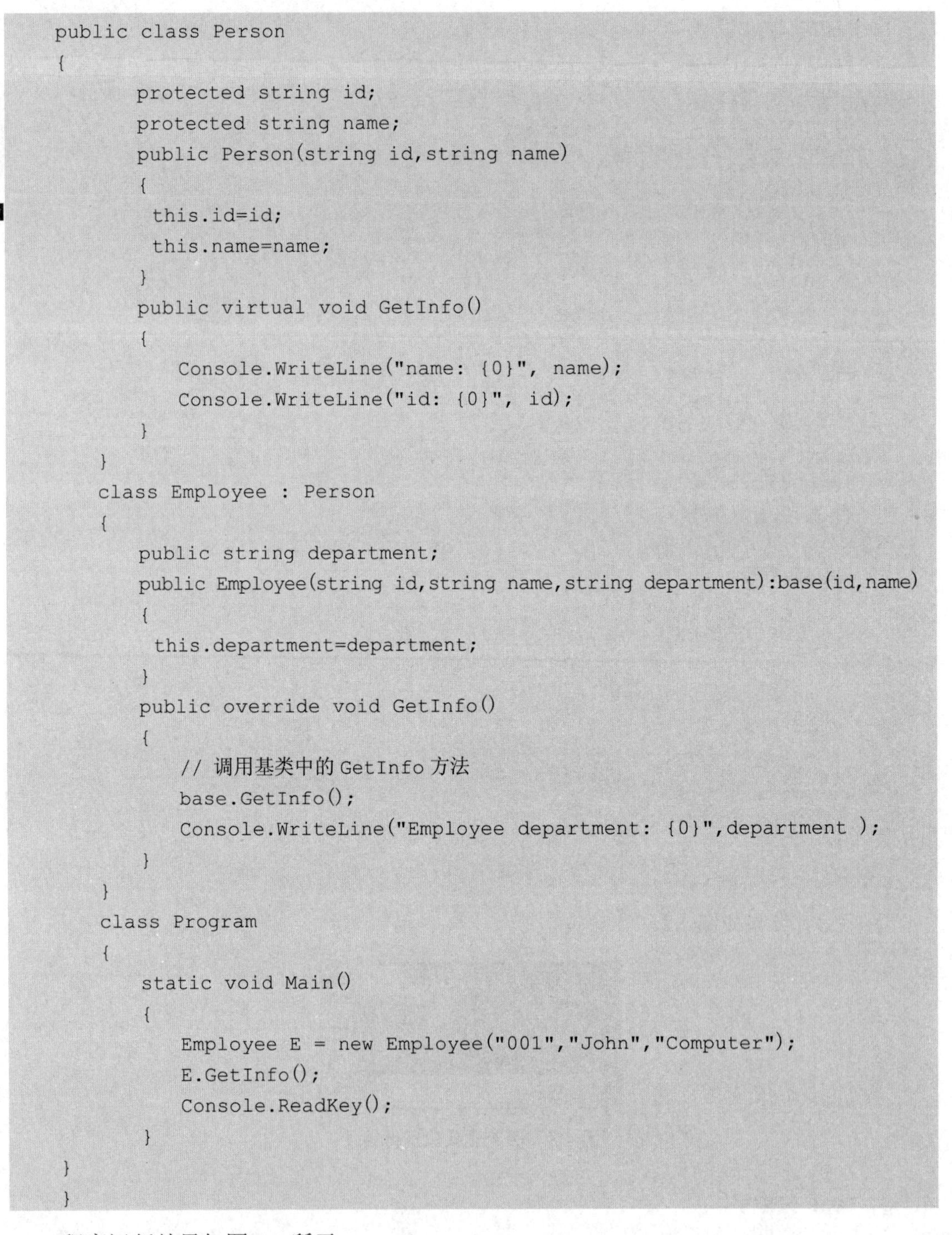

```
public class Person
{
        protected string id;
        protected string name;
        public Person(string id,string name)
        {
         this.id=id;
         this.name=name;
        }
        public virtual void GetInfo()
        {
            Console.WriteLine("name: {0}", name);
            Console.WriteLine("id: {0}", id);
        }
    }
    class Employee : Person
    {
        public string department;
        public Employee(string id,string name,string department):base(id,name)
        {
         this.department=department;
        }
        public override void GetInfo()
        {
            // 调用基类中的GetInfo方法
            base.GetInfo();
            Console.WriteLine("Employee department: {0}",department );
        }
    }
    class Program
    {
        static void Main()
        {
            Employee E = new Employee("001","John","Computer");
            E.GetInfo();
            Console.ReadKey();
        }
}
}
```

程序运行结果如图 4.3 所示。

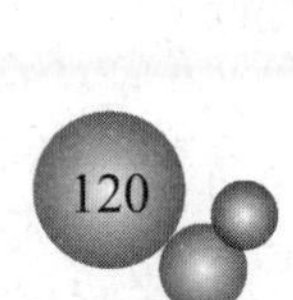

图 4.3　例 4-3 代码运行结果

注意

base 关键字只能在构造函数、非静态的方法或非静态的属性访问器中使用，且可以调用基类中的任何方法。

4.2　重写和多态性

4.2.1　重写

在 4.1.2 节中介绍了使用 new 关键字隐藏基类中成员的方法，本节介绍在派生类中重写基类成员来将其隐藏。virtual 关键字用于修饰方法、属性、索引器或事件，并且允许在派生类中使用 override 关键字重写这些对象。在派生中使用 override 声明重写的方法称为重写基方法。在派生类中改写一个基类的虚方法时，应与原虚方法具有相同签名，不能改变方法的参数类型、个数和返回值等。

【例 4-4】 在基类 Car 中声明一个 virtual 类型的函数 ShowDetails，在继承类 ConvertibleCar 中使用 override 关键字重写基类中的 ShowDetails 方法，示例代码(位于文件夹 Chap4-4 中)如下：

```
class Program
    {
        public static void Main()
        {
            ConvertibleCar car1 = new ConvertibleCar();
            car1.ShowDetails();
            Console.ReadKey();
        }
    }
    class Car
    {
        public virtual void ShowDetails()
        {
            System.Console.WriteLine("Standard transportation.");
        }
    }

    class ConvertibleCar : Car
    {
```

```
        public override  void ShowDetails()
        {
            System.Console.WriteLine("A roof that opens up.");
        }
    }
```

程序运行结果如图 4.4 所示。

图 4.4　例 4-4 代码运行结果

4.2.2　多态性

多态性是指不同对象收到相同消息时会产生不同动作。

C#支持两种多态性：

第一种是编译时的多态性，这种多态性是通过方法重载和操作符重载来实现的。

第二种是运行时的多态性，这种多态性是指系统直到运行时才根据实际情况决定采用何种操作。

【例 4-5】 多态性示例。示例代码(位于文件夹 Chap4-5 中)如下：

```
class Program
{
    static void Main(string[] args)
    {
        BaseClass bc = new BaseClass();
        DerivedClass dc = new DerivedClass();
        // bcdc 类型为 BaseClass，且其值的类型为 DerivedClass。密切注意该变量
        BaseClass bcdc = new DerivedClass();
        // 调用基类中的虚方法
        bc.Method();
        // 调用派生类中重写后的方法
        dc.Method();
        //此处实现多态，通过基类变量调用派生类中的方法
        bcdc.Method();
        //此处实现多态，将派生类型的变量赋值给基本类型的变量
        bc=dc;
        bc.Method();
        Console.ReadKey();
    }
}
class BaseClass
{
    public virtual void Method()
```

```
    {
        Console.WriteLine("Base - Method");
    }
}
class DerivedClass : BaseClass
{
    public override void Method()
    {
        Console.WriteLine("Derived - Method");
    }
}
```

程序运行结果如图 4.5 所示。

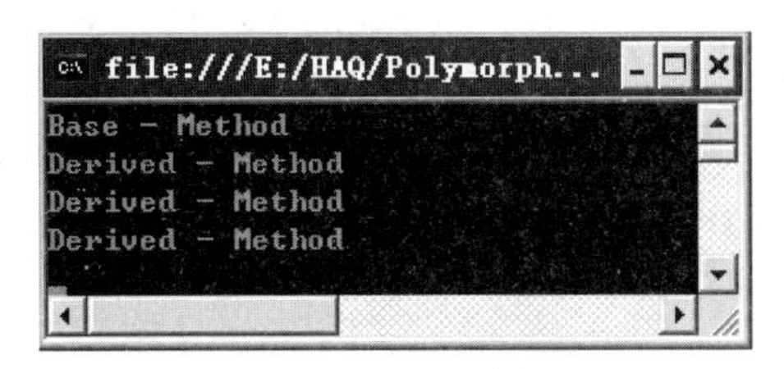

图 4.5 例 4-5 代码运行结果

4.3 抽象类和抽象方法

使用 abstract 修饰符声明的类和方法称为抽象类和抽象方法。抽象类不能示例化，只能作为其他类的基类使用。抽象类和抽象方法具有以下特性：

- 抽象类可以包含抽象方法和抽象属性。
- 不能用 sealed 修饰符修改抽象类，因为抽象类只能作为基类使用。
- 从抽象类派生的非抽象类必须实现所有继承来的抽象方法和抽象访问器。
- 抽象方法是隐式的虚方法。
- 只允许在抽象类中使用抽象方法声明。
- 因为抽象方法声明不提供方法的实现，所以没有方法体。方法声明只是以一个分号结束，并且在签名后没有花括号（{ }）。
- 在派生类中使用关键字 override 实现抽象方法。
- 在抽象方法声明中不允许使用 static 或 virtual 修饰符。

【例 4-6】 抽象类和抽象方法示例。示例代码(位于文件夹 Chap4-6 中)如下：

```
abstract class Shapes
{
        public Single side=0;
        public Shapes(Single n)
        {
            side=n;
        }
```

```
        abstract public float Area();
    }
    class Square : Shapes
    {
         public Square(Single n):base(n)
         {
             side = n;
         }
        // Area 抽象方法必须被实现
        public override float Area()
        {
            return side * side;
        }
        static void Main()
        {
            Square sq = new Square(12);
            Console.WriteLine("Area of the square = {0}", sq.Area());
            Console.ReadKey();
        }
    }
```

程序运行结果如图 4.6 所示。

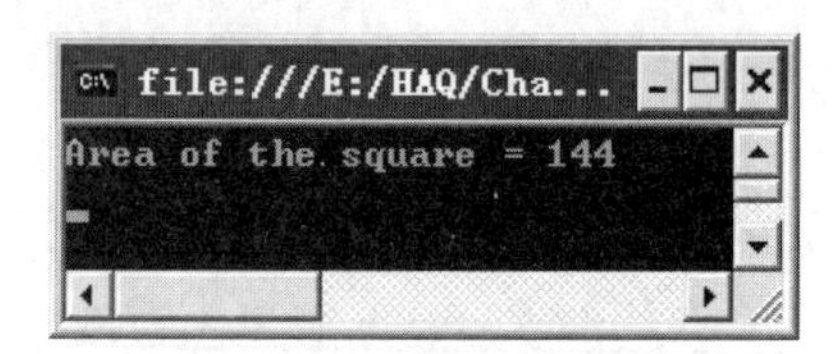

图 4.6　例 4-6 代码运行结果

4.4　密封类和密封方法

使用 sealed 修饰符修饰的类称为密封类。密封类不能被其他类继承，密封类与抽象类是互斥的，即修饰符 abstract 和 sealed 不能同时使用。

【例 4-7】 密封类和密封方法示例。示例代码(位于文件夹 Chap4-7 中)如下：

【操作视频】

```
    sealed class SealedClass
        {
            public int x;
            public int y;
            public SealedClass(int xx,int yy)
            {
             x=xx;
                 y=yy;
            }
         }
```

```
//密封类不能被继承，所以下边这一行代码是错误的
//class MyDerivedC: SealedClass {}
class SealedTest2
    {
        static void Main()
        {
            SealedClass sc = new SealedClass(6,36);
            Console.WriteLine("x = {0}, y = {1}", sc.x, sc.y);
            Console.ReadKey();
        }
    }
```

程序运行结果如图 4.7 所示。

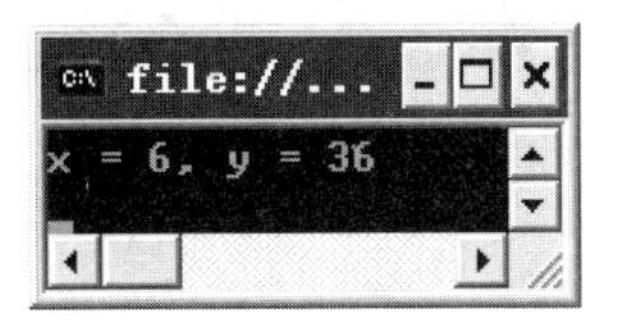

图 4.7 例 4-7 代码运行结果

方法和属性也可用 sealed 关键字修饰，表示该方法或属性不允许被继承。需注意的是，只有当使用 override 重写方法或属性时，才能使用 sealed 关键字。

【例 4-8】 密封方法示例代码(位于文件夹 Chap4-8 中)如下：

```
class X
    {
        protected virtual void A() { Console.WriteLine("X.A"); }
        protected virtual void B() { Console.WriteLine("X.B"); }
    }
class Y : X
    {
        sealed protected override void A() { Console.WriteLine("Y.A"); }
        protected override void B() { Console.WriteLine("Y.B"); }
    }
class Z : Y
    {
        // 不允许重写基类 Y 中的 sealed 方法 A
        // protected override void A() { Console.WriteLine("Z.A"); }

        // 允许重写基类中的方法 B
        protected override void B() { Console.WriteLine("Z.B"); }
        public void display()
        {
          this.B();
        }
    }
```

```
class Program
    {
        public static void Main()
        {
            Z  zc=new Z();
            zc.display();
            Console.ReadKey(true);
        }
    }
```

程序运行结果如图 4.8 所示。

图 4.8　例 4-8 代码运行结果

4.5　静态类和静态方法

使用 static 关键字声明的类称为静态类。静态类与非静态类的一个主要区别是：静态类不能示例化。也就是说，不能使用 new 关键字创建静态类的示例对象。此外，静态类还具有以下特征：

- 静态类只能包含静态成员。
- 静态类是密封的，即静态类不能被继承。
- 静态类不能使用 abstract 或 sealed 修饰符。
- 静态类不能包含示例构造函数。
- 静态类不能有任何示例成员，但可以有常量成员。
- 静态类的成员默认并不是 static 类型的，必须用 static 修饰符显式声明成员。

因为静态类没有示例对象，所以要使用类名本身访问静态类的成员。

【例 4-9】 如果名为 StaticClass 的静态类有一个名为 Display 的公共方法，则按下面示例代码所示调用该方法。该代码(位于文件夹 Chap4-9 中)如下：

【操作视频】

```
static class StaticClass
    {
        public const long  n=2012;
        public static void Display()
        {
            Console.WriteLine("n ={0}",n);
        }
        //静态类不能有任何示例成员，静态类只能包含静态成员
        //public int myvar;
        //public void Dis()
        //{Console.WriteLine("n ={0}",n);}
```

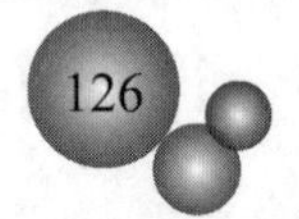

```
    }
    class Program
    {
        public static void Main(string[] args)
        {
            StaticClass.Display();
            //StaticClass.Dis();
            //静态类的错误应用，无法生成静态类的示例
            //StaticClass c = new StaticClass();
            Console.ReadKey();
        }
    }
```

程序运行结果如图 4.9 所示。

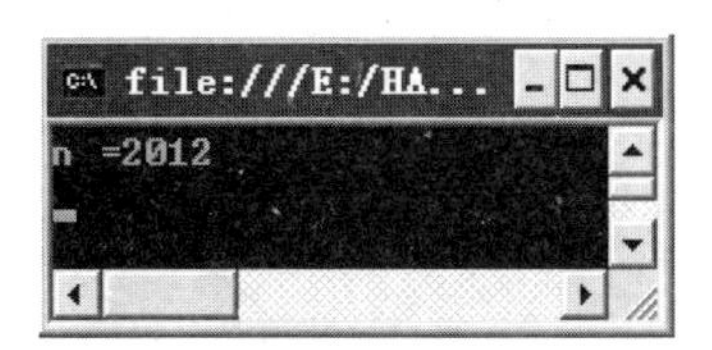

图 4.9 例 4-9 代码运行结果

4.6 案 例

以下案例定义了具有图形一般特性的 Shape 基类，然后使用继承和多态定义了具有特殊属性的圆形、矩形和三角形。

具体操作步骤如下：

(1) 创建一个控制台应用程序，命名为 ConsoleDerivedClasss。

(2) 创建一个 shape 类，该类包含 X、Y、Height 和 Width 等变量，含一个虚方法 Draw，见示例。

(3) 创建继承自 shape 类的 Circle、Rectangle 和 Triangle 类，并重写基类中的 Draw 方法，见示例。

(4) 在主函数中实例化 shape、Circle、Rectangle 和 Triangle 类，并执行各类的 Draw 方法，见示例。

```
class shape
{
    public int X, Y, Height, Width;
    // Virtual method
    public virtual void Draw()
    {
        Console.WriteLine("Performing base class drawing tasks");
    }
}
```

```
class Circle:shape
{
  public override void Draw()
  {
    // Code to draw a circle...
    Console.WriteLine("Drawing a circle");
  }
}

class Rectangle : shape
{
  public override void Draw()
  {
    // Code to draw a rectangle...
    Console.WriteLine("Drawing a rectangle");
  }
}

class Triangle : shape
{
  public override void Draw()
  {
    // Code to draw a triangle...
    Console.WriteLine("Drawing a triangle");
  }
}

class Program
   {
       static void Main(string[] args)
       {
           // Rectangle, Triangle and Circle can
           // all be used wherever a Shape is expected.
           shape shp = new shape();
           Rectangle rec = new Rectangle();
           Triangle tri = new Triangle();
           Circle cir = new Circle();
           shp.Draw();
           rec.Draw();
           tri.Draw();
           cir.Draw();
           Console.ReadKey();
       }
   }
```

【本章拓展】

习　题

1. 填空题

(1) 补充完整以下抽象类程序：

```
________class figure
{
 protected double x=0,y=0;
 public abstract double area();
}
```

(2) 以下程序的运行结果是________。

```
class Program
{
    static void Func(int a,out int x,out int y)
    {
        x = a / 10;
        y = a % 10;
    }
    static void Main()
    {
        int m = 35;
        int a,b;
        Func(m,out a, out b);
        Console.WriteLine("{0},{1}", a,b);
    }
}
```

(3) 以下程序的运行结果是________。

```
class Test1
    {   public int x,y;
        public Test1()
        {
            x = 10; y = 20;
        }
       public void print1( Test1 tt)
  {     Console.WriteLine(tt.x + "  " + tt.y);        }
        public void print2()
        {           print1(this);       }
        static void Main()
        {   Test1 t=new Test1();
            t.print2();
            Console.Read();
        }
    }
```

(4) 以下程序的运行结果是________。

```
class A
{ public void F() { Console.WriteLine("A.F"); }
 public virtual void G() { Console.WriteLine("A.G"); }
}
class B: A
{ new public void F() { Console.WriteLine("B.F"); }
 public override void G() { Console.WriteLine("B.G"); }
}
class Test
{ static void Main()
 { B b = new B();
  A a = b
  a.F();
  b.F();
  a.G();
  b.G();
  Console.Read();
 }
```

(5) 编译时的多态是通过方法重载和运算符重载实现的，运行时的多态是通过继承和________实现的。

(6) ________是OOP的一个重要特征，它允许在已有类的基础上创建新类，新类不但从既有类中继承类成员，而且可以重新定义或加进新成员。

(7) 下面代码功能是重载Point类的操作符“--”，请补充完整代码。

```
class Point
{
    private int x, y;
    public Point(int a, int b)
    {  x = a;  y = b;   }
    public static ________
    {  p.x--;   p.y--;  }
}
```

2. 选择题

(1) 下列关键字中可用于引用类的当前实例的是________。

A. base　　B. this　　C. new　　D. override

(2) 下面是抽象类的声明的是________。

A. abstract class figure {　}　　B. class abstract figure {　}

C. sealed class figure {　}　　D. static class figure {　}

(3) Abstract修饰的方法为抽象方法，抽象方法只有声明而无主体，且________。

A. 只能存在于抽象类中　　B. 可以在任何类中

C. 只能在接口中　　D. 只能在密封类中

(4) 改写一个基类的虚方法时，应与原虚方法的声明相同，并且________。

A．不能改变方法的参数类型、个数和返回值等

B．可以改变方法的参数类型、个数和返回值等

C．可以改变方法的返回值等

D．可以改变方法的参数类型和个数

(5) 下面有关继承的说法中，正确的是________。

A．A 类和 B 类均有 C 类需要的成员，因此可以从 A 类和 B 类共同派生出 C 类

B．在派生新类时，可以指明公有派生、私有派生或保护派生

C．派生类可以继承基类中的成员，也可以继承基类的父类中的成员

D．在派生类中，不能添加新的成员，只能继承基类的成员

(6) 用于防止从所修饰的类派生出其他类，可以将此类定义为________。

A．抽象类　　B．密封类　　C．静态类　　D．分部类

(7) 若想从派生类中访问基类的成员，可以使用________。

A．this 关键字　　B．me 关键字　　C．base 关键字　　D．override 关键字

(8) 以下有关派生类的描述中，不正确的是________。

A．派生类可以继承基类的构造函数

B．派生类可以隐藏和重载基类的成员

C．派生类不能访问基类的私有成员

D．派生类只能有一个直接基类

(9) 下面程序错误的原因是________。

```
sealed class SealedClass {   }
class Derived:SealedClass {   }
```

A．SealedClass 类不能被继承　　B．没有 Main()程序入口

C．SealedClass 没有被实例化　　D．以上皆是

(10) 以下关于虚方法的描述中，正确的是________。

A．虚方法可以实现静态联编

B．在一个程序中，不能有同名的虚方法

C．虚方法必须是类的静态成员

D．在派生类中重载虚方法，必须加上 override 修饰符

3．编程题

(1) 定义一个 Student 类，有学号、姓名属性和上课情况字段；定义一个方法，可以判断学生上课的教室；定义一个 Student 类的派生类 Graduate，它继承 Student 类，有属性导师姓名；在 Main 方法中，调用基类和子类的属性和方法。

(2) 编写程序，实现复数相加。

【习题答案】

接口、委托和事件

教学目标

【本章代码】

- 掌握接口的概念和使用方法。
- 掌握委托的概念和使用方法。
- 掌握事件的概念和使用方法。

案例说明

在实际的应用程序中，大部分的程序功能都是通过事件来触发的，如单击事件和键盘事件。事件也是 Windows 窗口编程的基础。本章案例将编程计算 0～100 中所有能被 7 整除的整数，将输出结果的命令置于事件处理程序中，每找到一个符合条件的数，就通过触发事件来执行输出程序。

在本章案例中，将要用到代理和事件。通过声明事件的代理，声明包含事件和事件触发程序的类以完整地演示事件的创建和使用过程。

5.1 接　口

接口是向客户保证类或结构体行为方式的一种协定(contract)。如果说类是一组对象的模板，那么接口则是一组类的模板。委托用于将方法作为参数传递给其他方法。事件处理程序就是通过委托调用的方法。类或对象可以通过事件向其他类或对象通知发生的相关事情。

5.1.1 接口的声明和实现

接口用于描述可属于任何类或结构的一组相关功能，用 interface 关键字定义。定义接口的语法格式如下：

[修饰符] interface 接口名 [: 父类接口列表]
{
　　//接口成员
}

接口具有以下特性：

(1) 接口是由方法、属性、事件、索引器或这 4 种成员类型的任意组合构成的框架，并没有描述任何对象的示例。

(2) 接口不能包含常量、字段、运算符、示例构造函数、析构函数或类型。它不能包含静态成员。

(3) 接口成员是自动公开的，且不能包含任何访问修饰符。

(4) 类或结构实现接口时，必须实现接口的所有成员。

(5) 如果基类实现接口，派生类将继承该实现。

(6) 类和结构可继承多个接口。接口之间用逗号隔开，当一个类既继承一个基类，又实现多个接口时，基类放在最前面。

(7) 接口自身可从多个接口继承。

【例 5-1】 接口的声明和实现方法示例。示例代码(位于文件夹 Chap5-1 中）如下：

```
interface Ipci
    {
        int price//与抽象属性的差别：无 abstract
        {
            get;
            set;
        }
        void work(); //与抽象方法的差别：无 abstract
    }
    class soundcard:Ipci
    {
        private int jiage;
        public int price
        {
            get
```

```
            {
                return jiage;
            }
            set
            {
                jiage=value;
            }
        }
        public void work()
        {
            Console.WriteLine("声卡开始工作，嘟...");
        }
    }
    class Class1
    {
        static void Main(string[] args)
        {   soundcard s =new soundcard();   //或 Ipci s=new soundcard();
            s.price=800;
            Console.WriteLine(s.GetType().FullName + "的价格是"+s.price.
                                ToString());
            s.work();
            Console.Read();
        }
    }
```

程序运行结果如图 5.1 所示。

图 5.1　例 5-1 代码运行结果

5.1.2　显式接口实现

如果类实现两个接口，并且这两个接口包含具有相同签名的成员，那么在类中实现该成员将导致两个接口都使用该成员作为它们的实现。此时，可以显式地实现接口成员，即在类中实现该接口时，使用全名(接口名.成员名)命名类成员，创建一个仅实现该接口的类成员。

【例 5-2】 显式借口实现示例，示例代码(位于文件夹 Chap5-2 中）如下：

```
interface ICircle
{
    double Area();
}
interface ISquare
```

```
{
    double Area();                          //与接口 Icircle 具有相同签名
}
public class  DisArea:ICircle,ISquare
{
    private float  len;
    public DisArea(float l)
    {
        len=l;
    }
    double ICircle.Area()                   //显示实现接口
    {
        return len*len;
    }
    double ISquare.Area()                   //显示实现接口
    {
        return Math.PI *len*len;
    }
}
class Program
{
    public static void Main(string[] args)
    {
        DisArea dis=new DisArea(5);
        ISquare sq=(ISquare)dis;            //显示接口成员只能通过接口示例访问
        ICircle ci=(ICircle)dis;
        Console.WriteLine("The area of Square is : {0}",sq.Area());
        Console.WriteLine("The area of Circle is : {0}",ci.Area());
        Console.ReadKey(true);
    }
}
```

程序运行结果如图 5.2 所示。

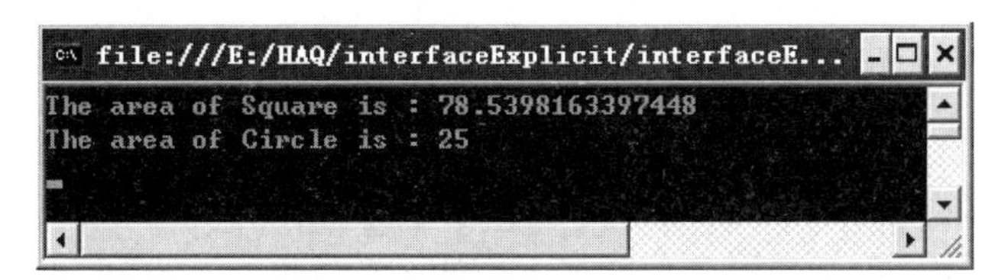

图 5.2　例 5-2 代码运行结果

显式接口成员具有以下特性：

- 显式接口成员不能通过类的示例访问，只能通过接口的示例访问。
- 显式接口成员实现不能使用任何修饰符

5.1.3　接口映射

接口通过类实现，接口中声明的每一个成员都应该对应着类的一个成员，这种对应关系称为接口映射。

实现接口的类的成员 A 及其所映射的接口成员 B 之间满足以下匹配关系：

- 如果A和B都是方法，那么A和B的名称、类型和形参表都相同。
- 如果A和B都是属性，则A和B的名称与类型相同。
- 如果A和B都是事件，则A和B的名称与类型相同。
- 如果A和B都是索引器，则A和B的类型与形参表相同。

如何确定实现接口成员的是哪一个类成员呢？ 假设类C实现了接口成员I.M(I是接口名，M是接口I的成员)，则M的映射过程如下：

(1) 如果类C中存在与I.M匹配的显式接口成员实现的声明，那么此类成员就是I.M的实现。

(2) 如果类C中不存在接口成员I.M的显式实现，则查看类C中是否存在一个与I.M相匹配的public成员声明，此成员就是I.M的实现。

5.2 委　　托

5.2.1 委托的声明和实现

委托是一种引用类型，用于封装方法(函数)的引用，类似于 C++ 中的函数指针，但委托是面向对象的和安全、可靠的。委托的声明格式如下：

[修饰符] delegate 返回类型 DelegateName (形参列表);

其中，修饰符可为new、public、protected、internal和private；返回类型和形参列表为所引用方法的返回值类型和形参列表，且形参列表的类型和顺序都要与引用方法的形参相同。对于实例方法，委托对象同时封装一个实例和该实例上的一个方法。对于静态方法，委托对象封装要调用的方法。

【例 5-3】 委托的实现与类的实现相同，即先实例化，再调用。以下是声明和实现委托的示例代码。该代码(位于文件夹Chap5-3中)如下：

【操作视频】

```
class TV
{
    public void on(int channel)
    {
        Console.WriteLine("电视已打开,在看" + channel.ToString() +"频道");
    }
    public static void off()
    {
        Console.WriteLine("电视已关");
    }
}
    delegate void OnAppliance(int i); //声明委托参数列表要与将指向的方法一致
    delegate void OffAppliance();    //声明一个指向关闭电器方法的委托类OffAppliance
class Class1
{
    static void Main(string[] args)
    {
```

```
        TV tc=new TV();
        //委托 OnAppliance 的实例 OnMyAppliance,使其指向一个方法
        OnAppliance OnMyAppliance=new OnAppliance(tc.on);
        OnMyAppliance(5);
        //封装静态方法，使用"类名.方法名"
        OffAppliance OffMyAppliance=new OffAppliance(TV.off );
        OffMyAppliance();
        Console.ReadLine();
        }
    }
```

程序运行结果如图 5.3 所示。

图 5.3 例 5-3 代码运行结果

5.2.2 多播委托

多播委托是指引用多个方法的委托。当调用多播委托时，可以调用多个方法。若要向委托的方法列表(调用列表)中添加或移除方法，只需使用加法运算符或减法运算符(“+=”或“-=”)。

【例 5-4】 多播委托的示例。示例代码(位于文件夹 Chap5-4 中)如下：

```
    class TV
    {
        public void on(int channel)
        {
            Console.WriteLine("电视已打开,在看" + channel.ToString() +"频道");
        }
        public void off()
        {
            Console.WriteLine("电视已关");
        }
    }
    class Light
    {
        public static  void on(int amount)
        {
            Console.WriteLine("已经开了" + amount.ToString() + "盏灯");
        }
        public static  void off()
            {
                Console.WriteLine("电灯已关");
```

```
        }
    }
    delegate void OnAppliance(int i);    //声明委托类,参数列表要与将指向的方法一致
    delegate void OffAppliance();        //声明委托类 OffAppliance
    class Class1
    {
        static void Main(string[] args)
        {
        TV tcl=new TV();
        //创建委托 OnAppliance 的实例 OnMyAppliance,使其指向一个方法
        OnAppliance OnMyAppliance=new OnAppliance(tcl.on);
        OnMyAppliance(5);
        //同一个委托可以指向不同的方法,实现对多个方法的调用
        OnMyAppliance=new OnAppliance(Light.on);
        OnMyAppliance(5);
        OffAppliance OffTV=new OffAppliance(tcl.off);
        OffAppliance OffMyAppliance=OffTV;
        OffMyAppliance+=new OffAppliance(Light.off);  //向委托的方法列表中添加方法
        OffMyAppliance();
        OffMyAppliance-=OffTV;                        //移除委托方法列表中的方法
        OffMyAppliance();
        Console.ReadLine();
        }
    }
```

程序运行结果如图 5.4 所示。

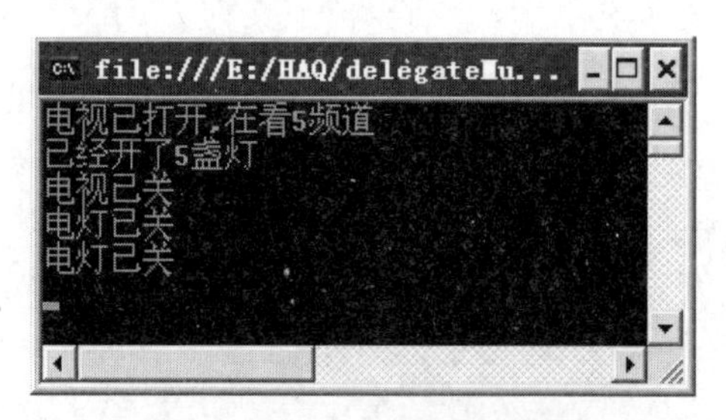

图 5.4　例 5-4 代码运行结果

5.3　事　　件

5.3.1　什么是事件

对象之间的交互是通过消息传递来实现的，而事件就是对象发送的消息，用以发信号通知操作的发生。操作可能是由用户交互(如鼠标单击)引起的，也可能是由某些其他的程序逻辑触发的。触发(引发)事件的对象称为事件发送方。捕获事件并对其做出响应的对象称为事件接收方。

在事件通信中，事件发送方并不知道哪个对象或方法将接收到(处理)它触发的事件。

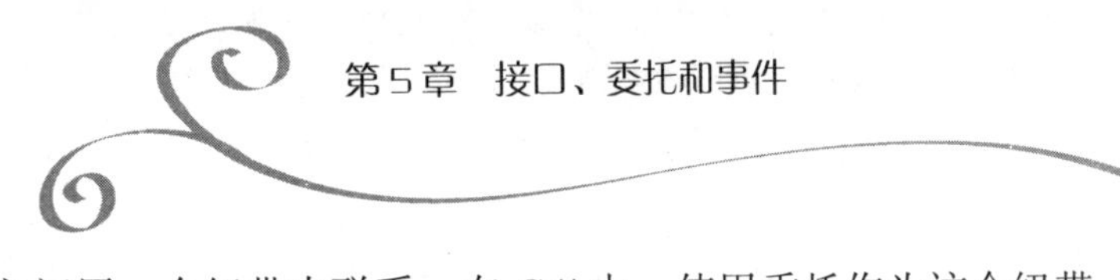

因此需要在发送方和接收方之间用一个纽带来联系。在C#中，使用委托作为这个纽带。事件通信示意图如图5.5所示。

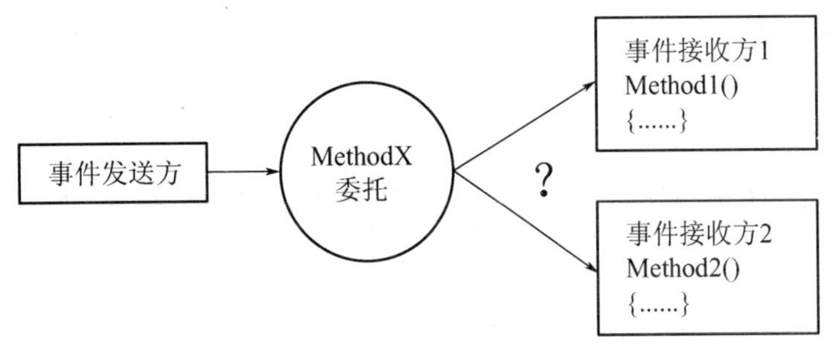

图5.5　事件通信示意图

5.3.2　事件的定义和调用

1. 创建和使用事件的过程

1）定义事件的委托

事件和事件所激活的方法是通过委托来建立关联的，委托返回值类型一般为void型。定义事件的委托格式如下：

Delegate void DelegateName (参数列表);

2）声明触发事件的类

声明一个类，在该类中声明事件和触发事件的方法。

事件是类成员，必须以event关键字声明，其一般语法格式如下：

[修饰符] event DelegateName EventName;

其中，修饰符可以是new、public、protected、private、static、virtual和sealed等。

3）订阅事件

事件处理程序是事件发生时事件委托调用的一个方法，如单击事件执行的方法。把事件和事件处理程序关联起来的过程称为订阅事件。将事件处理程序和事件关联的格式如下：

eventObject.EventName+=new DelegateName (eventMethod);

该过程通常在包含事件的主程序中进行，其中，eventObject.EventName是指包含事件的类的对象，eventMethod为事件处理程序，即相应事件的方法名。还可使用“-=”“+=”等运算符添加或删除多个事件处理方法。最后调用触发事件的方法便可触发事件。

2. 事件示例

【操作视频】

【例5-5】 设计一个模拟按钮的单击事件程序，说明事件的使用。示例代码(位于文件夹Chap5-5中)如下：

```
using System;
using System.Collections.Generic;
using System.Linq;
```

```
using System.Text;
namespace MyEvent
{
    delegate void MyDG();                //由事件绑定的方法决定委托的形式
    class Mybutton
    {
        public event MyDG Myclick;       //通过相关的委托声明事件
        public void Onclick()            //引发事件的方法
        {
            if (Myclick != null) Myclick();
        }
    }
    class Myform
    {
        static void Main(string[] args)
        {
            Mybutton b1 = new Mybutton();
            b1.Myclick += new MyDG(b1_Myclick);    //把事件与事件处理联系起来
            b1.Onclick();                          //引发事件的操作
            Console.ReadLine();
        }
        private static void b1_Myclick()
        {
            Console.WriteLine("you click!");
        }
    }
}
```

程序运行结果如图 5.6 所示。

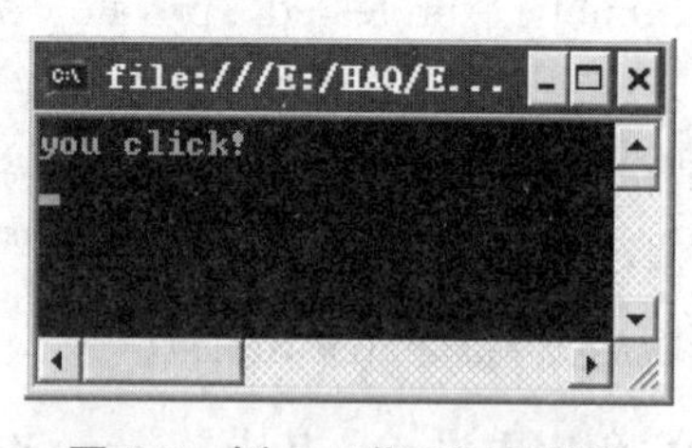

图 5.6　例 5-5 代码运行结果

在上述程序中，先声明一个事件委托类型 MYDG，它委托的事件处理方法的返回类型为 void，无参数。在 myButton 类中声明了一个事件 Myclick，它在单击(用 Onclick 方法模拟)时触发。

5.4　案　　例

编程计算 0～100 中所有能被 7 整除的整数。要求，将输出结果的命令置于事件处理程序中，每找到一个符合条件的数，就通过触发事件来执行输出程序。

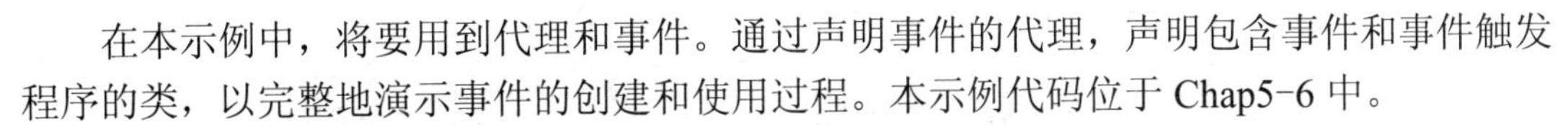

在本示例中，将要用到代理和事件。通过声明事件的代理，声明包含事件和事件触发程序的类，以完整地演示事件的创建和使用过程。本示例代码位于Chap5-6中。

具体操作步骤如下：

(1) 创建一个控制台应用程序，命名为ConsoleEventDelegate。

(2) 创建一个事件委托DivBySevenHandler。

(3) 创建一个包含事件声明和事件触发程序的类。

(4) 在主程序中，通过代理DivBySevenHandler将方法ShowOnScreen绑定到事件EventSeven，即订阅事件。

(5) 运行查看结果。

```
using System;
public delegate void DivBySevenHandler(int i);
    public class DivBySevenListener
    {
        public event DivBySevenHandler EventSeven;
        public void OnEventSeven(int i)
        {
            if (EventSeven != null)
                EventSeven(i);
        }
    }
    public class DivBySevenNums
    {
        public static void Main()
        {
            DivBySevenListener dbsl = new DivBySevenListener();
            dbsl.EventSeven += new DivBySevenHandler(ShowOnScreen);
            GenNumbers(dbsl );
            Console.ReadKey();
        }
        public static void GenNumbers(DivBySevenListener dbsl)
        {
            for (int i = 0; i < 99; i++)
            {
                if (i % 7 == 0)
                {
                    dbsl.OnEventSeven(i);
                }
            }
        }
        public static  void ShowOnScreen(int i)
        {
            Console.WriteLine(
                "divisible by seven event raised!!! the guilty party is {0}",i);
        }
    }
```

程序运行结果如图5.6所示。

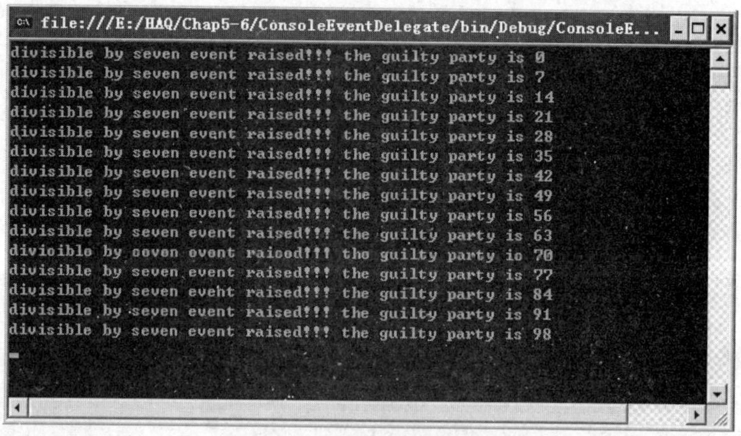

```
file:///E:/HAQ/Chap5-6/ConsoleEventDelegate/bin/Debug/ConsoleE...
divisible by seven event raised!!! the guilty party is 0
divisible by seven event raised!!! the guilty party is 7
divisible by seven event raised!!! the guilty party is 14
divisible by seven event raised!!! the guilty party is 21
divisible by seven event raised!!! the guilty party is 28
divisible by seven event raised!!! the guilty party is 35
divisible by seven event raised!!! the guilty party is 42
divisible by seven event raised!!! the guilty party is 49
divisible by seven event raised!!! the guilty party is 56
divisible by seven event raised!!! the guilty party is 63
divisible by seven event raised!!! the guilty party is 70
divisible by seven event raised!!! the guilty party is 77
divisible by seven event raised!!! the guilty party is 84
divisible by seven event raised!!! the guilty party is 91
divisible by seven event raised!!! the guilty party is 98
```

【本章拓展】

图 5.7　示例代码运行结果

习　　题

1. 填空题

(1) 下面程序的运行结果是________。

```
using System;
public interface IShape //"图形"接口 IShape
{
    double Area();
    double GramLength();
    int Sides {get;}
}
public interface IShapePlay
{
    void Play();
}
public class Square: IShape, IshapePlay
{
    private int sides;
    public int SideLength;
    public Square(){  sides=4; }
    public int Sides { get { return sides;} }
    public double Area()
    {
        return ((double) (SideLength* SideLength));
    }
    public double GramLength ()
    {
        return ((double) (Sides* SideLength));
    }
```

```
    public void Play()
    {
        Console.WriteLine("\n计算正方形面积的结果如下：");
        Console.WriteLine("边长：{0}", this.SideLength);
        Console.WriteLine("边数：{0}", this.Sides);
        Console.WriteLine("面积：{0}", this.Area());
    }
}
public class MyApp //应用类
{
    public static void Main()
    {
        Square sq=new Square();
        sq.SideLength=8;
        sq.Play();
    }
}
```

(2) ________是一种引用类型，用于封装方法(函数)的引用，它类似于C++中的函数指针，但有所不同，函数指针只能引用静态函数，而委托可以引用静态和实例方法。

(3) 引发(触发)事件的对象称为________。捕获事件并对其称为响应的对象叫做________。

(4) 下面程序的运行结果是________。

```
class a
{
    public void aa()
    {
        Console.WriteLine("a");
    }
}
class b
{
    [("lili")]
    public void bb()
    {
        Console.WriteLine("b");
    }
}
class c
{
    public static void cc()
    {
        Console.WriteLine("c");
    }
}
delegate void MyDG();
```

```
    class test
    {
        public static void Main()
        {
            MyDG dc = new MyDG(c.cc);
            dc();
            a a1 = new a();
            MyDG da = new MyDG(a1.aa);
            da();
            b b1 = new b();
            MyDG db = new MyDG(b1.bb);
            db();
            Console.WriteLine("--------------------");
            MyDG d = da + db + dc;
            d();
            Console.Read();
        }
}
```

2. 选择题

(1) 以下有关接口的叙述中，错误的是________。

A. 接口只是由方法、属性、索引器或事件组成的框架，并没有描述任何对象的实例代码

B. 接口的所有成员都被自动定义为公有的，不要使用访问修饰符来定义接口成员

C. 类或结构可以通过在类型定义语句中包括冒号和接口名来表明它正在实现接口

D. 一个类型只能够实现一个接口，接口名之间用分号分开

(2) 以下有关委托的说法中，不正确的是________。

A. 委托属于引用类型　　B. 委托用于封装方法的引用

C. 委托可以封装多个方法　　D. 委托不必实例化即可被调用

(3) delegate void TimeDelegate(string s)，可以和 TimeDelegate 绑定的方法为________。

A. void f(){…}　　B. string f(){…}

C. void f(string a){…}　　D. string f(string s){…}

(4) 以下语句将事件与事件处理程序联系起来，正确的是________。

A. MyTime t=new MyTime(); t.Timer=new TimerEvent(Generate);

B. MyTime t=new MyTime(); t.Timer=new TimerEvent(Generate());

C. MyTime t=new MyTime(); t.Timer+=new TimerEvent(Generate());

D. MyTime t=new MyTime(); t.Timer+=new TimerEvent(Generate);

【习题答案】

(5) ________就是对象发送的消息，用以发信号通知操作的发生。操作可能是由用户交互(如鼠标单击)引起的，也可能是由某些其他的程序逻辑触发的。

A. 事件　　B. 委托　　C. 接口　　D. 泛型

集合和泛型

【本章代码】

教学目标

- 了解集合的基本概念。
- 掌握 ArrayList 类、Hashtable 类、Stack 类和 Queue 类的初始化及常用方法。
- 了解泛型的基本概念。
- 掌握常用泛型类 ListT<T>、Dictionary<K，V>类的初始化及常用方法的调用。

案例说明

在很多情况下，用户需要对一类数据进行管理，如管理学生信息、管理教师信息、管理图书信息等。本案例使用本章所学知识，对学生信息进行管理，实现添加学生信息、插入学生信息、删除学生信息和浏览学生信息功能。案例运行结果如图 6.1 所示。

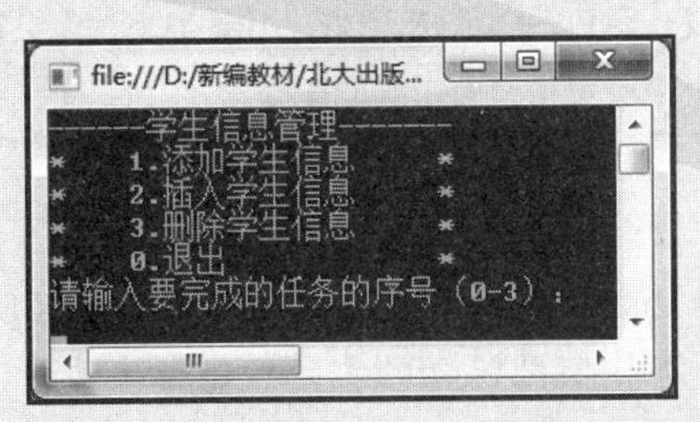

图 6.1　案例运行结果

6.1 集　合

集合是由多个元素组成的一组对象，可以遍历集合中的每个元素，也可以添加、删除集合中的元素。

C#中的集合类有很多，本节主要介绍常用的 ArrayList 类、Hashtable 类、Stack 类和 Queue 类。当引用这些类时，需要添加 System.Collections 命名空间。

6.1.1 ArrayList 类

ArrayList 类是一个特殊的数组，使用 ArrayList 类可以动态改变数组的长度，并且长度可以不断扩充。如果需要建立一个对象数组，但预先不知道数组的大小，则可以使用 ArrayList 类。ArrayList 类与数组相比，数组的长度是固定不变的，但 ArrayList 类可以自动改变数组的大小，还可以方便地插入和删除元素。

1. 常用属性

ArrayList 类的常用属性如表 6-1 所示。

表 6-1　ArrayList 类的常用属性

属 性 名	说　明
Capacity	获取或设置 ArrayList 类可以存储的元素数
Count	获取 ArrayList 类中实际包含的元素数
IsReadOnly	获取一个值，该值指示 ArrayList 类是否为只读
Item	获取或设置指定索引处的元素

注意

Capacity 可获取 ArrayList 类能存储元素的最大数，也可以设置这个属性，默认值是 16。而 Count 是 ArrayList 类中实际包含的元素数，是只读的。Capacity 总是大于或等于 Count。如下几种情况需要注意。

(1) 如果在添加元素时，Count 超过 Capacity，则该列表的容量 Capcity 会通过自动重新分配，使容量 Capcity 的值增加一倍。

(2) 如果用户显式设置 Capacity 的值，则需要重新分配以容纳指定的容量。

(3) 如果用户显式设置 Capacity 的值为 0，则公共语言运行库将其设置为默认容量 16。在调用 ArrayList 类的 Clear 方法清除所有元素后，Count 属性为 0，而此时 Capacity 属性是默认容量 16，而不是 0。

2. 常用方法

ArrayList 类的常用方法如表 6-2 所示。

3. 创建动态数组

ArrayList 类只能是一维的，声明 ArrayList 类对象时必须实例化，不能像数组那样在声明时直接赋值。ArrayList 类把所有的元素都当作对象引用，因此，可以在 ArrayList 类中存储任何类型的对象，在访问这些数据时，需要进行数据的类型转换。

表 6-2　ArrayList 类的常用方法

方 法 名	功 能 说 明
Add	将对象添加到 ArrayList 类的结尾处
AddRange	将另一个集合的所有元素批量添加到 ArrayList 类的末尾
Insert	将元素插入 ArrayList 类的指定索引处
InsertRange	将一个集合整体批量地插入 ArrayList 类的指定索引处
Remove	从 ArrayList 类中移除特定对象的第一个匹配项
RemoveAt	在指定索引处移除 ArrayList 类的元素
RemoveRange	从 ArrayList 类中移除一定范围内的元素
Clear	从 ArrayList 类中移除所有元素
Sort	对集合中的全部或部分元素进行排序
Reverse	将 ArrayList 类中的全部或部分元素的顺序反转
TrimToSize	将容量设置为 ArrayList 类中元素的实际数量

创建方法的格式如下：

ArrayList 列表对象名=new ArrayList ();

例如：

```
ArrayList myList = new ArrayList();
myList.Add("Hello");
myList.Add("World");
```

4. ArrayList 类使用实例

【例 6-1】 使用 ArrayList 类，实现列表中元素的添加、插入和删除，并将列表遍历输出。

【操作视频】

```
using System;
using System.Collections.Generic;
using System.Text;
using System.Collections;                          //新添加的命名空间
namespace Chap6_1
{
    class Program
    {
        static void Main(string[] args)
        {
            ArrayList myList = new ArrayList();    //创建列表对象 myList
            myList.Add("Visual");                  //列表中添加元素
            myList.Add("C#");
            myList.Add("2010");
            myList.Insert(0, "Welcome");           //在列表的起始位置插入一个元素
```

```
            myList.Insert(1, "to");
            PrintValues(myList);
            Console.WriteLine("删除后: ");
            myList.Remove("Welcome");           //删除列表中的元素"Welcome"
            myList.RemoveAt(0);                 //删除下标为 0 的元素
            PrintValues(myList);
        }
        public static void PrintValues(ArrayList List1)
        //输出列表中的每一个元素
        {
            foreach (Object obj in List1)
                Console.Write("{0}\t", obj);
            Console.WriteLine();
        }
    }
}
```

程序运行结果如图 6.2 所示。

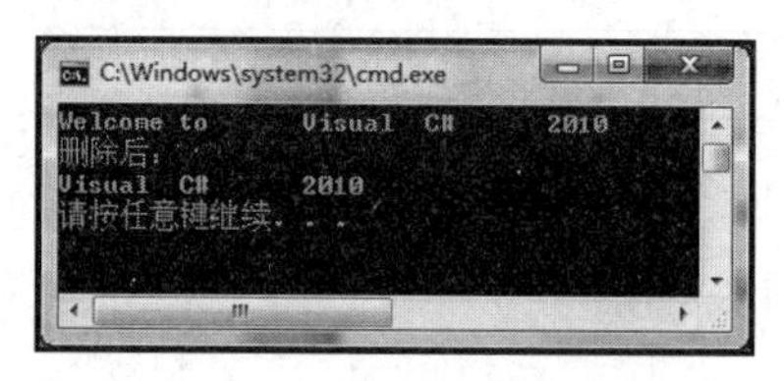

图 6.2 例 6-1 程序运行结果

6.1.2 Hashtable 类

Hashtable 类也是一个集合类，主要用来表示键/值对。其中键(Key)通常用于快速查找，值(Value)用于存储对应键的值。键和值都是 object 类型，键不能为空，但值可以为空。

当向一个 Hashtable 类对象存放元素时，键通过给定的哈希函数计算出哈希码，哈希码用来确定元素的存储位置，之后将元素的值放入该位置保存。查找时，通过键计算出哈希码，找到元素的存储位置，即可得到该位置保存的元素的值。因此，存储和搜索时速度非常快。

1. 常用属性

Hashtable 类的常用属性如表 6-3 所示。

表 6-3 Hashtable 类的常用属性

属 性 名	说 明
Count	获取包含在 Hashtable 类中的键/值对的数目
Keys	获取包含在 Hashtable 类中的键的集合
Values	获取包含在 Hashtable 类中的值的集合

2. 常用方法

Hashtable 类的常用方法如表 6-4 所示。

表 6-4 Hashtable 类的常用方法

方 法 名	功 能 说 明
Void Add(object key,object value)	将带有指定键和值的元素添加到 Hashtable 类中
Void Clear()	从 Hashtable 类中移除所有元素
Void Remove(object key)	从 Hashtable 类中移除带有指定键的元素
Bool Contains(object key)	确定 Hashtable 类是否包含特定键
Bool ContainsKey(object key)	确定 Hashtable 类是否包含特定键
Bool ContainsValue(object value)	确定 Hashtable 类是否包含特定值

3. Hashtable 对象的创建

Hashtable 类的构造函数很多，根据给定的参数不同，可用不同的构造函数创建。以下是没有形参和有一个整型形参的 Hashtable 对象的创建方法：

Hashtable 哈希表对象名 = new Hashtable ();
Hashtable 哈希表对象名 = new Hashtable (int capacity);
//参数为对象最初包含的元素的近似数目

4. Hashtable 的遍历

(1) 遍历键，代码如下：

```
public static void PrintKeys(Hashtable myHT)
{
    foreach (object key in myHT.Keys)
      Console.WriteLine("\t{0}", key);
}
```

(2) 遍历值，代码如下：

```
public static void PrintValues(Hashtable myHT)
{
    foreach (object value in myHT.Values)
      Console.WriteLine("\t{0}", value);
}
```

(3) 遍历键/值对，代码如下：

```
public static void PrintKeysAndValues( Hashtable myHT )
{
    foreach ( DictionaryEntry de in myHT)
      Console.WriteLine("\t{0}:\t{1}", de.Key , de.Value);
}
```

说明

DictionaryEntry 是结构体，Hashtable 类中的每个元素都是一个存储在 DictionaryEntry 对象中的键/值对。

5. Hashtable 类使用实例

【例 6-2】 使用 Hashtable 类实现遍历和查找。

```
using System;
using System.Collections;
using System.Text;
namespace chap6_2
{
    class myHashtable
    {
        public static void Main()
        {
            Hashtable myHT = new Hashtable();      //创建 Hashtable 对象
            myHT.Add( 0, "zero" );                 //添加元素
            myHT.Add( 1, "one" );
            myHT.Add( 2, "two" );
            myHT.Add( 3, "three" );
            myHT.Add( 4, "four" );
            Console.WriteLine("所有的键：");
            PrintKeys(myHT);                       //遍历键
            Console.WriteLine("所有的值：");
            PrintValues(myHT);                     //遍历值
            Console.WriteLine("所有的键/值对：");
            PrintKeysAndValues(myHT);              //遍历键/值对
            // 查找给定的键是否存在
            int myKey = 2;
            Console.WriteLine( "The key \"{0}\" is {1}.", myKey, myHT. ContainsKey
                 (myKey) ? "in the Hashtable" : "NOT in the Hashtable" );
            myKey = 6;
            Console.WriteLine( "The key \"{0}\" is {1}.", myKey, myHT. ContainsKey
                 (myKey) ? "in the Hashtable" : "NOT in the Hashtable" );
            // 查找给定的值是否存在.
            String myValue = "three";
            Console.WriteLine( "The value \"{0}\" is {1}.", myValue, myHT. ContainsValue
                 (myValue) ? "in the Hashtable" : "NOT in the Hashtable" );
            myValue = "nine";
            Console.WriteLine( "The value \"{0}\" is {1}.", myValue, myHT. ContainsValue
                 (myValue) ? "in the Hashtable" : "NOT in the Hashtable" );
        }
        public static void PrintKeys(Hashtable myHT)      //遍历键
        {
            foreach (object key in myHT.Keys)
               Console.WriteLine("\t{0}", key);
        }
        public static void PrintValues(Hashtable myHT)    //遍历值
        {
```

```
            foreach (object value in myHT.Values)
                Console.WriteLine("\t{0}", value);
        }
        public static void PrintKeysAndValues( Hashtable myHT )
        //遍历键/值对
        {
            foreach ( DictionaryEntry de in myHT)
                Console.WriteLine("\t{0}:\t{1}",  de.Key  , de.Value);
        }
    }
}
```

程序运行结果如图 6.3 所示。

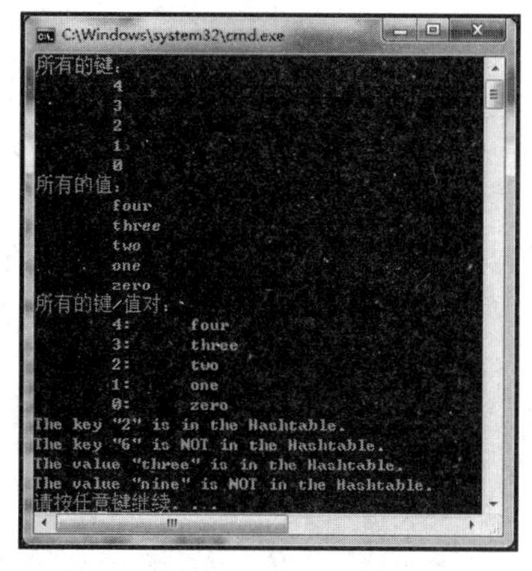

图 6.3 例 6-2 程序运行结果

6.1.3 Stack 类

Stack 类是非泛型集合类，表示数据结构中的栈，具有后进先出、先进后出的特点。栈的底部固定，仅在栈顶插入或删除元素。插入元素称为进栈，删除元素称为出栈。

例如，将整数 1、2、3、4、5 按顺序依次进栈，栈顶元素为 5。

1. 常用属性

Stack 类的常用属性只有一个，即 Count，其作用是获取 Stack 类中包含的元素数。

2. 常用方法

Stack 类的常用方法主要是栈的一些操作，如表 6-5 所示。

表 6-5 Stack 类的常用方法

方 法 名	说 明
Void Clear()	从 Stack 类中移除所有对象
Bool Contains(object obj)	确定某元素是否在 Stack 类中
Object Pop()	移除并返回位于 Stack 类顶部的对象

(续)

方 法 名	说 明
Void Push(object obj)	将对象插入 Stack 类的顶部
Object Peek()	返回位于 Stack 类顶部的对象但不将其移除
Object[] ToArray()	将 Stack 类复制到新数组中

3. Stack 对象的创建

Stack 对象的创建有 3 种构造函数，不同情况选择不同的构造函数。

Stack 栈对象名=new Stack(); //栈的大小为空
Stack 栈对象名=new Stack(ICollection col); //将 col 集合中的元素复制到栈中
Stack 栈对象名=new Stack(int initialCapacity); //给定栈中可包含的初始元素数

例如：

```
Stack myStack = new Stack();
```

4. Stack 类的使用实例

【例 6-3】 使用不同的方法创建栈，并对栈进行遍历、进栈、出栈、读栈顶元素的操作。

【操作视频】

```
using System;
using System.Collections ;
using System.Text;
namespace Ch6_3
{
    class Program
    {
        static void Main(string[] args)
        {
            Stack myStack = new Stack();                    //创建空栈

            //元素 1、2、3、4 依次进栈
            myStack.Push(1);
            myStack.Push(2);
            myStack.Push(3);
            myStack.Push(4);

            foreach(int  i in myStack  )                    //遍历栈中的元素
               Console.WriteLine("{0}\t", i);
            Console.WriteLine("栈顶：{0}",myStack.Peek());   //读出栈顶元素
            myStack .Pop();                                 //删除栈顶元素
            Console.WriteLine("当前栈顶：{0}", myStack.Peek());
            //读出当前栈顶元素

            Stack st = new Stack(myStack);
            //创建实例 st，并将 myStack 中的元素复制到 st 中
            foreach (int i in st)
```

```
                Console.WriteLine("{0}\t", i);
            }
        }
    }
```

在程序中创建实例 st 时，将 myStack 栈中的元素从栈顶开始，依次进栈放入 st，这样会使得 myStack 栈顶的元素放到 st 栈底，st 栈中的元素正好和 myStack 中的元素顺序相反。

程序运行结果如图 6.4 所示。

图 6.4　例 6-3 程序运行结果

6.1.4　Queue 类

Queue 类表示数据结构中的队列。存储在队列中的元素只允许在一端进行插入，在另一端进行删除。允许插入的一端是队尾，允许删除的一端是队头。队列要求先进先出，即只能删除队头的元素，需要插入的元素只能在队尾插入。生活中类似的例子是排队买票、排队购物。顾客排队时，总是后来者排在队尾，排在队头的顾客买完票或者买完东西之后就离开了，相当于在队列中被删除了。

Queue 类中的元素顺序存储，可以存储任何类型的元素，也可以存储空值，还可以存储重复的元素。

1. 常用属性

Queue 类常用的属性只有一个，即 Count，用于获取 Queue 类中包含的元素数。

2. 常用方法

Queue 类的常用方法如表 6-6 所示。

表 6-6　Queue 类的常用方法

方　法　名	说　　明
Void Clear()	从 Queue 类中移除所有对象
Bool Contains(object obj)	确定某元素是否在 Queue 类中
Object Dequeue()	移除并返回位于 Queue 类开始处的对象
Void Enqueue(object obj)	将对象添加到 Queue 类的结尾处，可以为 null
Object Peek()	返回位于 Queue 类开始处的对象但不将其移除
Object[]ToArray()	将 Queue 类中的元素复制到新数组

3. Queue 对象的创建

Queue 对象的创建和 Stack 对象的创建非常相似。常用方法如下。

Queue 队列对象名=new Queue (); //队列的大小为空
Queue 队列对象名=new Queue (ICollection col); //将 col 集合中的元素复制到队列中
Queue 队列对象名=new Queue (int capacity); //给定队列中可包含的初始元素数

Queue 类的构造函数很多，除以上 3 种外，还有其他的构造函数，这里不再一一介绍。

4. Queue 类使用实例

【例 6-4】 创建队列，并对队列进行插入元素、删除元素和遍历的操作。

```
using System;
using System.Collections;
using System.Text;
namespace Chap6_4
{
    class Program
    {
        static void Main(string[] args)
        {
            Queue myQue = new Queue();          //创建队列
            Console.WriteLine("队列：");
            myQue.Enqueue("one");               //将元素插入到队头
            myQue.Enqueue("two");
            myQue.Enqueue("three");
            myQue.Enqueue("four");

            foreach (string st in myQue)        //遍历队列
                Console.WriteLine("{0}\t", st);
            myQue.Dequeue();                    //删除队尾元素

            Console .WriteLine ("删除元素后的队列：");
            foreach (string st in myQue)
                Console.WriteLine("{0}\t",st);
        }
    }
}
```

程序运行结果如图 6.5 所示。

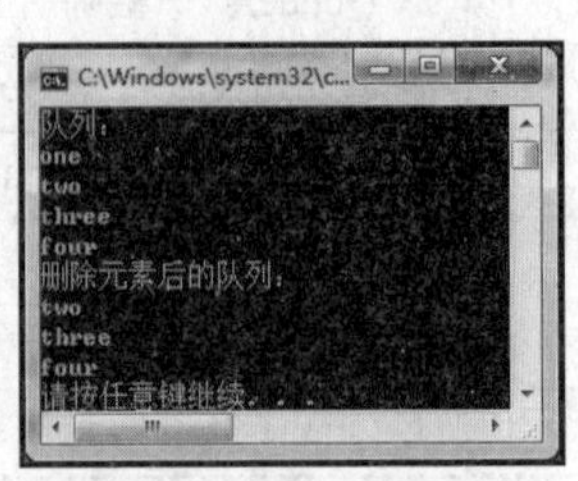

图 6.5 例 6-4 程序运行结果

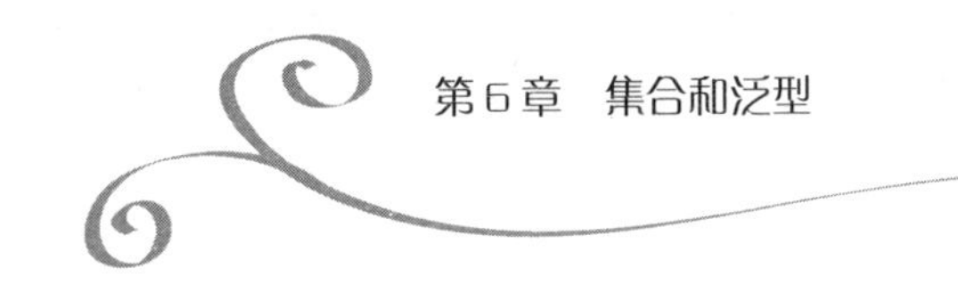

6.2　泛　　型

泛型是 C# 2.0 较强大的功能之一，在 C# 4.0 中又增加了泛型的新特性。通过泛型可以将数据类型抽象化，通过类型占位符实现在同一代码上操作多种数据类型的功能，从而尽可能地重用代码。类型占位符也称类型参数，常用大写字母 T、K、V 等表示。

使用泛型可以极大地提高程序的重用能力，减少装箱、拆箱操作，保证数据类型安全。

C#泛型与 C++的模板非常相似，但也有不同。C#泛型数据占位符的替换是在运行时进行的。将泛型类型编译成中间语言与元数据时，类型参数分值类型和引用类型两种情况，两种类型略有不同。如果类型参数是值类型，运行库(CLR)会将占位符替换为不同的值类型，并将替换后的代码分别保存。例如，Stack<T> stack(T 为类型占位符)，当 T 为 int 时，运行库会用 int 替换中间语言代码与元数据中的类型参数 T；当 T 为 long 时，运行库会生成泛型类型的另一版本，将 T 替换为 long。每个版本都包含了值类型，使用时无须进行类型转换。如果类型参数是引用类型，则只产生一份代码，无论引用类型的具体类型是什么，运行库都会重用以前创建的泛型类型的版本。

下面介绍 System.Collections.Generic 名称空间中两种常用的泛型集合类：List<T>类和 Dictionary<K,V>类。

6.2.1　List<T>类

List<T>类是 ArrayList 类的泛型等效类。使用 List<T>泛型类可以动态改变列表的大小，也可以添加、删除、遍历列表的元素，还可以使用索引访问列表中的元素。

1. List<T>类对象的定义

在程序中使用 List<T>类时，需要指定 T 具体的类型。它和非泛型类一样，需要先定义类的实例再引用。

例如：

```
List <string> myList=new List<string>();      //定义泛型类的实例
myList.Add ("Welcome");                       //添加元素
myList.Add ("to");
myList.Add ("BeiJing");
```

2. 常用属性

List<T>类的常用属性只有两个，如表 6-7 所示。

表 6-7　List<T>类的常用属性

属 性 名	说　　明
Capacity	获取或设置该内部数据结构在不调整大小的情况下能够容纳的元素总数
Count	获取 List<T> 中实际包含的元素数

3. 常用方法

List<T>类的常用方法比较多，如表 6-8 所示。

表 6-8　List<T>类的常用方法

方 法 名	说　明
void Add (T item)	将对象添加到 List<T>类的结尾
void AddRange (IEnumerable<T> collection)	将指定集合的元素添加到 List<T>类的末尾
void Clear ()	从 List<T>类中移除所有元素
bool Contains (T item)	确定某元素在 List<T>类中是否存在
int IndexOf (T item)	定位 item 在列表中的位置，并返回其索引
void Insert (int index,T item)	将元素插入 index 索引指定的位置处
void InsertRange (int index, IEnumerable<T> collection)	将集合中的元素插入 index 索引处
bool Remove (T item)	从 List<T>类中移除 item 对象的第一个匹配项
void Reverse ()	将整个 List<T>类中元素的顺序反转
void Sort ()	使用默认比较器对整个 List<T>类中的元素进行排序

4. List<T>类的使用实例

【例 6-5】 使用 List<T>类，实现不同类型列表的插入、删除和遍历操作。

```
using System;
using System.Collections.Generic;
using System.Text;
namespace Chap6_5
{
    class Program
    {
        static void Main(string[] args)
        {
            List <string> myList=new List<string>(); //定义泛型类的实例
            myList.Add ("Welcome");                  //添加元素
            myList.Add ("to");
            myList.Add ("BeiJing");
            myList.Remove("BeiJing");                //删除元素
            foreach (string st in myList)            //遍历元素
               Console.WriteLine("{0}\t",st);
            int[] a=new int[5]{1,2,3,4,5};
            List<int> list1 = new List<int>();       //定义泛型类的实例
            list1 .AddRange(a);              //将数组中的元素添加到 list1 中
            foreach (int st in list1)
               Console.WriteLine(st);
        }
    }
}
```

程序运行结果如图 6.6 所示。

说明

List<T>类的索引从零开始。当 T 为引用类型时，元素可以为 null，也可以重复。

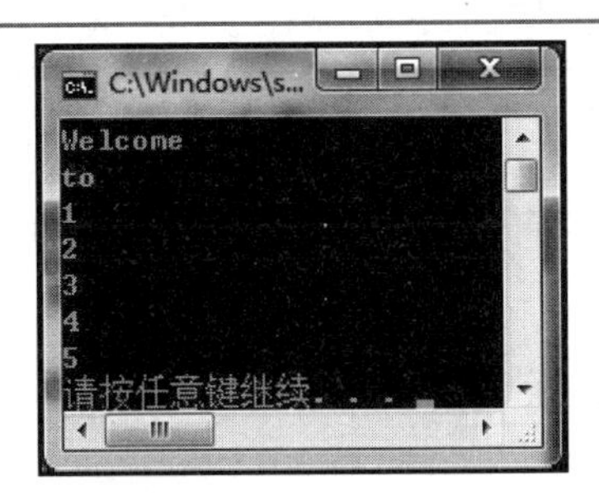

图 6.6　例 6-5 程序运行结果

6.2.2　Dictionary<K,V>类

Dictionary<K,V>类表示从一组键到一组值的映射。其中，K 是占位符，用来表示要存储的元素的键；V 表示值。就如同字典一样，每个数据元素都由一个键和一个值组成。通过键可以快速查找到值。因此，键不能重复，但是值可以重复。

Dictionary<K,V>类和集合类 Hashtable 非常相似，通过哈希表存放数据，每一个元素都可以表示为一个键/值对。同 Hashtable 类一样，Dictionary<K,V>类也可以实现添加元素、删除元素、遍历集合等基本的操作。不同的是，Hashtable 类对象中的键和值都是 object 类型，因此添加元素时需要装箱，读取元素时需要拆箱。

1. Dictionary<K,V>类对象的定义

使用 Dictionary<K,V>类定义对象时，需要具体化占位符 K、V 的类型。例如，定义 Dictionary<K,V>类的对象 student，其中，每个学生的学号表示键，姓名表示值，且学号是整型，姓名是字符串类型。定义语句如下。

```
Dictionary<int, string> student = new Dictionary<int, string>();
student.Add(1001, "李明");  //添加键/值对元素
```

上述代码中的第二条语句用来将学号是 1001、姓名是“李明”的学生信息添加到 student 集合中。

2. 常用属性

Dictionary<K,V>类的常用属性如表 6-9 所示。

表 6-9　Dictionary<K,V>类的常用属性

属 性 名	说 明
Count	获取包含在 Dictionary<K,V>中的键/值对的数目
Keys	获取包含 Dictionary<K,V>中的键的集合
Values	获取包含 Dictionary<K,V>中的值的集合

3. 常用方法

Dictionary<K,V>类的常用方法如表 6-10 所示。

表 6-10 Dictionary<K,V>类的常用方法

方 法 名	功 能 说 明
void Add(K key,V value)	将指定键和值添加到字典中
void Clear()	从 Dictionary<K,V>集合中移除所有元素
bool ContainsKey(K key)	确定 Dictionary<K,V>集合中是否包含指定的键
bool ContainsValue(V value)	确定 Dictionary<K,V>集合中是否包含指定的值
bool Remove(K key)	从 Dictionary<K,V>集合中移除指定键的元素
bool TryGetValue(K key,out V value)	由 Dictionary<K,V>集合中给定键，输出元素的值

4. Dictionary<K,V>类的使用实例

【例 6-6】 使用 Dictionary<K,V>类定义学生集合，并实现添加、删除、遍历、查找操作。

【操作视频】

```
using System;
using System.Collections.Generic;
using System.Text;
namespace Chap6_6
{
    class Program
    {
      static void Main(string[] args)
       {
          //创建 Dictionary 类实例 student
          Dictionary<int, string> student = new Dictionary<int,string>();
          student.Add(1001, "李明");                          //添加键/值对元素
          student.Add(1002, "王丽丽");
          student.Add(1003, "刘大伟");
          student.Add(1004, "张强");
          foreach (KeyValuePair<int, string> st in student)//遍历键/值对
             Console.WriteLine("{0}\t{1}", st.Key, st.Value);
          student.Remove(1003);                               //删除学号
          FindStudent(student,1003);
          FindStudent(student,1004);
       }
       static void FindStudent(Dictionary<int, string> stud, int StudID)
       {
          if (stud.ContainsKey(StudID) == true)
             Console.WriteLine("{0}存在，姓名为{1}",StudID, stud[1002]);
          else
             Console.WriteLine("{0}不存在！",StudID );
       }
    }
}
```

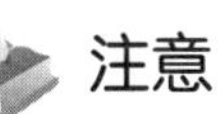 **注意**

上面的程序中，若要查找给定学号的学生是否存在，除了使用自定义方法 FindStudent 实现外，还可以使用 Dictionary<K,V>泛型类的常用方法 TryGetValue 实现代码。具体实现如下。

```
string str = "";
if (student.TryGetValue(1004, out str) == true)
{
    Console.WriteLine("1004\t{0}", str);
}
else
    Console.WriteLine("1004 不存在 ");
```

程序运行结果如图 6.7 所示。

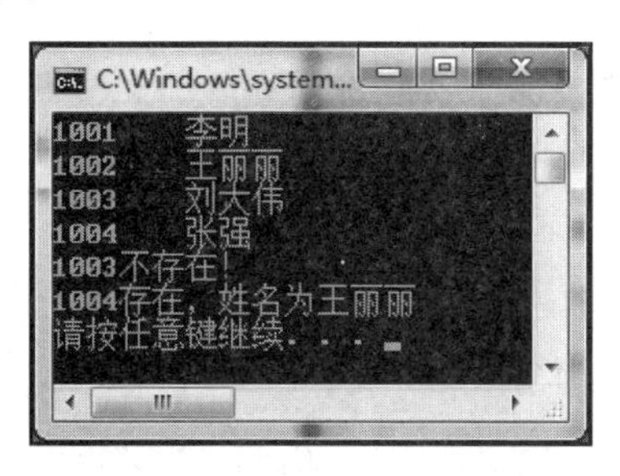

图 6.7　例 6-6 程序运行结果

6.3　案　　例

本案例通过一个控制台应用程序实现对学生信息的简单管理。可以添加学生信息、在指定位置插入学生信息、删除学生信息，并能够在各种操作中浏览当前所有的学生信息。

在本案例中添加学生信息、插入学生信息、删除学生信息是难点。每个学生都有学号、姓名、年龄、院系等基本信息，因此，创建 Student 类表示学生的信息。每个班级或小组有多个学生，案例中使用 List<T>类实现对学生的管理。使用 List<T>类可以动态改变学生列表的大小，可以添加、插入、删除、遍历列表中的每一个学生。每个学生是一个具体的学生类的对象实例。当输入学生的基本信息后，使用 List<T>类的 Add 方法将这个学生信息添加到学生列表中；当需要在列表的某个位置插入一个学生信息时，使用 List<T>类的 Insert 方法来实现；当需要删除某个位置的学生信息时，使用 List<T>类的 RemoveAt 方法实现。

具体操作步骤如下。

(1) 使用 Visual Studio 2016 创建一个控制台应用程序，项目名为 Chap6。

(2) 创建一个 Student 类，显示学生的基本信息。Student 类中有学号(stuNo)、姓名(stuName)、年龄(stuAge)、院系(stuDept)4 个基本的私有变量，通过 4 个能读写的属性 ID、Name、Age、Dept 可以实现 Student 类私有变量的赋值和读取值。Student 类中还有两个公

有方法：Display()方法和 InputStuInfo()方法，其中，Display()方法用来显示学生对象的信息，InputStuInfo()方法用来输入学生对象的信息。外界可以调用这两个方法。

(3) 在 Program 类中添加语句“public static List<Student> class1；”定义一个公有的、静态的、Student 类型的学生列表 class1，该列表在应用程序中多处使用。

(4) 在 Program 类中添加一个显示主界面的方法，用户通过在键盘上输入数字，可以选择不同的操作。在控制台应用程序中实现对菜单的模拟。

(5) 添加 displayAll(List<Student> class1)方法显示学生列表中的所有学生。通过传入的形参，可以使用循环结构显示列表中的每一个学生的信息。

(6) 添加 AddStudent ()方法实现将学生信息添加到列表中。使用循环结构可以连续添加多个学生信息，输入数字 0 返回主界面，选择其他操作。

(7) 添加 InsertStudent()方法实现在指定位置插入学生信息。从键盘上输入要插入的位置，判断其是否超出列表的长度，如果没有超出，则可以在指定的位置插入要输入的学生信息。

(8) 添加 DeleteStudent ()方法实现删除指定位置的学生信息。从键盘上输入要删除的位置，判断输入的位置是否存在，如果存在，则可以删除指定位置的学生信息。

完整的程序代码如下。

```
using System;
using System.Collections.Generic;
using System.Text;
using System.Collections;
namespace ArrayListDemo1
{
    class Student                                               //定义学生类
    {
        string stuNo;
        string stuName;
        int stuAge;
        string stuDept;
        public string ID
        {
            set
            {
                stuNo = ID;
            }
            get
            {
                return stuNo;
            }
        }
        public string Name
        {
            set
            {
```

```
            stuName = Name;
        }
        get
        {
            return stuName;
        }
    }
    public int Age
    {
        set
        {
            stuAge = Age;
        }
        get
        {
            return stuAge;
        }
    }
    public string Dept
    {
        set
        {
            stuDept = Dept;
        }
        get
        {
            return stuDept;
        }
    }
    public void Display()                              //显示学生信息
    {
        Console.WriteLine("学号： {0}",stuNo);
        Console.WriteLine("姓名： {0}", stuName);
        Console.WriteLine("年龄： {0}", stuAge);
        Console.WriteLine("院系： {0}", stuDept);
        Console.WriteLine("-------");
    }
    public void  InputStuInfo()                        //输入学生信息
    {
        Console.WriteLine("请输入学生信息：");
        Console.Write("请输入学号：");
        stuNo=Console.ReadLine();
        Console.Write("请输入姓名：");
        stuName = Console.ReadLine();
        Console.Write("请输入年龄：");
        stuAge  = Convert.ToInt32 (Console.ReadLine());
        Console.Write("请输入院系：");
```

```
            stuDept  = Console.ReadLine();
        }
    }
    class Program
    {
        public static List<Student> class1;
        static void Menu()                                          //主界面
        {
            int i;
            Console.WriteLine("------学生信息管理-------");
            Console.WriteLine("*    1.添加学生信息      *");
            Console.WriteLine("*    2.插入学生信息      *");
            Console.WriteLine("*    3.删除学生信息      *");
            Console.WriteLine("*    0.退出              *");
            Console.WriteLine("请输入要完成的任务的序号(0-3): ");
              i = Convert.ToInt32(Console.ReadLine());
            switch (i)
            {
                case 1:
                    AddStudent();
                    break;
                case 2:
                    InsertStudent();
                    break;
                case 3:
                    DeleteStudent();
                    break;
            }
        }
        static void displayAll(List<Student> class1)      //显示所有学生
        {
            foreach (object o in class1)
            {
                Student c = (Student)o;
                c.display();
            }
        }
        static void Main(string[] args)
        {
            int j;
            do
            {
                Menu();
                Console.WriteLine("输入 0 退出系统，输入其他数字继续其他任务: ");
                j=  Convert.ToInt32(Console.ReadLine());
            } while (j != 0);
        }
```

```
        static void AddStudent()                              //添加学生
        {
            class1 = new List<Student>();
            int i;
            do
            {
                Student stu = new Student();
                stu.InputStuInfo();
                class1.Add(stu);
                Console.WriteLine("退回主菜单，请输入 0，输入其他数字可以连续添加
                                        多个学生信息");
                i =Convert.ToInt32( Console.ReadLine());
            } while (i != 0);
            displayAll(class1);
        }
        static void InsertStudent()                           //插入学生
        {
            Student stu = new Student();
            Console.WriteLine("请输入要插入的位置：");
            int i= Convert.ToInt32 (Console.ReadLine());
            if(i<=class1 .Count )
            {
                stu.InputStuInfo();
                class1.Insert (i,stu);
            }
            displayAll(class1);
        }
        static void DeleteStudent()                           //删除学生
        {
            Student stu = new Student();
            Console.WriteLine("请输入要删除的位置：");
            int i = Convert.ToInt32(Console.ReadLine());
            if (i <= class1.Count)
            {
                class1.RemoveAt (i);
            }
            displayAll(class1);
        }
    }
}
```

(9) 编译、运行程序，运行结果如图 6.1 所示。

【本章拓展】

习　　题

1. 填空题

(1) ________类是一个特殊的数组，可以动态改变数组的长度，并且长度可以不断扩充。

(2) ________类表示数据结构中的栈，具有后进先出、先进后出的特点。

(3) Queue 类表示数据结构中的队列。存储在队列中的元素只允许________。

(4) 使用________属性可以获取 List<T>类中实际包含的元素数。

(5) Dictionary<K,V>类就如同字典一样，每个数据元素都由________组成。通过键可以快速查找到值。

2. 选择题

(1) 如果需要建立一个数组，但预先不知道数组的大小，则可以使用________。

A．ArrayList 类　　B．数组　　C．Stack 类　　D．Queue 类

(2) 当需要表示键/值对时，可以选择________。

A．ArrayList 类　　B．Hashtable 类　　C．Queue 类　　D．Stack 类

(3) 使用________方法可以将对象添加到 List<T>类的结尾处。

A．Insert　　B．Add　　C．Remove　　D．Sort

(4) ________表示从一组键到一组值的映射。

A．Dictionary<K,V>类　　B．List<T>类

C．Stack 类　　D．Queue 类

(5) 对于泛型类 class List<T>{ }，下面的实例化泛型类的语句正确的是________。

A．List t=new List();　　B．List t=new List(int);

C．List<int>=new List(T)<>;　　D．List<int> t=new List<int>();

3. 编程题

(1) 编写一个控制台应用程序，使用 ArrayList 类，存放一组课程的名称，排序后将其输出。

(2) 编写一个控制台应用程序，能够实现动态添加教师信息，并插入教师信息的功能。

【习题答案】

异常处理

【本章代码】

教学目标

- 了解异常的概念。
- 了解引发异常的原因。
- 掌握捕获异常的方法。
- 掌握异常处理的方法。

案例说明

对于编程人员来说，在编写程序时都会尽可能想到所有的错误和异常情况并加以处理。但很多时候，我们都无法保证应用程序百分之百没有错误，例如，在文件读写操作，删除文件或目录时，如果文件和目录不存在，删除命令在执行时就会引发异常。本章将通过一个删除文件和文件夹的程序来介绍C#程序中的异常处理机制。

7.1 异常处理的概念

异常是指代码中产生的错误，或者在运行期间由代码调用的函数产生的错误。例如，整数除零错误或者数组下标越界时，都会产生一个异常。如果在编写程序时没有设置异常捕捉和处理程序，则发生异常时程序将停止执行，并显示一条错误信息。从使用该应用程序的客户来看，这样的程序是不好用的、不稳定的和不友好的。对于编程人员来说，我们知道可能会有错误发生，但不能 100%肯定它们不会发生。发生异常的一个简单示例是整数除零错误，代码如下：

```
int d,d1,d2;
d1=6;
d2=0;
d=d1/d2;
Console.WriteLine("{0}/{1}={2}",d1,d2,d);
```

以上代码会产生以下异常信息，并中断应用程序的执行：

```
An Exception of  type System.DivideByZeroException was thrown:\n 尝试除以零。
```

因此，对程序的异常处理是非常重要的，最好能预料到各种各样的错误的发生，并使用异常处理来编写足够强壮以处理这些错误的代码，而不必中断程序的执行。

7.1.1 异常控制机制

在 C#中，提供了 4 个关键字来进行异常管理，即 try、catch、finally 和 throw。其中，将可能引发异常的程序语句放到 try 块中，try 块发生异常后，控制流会立即跳转到关联的异常处理程序(即异常发生时执行的代码)，异常处理程序位于 catch 块中。不管是否引发异常，finally 中的代码块都会执行。throw 关键字的功能是显式地引发异常。

Try 块必须与 catch 或 finally 块一起使用，并且可以包括多个 catch 块。

7.1.2 使用 try-catch 语句

将可能出现异常的语句放在 try 代码块中，则当这些语句在执行过程中产生异常时，会转移到相应的 catch 代码块中。如果在 try 代码块中没有异常出现，就会执行 try-catch 语句后边的代码，且不会执行任何 catch 中的代码。

Try-catch 语句语法格式如下：

```
try
{
    // Code to try here.
}
catch (异常类型1 异常对象1)
{
    // Code-1 to handle exception here.
}
…
```

catch（异常类型n 异常对象n）
{
// Code-n　to handle exception here.
}

通常情况下，try 块后有多个 catch 块，每个 catch 块对应一个特定的异常。当位于 try 块中的语句产生异常时，系统就会在它对应的 catch 块中进行查找，看是否有与抛出的异常类型相同的 catch 块，如果有，就执行该块中的语句；如果没有，则到调用当前方法的方法中继续查找，该过程一直持续下去，直到找到一个匹配的 catch 块；如果一直没有找到，则产生一个未处理的异常错误。

catch 块也可以不带任何参数，这种情况下它捕捉任何类型的异常，并被称为一般 catch 块。使用多个 catch 块时，捕捉到的异常必须按照普遍性递增的顺序放置，因为只有与引发的异常相匹配的第一个 catch 块将被执行。

注意

没有 catch 或 finally 块的 try 语句将产生编译器错误。

【例 7-1】 Try-catch 语句应用示例。示例代码（位于文件夹 Chap7-1 中）如下：

```
class Program
{
    public static void Main(string[] args)
    {
        int d,d1=6,d2=0;
        try
        {
            d=d1/d2;
            Console.WriteLine("{0}/{1}={2}",d1,d2,d);
        }
        catch{
            Console.Write("Divisor can not be Zero.");
        }
        Console.ReadKey(true);
    }
}
```

【操作视频】

程序运行结果如图 7.1 所示。

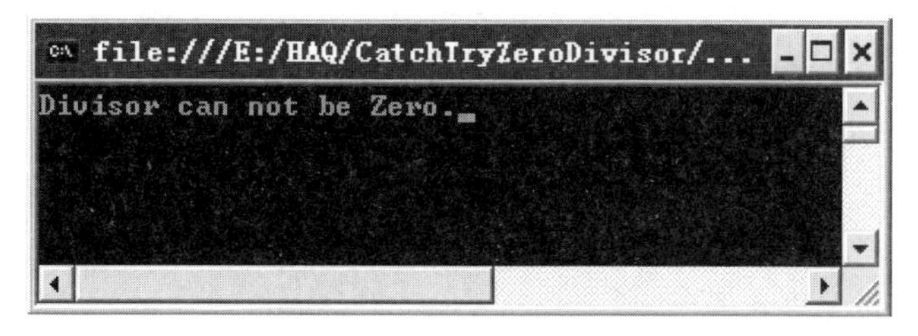

图 7.1　例 7-1 运行结果

7.1.3 使用 finally 语句

Try-catch 语句后可添加 finally 块构成 try-catch-finally 语句。finally 块的作用是不管是否发生异常，都要执行 finally 块中的语句(即使没有 catch 块)，也就是说，finally 块始终会执行，而与是否引发异常或者是否存在与异常类型匹配的 catch 块无关。即使 try-catch 里面用了 return，也会执行 finally 块。

使用 finally 块的原因是有些资源清理(如关闭文件、文件流、数据库连接和图形句柄)必须总是执行，即使无异常发生，为了实现该功能，可以使用 finally 块。控制将总是传递给 finally 块，与 try 块的退出方式无关。

【例 7-2】 finally 语句应用示例。示例代码(位于文件夹 Chap7-2 中)如下：

```
class Program
{
    public static void Main(string[] args)
    {
        System.IO.FileStream file = null;
        System.IO.FileInfo fileinfo = new System.IO.FileInfo("k:\\file.txt");
        try
        {
            file = fileinfo.OpenWrite();
            file.WriteByte(0xF);      //将一个字节写入文件流的当前位置
        }
        catch
        {
            Console.WriteLine("file.txt doesn't exit!");
        }
        finally
        {
            if (file != null)          //检查 file 是否为空
            {
                file.Close();
            }
        }
        Console.ReadKey();
    }
}
```

程序运行结果如图 7.2 所示。

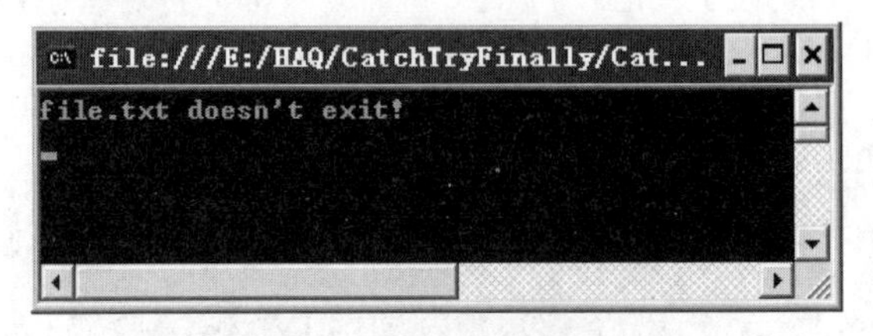

图 7.2 例 7-2 运行结果

7.1.4 使用 throw 语句

发生异常可分为两类情况：一是代码中产生的错误或由代码调用的函数产生的错误；

二是通过 throw 语句无条件抛出异常。第一种情况前面已经介绍过了。第二种情况则与第一种情况完全相反，通过 throw 语句主动抛出异常。

使用 throw 抛出异常又分两种情况：一是直接抛出异常；二是在出现异常时，通过 catch 块对其进行处理并使用 throw 语句重新把这个异常抛出并让调用这个方法的程序进行捕捉和处理。

Throw 语句抛出的异常类型必须是 System.Exception 或从 System.Exception 派生的类的类型。Throw 语句也可以不带“表达式”，此时只能用在 catch 块中，在这种情况下，它重新抛出当前正在 catch 块处理的异常。

【例 7-3】 throw 语句应用示例。示例代码(位于文件夹 Chap7-3 中)如下：

```
class Program
    {
        public static void f()
        {
            int x = 2, y = 0;
            try
            {
                x = x / y;
            }
            catch (Exception err)
            {
                Console.WriteLine("函数 f()存在错误:{0}", err.Message);
                throw;
            }
        }

        static void Main(string[] args)
        {
            try
            {
                f();
            }
            catch (Exception err)
            {
                Console.WriteLine("Main:{0}",err.Message);
            }
            Console.ReadKey();
        }
    }
```

程序运行结果如图 7.3 所示。

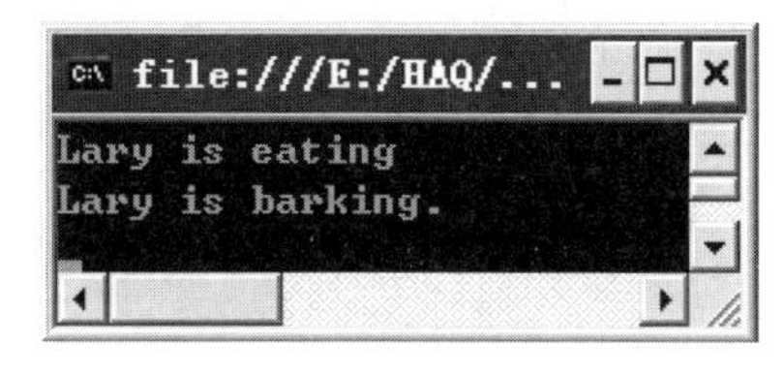

图 7.3 例 7-3 运行结果

7.2 .NET Framework 中的异常类

只要在程序执行过程中出现错误，系统就会创建一个 Exception 对象详细描述此错误。在.NET Framework 中，Exception 为所有异常类的基类。从 Exception 类派生的异常分为两种类别：SystemException 和 ApplicationException。System 命名空间中的所有类型从 SystemException 派生，而用户定义的异常应从 ApplicationException 派生，以便区分运算时错误和应用程序错误。一些常见的 System 异常包括：

(1) ArgumentException：参数错误，方法的参数无效。

(2) ArgumentNullException：参数为空，给方法传递一个不可接受的空参数。

(3) ArithmeticException：数学计算错误，由于数学运算导致的异常，覆盖面广。

(4) ArrayTypeMismatchException：数组类型不匹配。

(5) DivideByZeroException：当试图用整数类型数据除以零时抛出。

(6) FormatException：参数或操作数格式不正确。

(7) IndexOutOfRangeException：索引超出范围，小于 0 或比最后一个元素的索引还大。

(8) InvalidCastException：非法强制转换，在显式转换失败时引发。

(9) MulticastNotSupportedException：不支持的组播，组合两个非空委派失败时引发。

(10) MemberAccessException 访问错误，类型成员不能被访问。

(11) NotSupportedException：调用的方法在类中没有实现。

(12) NullReferenceException：在将引用设置为有效实例之前使用了引用的属性或方法。

(13) OutOfMemoryException：当试图用 new 来分配内存而失败时抛出。

(14) OverflowException：溢出。

(15) StackOverflowException：栈溢出。

(16) TypeInitializationException：错误的初始化类型，静态构造函数有问题时引发。

(17) NotFiniteNumberException：无限大的值，数字不合法。

示例代码如下：

```
class Program
    {
        public static void Main(string[] args)
        {
            int d, d1 = 6, d2 = 0;
            try
            {
                d = d1 / d2;
                Console.WriteLine("{0}/{1}={2}", d1, d2, d);
            }
            catch (DivideByZeroException err)
            {
                System.Console.WriteLine("异常原因为：{0}", err.Message);
            }
            catch (Exception err)
```

```
            {
                System.Console.WriteLine("异常原因为：{0}", err.Message );
            }
            Console.ReadKey(true);
        }
        //输出：
        //异常原因为：尝试除以零。
    }
```

在本例中，给 try 语句提供多个 catch 语句，以捕获特定的异常，0 作为除数会引发 DivideByZeroException 类型的异常。为什么还要加上一个 catch(Exception err)子句呢？是因为 catch(DivideByZeroExceptione)子句只能捕获特定的异常，try 内的程序代码可能还会产生其他的异常，这些异常只能由 catch(Exception err)来捕获了。

7.3 程序调试

7.3.1 程序的错误类型

C#的程序错误类型分为两类：一类是语法错误，另一类是运行错误。

1. 语法错误

语法错误也称编译错误，是因为编写的代码不符合语法要求造成的。如果在编写代码时使用了错误的关键字(如大小写错误)、错误的语句成分(如使用了中文分号“；”)等，C#编译器都会检测到语法错误，并在编译运行程序时在错误输出列表中输出相关信息。

【例 7-4】 以下为语法错误应用示例，项目名称为“GrammarMistake”。示例代码(位于文件夹 Chap7-3 中)如下：

```
using System;
using System.Collections.Generic;
using System.Linq;
using System.Text;
using System.Threading.Tasks;
namespace GrammarMistake
{
    class Program
    {
        static void Main(string[] args)
        {
            Int a,m,n;          //语法错误，int 首字母应为小写
            a = 12;
            m = a / 3；          //语法错误，句尾分号应为小写
            n = a / 2;
            Console.WriteLine("m={0},n={0}",m,n );
            Console.ReadLine();
        }
```

```
    }
}
```

以上语法错误分别为使用了错误的关键字和使用了错误的标点符号，另外，遗漏必要的标点符号、变量名不符合命名规则、类或方法缺少结尾花括号、分支语句或循环语句不完整等都属于语法错误。

2. 运行错误

程序运行时，当试图执行一个不能执行的操作时，会产生运行错误(也称运行时错误或实时错误)。运行错误一般是逻辑上的问题，例如，引用一个不存在的对象、数组越界、空指针、进行除数为零的除法运算等都会产生运行时错误。

【例 7-5】 以下为运行错误应用示例，项目名称为“LogicError”。示例代码(位于文件夹 Chap7-3 中)如下：

```
using System;
using System.Collections.Generic;
using System.Linq;
using System.Text;
using System.Threading.Tasks;

namespace LogicError
{
    class Program
    {
        static void Main(string[] args)
        {
            int[]a=new int[2];
            a[1] = 1;
            a[2] = 2;              //下标越界
            Console.WriteLine("a[0]={0}", a[1]);
            Console.ReadLine();
        }
    }
}
```

7.3.2 调试工具

一个优秀的程序员未必能够在第一次就使程序编译成功。作为一个真正有效率的程序员，必须掌握调试程序的技巧，也就是排除故障的技巧。幸运的是，Visual Studio 的编程环境提供了一套完整的调试工具和调试方法。本节将介绍这些调试工具。

第一种方法是使用“调试”工具栏。打开方法：在菜单栏中，选择“视图”→“工具栏”→“调试”命令，如图 7.4 所示。主要功能依次是(从左到右)全部暂停、停止调试、重新启动、刷新 windows 应用程序、显示下一条语句、逐语句、逐过程、跳出、代码图和在源中显示线程等。

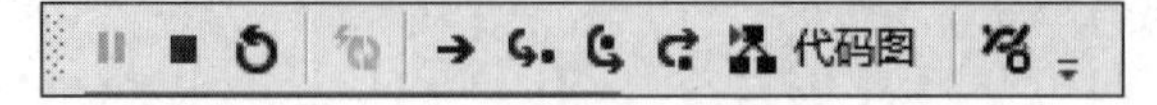

图 7.4 “调试”工具栏

第二种方法是使用“调试”菜单，如图 7.5 所示。

菜单项	快捷键
启动调试(S)	F5
开始执行(不调试)(H)	Ctrl+F5
附加到进程(P)...	
其他调试目标	▸
异常(X)...	Ctrl+Alt+E
性能和诊断(F)	Alt+F2
逐语句(I)	F11
逐过程(O)	F10
切换断点(G)	F9
新建断点(B)	▸
删除所有断点(D)	Ctrl+Shift+F9

图 7.5 “调试”菜单

7.3.3 调试方法

【操作视频】

如果未设置断点，则“启动调试”或会执行全部程序代码。

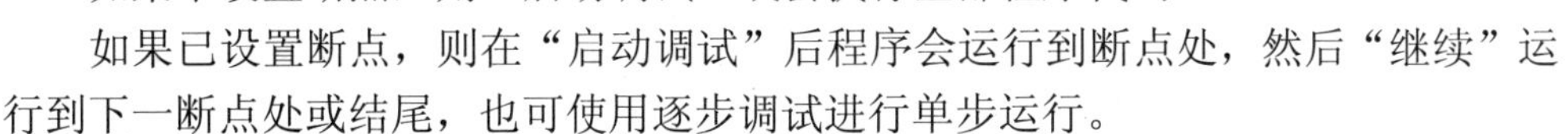

如果已设置断点，则在“启动调试”后程序会运行到断点处，然后“继续”运行到下一断点处或结尾，也可使用逐步调试进行单步运行。

设置断点的方法：在需要设置断点的目标行右击，在弹出的快捷菜单中选择“断点”→“插入断点”命令或“断点”→“取消断点”命令；也可以使用快捷键 F9 来快速设置/删除断点。

选择“调试”菜单中的“逐语句”(F11)或“逐过程”(F10)命令，则启动逐步调试功能并在第一行中断。然后每选择一次“逐语句”或“逐过程”命令，会执行一行代码。二者的区别在于遇到一个函数是否进入函数内部：选择“逐语句”命令可进入函数内部，进行单步调试；选择“逐过程”命令就是把一个函数当成一条语句，不进入函数内部。

7.3.4 跟踪调试信息

在编写程序时，如果出现语法错误，则会在错误代码下显示一条波浪线，将光标悬停在波浪线上会显示一条错误提示信息。

在调试过程中，如果出现错误，错误会显示在“错误列表”和“输出”窗口中。双击错误信息，光标会跳转到代码编辑器中相应位置。

在程序调试中断的情况下，可以将鼠标指针放在希望观察的变量上边，会出现一个悬浮框，显示当前该变量的值；也可以在该变量上右击，在弹出的快捷菜单中选择“快速监视”命令，即可观察到对象中各个元素的值。

还可以通过即时窗口、局部变量窗口和监视窗口跟踪查看调试过程中的变量信息和错误信息。“即时窗口”可以显示正在调试的语句所产生的信息，或直接在窗口输入命令查看所请求的信息；“监视窗口”显示当前的监视表达式，其中“上下文”列指出过程、模块，每个监视表达式都在这些过程或模块中进行计算。只有当前语句在指定的上下文中时，监视窗口才能显示监视表达式的值；局部变量窗口显示了当前过程中所有的变量值。当程序

的执行从一个过程切换到另一个过程时，局部变量窗口的内容会发生变化，它包含了当前过程中所有可用的变量。

7.4 案　　例

本案例将通过一个控制台应用程序来介绍删除文件和文件夹的方法，从而说明如何在异常处理程序中使用 try 块和 catch 块。

本案例将用到用于创建、复制、删除、移动和打开文件及文件夹的 FileInfo 类，在程序代码中会有适当注释。本案例代码位于文件夹 Chap7-4 中。

具体操作步骤如下：

(1) 创建一个控制台应用程序，命名为 ConsoleDelFile。

(2) 在 Main 函数中声明并实例化 FileInfo 类，该类实例 fi 指向特定文件。

(3) 在 try 块中输入删除文件的代码，在 catch 块中输入错误处理代码，代码如下：

```
static void Main(string[] args)
{
    //初始化 FileInfo 类的新实例，指向文件路径“D:\testfile.txt”
    System.IO.FileInfo fi = new System.IO.FileInfo(@"D:\testfile.txt");
    try
    {
        fi.Delete();  //删除文件，如果有错误则转到 catch 块
    }
    catch (System.IO.IOException e)
    {
        Console.WriteLine(e.Message);
    }
    //删除目录
    try
    {
       //删除目录，有错误则转到 catch 块
       System.IO.Directory.Delete(@"C:\Users\Public\DeleteTest");
    }
    catch (System.IO.IOException e)
    {
        Console.WriteLine(e.Message);
    }
    // 删除目录和所有子目录
    if (System.IO.Directory.Exists(@"C:\Users\Public\DeleteTest"))
    {
        try
        {
            System.IO.Directory.Delete(@"C:\Users\Public\DeleteTest", true);
```

```
        }
        catch (System.IO.IOException e)
        {
            Console.WriteLine(e.Message);
        }
    }
    Console.ReadKey(true);
}
```

(4) 设计完毕。运行程序，效果如图 7.6 所示。

【本章拓展】

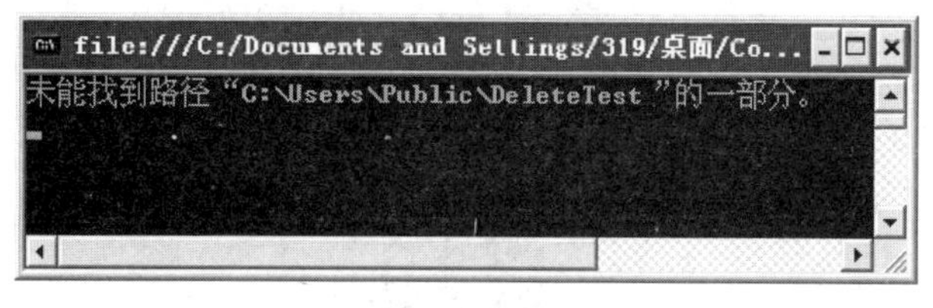

图 7.6 案例运行结果

习 题

1. 填空题

(1) 在 C#中，提供了 4 个关键字来进行异常管理，即________、catch、finally 和 throw。

(2) 当位于 try 块中的语句产生异常时，系统就会在它对应的________块中查找相对应的异常处理程序。

(3) 在异常处理中，________块始终会执行，而与是否引发异常或者是否存在与异常类型匹配的 catch 块无关。

(4) 发生异常可分为两类情况：一是由代码中的错误产生，二是通过________语句无条件抛出异常。

2. 选择题

(1) 异常处理使用________关键字来捕捉可能会发生异常的程序。

A. Click B. Catch C. try D. Show

(2) 以下有关 catch 语句块的说法中，正确的是________。

A. 包含有可能会引发异常的语句块

B. 声明有可能会引发的异常类型

C. 异常处理程序位于 catch 块中

D. 一般不与 try 配合使用，单独使用

(3) 在异常处理中，finally 语句用于________。

A. 包含有可能会引发异常的语句块

B. 声明有可能会引发的异常类型

C．异常处理程序位于 catch 块中

D．不管是否发生异常，都要执行 finally 块中的语句

(4) throw 语句抛出的异常类型必须是________。

A．System.Exception 或从 System.Exception 派生的类的类型

B．System.Show 类型

C．System 类型

D．任意类型

3．编程题

(1) 编写程序对除数中出现 0 的情况进行异常捕捉和处理。

(2) 编写程序处理程序中的溢出异常。

【习题答案】

Windows 应用程序及常用控件

教学目标

【本章代码】

- 了解创建 Windows 应用程序的一般步骤。
- 了解 Windows 应用程序的组成结构。
- 掌握各类窗体控件的应用方法。
- 掌握通用对话框、菜单控件和工具栏控件的应用方法。
- 掌握 MDI 窗体的创建方法。

案例说明

Windows 应用程序的应用非常广泛，几乎所有的应用软件都要为用户呈现 Windows 用户界面。例如，记事本、计算器、Word 和 Excel 软件等。Windows 应用程序包括窗体和控件对象、事件和方法等要素。本章将通过编写一个简易记事本程序介绍在 C#中开发 Windows 应用程序的一般过程。本案例运行效果如图 8.1 所示。

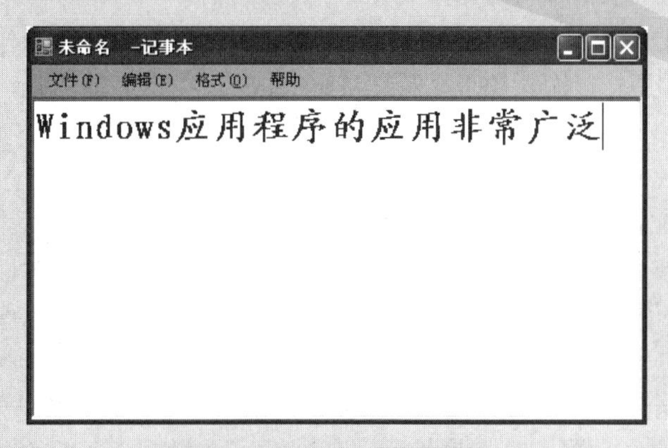

图 8.1　记事本运行界面

8.1 Windows应用程序的基本结构

8.1.1 最简单的Windows应用程序

本节介绍在Visual Studio2010环境下创建Windows应用程序的一般步骤。Windows窗体界面是一个友好的用户交互界面，可方便地进行输入、输出等操作，Windows应用程序是目前主流的应用程序。

【例8-1】设计一个Windows应用程序"WinHello"，其初始运行界面如图8.2(a)所示，当用户单击"ClickMe"按钮后，弹出图8.2(b)所示的消息框。该示例位于文件夹Chap8-1中。

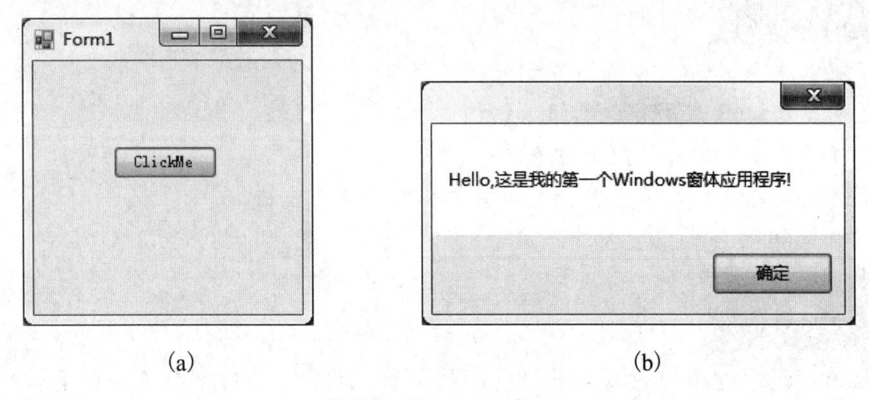

(a)　　(b)

图8.2　Windows窗口

设计过程如下：

(1) 启动Visual Studio.NET 2010。

(2) 在菜单栏中，选择"文件"→"新建项目"命令，打开"新建项目"对话框。选择"Windows应用程序"，输入项目名称"WinHello"，指定存储路径，然后单击"确定"按钮。

(3) 出现图8.2(a)所示的Windows窗口。创建Windows应用程序就是添加Windows窗体、在窗体上添加控件和编写控件后台代码的过程。

(4) 添加命令按钮：双击"工具箱"→"公共控件"中的图标ab Button，将其拖放到窗体上(其他控件添加方式相同，下文不再赘述)，在窗体上自动生成一个命令按钮控件button1。

(5) 设置控件属性。右击命令按钮button1，在弹出的快捷菜单中选择"属性"命令，打开"属性"对话框，设置Name属性为"ClickMe"，设置FontColor属性为"Red"，设置Font.Bold属性为"True"。

(6) 编写代码。双击命令按钮ClickMe，进入代码窗口。在光标所在位置输入可弹出消息框的代码。示例代码如下，其中加粗代码为新输入问题，其他代码由系统自动生成。

```
using System;
using System.Collections.Generic;
using System.ComponentModel;
```

```
using System.Data;
using System.Drawing;
using System.Linq;
using System.Text;
using System.Windows.Forms;
namespace WinHello
{
    public partial class Form1 : Form
    {
        public Form1()
        {
            InitializeComponent();
        }
        private void button1_Click(object sender, EventArgs e)
        {
            MessageBox.Show("Hello,这是我的第一个 Windows 窗体应用程序!");
        }
    }
}
```

其中，MessageBox 是命名空间 System.Windows.Forms 中的类，Show 是 MessageBox 类的静态方法。MessageBox.Show 的功能是弹出具有指定文本的消息框。button1_Click() 是命令按钮 button1 的事件过程，单击命令按钮 button1 的时候，系统运行该段代码。

(7) 运行代码。单击工具栏中的▶按钮或按快捷键 F5 运行应用程序，出现图 8.2 所示的结果。

8.1.2 Windows 应用程序的组成

下面来看一下 Windows 应用程序的组成。打开 WinHello 应用程序，观察 Solution Explorer 对话框，如图 8.3 所示。

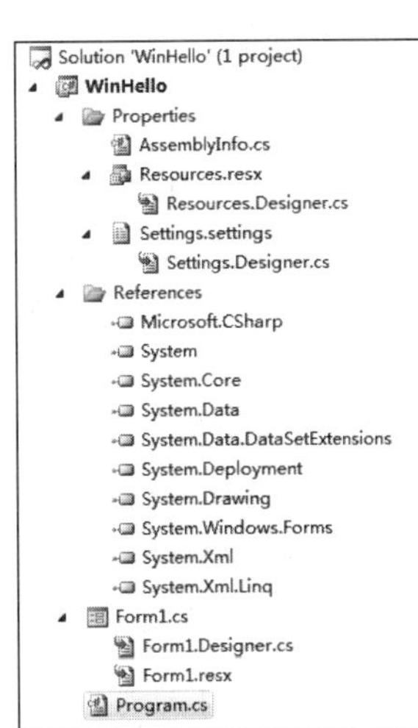

图 8.3 WinHello 应用程序的组成

Program.cs 中包含 Progarm 类和 Main 方法，其中 Main 方法是整个 Windows 应用程序的入口点，应用程序从这里开始执行。

Form1.cs 部分包含 Form1.cs 文件，Form1.Designer.cs 文件和资源 Form1.resx。Form1.cs 中的程序代码是开发人员为窗体控件添加事件处理程序的地方，在 Windows 应用程序开发中占有重要地位。若一个项目有多个窗体，则每个窗体都有对应的 Form.cs 文件。Form1.Designer.cs 包含开发者在设计 Form1 窗体时拖拽控件或修改控件属性时系统自动生成的代码。

Properties 部分包含文件 AssemblyInfo.cs、Resources.Designer.cs、Resources.resx、Settings.Designer.cs 和 Settings.settings。AssemblyInfo.css 是程序集代码文件，用于保存程序集信息；Resources.Designer.cs 是项目资源文件；Resources.resx 用于存放资源文件；Settings.Designer.cs 和 Settings.settings 用于存储配置信息。

8.1.3 Windows 编程基础

1. 窗体和控件

前面各章所创建的程序都是控制台程序，这类程序只提供命令符界面，用户只能通过键盘进行输入等交互操作。使用命令符界面的时期被人们称为键盘时代。随着计算机技术的发展，基于 Windows 窗体的应用程序逐渐成为主流，并最终替代了基于命令符界面的控制台应用程序。基于 Windows 窗体的应用程序界面友好，操作方便，使用鼠标单击、双击等操作即可完成大部分任务。

在面向对象的程序设计中，窗体本身就是一个对象。在 C#编程中，窗体是 System.Windows.Forms 命名空间的 Form 类的实例。窗体有自己特有的属性、方法和事件。窗体是各类控件的载体，文本框、命令按钮和标签等控件都通过窗体来呈现。

控件是窗体上的对象，是构成用户界面的基本元素，是用户与应用程序实现交互的媒介，是 Windows 窗体实现界面友好的重要工具。常见的控件有命令按钮、复选框、组合框、标签、图片控件、文本框等。在 Visual Studio 窗体设计模式中，控件被分类置于工具箱中，包括通用控件、容器类控件、菜单和工具栏控件等。

2. 常用属性

属性是对象的状态，用数据值来描述。例如，窗体对象的 Text 属性和标签控件的 Font 属性。

使用 Visual Studio 创建 Windows 窗体应用程序或向窗体添加控件时，系统会自动为窗体和控件设置默认值。当需要设置特殊属性时，可在属性窗口中进行相应设置，也可以通过程序代码设置。

3. 窗体的常用属性

窗体属性有 60 个左右，但常用属性只有十多个，下面介绍一下窗体的常用属性。

(1) Name 属性：获取或设置窗体名称，该名称用于在编程时引用窗体。建立 Windows 应用程序时，初始窗体的默认 Name 值为 Form1，可在属性窗口中修改该值，但不能在代码中修改。

(2) BackColor 属性：获取或设置窗体的背景色。

(3) BackgroundImage 属性：获取或设置窗体背景图片。

(4) BackgroundImageLayout 属性：获取或设置窗体背景图片缩放模式。

各属性值含义如下：

- None 表示无缩放。
- Tile 表示平铺。
- Center 表示居中。
- Stretch 表示拉伸。
- Zoom 表示按比例缩放。

(5) Font 属性：获取或设置控件中文字的字号、字体和字形。

(6) Forecolor 属性：获取或设置控件中文字的颜色。

(7) FormBorderStyle 属性：获取或设置窗体边框及标题栏的显示外观。

各属性值取值含义如下：

- None 表示没有边框。
- FixedSingle 表示固定的单行边框。
- Fixed3D 表示固定三维边框。
- FixedDialog 表示固定对话框样式边框。
- Sizable 表示可调整大小的边框。
- FixedToolWindow 表示不可调整大小的工具窗口边框。
- SizableToolWindow 表示可调整大小的工具窗口边框。

(8) IsMdiContainer 属性：获取或设置该窗体是否为 MDI 容器。

(9) Location 属性：获取或设置窗体的位置。

(10) MaximizeBox 属性：隐藏或显示窗体右上角标题栏中的最大化按钮。

(11) MinimizeBox 属性：隐藏或显示窗体右上角标题栏中的最小化按钮。

(12) Size 属性：获取或设置窗体的宽和高的尺寸。

(13) Text 属性：获取或设置窗体的标题。

(14) Opacity 属性：获取或设置窗体的不透明度级别。

4. 控件的常用属性

不同控件具有不同的属性，创建控件时，系统会为控件设置好默认属性。如需修改这些属性，可在属性窗口或代码中进行。有些属性是大部分控件或所有控件共有的，下面对大部分控件所共有的属性进行介绍，后面各节分别介绍各控件所独有的属性。

(1) Anchor 属性：获取或设置控件与容器边缘的距离关系，并确定控件如何随其所在容器一起调整大小。

(2) Autosize 属性：设置是否自动调整控件的大小以适应其显示内容。

(3) BackColor 和 ForeColor 属性：BackColor 属性用于设置控件的背景色，ForeColor 属性用于设置控件中文字的颜色。

(4) Enabled 属性：获取或设置控件可用或不可用。

(5) Font 属性：获取或设置控件中文字的字号、字体和字形等。

(6) Location 属性：获取或设置控件的位置。Location 属性的两个参数值用于设定控件左上角距离控件所在容器(如窗体)左上角的距离。

(7) Name 属性：获取或设置控件名称，该名称用于在编程时引用控件。可在属性窗口中修改该值，但不能在代码中修改。

(8) Size 属性：获取或设置控件的尺寸大小，参数值单位为像素。Size 属性的两个参数值分别用于设置控件的宽和高。

(9) Text 属性：获取或设置控件中显示的文本。

(10) Visible 属性：获取或设置控件显示或隐藏。

5. 常用事件

事件是对象可以识别和响应的操作，即窗体、控件和其他对象可以识别的操作。事件包括鼠标的单击、数据的更改、按键和窗体的打开/关闭等。各个对象所能响应的事件有所不同，查看某个对象的事件的操作步骤是：选择对象→打开“属性”窗口→单击“事件”按钮。

窗体有很多事件，常用的窗体事件及其说明如表 8-1 所示。

表 8-1　常用的窗体事件及其说明

事　件	说　明
Activated	窗体被激活时发生
Deactivate	当窗体被取消激活时发生
Click	当窗体被单击时发生。例如，鼠标单击，或当焦点在该控件上，按 Enter 键或空格键也触发此事件
DoubleClick	当双击控件时发生。处理时不包含任何事件数据
Enter	进入控件时发生
FormClosed	当关闭窗体后发生
FormClosing	当关闭窗体前发生
KeyPress	当焦点在控件上，用户按键时发生
Load	当第一次显示窗体前发生
MdiChildActivate	在多文档界面(MDI)应用程序内激活或关闭 MDI 子窗体时发生
MouseClick	当用鼠标单击时发生
MouseDoubleClick	当用鼠标双击控件时发生。通过事件所包含的 MouseEventArgs 对象，可以获取鼠标数据
MouseEnter	当鼠标指针进入控件时发生
MouseHover	在鼠标指针停放在控件上时发生
MouseMove	在鼠标指针移到控件上时发生
Resize	在调整控件大小时发生
Validated	在控件完成验证时发生
Validating	在控件正在验证时发生

- 下面是启动窗体时触发的事件及其顺序：Load 事件→Activated 事件→窗体上的 Form 级事件过程→窗体上包含对象的相应事件过程。
- 下边是关闭窗体时触发的事件及其顺序：Closing 事件→FormClosing 事件→Closed 事件→FormClosed 事件。
- 下面显示单击一次鼠标时所触发的事件及其顺序：MouseDown 事件→Click 事件→MouseClick 事件→MouseUp 事件。
- 以下是双击鼠标时所触发时事件及其顺序：MouseDown 事件→Click 事件→MouseClick 事件→MouseUp 事件→MouseDown 事件→DoubleClick 事件；MouseDoubleClick 事件→MouseUp 事件。

对于控件来说，有些事件与窗体是相同的，如 Click、Enter、KeyPress、MouseClick、Move、Resize、Validatedhe 和 Validating 等。不同的控件又有自己特有的事件，相关内容将在本章后边各节中介绍。

6. 常用方法

方法是对象的行为，用函数来描述。常用的窗体方法及其说明如表 8-2 所示。

控件的方法比较少，控件的一些方法与窗体是相同的，如 Focus、Hide、Invoke 和 Show 等。不同的控件又有自己特有的方法，相关内容将在后面各节中介绍。

表 8-2 常用的窗体方法及其说明

方 法	说 明
Activate	激活窗体并使其获得焦点
ActivateMdiChild	激活窗体的 MDI 子窗体
Close	关闭窗体
Focus	为控件设置焦点
Hide	对用户隐藏控件
InvokeGotFocus	为指定的控件触发 GotFocus 事件
InvokeLostFocus	为指定的控件触发 LostFocus 事件
InvokeOnClick	为指定的控件触发 Click 事件
OnClick	触发 Click 事件
OnClosed	触发 Closed 事件
OnClosing	触发 Closing 事件
OnFormClosed	触发 FormClosed 事件
OnFormClosing	触发 FormClosing 事件
OnDeactivate	触发 Deactivate 事件
OnDoubleClick	触发 DoubleClick 事件
OnGotFocus	触发 GotFocus 事件
OnLostFocus	触发 LostFocus 事件
OnLoad	触发 Load 事件
OnLayout	触发 Layout 事件
OnMouseClick	触发 MouseClick 事件
OnMouseDoubleClick	触发 MouseDoubleClick 事件
OnMouseEnter	触发 MouseEnter 事件
OnMouseMove	触发 MouseMove 事件
Refresh	强制控件使其工作区无效并立即重绘自己和任何子控件
Show	强制窗体显示为无模式对话框
ShowDialog	将窗体显示为模式对话框
Layout	在控件应重新定位其子控件时发生

8.2 标签(Label)控件

标签(Label)控件用于显示用户不能编辑的文本或图像。一般用 Label 控件来输出标题、标识窗体上的对象，例如，可以使用 Label 控件向文本框、列表框和组合框等添加描述性标题。Label 控件也用于描述其他控件的功能和作用，例如，描述单击某控件时该控件会执行的操作；还可编写代码使标签显示事件相应程序的运行状态，例如，如果应用程序需要几分钟时间才能完成，则可以在标签中显示处理进度的消息。

Label 控件不能接收焦点，所以一般不用于触发事件。

在工具箱中 Label 控件的图标为 **A Label**。双击工具箱中的 Label 控件图标可将其添加至窗体，也可使用拖拽的方式直接将工具箱中的 Label 控件拖至窗体。其他控件的添加方式与此类此，以后不再赘述。

1. Label 控件的常用属性

(1) BorderStyle 属性：获取或设置 Label 控件的边框样式。

各取值的含义如下：

- None 表示无边框。
- FixedSingle 表示单行边框。
- Fixed3D 表示 3D 边框。

注意

文本框、列表框和富文本框等控件也有 BorderStyle 属性，本书后面介绍相关控件时不再重复介绍本属性。

(2) Dock 属性：定义在调整控件的父控件大小时如何自动调整控件的大小。例如，将 Dock 设置为 DockStyle. Left 将使控件与其父控件的左边缘对齐，并在父控件调整大小时调整自身大小。

(3) TextAlign 属性：获取或设置 Label 控件中文本的对齐方式。

(4) Visible 属性：获取或设置 Label 控件的可见性。True 表示可见，False 为不可见。默认为 True。

2. Label 控件设计示例

【例 8-2】 设计一个名为 WinControl 的 Windows 应用程序，在窗体上添加一个 Label 控件，显示文本“用户登录界面”，字号大小为 20，楷体，蓝色。该示例位于文件夹 Chap8-2 中。

设计步骤：

(1) 新建 Windows 窗体应用程序，项目名称为“WinControl”。

(2) 在窗体上添加标签 Label1。

(3) 设置 Label1 的 Text 属性值：用户登录界面。

(4) 设置 Label1 的 Font 属性值：楷体，24 号，如图 8.4 所示。

(5) 设计完毕。

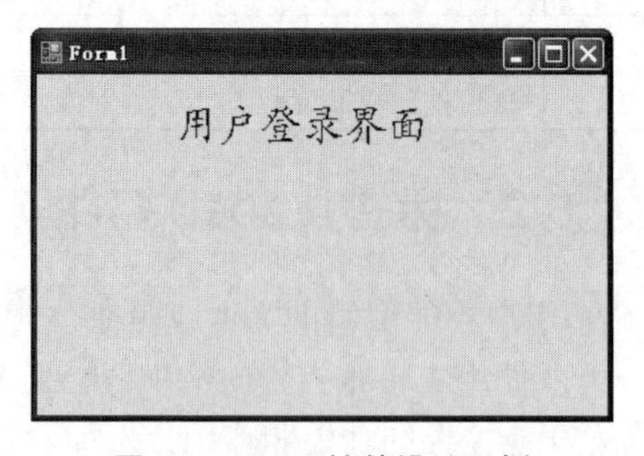

图 8.4 Label 控件设计示例

8.3 文本框(TextBox)控件

文本框(TextBox)控件的常用用途是在表单中编辑非格式化文本。使用 TextBox 控件可以输入、显示、编辑和修改文本内容。例如，如果一个表单要求输入用户姓名、电话号码

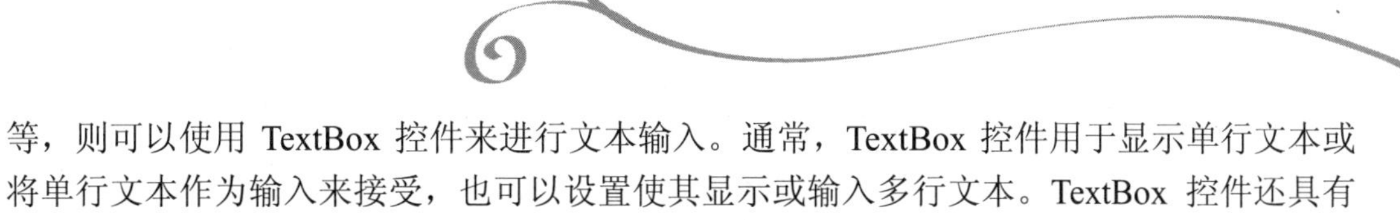

等，则可以使用 TextBox 控件来进行文本输入。通常，TextBox 控件用于显示单行文本或将单行文本作为输入来接受，也可以设置使其显示或输入多行文本。TextBox 控件还具有字符密码屏蔽、限制输入文本数量和限制大小写输入等特殊功能。

TextBox 控件在工具箱中的图标为 abl TextBox。

1. TextBox 控件的属性

文本框有很多与其他控件共有的属性，已在前文做过介绍，这里不再赘述。下面介绍一下文本框所特有的属性。

(1) AllowDrop 属性：获取或设置一个值，该值指示控件是否可以接受用户拖放到它上面的数据。

(2) MaximumSize 属性：获取或设置控件尺寸大小的上限。该属性有 Width 和 Height 两个值，分别为控件宽和高两个上限值。

(3) MinimumSize：获取或设置控件尺寸大小的下限。该属性有 Width 和 Height 两个值，分别为控件宽和高两个下限值。

(4) MaxLength 属性：获取或设置用户可在 TextBox 控件中输入或粘贴的最大字符数。

(5) Multiline 属性：获取或设置一个值，该值指示此控件是否为多行 TextBox 控件。

(6) PasswordChar 属性：获取或设置字符，该字符用于屏蔽单行 TextBox 控件中的密码字符。

(7) ReadOnly 属性：获取或设置一个值，该值指示文本框中的文本是否为只读。

(8) ScrollBars 属性：获取或设置哪些滚动条应出现在多行 TextBox 控件中。

其可取值和含义如下：

- None 表示不显示滚动条。
- Horizontal 表示只显示水平滚动条。
- Vertical 表示只显示垂直滚动条。
- Both 表示同时显示水平滚动条和垂直滚动条。

(9) SelectedText 属性：获取或设置一个值，该值指示控件中当前选定的文本。该属性只能在代码中使用，不能在属性窗口中使用。

(10) SelectionLength 属性：获取或设置文本框中选定的字符数。

(11) SelectionStart 属性：获取或设置文本框中选定的文本起始点。

(12) TextLength 属性：获取控件中文本的长度。

(13) WordWrap 属性：指示多行文本框控件在必要时是否自动换行到下一行的开始。

2. TextBox 控件的事件

TextBox 控件的常用事件有以下几种：

(1) TextChanged 事件：在 Text 属性值更改时发生。

(2) GotFocus 事件：按下鼠标或使用 Tab 键使焦点移动到控件上时触发的事件。

(3) DragDrop 事件：在完成拖放操作时发生的事件。

(4) Leave 事件：在输入焦点离开控件时发生。

3. TextBox 控件的常用方法

TextBox 控件的常用方法有以下几种：

(1) Clear 方法：清除 TextBox 控件中的所有文本。

(2) Copy 方法：将文本框中的当前选定内容复制到“剪贴板”。

(3) Cut 方法：将文本框中的当前选定内容移动到“剪贴板”中。

(4) Paste 方法：将剪贴板中的内容粘贴到文本框中。

(5) Select 方法：选择控件中的文本。通过设置要选择的第一个字符的位置和字符数确定选择范围。

(6) SelectAll 方法：选定文本框中的所有文本。

(7) Undo 方法：撤销文本框中的上一个编辑操作。

4. TextBox 控件设计示例

【例 8-3】在 Windows 应用程序 WinControl 的窗体上添加两个 TextBox 控件(TextBox1 和 TextBox2)，添加两个 Label 控件，分别显示“用户名:”和“密码:”，如图 8.5 所示。该示例位于文件夹 Chap8-2 中。

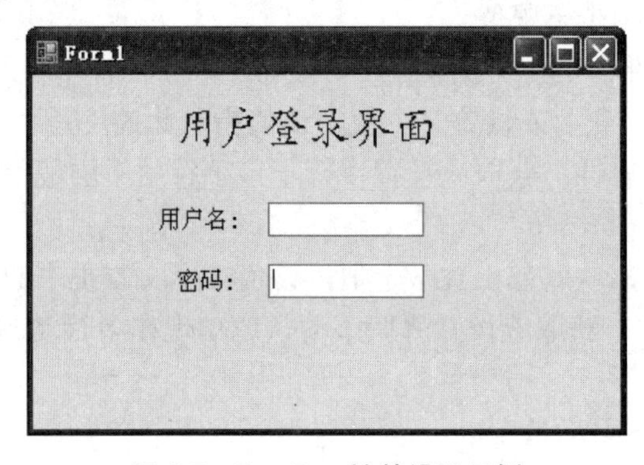

图 8.5　TextBox 控件设计示例

设计步骤：

(1) 打开 Windows 窗体应用程序“WinControl”。

(2) 在窗体上添加文本框 TextBox1 和 TextBox2。将 TextBox1 和 TextBox2 的 Name 属性分别改为 txtUser 和 txtPsd。

(3) 在窗体上添加标签 Label1 和 Label2，如图 8.5 所示。

(4) 设计完毕。

8.4　富文本框(RichTextBox)控件

富文本框(RichTextBox)和 TextBox 都允许用户编辑文本，但是这两个控件用于不同的情形。当用户需要编辑带格式的文本、图像、表或其他丰富内容时，最好选择 RichTextBox。例如，编辑需要格式、图像等内容的文档、文章或博客时，最好使用 RichTextBox。TextBox 要求的系统资源比 RichTextBox 少，因此当只需编辑纯文本(即用于窗体)时，它是理想选择。

RichTextBox 控件在工具箱中的图标为 abl TextBox。

TextBox 和 RichTextBox 的主要功能区别如表 8-3 所示。

表 8-3　TextBox 和 RichTextBox 的主要功能区别

控　　件	实时拼写检查	上下文菜单	格式设置命令	FlowDocument 内容(如图像、段落、表等)
TextBox	是	是	否	不能
RichTextBox	是	是	是	是

1. RichTextBox 控件的属性

RichTextBox 有很多与 TextBox 相同的属性，也有很多自己的属性，下面介绍一些 RichtextBox 的常用属性。

(1) AutoWordSelection 属性：获取或设置一个值，该值决定在用户用鼠标拖过某个单词来选择其中的一部分时，是否选定该单词的其余部分。

(2) Selection 属性：获取一个包含 RichTextBox 中当前选定内容的 TextSelection 对象。默认返回的 TextSelection 的 IsEmpty 属性值为 True。当 TextSelection 在不包含任何选定内容的文本区域中时呈现为一个插入符号。

(3) AlllowDrop 属性：获取或设置一个值，该值指示此元素是否可用做拖放操作的目标。

(4) BackGround 属性：获取或设置一个用于描述控件背景的画笔。

(5) CanRedo 属性：获取一个值，该值指示是否可重做最新的撤销操作。

(6) CanUndo 属性：获取一个值，该值指示是否可撤销最新的操作。

(7) Document 属性：获取或设置表示 RichTextBox 的内容的 FlowDocument。

(8) Foreground 属性：获取或设置一个用于描述前景色的画笔。

(9) IsReadOnly 属性：获取或设置一个值，该值指示文本编辑控件对于与其交互的用户是否是只读的。

2. RichTextBox 控件的常用事件和方法

RichTextBox 的常用事件有 GotFocus、LostFocus、MouseDown 和 MouseUp 等通用事件，也有 SlectionChanged 和 TextChanged 等事件。

(1) SlectionChanged 事件：在文本选定内容更改后发生。

(2) TextChanged：在文本元素中的内容更改时发生。

RichTextBox 可使用 LoadFile 方法从 RichText 格式文档(*.rtf 文件)或纯文本文件直接加载文件内容，也可使用 SaveFile 方法将自身内容保存成 RichText 格式文档或纯文本文档。其他常用方法包括 Find 和 Clear 等。

(3) LoadFile 方法：将现有的 RTF 或 ASCII 文本文件加载到控件中。还可以从已打开的数据流加载数据。基本格式如下：

RichTextBox1.LoadFile(文件名,文件类型)

其中，文件类型取值如表 8-4 所示。

表 8-4　文件类型取值

成 员 名 称	说　　明
PlainText	用空格代替对象链接与嵌入(OLE)对象的纯文本流
RichNoOleObjs	用空格代替 OLE 对象的丰富文本格式(RTF 格式)流。该值只在用于 RichTextBox 控件的 SaveFile 方法时有效

(续)

成员名称	说　明
RichText	RTF 格式流
TextTextOleObjs	具有 OLE 对象的文本表示形式的纯文本流。该值只在用于 RichTextBox 控件的 SaveFile 方法时有效
UnicodePlainText	包含用空格代替对象链接与嵌入(OLE)对象的文本流。该文本采用 Unicode 编码

3. RichTextBox 控件设计示例

【例 8-4】 设计一个名为 WinRichTextBox 的 Windows 应用程序。该窗体含有一个 RichTextBox 控件，运行该窗体时，将文件“d:\file.txt”加载到 RichTextBox 控件中，如图 8.6 所示。该示例位于文件夹 Chap8-4 中。

【操作视频】

图 8.6 RichTextBox 控件设计示例

设计步骤：

(1) 新建 Windows 窗体应用程序，项目名称为“WinRichTextBox”。

(2) 在窗体中添加 RichTextBox 控件。

(3) 双击窗体，进入窗体的 Load 事件处理程序中，输入以下代码：

```
private void Form1_Load(object sender, EventArgs e)
{
    richTextBox1.LoadFile("d:\\file.txt", RichTextBoxStreamType.PlainText);
    richTextBox1.SelectAll();
    richTextBox1.SelectionColor = Color.Red;
    richTextBox1.SelectionFont = new Font("隶书", 20, FontStyle.Bold);
    richTextBox1.SelectionLength = 0;
}
```

(4) 设计完毕，运行窗体，结果如图 8.6 所示。

8.5 按钮(Button)控件

按钮(Button)控件派生于 System.Windows.Forms.ButtonBase 类。Button 控件是 Windows 窗体编程中应用广泛的控件之一。按钮主要用于执行 3 类任务：

- 关闭当前对话框或打开其他对话框(如确定和取消按钮)。
- 对窗体上输入的数据和参数进行操作(例如，输入两个数后，单击按钮进行算术运算)。

● 运行、控制或终止应用程序。

Button 控件在工具箱中的图标为 ab Button。

1. Button 控件的常用属性

以下是该控件的常用属性，完整的列表请参阅.NET Framework SDK 文档说明。

(1) FlatStyle 属性：用于设置按钮样式的属性，包含 Flat、PopUp、Standard 和 System 4 个属性。

(2) Image 属性：设置按钮上的图像。该属性是一个 Image 对象(位图、图标等)。

(3) ImageAlign 属性：指定按钮上的图像在什么地方显示。

(4) Text 属性：设置按钮上的标题文字。

(5) TextAlign 属性：设置控件中标题文字的对齐方式。

2. Button 控件的常用事件

单击事件(Click)是按钮最常用的事件。将鼠标指向按钮，按下左键并释放为一个完整的单击事件。若在按钮上按下左键后将鼠标从按钮上移开，再释放则单击事件不会发生。同样，当按钮获得焦点时，按下 Enter 键也会触发单击事件。

除了单击事件，按钮的常用事件还有双击 (DoubleClick)、键按下(MouseDown)和键释放(MouseUp)。

3. Button 控件设计示例

【例 8-5】在 Windows 应用程序 WinControl 的窗体上添加两个 Button 控件，即 Button1 和 Button2，分别显示“登录”和“退出”，如图 8.7 所示。该示例位于文件夹 Chap8-2 中。

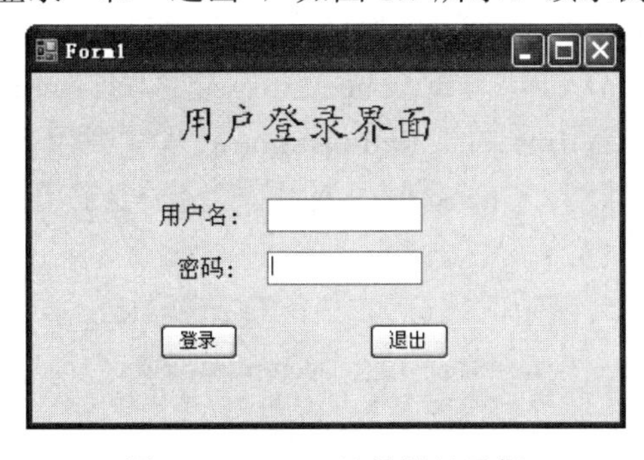

图 8.7　Button 控件设计示例

设计步骤：

(1) 打开 Windows 窗体应用程序“WinControl”，在窗体上添加按钮 Button1 和 Button2。

(2) 在属性窗口中，将 Button1 和 Button2 的 Text 属性分别改为“登录”和“退出”。将 Name 属性分别改为 btnLogin 和 btnQuit，如图 8.7 所示。

(3) 双击 btnLogin 按钮，填写该按钮的单击事件处理程序。该程序的功能是判断用户输入的用户名和密码是否正确，如果正确则提示“登录成功，欢迎您!”，错误则清空 TextBox 控件，并将焦点移至文本框 txtUser，重新输入。代码如下：

```
private void button1_Click(object sender, EventArgs e)
{
```

```
        //判断用户名密码是否正确
        if (this.txtUser.Text == "bucm" && this.txtPsd.Text == "bucm")
            MessageBox.Show("登录成功，欢迎您！");
        else
        {
            MessageBox.Show("用户名或密码错误，请重新输入");
            //清空文本框 txtUser 和 txtPsd
            this.txtPsd.Clear();
            this.txtUser.Clear();
            //焦点移至文本框 txtUser
            this.txtUser.Focus();
        }
    }
```

(4) 双击 btnQuit 按钮，填写该按钮的单击事件处理程序。该程序的功能是退出应用程序。代码如下：

```
private void btnQuit_Click(object sender, EventArgs e)
{
    MessageBox.Show("系统将要退出，欢迎您使用本系统！");
    Application.Exit();
}
```

(5) 设计完毕，运行得到图 8.7 所示的界面。

8.6 单选按钮(RadioButton)和复选框(CheckBox)

单选按钮(RadioButton)和复选框(CheckBox)控件同 Button 控件一样，都派生于 System.Windows.Forms.ButtonBase 类。RadioButton 控件主要用于多选一的情形，即多个选项互斥，如要求用户选择性别。CheckBox 控件主要用于要求用户选择一项或多项的情形，如要求用户选择兴趣爱好。

RadioButton 控件在工具箱中的图标为 ⦿ RadioButton 。

CheckBox 控件在工具箱中的图标为 ☑ CheckBox。

1. RadioButton 控件的常用属性

RadioButton 控件派生于 ButtonBase，该控件的常用属性只有几个。全部属性请参阅.NET FrameWork 文档说明。

(1) Checked 属性：表示控件是否被选中的状态。如果控件被选中，则其属性为 True，否则为 False。

(2) CheckAlign 属性：用于改变单选按钮的复选框的对齐样式。默认为 ContentAlignment. MiddleLeft。

(3) AutoCheck 属性：其值为 True 或 False。True 表示该控件可通过鼠标单击而切换选中状态，False 表示只能在程序代码中修改该控件状态。

(4) Appearance 属性：该属性可将单选按钮设置为一个标签，相应的选项按钮放在左边、中间或右边，或显示为标准按钮。

2. RadioButton 控件的常用事件

(1) CheckedChang 事件：当 RadioButton 控件属性值发生变化时，触发该事件。

(2) Click 事件：每次单击单选按钮，都会触发该事件。需特别注意 Click 事件和 CheckedChang 事件的区别。连续单击单选按钮时只有第一次单击改变 Checked 属性值(而且第一次单击前按钮处于未选中状态)。另外，如果单选按钮的 AotuCheck 属性为 False，则该按钮根本不能通过鼠标操作来改变属性值，但能响应 Click 事件。

3. CheckBox 控件的属性

CheckBox 控件的属性和事件非常类似于 RadioButton。以下是 CheckBox 独有的属性。

(1) CheckState 属性：CheckBox 控件有 3 种状态，即 Checked、Indeterminate 和 Unchecked。当 CheckBox 处于 Indeterminate 状态时，控件旁边的复选框通常是灰色的，表示该复选框的当前值是无效的，或者无法确定，或者在当前环境下没有意义。

(2) ThreeState 属性：当这个属性为 False 时，用户就不能把 CheckState 属性改为 Indeterminate，但仍可以在代码中将 CheckSate 属性改为 Indeterminate。

4. CheckBox 控件的事件

CheckBox 的常用事件有两个，一个是 CheckedChanged 事件，另一个是 CheckStateChanged 事件。

(1) CheckedChanged 事件：当复选框的 Checked 属性发生变化时，触发该事件。注意，在 ThreeState 属性为 True 时，单击复选框可能不会改变 Checked 属性。

(2) CheckedStateChanged 事件：当 CheckedState 属性发生改变时，触发该事件。CheckedState 属性的值可以是 Checked 和 Unchecked 属性，只要 Checked 属性变了就触发该事件。另外，当状态从 Checked 变为 Indeterminate 时，也会触发该事件。

5. RadioButton 控件和 CheckBox 控件设计示例

【例 8-6】 设计一个名为 WinRbtChb 的 Windows 应用程序，在窗体上添加 TextBox、RadioButton 和 CheckBox 等若干控件，如图 8.8 所示。该窗体的功能是，单击复选框，则在富文本框中显示对应的文本内容，单击字体、颜色、大小等单选按钮时，富文本框中的相应属性随之发生变化。该示例位于文件夹 Chap8-6 中。

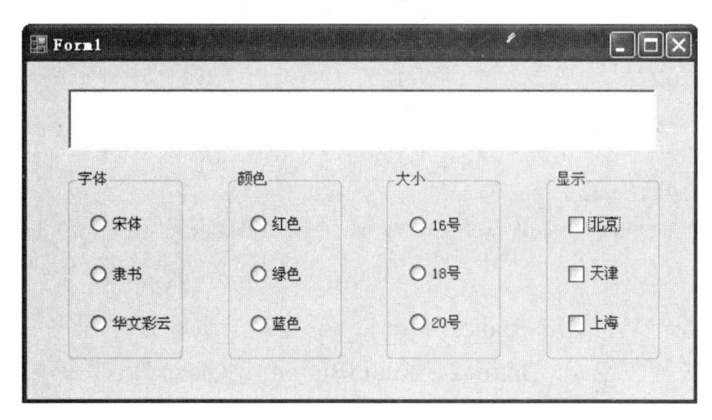

图 8.8　Form1 设计视图

设计步骤：

(1) 新建 Windows 窗体应用程序，项目名称为“WinRbtChb”。

(2) 根据图 8.8，在窗体上添加 RichTextBox、RadioButton 和 CheckBox 等若干控件，并调整好位置。

(3) 双击窗体 Form1，进入 Form1.cs 中。在 Form1 类中创建方法 SetValue。该方法的功能是根据 Form1 界面上各个控件的状态，设置富文本框的字体、颜色和大小等属性。代码如下：

```
private void SetValue()
{
    richTextBox1.Clear();
    //根据复选框状态设置 RichTextBox 控件的显示内容
    if (checkBox1.Checked == true)
        richTextBox1.Text = richTextBox1.Text + checkBox1.Text + " ";
    if (checkBox2.Checked == true)
        richTextBox1.Text = richTextBox1.Text + checkBox2.Text + " ";
    if (checkBox3.Checked == true)
        richTextBox1.Text = richTextBox1.Text + checkBox3.Text + " ";
    //根据单选按钮状态设置 RichTextBox 控件的字体
    if (radioButton1.Checked == true)
        richTextBox1.Font =new Font( radioButton1.Text,richTextBox1.Font.Size);
    if (radioButton2.Checked == true)
        richTextBox1.Font = new Font(radioButton2.Text, richTextBox1.Font.Size);
    if (radioButton3.Checked == true)
        richTextBox1.Font = new Font(radioButton3.Text, richTextBox1.Font.Size);
    //根据单选按钮状态设置 RichTextBox 控件的前景色，即文字颜色
    if(radioButton5.Checked==true)
        richTextBox1.ForeColor=Color.Red ;
    if (radioButton6.Checked == true)
        richTextBox1.ForeColor = Color.Green ;
    if (radioButton7.Checked == true)
        richTextBox1.ForeColor = Color.Blue;
    //根据单选按钮状态设置 RichTextBox 控件的字号
    if (radioButton9.Checked == true)
        richTextBox1.Font = new Font(richTextBox1.Font.FontFamily , 16);
    if (radioButton10.Checked == true)
        richTextBox1.Font = new Font(richTextBox1.Font.FontFamily, 18);
    if (radioButton11.Checked == true)
        richTextBox1.Font = new Font(richTextBox1.Font.FontFamily, 20);
}
```

(4) 在窗体 Form1 上双击 RadioButton1，在其单击事件处理程序中输入 SetValue()，调用 SetValue 方法。在 RadioButton2、RadioButton3、CheckBox1 等控件的单击事件处理程序中做相同设置。

(5) 设计完毕，运行结果如图 8.9 所示。

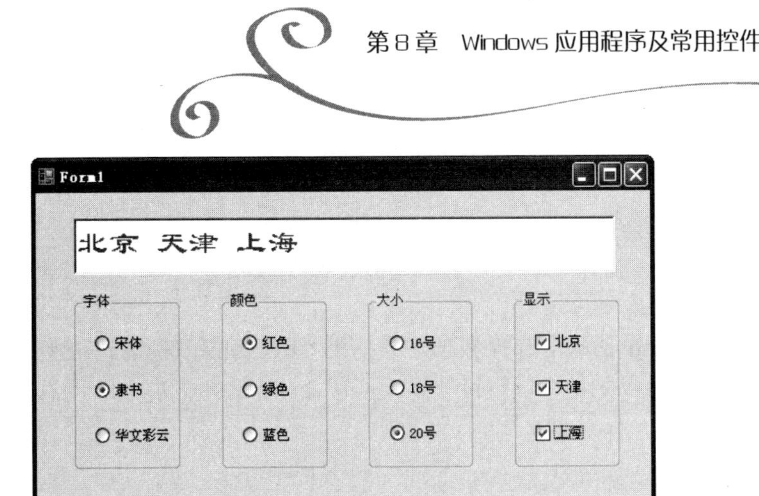

图 8.9　Form1 运行界面

8.7　列表框(ListBox)控件

列表框(ListBox)类派生于 ListContrl 类。后者提供了.NET Framework 内置列表类型控件的基本功能。ListBox 控件的功能是为用户提供一个列表，用户可以用鼠标从列表框中选择一个或多个选项。在设计 Windows 窗体时，如果要求用户从一组数据中选择一个或多个数据，就可以考虑使用 ListBox 控件。

ListBox 控件在工具箱中的图标为 RadioButton。

1. ListBox 控件的常用属性

(1) Items 属性：Items 是一个集合，它包含列表框中的所有选项。使用该属性还可增加或删除选项。Items 有一个很重要的 Count 属性，使用该属性可获取列表框中项的个数。

Items 属性还有一些很实用的方法，下面一一介绍。

- Add：向列表框项集合中添加一个项目。
- Clear：清空列表框中的全部项。
- Contains：判断指定项是否存在于列表框项集合中。
- Insert：将一个项插入到列表框项集合中指定的索引处。
- IndexOf：检索指定项在列表框项集合中的索引。
- Remove：从列表框中移除指定项。
- RemoveAt：从列表框中移除指定索引的项。

(2) MultiColum 属性：获取或设置列表框是否支持多列。设置为 True，则支持多列；设置为 False(默认值)，则不支持多列。

(3) SelectedIndex 属性：获取或设置当前选定项的索引值，其中索引编号是从 0 开始的。如果选择了多个项，则这个属性为第一个选项的索引。

(4) SelectedIndices 属性：此属性为一个集合，用于获取列表框当前所有选中项的基于 0 的索引。

(5) SelectedItem 属性：设置或获取列表框当前的选定项。若列表框可选择多项，则该属性表示第一个被选中项。

(6) SelectionMode 属性：获取或设置列表框的以下 4 种选择模式。

- None 表示不能选任何项。
- One 表示只能选一项。
- MultiSimple 表示可选择多项。使用此属性值选择多项时，不需借助 Ctrl 键等辅助功能键。
- MuliExtended 表示可选择多项。需借助 Ctrl、Shift 键和方向键实现多项选择。

(7) Sorted 属性：把这个属性设置为 True，会使列表框对它包含的选项按字母顺序排序。
(8) Text 属性：当前选取项的文本值。

2. ListBox 控件的事件和方法

ListBox 控件的常用事件有 Click 等，下面对列表框中非通用事件进行简要介绍。
(1) SelectedIndexChanged 事件：在 SelectedIndex 属性值发生改变时发生。
(2) KeyPress 事件：在控件有焦点的情况下，按下任何键时发生。

3. ListBox 控件设计示例

【例 8-7】设计一个名为 WinListBox 的 Windows 应用程序，在窗体上添加两个 ListBox 控件和若干 Button 控件，如图 8.10 所示。该窗体的功能是，单击[>]按钮可将左侧列表框中选中的项转移到右侧列表框，单击[>>]按钮可将左侧列表框中的所有项转移到右侧列表框。另外两个按钮作用相反，表示把右侧列表框中的项移到左侧列表框。该示例位于文件夹 Chap8-7 中。

【操作视频】

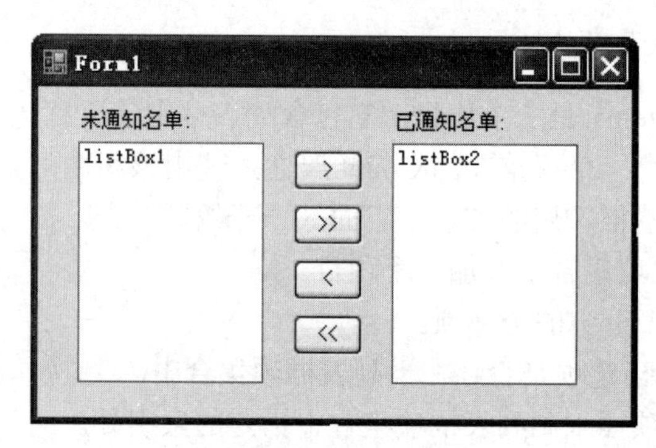

图 8.10 Form1 设计视图

设计步骤：
(1) 新建 Windows 窗体应用程序，项目名称为“WinListBox”。
(2) 根据图 8.10，在窗体上添加两个 ListBox 控件和若干 RadioButton 控件，并调整好大小和位置。
(3) 双击窗体 Form1，在 Form1 的 Load 事件处理程序中输入代码，代码功能是用户加载窗体时在 ListBox1 中添加若干项。另外还要在 Form1 类中定义一个方法 SetButton，该方法的功能是根据列表框中的项目数设置 4 个命令按钮的可用性。代码如下：

```
private void Form1_Load(object sender, EventArgs e)
{
    //用户加载窗体在列表框中添加若干项
    listBox1.Items.Add("樊锦诗");
```

```
    listBox1.Items.Add("范伟康");
    listBox1.Items.Add("冯雅旭");
    listBox1.Items.Add("葛立伟");
    listBox1.Items.Add("耿泽岳");
    listBox1.Items.Add("顾文博");
    listBox1.Items.Add("关俊蓉");
    listBox1.Items.Add("郭娜");
    SetButton();
}
private void SetButton()
{
    //根据列表框中的项目数，设置命令按钮的可用性
    if (listBox1.Items.Count > 0)
    {
        button1.Enabled = true;
        button2.Enabled = true;
    }
    else
    {
        button1.Enabled = false ;
        button2.Enabled = false ;
    }
    if (listBox2.Items.Count >0)
    {
        button3.Enabled = true;
        button4.Enabled = true;
    }
    else
    {
        button3.Enabled = false;
        button4.Enabled = false;
    }
}
```

(4) 双击[>]按钮，输入该按钮的单击事件处理程序，程序的功能是将左侧列表框中选中的项转移到右侧列表框。代码如下：

```
private void button1_Click(object sender, EventArgs e)
{
    if (listBox1.SelectedIndex >= 0)
    {
        listBox2.Items.Add(listBox1.SelectedItem);
        listBox1.Items.RemoveAt (listBox1.SelectedIndex);
    }
    SetButton();
}
```

(5) 双击[>>]按钮，输入该按钮的单击事件处理程序，程序的功能是将左侧列表框中的所有项转移到右侧列表框。代码如下：

```
private void button2_Click(object sender, EventArgs e)
{
    foreach (object obj in listBox1.Items)
        listBox2.Items.Add(obj );
    listBox1.Items.Clear();
    SetButton();
}
```

(6) 参照步骤(4)和(5)，分别输入其他按钮的事件处理程序。

(7) 设计完毕，运行结果如图8.11所示。

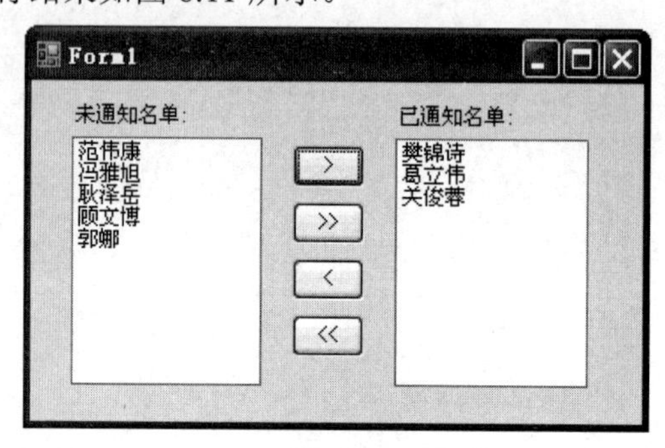

图8.11　Form1运行界面

8.8　组合框(ComboBox)控件

组合框(ComboBox)控件类似于ListBox，提供一个列表供用户选择，所不同的是，ComboBox具有带向下箭头的按钮，即下拉按钮，可单击下拉按钮从弹出的列表中选取一个记录，并且ComboBox允许输入一个选项，而ListBox不允许输入。

ComboBox控件在工具箱中的图标为 ListBox 。

1. ComboBox控件的常用属性

(1) DropDownStyle属性：获取或设置组合框的样式。

可选项如下：

- DropDown(默认值)：文本部分可编辑。用户必须单击下拉按钮来显示列表部分。
- DropDownList：文本部分不可编辑。用户必须单击下拉按钮来显示列表部分。
- Simple：文本部分可编辑，下拉列表总可见。

(2) DropDownWidth属性：设置或获取下拉列表的宽度。

(3) DropDownHeight属性：设置或获取下拉列表的高度。

(4) Items属性：表示组合框中所有包含项的集合。组合框的Items属性和列表框的Items属性一样，它是存放在组合框中所有项的集合。其属性和方法已在列表框中介绍，这里不再赘述。

(5) SelectedItem属性：设置或获取当前组合框中选定项的索引值。

(6) SelectedText：设置或获取组合框中当前选定项的文本。

(7) Sorted属性：设置是否对组合框中的文本进行排序。

2. 组合框的常用事件

(1) Click 事件：在单击时发生。
(2) TextChanged 事件：在 Text 属性值发生改变时发生。
(3) SelectedIndexChanged 事件：在 SlectedIndex 属性发生变化时发生。
(4) KeyPress 属性：在控件有焦点的情况下按下任何键盘键时发生。

3. ComboBox 控件设计示例

【例 8-8】 设计一个名为 WinComboBox 的 Windows 应用程序，在窗体上添加一个 ComboBox 控件、若干 Button 控件和 TextBox 控件，如图 8.12 所示。该窗体的功能是，单击添加按钮可将文本框中的内容添加到组合框下拉列表中，单击查找按钮则在组合框中查找设定内容并将其置为组合框当前项，单击“添加 100 条到组合框”按钮可在组合框下拉列表中添加 100 条选项，单击“当前组合框选中项”按钮，可弹出消息框，显示组合框当前选项。该示例位于文件夹 Chap8-8 中。

设计步骤：

(1) 新建 Windows 窗体应用程序，项目名称为“WinComboBox”。

(2) 根据图 8.12，在窗体上添加一个 ComboBox 控件、若干 Button 和 TextBox 控件，并调整好大小和位置。

(3) 单击 ComboBox1，在其属性对话框中设置 Items 属性，如图 8.13 所示。

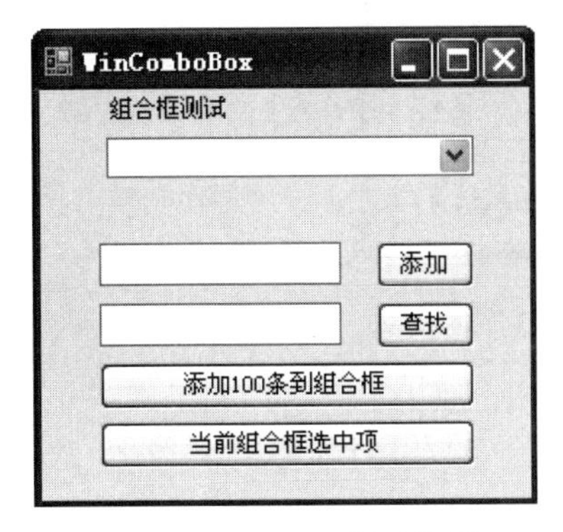

图 8.12　Form1 设计视图

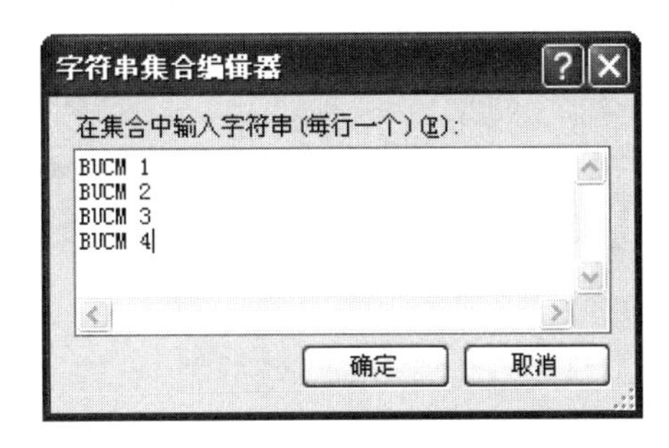

图 8.13　ComboBox1 的 Items 属性设置

(4) 分别双击 4 个按钮，输入单击事件处理程序、代码如下：

```
//"添加"按钮的单击事件处理程序
void Button1Click(object sender, EventArgs e)
{
    comboBox1.Items.Add(textBox1.Text);
}
//"添加 100 条到组合框"按钮的单击事件处理程序
void Button3Click(object sender, EventArgs e)
{
    comboBox1.BeginUpdate();
   for (int i = 0; i < 100; i++) {
       comboBox1.Items.Add("Bucm No:" + i.ToString());
   }
```

```
        comboBox1.EndUpdate();
    }
    //"查找"按钮的单击事件处理程序
    void Button2Click(object sender, EventArgs e)
    {
         int index = comboBox1.FindString(textBox2.Text);
        comboBox1.SelectedIndex = index;
    }
    //"当前组合框选中项"按钮的单击事件处理程序
    private void button4_Click(object sender, EventArgs e)
    {
        MessageBox.Show("当前选择项是: " +comboBox1.SelectedItem  + "\n" +
                    "索引号: " + comboBox1.SelectedIndex);
    }
```

(5) 设计完毕，运行结果如图 8.14 所示。

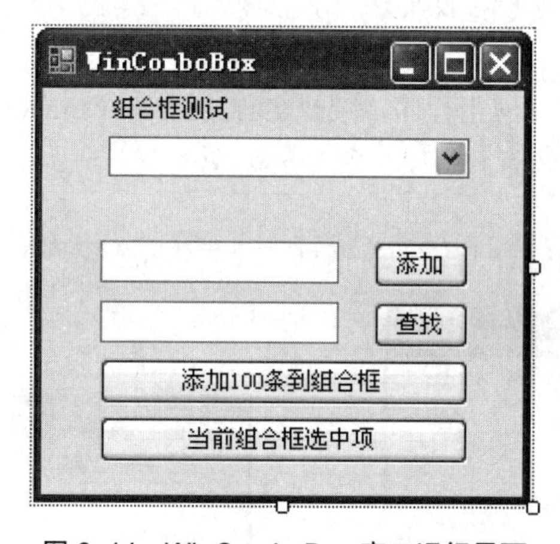

图 8-14　WinComboBox 窗口运行界面

8.9　图片框(PictureBox)控件

图片框(PictureBox)主要用于放置图形信息，或放置多个其他控件，可作为其他控件的容器。通常使用 PictureBox 来显示位图、元文件、图标、JPEG、GIF 或 PNG 文件中的图形。

PictureBox 控件在工具箱中的图标为 PictureBox。

1. PictureBox 控件的属性

PictureBox 控件的常用属性如下：

(1) BorderStyle 属性：设置或获取图片框边框样式。

其可取值范围如下：

- None：无边框(默认值)。

- FixedSingle：单线边框。
- Fixed3D：3D 立体边框。

(2) BackgroundImage 属性：获取或设置图片框中显示的背景图像。在运行时可使用 Image、FromFile 函数加载图像。

(3) Image 属性：获取或设置图片框中显示的图像。在运行时可使用 Image、FromFile 函数加载图像。

(4) SizeMode 属性：设置显示图像的模式。

其可取值如下：

- Normal(默认值)：图片按原始尺寸置于图片框左上角，若图片大于图片框，则超出部分被剪裁掉。
- StretchImage：PictureBox 中的图像被拉伸或收缩，以适合 PictureBox 的大小。
- Autosize：图片框根据图片自动调整大小以适应和容纳图片。
- CenterImage：若图片框大于图片，则图片居中显示；若图片框小于图片，则图片居中显示，并且超出图片框的部分被剪裁。
- ScretchImage：将图片框中的图像拉伸或收缩，以适应图片框大小。
- Zoom：图像大小按原有的大小比例增加或删除。

2. PictureBox 控件的常用事件

PictureBox 控件包含 Click、MouseClick、MouseDown 和 MouseUp 等常用事件，还包含以下事件：

(1) MouseHove 事件：当鼠标指针停在图片框上时发生。

(2) MouseMove 事件：当鼠标指针离开图片框时发生。

(3) MouseWheel 事件：当滚动鼠标滑轮并且图片框有焦点时发生。

3. PictureBox 控件设计示例

【例 8-9】 设计一个名为 WinPictureBox 的 Windows 应用程序，在窗体上添加一个 PictureBox 控件和 Button 控件，如图 8.15 所示。该窗体的功能是，单击“加载图像”按钮可弹出打开对话框，使用对话框从计算机中选择一张图片，单击打开按钮可将图片加载到 PictureBox 控件中。该示例位于文件夹 Chap8-9 中。

设计步骤：

(1) 新建 Windows 窗体应用程序，项目名称为“WinPictureBox”。

(2) 根据图 8.15，在窗体上添加一个 PictureBox 控件和一个 Button 控件，并调整好大小和位置。

(3) 将 PictureBox 控件的 SizeMode 属性设置为 StretchImage，将 Button 控件的 Text 属性设置为“加载图像”;。

(4) 双击“加载图像”按钮，输入该按钮的单击事件处理程序，程序的功能是弹出打开对话框，使用

图 8.15 Form1 设计视图

对话框从计算机中选择一张图片，单击打开按钮可将图片加载到 PictureBox 控件中。代码如下：

```
private void button1_Click(object sender, EventArgs e)
{
    Bitmap p1;
    //定义 OpenFileDialog 类型的实例，用于打开打开文件对话框
    OpenFileDialog openFileDialog1 = new OpenFileDialog();
    //设置可以打开的文件的类型
    openFileDialog1.Filter="ImageFiles(*.bmp,*.jpg)|*.bmp;*.jpg|所有文件|*.*";
    openFileDialog1.ShowDialog();
    p1 = new Bitmap(openFileDialog1.FileName);
    //将 PictureBox 的 Image 属性设置为 p1
    pictureBox1.Image = p1;
}
```

(5) 设计完毕，运行结果如图 8.16 所示。

图 8.16　Form1 运行界面

8.10　计时器(Timer)控件

计时器(Timer)在应用程序中生成定期事件。当程序代码需要定期(每隔一定的时间)运行一次时，可使用 Timer 控件。

Timer 控件在工具箱中的图标为 Timer。

1. Timer 控件的属性

Timer 控件最常用的属性是 Enabled 和 Interval。

(1) Enable 属性：获取或设置一个值，启动或暂停使用计时器。True 表示启动计时器，False 表示暂停计时器。

(2) Interval 属性：获取或设置引发 Elapsed 事件的间隔。该属性值的时间单位为毫秒，允许设置范围为 0～65535。

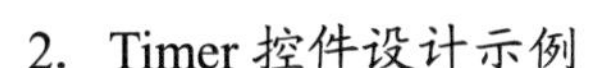

2. Timer 控件设计示例

【例 8-10】 设计一个名为 WinTimer 的 Windows 应用程序，在窗体上添加一个 Timer 控件、一个 Label 控件和 TextBox 控件，如图 8.17 所示。该窗体的功能是，在文本框中动态显示当前时间。该示例位于文件夹 Chap8-10 中。

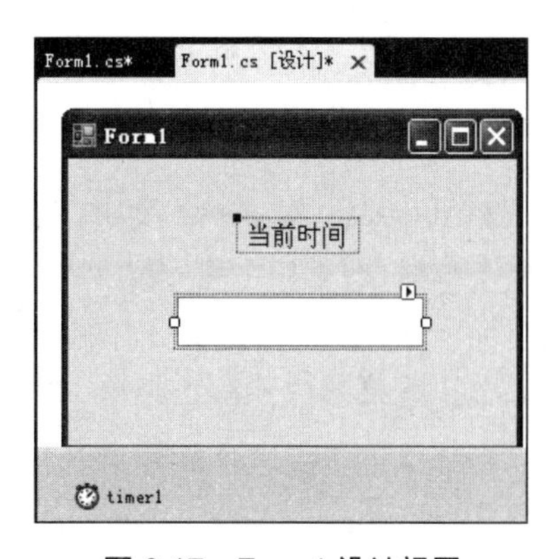

图 8.17　Form1 设计视图

设计步骤：

(1) 新建 Windows 窗体应用程序，项目名称为 “WinTimer”。

(2) 根据图 8.17，在窗体上添加一个 Timer 控件、一个 Label 控件和 TextBox 控件，并调整好大小和位置。

(3) 双击 Form1，输入该窗体的 Form 事件处理处理程序，程序的功能是用户加载窗体时启动 Timer 控件，将 timer1 的 Interval 属性设置为 1000，并在文本框中显示时间。代码如下：

```
private void Form1_Load(object sender, EventArgs e)
{
    textBox1.Text = DateTime.Now.ToString("h:mm:ss");
    timer1.Enabled = true;
    timer1.Interval = 1000;
}
```

(4) 双击 Timer 控件，输入该按钮的 Tick 事件处理程序，程序的功能是将当前时赋值给文本框。代码如下：

```
private void timer1_Tick(object sender, EventArgs e)
{
    textBox1.Text=DateTime.Now.ToString("h:mm:ss");
}
```

(5) 设计完毕，运行结果如图 8.18 所示。

图 8.18　Form1 运行界面

8.11　菜单(MenuStrip)设计

菜单(MenuStrip)是提供给用户的一组命令，是界面设计的重要组成部分。几乎所有的 Windows 应用程序都有菜单栏，它是 Windows 应用程序所不可缺少的。菜单按使用形式可

以分为下拉式菜单和弹出式菜单两种。下拉式菜单一般位于窗口上方菜单栏，通过单击菜单标题打开(如“文件”“视图”等菜单)；弹出式菜单一般通过右击打开，光标所在位置不同，弹出的菜单内容也不同。

8.11.1 创建下拉式菜单

在 Windows 编程中，使用 MenuStrip 控件来为窗口添加下拉式菜单。MenuStrip 控件是一个容器，容器中的各个菜单项由 ToolStripMenuItem 对象来表示。还可通过添加快捷键、选中标记、图像和分割条来增强菜单的可用性和可读性。

下拉式菜单控件在工具箱中的图标为 MenuStrip。

1. MenuStrip 控件的常用属性

单击设计区下方的 MenuStrip 图标可在属性窗口中查看其属性，MenuStrip 控件有以下常用属性。

(1) Items 属性：所有菜单项的集合。

(2) ShowItemTooltips 属性：设置是否显示工具提示。True 为显示，False 为不显示。默认为 False。

(3) Anchor 属性：设置 MenuStrip 要锚定到的容器的边缘，并确定 MenuStrip 如何随其容器调整大小。

其取值如下：

- Bottom：锚定到容器的下边缘。
- Top：锚定到容器的上边缘。
- Left：锚定到容器的左边缘。
- Right：锚定到容器的右边缘。
- None：未锚定到容器的任何边缘。

2. ToolStripMenuItem 控件的常用属性

单击 MenumStrip 菜单中的任意 ToolStripMenuItem 菜单项，可在属性窗口中查看其属性。常用属性如下。

(1) Checked 属性：获取或设置一个值，该值指示是否选中 ToolStripMenuItem。

(2) CheckOnClick 属性：获取或设置一个值，该值指示 ToolStripMenuItem 是否应在被单击时自动显示为选中或未选中。

(3) CheckState 属性：获取或设置一个值，该值指示 ToolStripMenuItem 处于选中、未选中还是不确定状态。

(4) Selected 属性：获取一个值，该值指示该项是否处于选定状态。

3. MenuStrip 控件设计示例

【操作视频】

【例 8-11】 在 Windows 窗体上创建 File 和 Help 菜单，见表 8-5。在本例中，将逐步演示如何创建 File 菜单，Edit 菜单和 Tools 等菜单留给读者完成。该示例位于文件夹 Chap8-11 中。

操作步骤如下：

(1) 创建一个新的 Windows 应用程序项目，命名为“WinMenu”。

表 8-5　在窗体上创建的 File 菜单和 Help 菜单

菜 单 名 称	菜单项名称	快 捷 键
File	&New	Ctrl+N
	&Open	Ctrl+O
	—	
	&Save	Ctrl+S
	—	
	&Exit	Ctrl+E
Help	&About	Ctrl+A

(2) 添加菜单栏：把 MenuStrip 控件从工具栏拖放到设计界面上。

(3) 建立主菜单项：单击 MenuStrip 控件的 Type Here 文本区域，输入“&File”，在 File 菜单右侧文本区域输入“&Help”。

(4) 建立子菜单项：在 File 菜单和 Help 菜单下面的文本区域输入表 8-5 中的文本内容。

(5) 设置菜单项的快捷键：单击 New 菜单项，在属性对话框中找到 ShortcutKeys 属性，单击下拉按钮设置快捷键组合。用相同方法为其他菜单项设置快捷键。

(6) 为菜单项添加事件：双击菜单项或子菜单项(如 Open 菜单项)，就会在代码窗口中显示该菜单项的单击事件响应过程。在事件过程中输入以下代码：

```
private void openOToolStripMenuItem1_Click(object sender, EventArgs e)
 {
     OpenFileDialog ofd = new OpenFileDialog();
     ofd.Filter = "All Files(*.*)|*.*";
     ofd.ShowDialog();
 }
```

(7) 运行程度。

8.11.2 创建弹出式菜单

在 Windows 编程中，使用 ContextMenuStrip 控件来为窗口添加弹出式菜单。和菜单控件一样，ContextMenuStrip 控件也是一个容器，容器中的各个菜单项也由 ToolStripMenuItem 对象来表示。

弹出式菜单控件在工具箱中的图标为 ContextMenuStrip 。

1. ContextMenuStrip 控件的常用属性

单击设计区下方的 ContextMenuStrip 图标可在属性窗口中查看其属性，ContextMenuStrip 控件有以下常用的属性。

(1) Items 属性：所有菜单项的集合。

(2) ShowItemTooltips 属性：设置是否显示工具提示。True 为显示，False 为不显示。默认为 False。

2. ContextMenuStrip 控件的常用属性

单击 ContextMenuStrip 弹出式菜单中的任意 ToolStripMenuItem 菜单项，可在属性窗口

中查看其属性。常用属性如下。

(1) Checked 属性：获取或设置一个值，该值指示是否选中 ToolStripMenuItem。

(2) CheckOnClick 属性：获取或设置一个值，该值指示 ToolStripMenuItem 是否应在被单击时自动显示为选中或未选中。

(3) CheckState 属性：获取或设置一个值，该值指示 ToolStripMenuItem 处于选中、未选中还是不确定状态。

3. ContextMenuStrip 控件设计示例

【例 8-12】 在 Windows 窗体上添加名为 Label1 的标签，并添加快捷菜单，如图 8.19 所示。在本例中，通过弹出式菜单修改文字的颜色和字号。该示例位于文件夹 Chap8-11 中。

图 8.19 弹出式菜单

操作步骤如下：

(1) 创建一个新的 Windows 应用程序项目，命名为“WinContextMenuStrip”，新建一个窗体 Form1。

(2) 添加弹出式菜单栏：把 ContextMenuStrip 控件从工具栏拖放到设计界面上，这时将会在窗口底部看到该控件的图标，如图 8.20 所示。

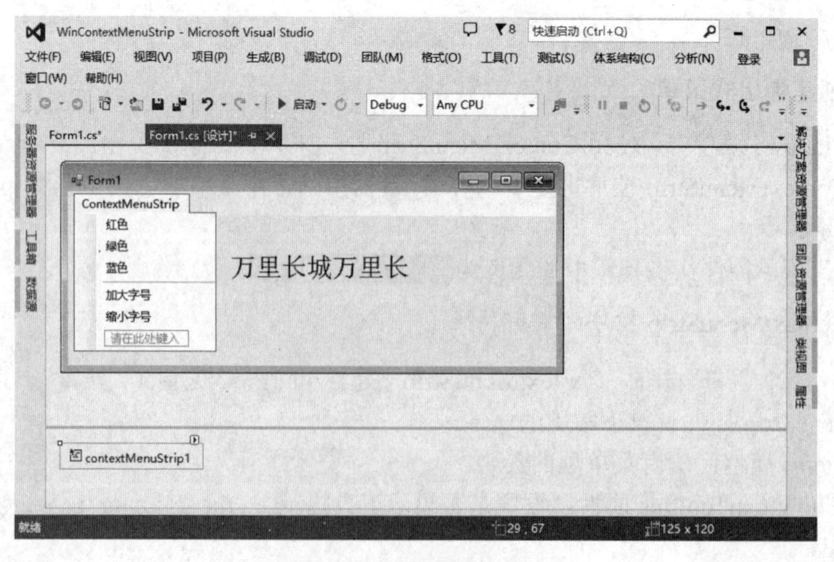

图 8.20 弹出式菜单设计

(3) 选中窗口底部的 ContextMenuStrip 控件，可在窗口左上方看到与菜单类似的编辑

界面，在“请在此处键入”位置依次输入“红色”“绿色”“蓝色”“分割线”“加大字号”和“缩小字号”。

(4) 为弹出式菜单项添加事件：双击弹出式菜单项，就会在代码窗口中显示该菜单项的单击事件响应过程。各个菜单项的事件过程代码如下：

```
//红色菜单项
private void 红色ToolStripMenuItem_Click(object sender, EventArgs e)
{
label1.ForeColor = Color.Red;
}
//绿色菜单项
 private void 绿色ToolStripMenuItem_Click(object sender, EventArgs e)
{
    label1.ForeColor = Color.Green ;
}
//蓝色菜单项
private void 蓝色ToolStripMenuItem_Click(object sender, EventArgs e)
{
    label1.ForeColor = Color.Blue ;
}
//加大字号菜单项
private void 加大字号ToolStripMenuItem_Click(object sender, EventArgs e)
{
    label1.Font = new Font(label1.Font.FontFamily, 30);
}
//缩小字号菜单项
private void 缩小字号ToolStripMenuItem_Click(object sender, EventArgs e)
{
    label1.Font = new Font(label1.Font.FontFamily, 20);
}
```

(5) 设计完毕，运行结果如图8.19所示。

8.11.3 创建热键和快捷键

快捷键指通过某些特定的按键组合来完成一个操作，很多快捷键往往与如Ctrl键、Shift键以及Windows键等配合使用。热键指通过某些特定的按键或一组顺序按键来完成一个操作，往往与如Alt键配合使用。热键必须在能看见该热键的情况下，才有效，就是说如果是菜单上的热键，就要先弹出菜单，才能使用热键，而快捷键则无须弹出菜单。

1. 为菜单项添加热键

默认情况下，如果菜单和菜单项中的文本为英文，则文本首字母即为对应的热键。在创建菜单和菜单先后，依次按下Alt键→菜单首字母所在键→菜单项首字母所在键即可运行相应的功能。

如果菜单或菜单项首字母重复或为中文，可以在菜单标题或菜单项的文字中使用&符号来指定特定的字母作为该菜单项的访问热键。例如，在“关于”菜单中加入(&A)即可将A键作为它的访问热键，如图8.21所示。

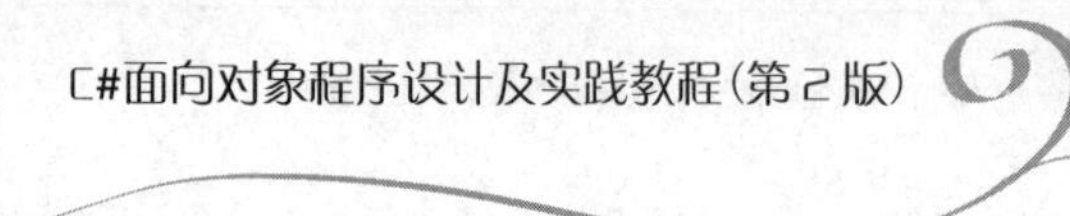

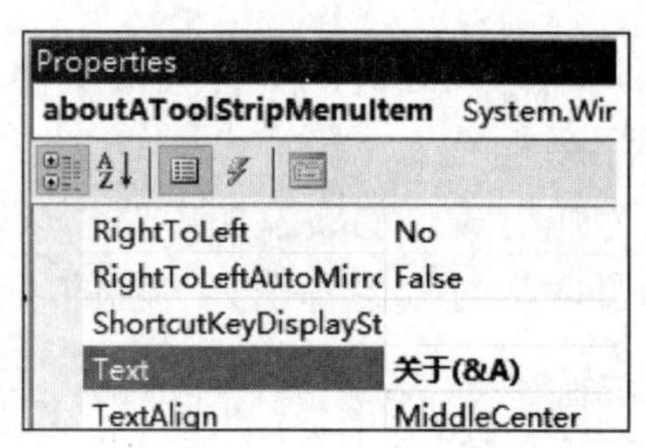

图 8.21　设置热键

2．为菜单项添加快捷键

要为菜单项添加快捷键，只需设置该菜单项的 ShortcutKeys 属性。该属性默认值为 None，表示没有快捷键。需要添加快捷键时，可以单击该属性右边的下拉按钮，在弹出的面板中设置辅助键和键，例如，为“Open”菜单项设置快捷键“Ctrl+O”，如图 8.22 所示。

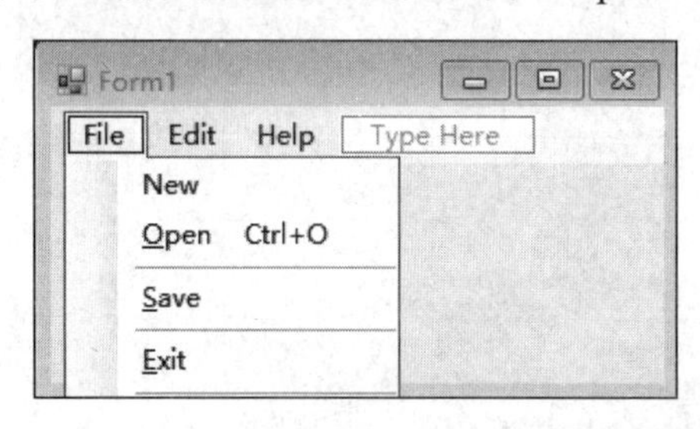

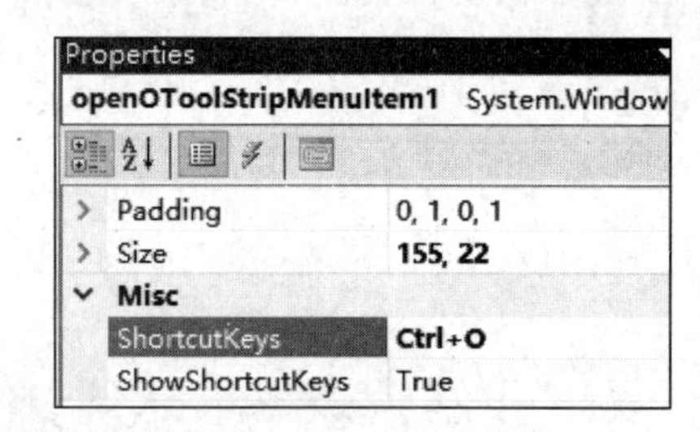

图 8.22　设置快捷键

8.12　工具栏(ToolStrip)设计

几乎所有的应用软件都将常用的菜单功能放到工具栏中，提供一种快捷操作。例如，Office 办公软件，Office 2010 将大量的功能置于工具栏(功能区)，将工具栏的快捷键优势发挥得淋漓尽致。

工具栏由 ToolStrip 控件创建，工具栏上的各个工具按钮则由 ToolStripButton 对象来创建。ToolStrip 和 MenuStrip 实际上是相同的控件，因为 MenuStrip 直接派生于 ToolStrip。也就是说，ToolStrip 所具有的功能 MenuStrip 都有。与 MenuStrip 不同的是，在 ToolStrip 上的按钮通常包含图片，不包含文本，但它也可以既含图片又含文本。例如，Word 2010 中的工具栏有的只含图片，有的既有图片又有文字。

8.12.1　ToolStrip 控件和控件项

1．ToolStrip 控件的常用属性

ToolStrip 控件和 MenuStrip 控件有很多相同的属性。下面介绍几个常用的属性。

(1) GripStyle 属性：设置是否显示工具栏左侧 4 个垂直的点，即工具栏手柄。隐藏手柄后，工具栏就不能移动了。

(2) LayoutStyle 属性：设置工具栏上的项的显示方式，默认为水平显示。

(3) Stretch 属性：默认情况下，工具比包含在其中的项略宽或略高。如果把 Stretch 属性设置为 True，工具栏就会占据其容器的总长。

2. ToolStrip 中的项

在 ToolStrip 中可以添加各种公共控件，包括按钮、组合框和文本框等，还可添加工具栏所特有的若干控件，如表 8-6 所示。

表 8-6 ToolStrip 中常用的控件

控　件	说　明
ToolStripButton	可使用 ToolStripButton 创建一个支持文本和图像的工具栏按钮
ToolStripLabel	呈现文本和图像并且可以显示超链接
ToolStripSplitButton	表示左侧标准按钮和右侧下拉按钮的组合，如果 RightToLeft 的值为 Yes，则这两个按钮位置互换
ToolStripDropDownButton	表示单击时显示关联的 ToolStripDropDown 的控件，用户可从该下拉控件中选择一项
ToolStripComboBox	显示与一个 ListBox 组合的编辑字段，使用户可以从列表中选择或输入新文本。默认情况下，ToolStripComboBox 显示一个编辑字段，该字段附带一个隐藏的下拉列表
ToolStripStripProgressBar	表示 StatusStrip 中包含的 Windows 进度栏控件
ToolStripTextBox	表示 ToolStrip 中的文本框，用户可以在此输入文本
ToolStripSeparator	表示直线，用于对 ToolStrip 的项或者 MenuStrip、ContextMenuStrip 或其他 ToolStripDropDown 控件的下拉项进行分组

8.12.2 创建工具栏

【操作视频】

【例 8-13】 为窗体添加一个工具栏，在工具栏中添加两个 ToolStripButton 控件和一个 ToolStripSeprator 控件，添加相应的事件代码。

操作步骤如下：

(1) 创建一个新的 Windows 应用程序项目，命名为“WinToolStrip”。

(2) 添加工具栏：把 ToolStrip 控件从工具栏拖放到设计界面，或双击工具栏中的 ToolStrip 控件，如图 8.23 所示。

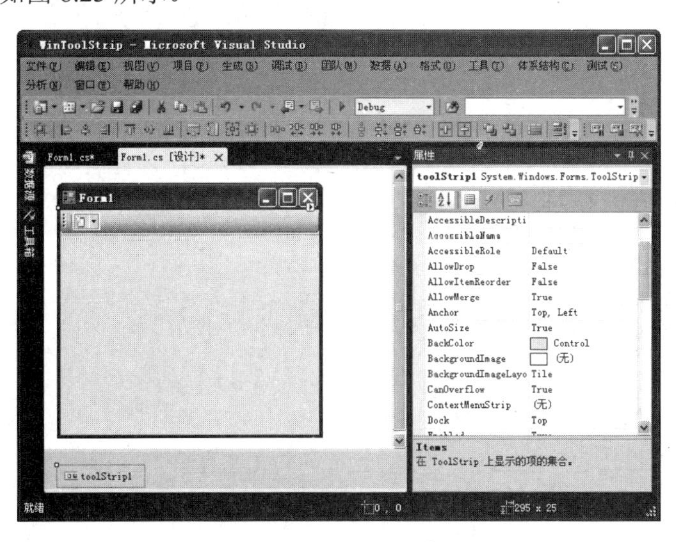

图 8.23 添加工具栏

(3) 为工具栏添加工具按钮：单击工具栏中的 Item 属性右侧的“...”按钮，弹出“项集合编辑器”对话框，添加两个“Button”和一个“Separator”到工具栏，如图 8.24 所示。

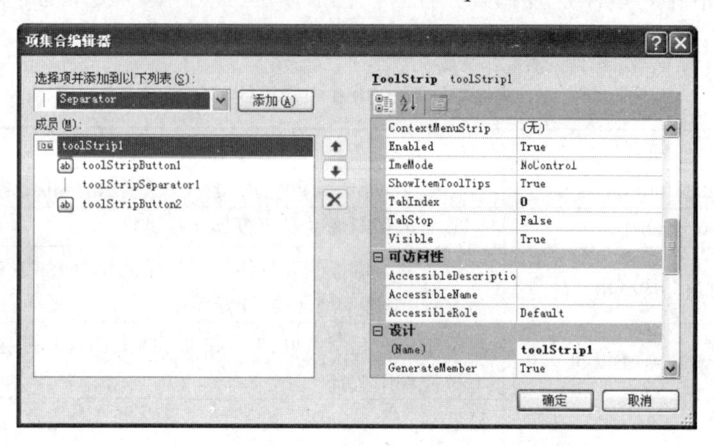

图 8.24　项集合编辑器

(4) 设置工具按钮的图像：在“项集合编辑器中”对话框的“成员”列表中，单击 toolStripButton，然后单击右侧属性列表中的 Image 属性的[...]按钮，打开“选择资源”对话框，单击“导入”按钮，导入图片，如图 8.25 所示。重复以上操作，给第二个按钮也添加图片。

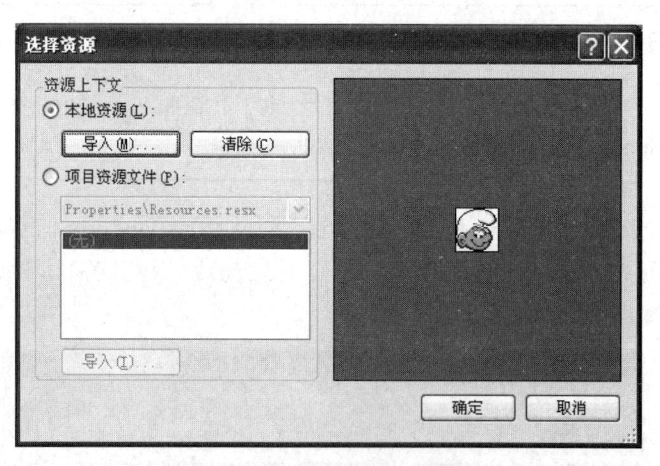

图 8.25　“选择资源”对话框

(5) 添加事件：双击工具栏中的按钮，进入代码编辑器中，在事件过程中输入以下代码：

```
private void toolStripButton1_Click(object sender, EventArgs e)
{
    MessageBox.Show("This is the first Button!");
}

private void toolStripButton2_Click(object sender, EventArgs e)
{
```

```
    MessageBox.Show("This is the second Button!");
}
```

(6) 设计完毕，运行结果如图8.26所示。

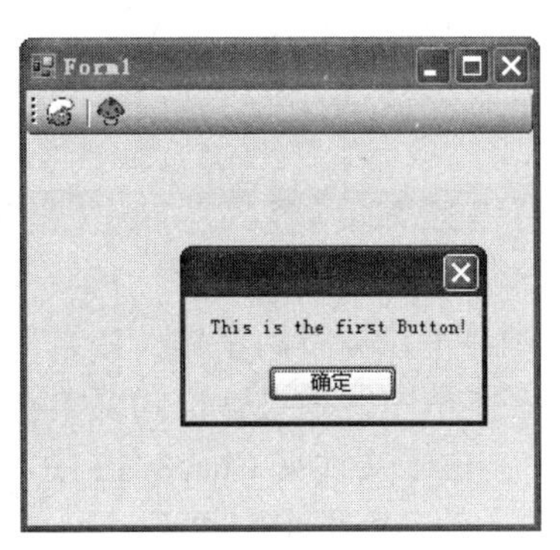

图8.26 Form1运行界面

8.13 状态栏(StatusStrip)控件

状态栏(StatusStrip)控件和菜单、工具栏一样是Windows应用程序的一个特征。状态栏通常位于窗体的底部，应用程序可以在该区域中显示提示信息或应用程序的当前状态等各种状态信息。状态栏在工具箱中的控件按钮为 StatusStrip。

8.13.1 StatusStrip控件的属性

在Windows编程中，使用StatusStrip控件为窗口添加状态栏。StatusStrip控件也是一个容器，容器中的各个项由ToolStripStatusLabel对象来表示。

1. StatusStrip控件的常用属性

将StatusStrip控件从工具箱拖拽到窗体中，松开鼠标即可看到窗体下方出现状态栏信息和状态栏图标，单击状态栏图标可查看相关属性和事件。StatusStrip控件有以下常用的属性。

(1) Items属性：所有状态栏的子项的集合。

(2) AutoSize属性：获取或设置一个值，该值指示是否自动调整控件的大小以完整显示其内容。

(3) Font属性：获取或设置用于在控件中显示的文本的字体。

(4) Size属性：获取或设置控件的高度和宽度。

2. 状态栏子项ToolStripStatusLabel控件的常用属性

打开StatusStrip的Items属性，即可添加状态栏子项ToolStripStatusLabel。ToolStripStatusLabel控件的常用属性如下。

(1) AutoSize属性：设置状态栏大小是否自动调整。True为自动调整大小，如果不想自动调整，则设置为False，然后在Size属性中设置其宽度。

(2) Text属性：设置与此控件关联的文本。

(3) TextAlign属性：设置Text文本的显示方式，包括9种方式：左上、中上、右上、左、中、右、左下、中下、右下。

(4) BorderSides属性：设置ToolStripStatusLabel的边框，默认无，可设置为上、下、左、右。

8.13.2 创建状态栏

【例8-14】 在Windows窗体上添加一个名为label1的标签和名为StatusStrip1的状态栏，该状态栏包含两个子项，一个子项显示日期，另一个子项根据鼠标位置显示不同文本。如果鼠标位于标签label1上，则显示该标签的字体；如果鼠标位于窗体上，则显示“状态栏”3个字，如图8.27所示。在本例中，通过弹出式菜单修改文字的颜色和字号。该示例位于文件夹Chap8-13中。

图8.27 状态栏

操作步骤如下：

(1) 创建一个新的Windows应用程序项目，命名为“WinStatusStrip”，新建一个窗体Form1。

(2) 添加状态栏：把Label控件和StatusStrip控件从工具栏拖放到设计界面上，这时将会在窗口底部看到该控件的图标。

(3) 设置StatusStrip控件的属性：选中窗口底部的StatusStrip控件，单击Item属性右侧的“…”按钮，弹出“项集合编辑器”对话框，添加两个子项。将Label1的Text属性设为“北京”，将第一个子项的Text属性设为“2013年5月7日”，将第二个子项的Text属性设为空。

(4) 添加事件：分别为Label1控件和窗体MainForm的MouseHover事件编写代码。各个事件过程代码如下：

```
//label1的MouseHover事件代码
void Label1MouseHover(object sender, EventArgs e)
{
    statusStrip1.Items[1].Text=label1.Font.FontFamily.Name ;
}
//窗体的MouseHover事件代码
void MainFormMouseHover(object sender, EventArgs e)
{
    statusStrip1.Items[1].Text="状态栏";
}
```

(5) 设计完毕，运行结果如图8.27所示。

8.14 MDI界面设计

多文档界面(Multiple-Document Interface，MDI)应用程序允许用户同时显示多个文档，每个文档显示在各自的窗口中。MDI应用程序一般包含一个父窗体和若干子窗体。父窗体常包含菜单项或工具栏，用于在窗口或文档之间进行切换。本节通过一个示例来演示创建MDI应用程序的过程。

【例 8-15】在本示例中，创建一个主窗体和一个子窗体，在主窗体中添加一个工具栏，用于打开和关闭子窗体以及退出应用程序。子窗体的功能是实现加法计算，如图 8.28 所示。

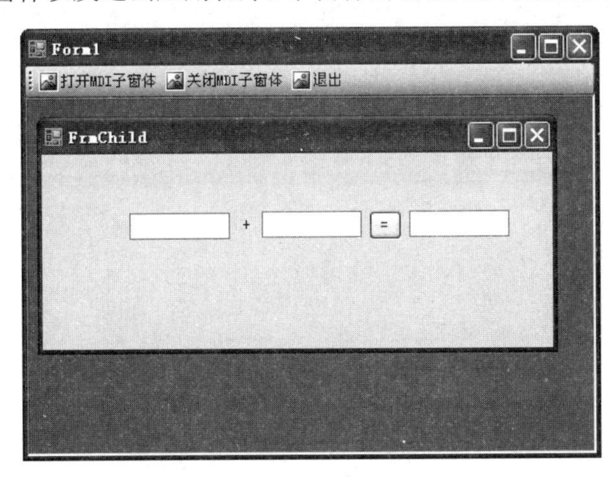

图 8.28　MDI 应用程序运行界面

8.14.1　创建 MDI 主窗体和子窗体

创建 MDI 主窗体和子窗体的步骤如下：

(1) 创建一个新的 Windows 应用程序项目，命名为“WinMDI”。

(2) 设置 Form1 属性：在窗体 Form1 的 “属性” 窗口中，将 IsMDIContainer 属性设置为 True。此属性将该窗体指定为子窗体的 MDI 容器。

(3) 添加 Form1 工具栏：将 ToolStrip 组件从工具箱拖到窗体上。在工具栏上创建 3 个 Button 按钮，将其 Text 属性分别设置为“打开 MDI 子窗体”“关闭 MDI 子窗体”和“退出”。

(4) 添加子窗体：在“解决方案资源管理器”中右击项目，指向“添加”，然后选择“添加新项”。在“添加新项”对话框中，选择“Windows 窗体”。在“名称”文本框中，将窗体命名为“FrmChild”。单击“打开”按钮将该窗体添加到项目中。

(5) 添加子窗体控件：根据图 8.28，在子窗体 FrmChild 上添加若干控件，调整好位置。

8.14.2　主子窗体程序设计

为主窗体工具栏上的 3 个按钮和子窗体中的按钮设置事件响应过程。步骤如下：

(1) 双击主窗体工具栏中的“打开 MDI 子窗体”按钮，进入代码编辑器中，输入以下代码：

```
private void toolStripButton1_Click(object sender, EventArgs e)
{
   FormChild frmChld = new FormChild();
   frmChld.MdiParent = this;     //将子窗体的 MdiParent 属性设为主窗体
   frmChld.Show();               //显示子窗体
}
```

(2) 双击主窗体工具栏中的“关闭 MDI 子窗体”按钮，进入代码编辑器中，输入以下代码：

```
private void toolStripButton1_Click(object sender, EventArgs e)
{
   FormChild frmChld = new FormChild();
   frmChld.MdiParent = this;      //将子窗体的 MdiParent 属性设为主窗体
   frmChld.Show();                //显示子窗体
}
```

(3) 双击主窗体工具栏中的“退出”按钮，进入代码编辑器中，输入以下代码：

```
private void toolStripButton3_Click(object sender, EventArgs e)
{
   Application.Exit();            //退出 Windows 应用程序
}
```

(4) 双击主窗体工具栏中的“=”按钮，进入代码编辑器中，输入以下代码：

```
private void button1_Click(object sender, EventArgs e)
{
   textBox3.Text = (float.Parse(textBox1.Text) + float.Parse
(textBox2.Text)).ToString();
}
```

(5) 设计完毕，运行结果如图 8.29 所示。

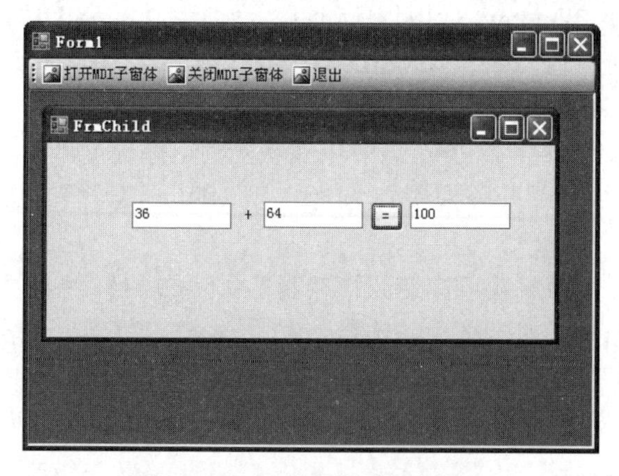

图 8.29　MDI 应用程序运行界面

8.15　通用对话框

通用对话框提供了 Windows 系统常用的功能，例如，设置字体字形，设置颜色，打开文件，保存文件和打印机设置等。

C#提供了常用通用对话框控件，以下是 C#工具箱中提供的设计通用对话框的常用控件：

- MessageBox：消息框。
- ColorDialog：颜色对话框。
- FontDialog：字体对话框。
- OpenFileDialog：打开文件对话框。

- SaveFileDialog：保存文件对话框。
- PrintDialog：打印文件对话框。
- PageSetupDialog：页面设置对话框。
- PrintViewDialog：打印预览对话框。

8.15.1　消息框(MessageBox)

消息框(MessageBox)用于显示文本消息。显示消息框的方式是调用 MessageBox 类的静态 Show 方法，消息框中的文本消息来自 Show 方法中的相应参数，还可利用 Show 方法的重载功能为消息框指定按钮和标题。MessageBox 类的 Show 方法的一般语法格式如下：

Show (String text, String caption, MessageBoxButton buttons, MessageBoxImage image)

其中，text 是消息框中显示的文本信息，caption 是消息框的标题，buttons 指定对话框中要出现的按钮，是一个 MessageBoxButton 枚举，具体取值如表 8-7 所示。

表 8-7　MessageBoxButton 枚举值

成员名称	说　明
OK	消息框包含“确定”按钮
OKCancel	消息框包含“确定”按钮和“取消”按钮
AbortRetryIgnore	消息框包含“中止”按钮、“重试”按钮和“忽略”按钮
YesNoCancel	消息框包含“是”按钮、“否”按钮和“取消”按钮
YesNo	消息框包含“是”按钮和“否”按钮
RetryCancel	消息框包含“重试”按钮和“取消”按钮

Image 用指定消息框所显示的图标，是 MessageBoxImage 枚举值。不同取值的含义如表 8-8 所示。

表 8-8　MessageBoxImage 枚举值

成员名称	说　明	成员名称	说　明
None	不显示图标		
Hand	⊗	Stop	⊗
Question	?	Error	⊗
Exclamation	⚠	Warning	⚠
Asterisk	ⓘ	Information	ⓘ

MessageBox 消息框应用示例如下。

【例 8-16】　代码如下，运行结果如图 8.30(a)所示。

```
    MessageBox.Show("消息框示例!", "这里是标题", MessageBoxButtons.YesNoCancel,
MessageBoxIcon.Error);
```

【例 8-17】　代码如下，运行结果如图 8.30(b)所示。

```
    MessageBox.Show("消息框示例!", "这里是标题",MessageBoxButtons.OKCancel,
MessageBoxIcon.Information );
```

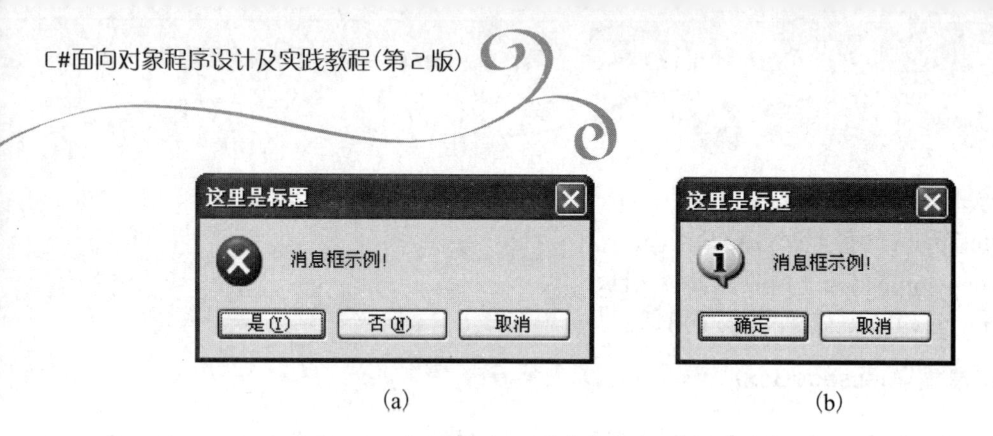

(a) (b)

图 8.30 消息框运行界面

8.15.2 打开文件(OpenFileDialog)和保存文件(SaveFileDialog)对话框

打开文件对话框(OpenFileDialog)控件用于选择和打开本地计算机上或网络计算机上的一个或多个文件。保存文件对话框(SaveFileDialog)控件用于将文件保存到本地计算机或网络计算机。

OpenFileDialog 控件在工具箱中的图标为 OpenFileDialog。SaveFileDialog 控件在工具箱中的图标为 SaveFileDialog。这两个控件的属性基本相同，下边一起进行介绍。

1. OpenFileDialog 和 SaveFileDialog 的常用属性

(1) Filter 属性：获取或设置指定要在 OpenFileDialog 中显示的文件类型和说明的筛选器字符串。例如，“ImageFiles(*.bmp,*.jpg)|*.bmp;*.jpg”表示将 ImageFiles(*.bmp,*.jpg)添加到下拉列表中，并在选择时显示.bmp 和.jpg 文件。

(2) FilterIndex：获取或设置 OpenFileDialog 筛选器下拉列表中选定项的索引。

(3) InitialDirectory：获取或设置对话开始时显示的目录。

(4) File：获取选定文件的 FileInfo 对象。如果选择多个文件，则返回第一个选定文件。该属性只适用于 OpenFileDialog 控件。

(5) Multiselect：获取或设置一个值，该值指示 OpenFileDialog 是否允许用户选择多个文件。该属性只适用于 OpenFileDialog 控件。

2. ShowDialog 方法

OpenFileDialog 控件和 SaveFileDialog 控件最常用的方法是 ShowDialog 方法。该方法用于打开文件对话框，用户操作后，其返回值为 DialogResult 枚举值，如表 8-9 所示。

表 8-9 DialogResult 枚举成员

返 回 值	说 明
None	从对话框返回了 Nothing。这表明有模式对话框继续运行
OK	对话框的返回值是 OK(通常从标签为“确定”的按钮发送)
Cancel	对话框的返回值是 Cancel(通常从标签为“取消”的按钮发送)
Abort	对话框的返回值是 Abort(通常从标签为“中止”的按钮发送)
Retry	对话框的返回值是 Retry(通常从标签为“重试”的按钮发送)
Ignore	对话框的返回值是 Ignore(通常从标签为“忽略”的按钮发送)
Yes	对话框的返回值是 Yes(通常从标签为“是”的按钮发送)
No	对话框的返回值是 No(通常从标签为“否”的按钮发送)

3. OpenFileDialog 和 SaveFileDialog 应用示例

【例 8-18】 在【例 8-11】中，分别为“Open”和“Save”菜单项编写事件代码，通过“Open”菜单项可在 RichTextBox 中打开.rtf 或.txt 格式的文本文件，通过“Save”菜单项可将 RichTextBox 中的文本保存成.rtf 格式文件或.txt 格式文件。

设计步骤：

(1) 在设计界面中添加一个打开文件对话框 OpenFileDialog1 和一个保存文件对话框 SaveFileDialog1。

(2) 双击菜单项“Open”，在事件过程中输入以下代码：

```
private void openOToolStripMenuItem1_Click(object sender, EventArgs e)
{
   openFileDialog1.Filter = "RTF File(*rtf)|*.RTF|TXT File(*.txt)|*.txt";
   openFileDialog1.FilterIndex = 1;
   if(openFileDialog1.ShowDialog()==DialogResult.OK)
       if (openFileDialog1.FileName != "")
           if(openFileDialog1.FilterIndex==1)
               richTextBox1.LoadFile(openFileDialog1.SafeFileName,
                    RichTextBoxStreamType.PlainText);
}
```

(3) 双击菜单项“Save”，在事件过程中输入以下代码：

```
private void closeToolStripMenuItem_Click(object sender, EventArgs e)
{
   saveFileDialog1.Filter = "RTF File(*rtf)|*.RTF|TXT File(*.txt)|*.txt";
   DialogResult dr=saveFileDialog1.ShowDialog();
   if (dr == DialogResult.OK)
       if (saveFileDialog1.FilterIndex == 1)
           richTextBox1.SaveFile(saveFileDialog1.FileName, RichTextBoxStreamType.
                               RichText);
       else
           richTextBox1.SaveFile(saveFileDialog1.FileName, RichTextBoxStreamType.
                               PlainText);
}
```

8.15.3 颜色对话框(ColorDialog)

颜色对话框(ColorDialog)是一个通用对话框，该对话框显示可用的颜色以及允许用户定义自定义颜色的控件。可使用 ShowDialog 对话框显示出颜色对话框，用户操作后，其返回值为 DialogResult 枚举值。

ColorDialog 的常用属性和常用方法见表 8-10 和表 8-11。

表 8-10 ColorDialog 的常用属性及说明

名　称	说　明
AllowFullOpen	获取或设置一个值，该值指示用户是否可以使用该对话框定义自定义颜色
AnyColor	获取或设置一个值，该值指示对话框是否显示基本颜色集中可用的所有颜色

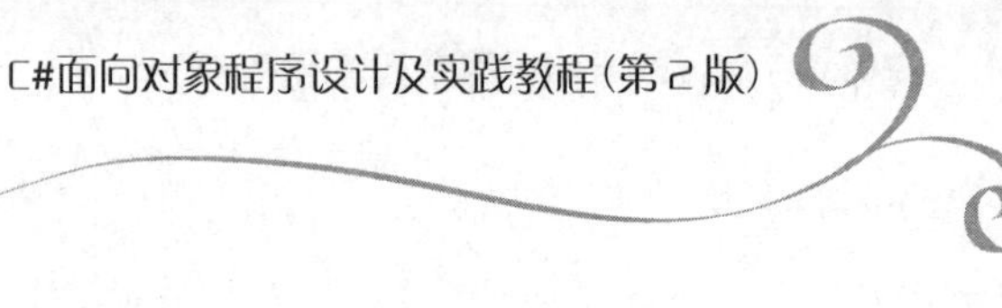

(续)

名　称	说　明
Color	获取或设置用户选定的颜色
CustomColors	获取或设置对话框中显示的自定义颜色集
FullOpen	获取或设置一个值，该值指示用于创建自定义颜色的控件在对话框打开时是否可见
SolidColorOnly	获取或设置一个值，该值指示对话框是否限制用户只选择纯色

表 8-11　ColorDialog 的常用方法及说明

名　称	说　明
Dispose	释放 ColorDialog 占用的资源
Reset	将所有对话框选项重置为默认值
ShowDialog	用默认的所有者运行通用对话框
ShowDialog(IWin32 Window)	运行具有指定所有者的通用对话框
ToString	基础结构。检索包含对话框中当前选定字体的名称的字符串

8.15.4　字体对话框(FontDialog)

字体对话框(FontDialog)设置并返回所用字体的名称、样式、大小、颜色及效果。使用 ShowDialog 方法启动 FontDialog。FontDialog 图标为 FontDialog。

FontDialog 的常用属性如表 8-12 所示。

表 8-12　FontDialog 的常用属性及说明

名　称	说　明
Color	获取或设置选定字体的颜色
Font	获取或设置选定的字体
MaxSize	获取或设置用户可选择的最大磅值
MinSize	获取或设置用户可选择的最小磅值
Options	基础结构。获取用来初始化 FontDialog 的值
ShowApply	获取或设置一个值，该值指示对话框是否包含“应用”按钮
ShowColor	获取或设置一个值，该值指示对话框是否显示颜色选择
ShowEffects	获取或设置一个值，该值指示对话框是否包含允许用户指定删除线、下划线和文本颜色选项的控件
ShowHelp	获取或设置一个值，该值指示对话框是否显示“帮助”按钮

【例 8-19】 修改 Windows 应用程序 WinRbtChb，使其能够通过字体对话框和颜色对话框为富文本框设置字体、大小和颜色。

设计步骤：

(1) 打开 Windows 窗体应用程序 WinRbtChb。

(2) 在窗体上添加按钮 Button1 和 Button2，在属性窗口中，将 Button1 和 Button2 的 Text 属性分别改为“字体”和“颜色”，调整位置和大小，如图 8.31 所示。

(3) 双击“颜色”按钮，输入该按钮的单击事件处理程序。该程序的功能是弹出颜色对话框，选择颜色，单击“确定”按钮后将所选颜色应用到富文本框。输入“字体”按钮的单击事件处理程序，该程序的功能是弹出字体对话框，选择字体和大小，单击“确定”按钮后将所选字体应用到富文本框。代码如下：

```
private void button2_Click(object sender, EventArgs e)
{
   //声明并实例化变量 MyColorDlg
   ColorDialog MyColorDlg= new ColorDialog();
   MyColorDlg.Color = richTextBox1.ForeColor;
   // 根据颜色对话框所选颜色更新富文本框颜色
   if (MyColorDlg.ShowDialog() == DialogResult.OK)
      richTextBox1.ForeColor = MyColorDlg.Color;
}
private void button1_Click(object sender, EventArgs e)
{
   //声明并实例化变量 MyFontDlg
   FontDialog MyFontDlg = new FontDialog();
   MyFontDlg.Font = richTextBox1.Font;
   // 根据字体对话框所选字体更新富文本框的字体
   if (MyFontDlg.ShowDialog() == DialogResult.OK)
      richTextBox1.Font  = MyFontDlg.Font;
}
```

(4) 设计完毕，运行结果如图 8.31 所示。

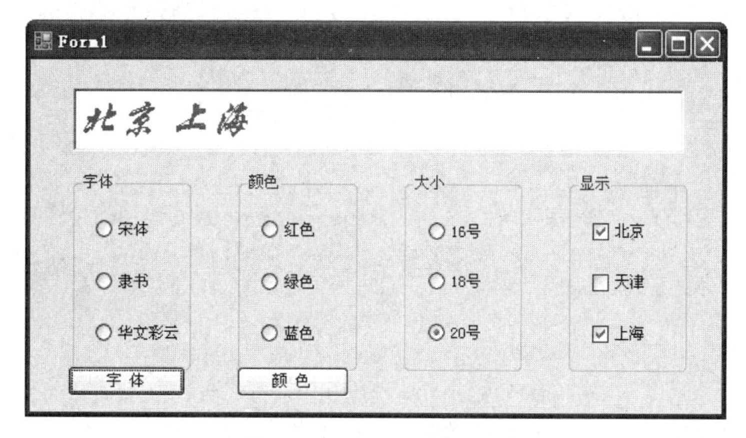

图 8.31　Form1 运行界面

8.16　案　　例

【例 8-20】 记事本软件是一个 Windows 自带的文本编辑器，该软件小巧灵活，占用内存空间小。在本案例中，将开发一个类似于文本编辑器的软件，实现文本编辑器所具有的新建、保存、编辑、查找和格式设置等基本功能。本案例将使用到开发 Windows 应用程序的基本知识，包括窗体、控件、窗体事件、菜单和 MDI 界面等。该示例代码位于文件夹 Chap8-16 中。

操作步骤如下：

(1) 创建一个 Windows 窗体应用程序，命名为“文本编辑器”。

(2) 添加菜单栏：把 MenuStrip 控件从工具栏拖放到设计界面上。

(3) 建立主菜单项：根据表 8-13 添加主菜单和菜单项，设置快捷键。

表 8-13　在窗体上创建的菜单

菜单名称	菜单项名称	快捷键	菜单名称	菜单项名称	快捷键
文件(&F)			编辑(&E)		
	新建(&N)	Ctrl+N		撤销(&U)	Ctrl+Z
	打开(&O)...	Ctrl+O		剪切(&T)	Ctrl+X
				复制(&C)	Ctrl+C
	保存(&S)	Ctrl+S		粘贴(&P)	Ctrl+V
	另存为(&A)...			删除(&L)	Delete
				查找(&F)...	Ctrl+F
	退出			全选(&A)	Ctrl+A
格式(&O)				日期时间(&D)	F5
	自动换行(&W)		帮助(&H)		
	字体(&F)...			关于记事本(&A)	

(4) 为“文件”菜单中的各菜单项添加事件处理程序：在新建、打开等菜单项的事件过程中输入以下代码：

```
//新建一个文件
private void 新建ToolStripMenuItem_Click(object sender, EventArgs e)
{
    richTextBox1.Text = "";
   setcurrentFileName("未命名");
}
//打开一个文件
private void 打开ToolStripMenuItem_Click(object sender, EventArgs e)
{
   OpenFileDialog openFileDialog1 = new OpenFileDialog();
   openFileDialog1.Filter = "Text.File(*.txt)|*.txt|All File(*.*)|*.*";
   if (openFileDialog1.ShowDialog() == DialogResult.OK)
   {
       currentFileName  = openFileDialog1.FileName;
       setcurrentFileName(currentFileName);
       richTextBox1.LoadFile(currentFileName , RichTextBoxStreamType.PlainText);
   }
}
//保存功能
private void 保存toolStripMenuItem2_Click(object sender, EventArgs e)
{
   if (currentFileName == null)
       currentFileName = "未命名";
   if (currentFileName != "未命名")
       richTextBox1.SaveFile(currentFileName, RichTextBoxStreamType.PlainText);
   else
       另存为toolStripMenuItem3_Click(sender, e);
}
//另存为功能
private void 另存为toolStripMenuItem3_Click(object sender, EventArgs e)
```

```
{
   //string myStream;
   SaveFileDialog saveFileDialog1 = new SaveFileDialog();
   saveFileDialog1.Filter = "Text File(*.txt)|*.txt|All File(*.*)|*.*";
   saveFileDialog1.FilterIndex = 3;
   saveFileDialog1.RestoreDirectory = true;
   if (saveFileDialog1.ShowDialog() == DialogResult.OK)
   {
       setcurrentFileName(saveFileDialog1.FileName);
       richTextBox1.SaveFile(currentFileName, RichTextBoxStreamType.PlainText);
   }
}
//设置窗体标题和文件路径名称
private void setcurrentFileName(string strFileName)
{
   currentFileName = strFileName;
   this.Text = currentFileName + "  -记事本";
}
//退出Windows应用程序
private void 退出ToolStripMenuItem_Click(object sender, EventArgs e)
{
    Application.Exit();
}
```

(5) 为“编辑”菜单中的各菜单项添加事件处理程序：在撤销、剪切等菜单项的事件过程中输入以下代码：

```
//剪切功能
private void 剪切ToolStripMenuItem_Click(object sender, EventArgs e)
{
    richTextBox1.Cut();
}
//复制功能
private void 复制ToolStripMenuItem_Click(object sender, EventArgs e)
{
    richTextBox1.Copy();
}
//粘贴功能
private void 粘贴ToolStripMenuItem_Click(object sender, EventArgs e)
{
    richTextBox1.Paste();
}
//撤销功能
private void 撤销ToolStripMenuItem_Click(object sender, EventArgs e)
{
    richTextBox1.Undo();
}
```

```
//删除功能
private void 删除ToolStripMenuItem_Click(object sender, EventArgs e)
{
   richTextBox1.SelectedText = "";
}
//查找功能
private void 查找ToolStripMenuItem_Click(object sender, EventArgs e)
{
   Form2 fm2 = new Form2();
   fm2.mainform  = this;
   fm2.Show() ;
}
//全选功能
private void 全选ToolStripMenuItem_Click(object sender, EventArgs e)
{
   richTextBox1.SelectAll();
}
//设置日期时间
private void 日期时间ToolStripMenuItem_Click(object sender, EventArgs e)
{
   richTextBox1.AppendText(DateTime.Now.ToString());
}
```

(6) 为“格式”菜单和“帮助”菜单中的各菜单项添加事件处理程序：在自动换行、字体等菜单项的事件过程中输入以下代码：

```
//设置自动换行
private void 换行ToolStripMenuItem_Click(object sender, EventArgs e)
{
   if (换行ToolStripMenuItem.Checked == false)
   {
      换行ToolStripMenuItem.Checked = true;
      richTextBox1.WordWrap = true;
   }
   else
   {
      换行ToolStripMenuItem.Checked = false;
      richTextBox1.WordWrap = false;
   }
}
//设置字体
private void 字体ToolStripMenuItem_Click(object sender, EventArgs e)
{
   FontDialog fontDialog1 = new FontDialog();
   fontDialog1.ShowColor = true;
   if (fontDialog1.ShowDialog() != DialogResult.Cancel)
   {
```

```
        richTextBox1.Font = fontDialog1.Font;
        richTextBox1.ForeColor = fontDialog1.Color;
    }
}
//关于本软件
private void 帮助ToolStripMenuItem1_Click(object sender, EventArgs e)
{
  MessageBox.Show(" 记事本 \n Version:1.0.0 \n BUCM出品","关于记事本");
}
```

(7) 设计完毕，运行结果如图 8.32 所示。

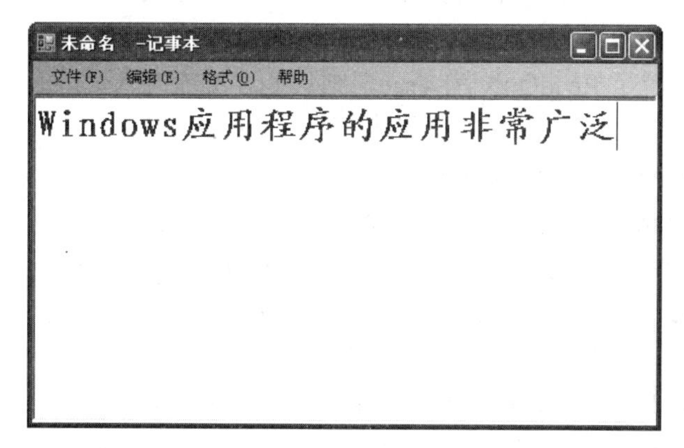

图 8.32　记事本运行界面

【本章拓展】

习　　题

1. 填空题

(1) 关闭窗体时，将会触发________事件。

(2) 如果单选按钮被选中，则其________属性为 True，并且会触发 Click 事件。

(3) 对于 CheckBox 控件，每当 Checked 属性更改时就会触发________事件。

(4) 在 richTextBox1 控件中打开文本文件的代码如下，补充完整代码。

```
OpenFileDialog oFD = new OpenFileDialog();
if (________== DialogResult.OK)
{richTextBox1.LoadFile(openFileDialog1.FileName, RichTextBoxStreamType.
                    PlainText);}
```

(5) PictureBox 控件的________属性，用来获取或设置显示的图像。

(6) 通过设置菜单项的________属性，可以为菜单项添加快捷键。

(7) 用户在字体对话框中选定的字体可以通过________属性获得。选中的字体颜色可以通过________属性获得。

(8) 如果已为项目添加一个名称为 Child 的子窗体，要将此窗体显示出来，可以使用下面的代码段，请将其补充完整。

```
Child c= new Child();
________
c.Show();
```

2. 选择题

(1) 不想让窗体显示最大化按钮，应该设置窗体的________属性。

A. MinimizeBox　　B. MaximizeBox
C. AcceptButton　　D. CancleButton

(2) 每当用户加载窗体时，________事件就会发生。

A. Load　　B. Activated　　C. Resize　　D. Close

(3) 以下有关文本框控件的叙述，错误的是________。

A. 如果设置了 ReadOnly 为 True，则只能读不能写入
B. Enabled 属性表示文本框是否可见
C. MultiLine 属性控制文本框能否多行输入
D. ScrollBars 属性用来设置滚动条的显示

(4) 通过设置命令按钮的________属性为 False，可以使命令按钮不可用(变灰)。

A. Visible　　B. Enabled　　C. Text　　D. ForeColor

(5) 下面属性可以判断单选按钮是否被选中的是________。

A. Checked　　B. CheckedChanged　　C. Click　　D. Selected

(6) 把文本框 textBox1 内选中的文本清除的语句为________。

A. this.textBox1.Focus();　　B. this.textBox1.SelectionStart=0;
C. this.textBox1.SelectionLength=0;　　D. this.textBox1.SelectedText="";

(7) 取消最近一次的文本编辑操作，可使用 RichTextBox 控件的________方法。

A. Find　　B. Undo　　C. Redo　　D. Do

(8) 如果 ListBox 控件需要实现多选必须配合键盘才能实现，则 SelectionMode 属性应设为________。

A. SelectionMode.MultiExtended　　B. SelectionMode.MultiSimple
C. SelectionMode.None　　D. 以上都不是

(9) 使用列表框的________方法，可以清除列表框的所有列表项。

A. RemoveAll　　B. RemoveAt　　C. Clear　　D. Remove

(10) 如果要将组合框设置为下拉列表框，文本部分不可编辑，应该设置 DropDownStyle 属性为________。

A. Simple　　B. DropDown　　C. DropDownList　　D. ComplexList

(11) 已知有一个名为 Paste 的菜单项，如果想使该菜单变灰(失效)，则正确的语句是________。

A. Paste.Enabled=false;　　B. Paste.Visable=false ;
C. Paste.Checkd=false;　　D. Paste.Radio=false;

(12) 如果想为工具栏的多个工具按钮提供图像，应该使用________控件。

A. PictureBox　　B. ImageList　　C. CheckBox　　D. ListBox

(13) 是否在工具栏按钮上显示文本和图像，可以通过 ToolStripButton 控件的________

属性设置。

A．Checked　　B．Image　　C．DisplayStyle　　D．Text

(14) 已知OpenFileDialog类的一个对象dlg，则以下语句正确的是________。

A．dlg.Filter="音频文件| *.wav, *.midi|所有文件|*.*";

B．dlg.Filter="音频文件| *.wav; *.midi|所有文件|*.*";

C．dlg.Filter="音频文件;*.wav| *.midi|所有文件|*.*";

D．dlg.Filter="音频文件, *.wav,*.midi,所有文件,*.*";

(15) 以下有关通用对话框的叙述中，错误的是________。

A．使用OpenFileDialog控件，可以直接打开在该对话框中指定的文件

B．使用ColorDialog控件，可以打开颜色对话框

C．使用FontDialog控件，可以显示字体对话框

D．在设计时看到的通用对话框图标，在运行时是看不到的

(16) 语句MessageBox.Show(“显示按钮数”，“显示”, MessageBoxButtons.YesNoCancel); 显示的消息框中，含有________个按钮。

A．1　　B．2　　C．3　　D．4

(17) 以下有关OpenFileDialog类的叙述中，错误的是________。

A．Title属性用来获取或设置文件对话框标题

B．FileName属性用于获取或设置一个包含在文件对话框中选定的文件名的字符串

C．ShowDialog方法运行和显示通用对话框

D．Filter属性用于设置是否可以选择多个

(18) 通过把窗体的________属性设置为True，可以使一个窗体成为MDI主窗体。

A．IsMdiContainer　　B．MdiParent　　C．MdiChildren　　D．IsMdiParent

(19) 以下有关MDI程序的说法中，错误的是________。

A．关闭MDI父窗体时，每个MDI子窗体会先引发一个Closing事件

B．MDI子窗体的Closing事件不会引发MDI父窗体的Closing事件

C．将某个窗体设置为MDI父窗体，应该将其属性IsMDIContainer设置为True

D．当在父窗体中创建多个子窗体时，多个子窗体为同一个实例

3．编程题

(1) 编写程序，使得运行程序能够通过单击命令按钮弹出消息框，显示：你好。

```
private void button1_Click(object sender, EventArgs e)
      {
      }
```

(2) 请实现登录对话框的功能，假设用户名为user，密码为123456。

(3) 编写程序，实现把一个列表框的选定项移到另一列表框。

【习题答案】

图形图像编程

【本章代码】

教学目标

- 掌握使用 Graphics 类绘制图形的基本步骤。
- 了解常用的绘图对象。
- 掌握 C#中基本图形的绘制方法。
- 了解画刷的创建及使用方法。
- 了解绘制文本的方法。
- 了解 Bitmap 类的常用属性和方法。
- 掌握常用的图像处理方法。

案例说明

几乎使用计算机的用户都用过 Windows 操作系统中的画图程序，那么有没有想过自己编写一个功能简单的画图程序呢？本章案例介绍一个简单的画图程序的制作过程。在这个画图程序中，可以打开图像文件，作为绘图的背景图片，在图片上通过鼠标来绘制直线、矩形、圆、椭圆及曲线。绘制结束后，还可以将绘制好的图片保存为 JPEG 格式的图片文件。案例运行结果如图 9.1 所示。

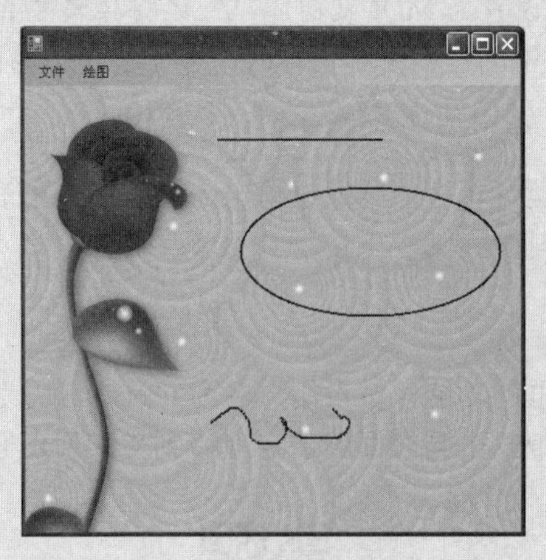

图 9.1　案例运行结果

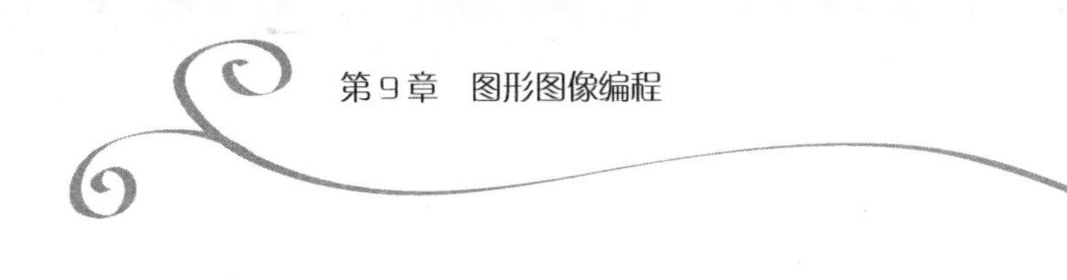

9.1　GDI+概述

GDI(Graphics Device Interface，图形设备接口)是 Windows 图形显示程序与实际物理设备之间的桥梁，GDI 使得用户无须关心具体设备的细节，而只需在一个虚拟的环境中进行操作。GDI+是 GDI 的进一步扩展，用 C++类进行了封装，提供了更强大的功能。程序员使用 GDI+编程，不用考虑显示卡或打印机等显示设备的不同，可以编写与硬件设备无关的程序。GDI+在应用程序中的作用如图 9.2 所示。GDI+的本质在于，它能够替代开发人员实现与显示器、打印机等外设的交互。

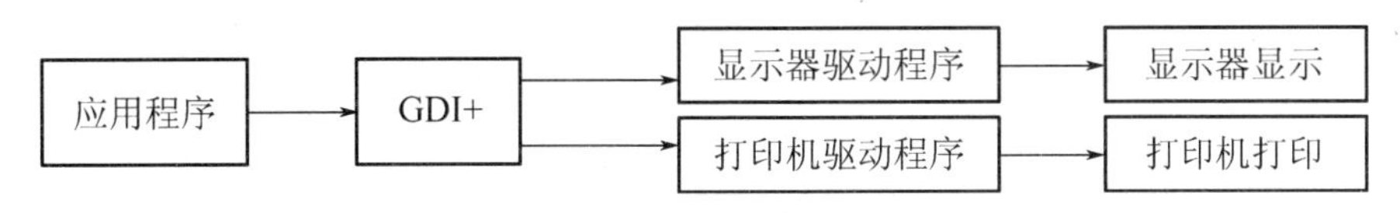

图 9.2　GDI+在应用程序中的作用

GDI+是 Microsoft 在 Windows 2000 以后操作系统中提供的新接口，使得程序员编写图形图像程序更加容易。通过 GDI+可以完成二维矢量图形的绘制、文字的显示以及图像的处理。

使用 GDI+可以使用各种绘图工具(如画笔、笔刷等)绘制各种图形，如直线、矩形、椭圆、多边形等；GDI+支持使用各种字体、字号和样式来显示文本；GDI+提供了 Bitmap、Image 等类，它们可用于显示、保存和处理 BMP、JPG、GIF 等格式的图像。

GDI+由很多类和结构组成，使用 GDI+编写图形图像程序时，需要加入命名空间 System.Drawing。System.Drawing 命名空间提供了对 GDI+基本图形功能的访问，主要有 Graphics 类、Bitmap 类、从 Brush 类继承的类、Font 类、Icon 类、Image 类、Pen 类、Color 类等。

9.2　Graphics 类

Graphics 类是 GDI+中非常重要的一个类，它提供了将对象绘制到显示设备上的方法，并且与特定的设备上下文关联。Graphics 类中包含很多方法，在绘制图形和处理图像时，都要使用这些方法。Graphics 类是一个密封类，没有派生类。

9.2.1　使用 Graphics 类绘图的基本步骤

绘制图形图像前，首先要创建一个 Graphics 类实例，这个实例相当于建立一块画布，然后可以利用这个 Graphics 类的实例绘制直线、曲线、椭圆等各种图形图像。

使用 Graphics 类绘图的基本步骤如下。

(1) 创建 Graphics 对象。

(2) 创建绘图工具。

(3) 使用 Graphics 对象的方法绘图、显示文本或处理图像。

1. 创建 Graphics 对象

Graphics 类没有构造函数，不能直接创建 Graphics 类的对象。通常使用以下 4 种方法创建 Graphics 对象。

(1) 在窗体或控件的 Paint 事件中获取 Graphics 对象。

通过窗体的 Paint 事件中的形参 e 的 Graphics 属性创建 Graphics 类的对象。例如，在窗体 Form1 的 Paint 事件中，添加如下代码。

```
private void Form1_Paint(object sender, PaintEventArgs e)
//窗体 Paint 事件的响应方法
{
   Graphics g = e.Graphics;
}
```

(2) 可以通过重载窗体或控件的 OnPaint 方法创建 Graphics 对象。

```
protected override void OnPaint(PaintEventArgs e)
{
    raphics g=e.Graphics;
}
```

(3) 调用控件或窗体的 CreateGraphics 方法创建 Graphics 对象。

通过当前窗体的 CreateGraphics 方法，把当前窗体的画笔、字体、颜色作为默认值，获取对 Graphics 对象的引用。例如，在 Form1 窗体的 Paint 事件中，添加如下代码。

```
private void Form1_Paint(object sender, PaintEventArgs e)
{
    Graphics g = this.CreateGraphics();
}
```

上述代码中，通过 this 所代表的窗体 Form1 的 CreateGraphics 方法创建 Graphics 对象 g。也可以使用其他控件对象的 CreateGraphics 方法，创建以控件对象为画布的 Graphics 对象。如果想在已存在的窗体或控件中绘图，通常会使用这种方法。

(4) 从继承自图像的任何对象创建 Graphics 对象。

通过继承 Image 图像的任何对象或者是 Bitmap 类的任何对象，调用 Graphics 类的 FromImage 静态方法，创建 Graphics 对象。在需要更改已存在的图像时，通常会使用此方法。

```
//建立 Image 对象 img，名为"pic1.jpg"的图片位于当前路径下
Image img = Image.FromFile("pic1.jpg");
//创建 Graphics 对象
Graphics g = Graphics.FromImage(img);
```

代码以“pic1.jpg”为画布，使用 g 绘制图形，图形是绘制在图片“pic1.jpg”上的。

2. 创建绘图工具

在创建好 Graphics 对象后，即可创建各种绘图工具在 Graphics 画布上进行绘图。可以选用画笔、笔刷绘制各种图形；也可以选中文本的字体格式，设置要实现的文本的字体、字形、字号属性；还可以设置图形、图片、文字的颜色。常用的类对象有 Pen 类对象、Brush 类对象、Font 类对象、Color 结构体对象等。

3. 使用 Graphics 对象的方法绘图、显示文本或处理图像

Graphics 类提供了许多绘图方法，可以绘制直线、矩形、圆、椭圆、弧形、多边形等

图形，也可以绘制填充图形，还可以绘制文本。例如，使用 DrawLine 方法绘制直线，使用 DrawRectangle 绘制矩形，使用 FillEllipse 绘制填充椭圆，使用 DrawString 方法绘制文字。这些方法在后面将会详细介绍。

【例 9-1】 在窗体上用蓝色的画笔绘制一个矩形。

新建一个 Windows 应用程序，命名为“Chap9_1”，为 Form1 的 Paint 事件编写程序。代码如下。

```
private void Form1_Paint(object sender, PaintEventArgs e)
{
    Graphics g = e.Graphics;                         //定义 Graphics 对象 g
    Pen myPen = new Pen(Color.Blue);                 //定义蓝色画笔对象 myPen
    g.DrawRectangle(myPen, 80, 80, 200, 100);        //绘制矩形
}
```

在上述代码中，使用创建 Graphics 对象的第一种方法，通过窗体的 Paint 事件获取 Graphics 对象。创建好画布后，创建画笔类 Pen 的对象 myPen，并初始化为蓝色画笔。使用 Graphics 对象的 DrawRectangle 方法画一个宽 200、高 100 的矩形。

程序运行结果如图 9.3 所示。

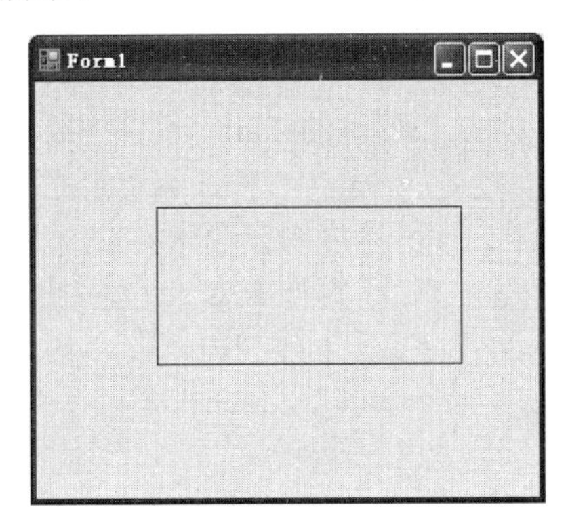

图 9.3　例 9-1 程序运行结果

【例 9-2】 在窗体上的 PictureBox 图片框控件上绘制一个红色的圆。

新建一个 Windows 应用程序，命名为“Chap9_2”，在 Form1 窗体中放置一个 PictureBox 控件，其名称为 PictureBox1。对 Form1 的 Paint 事件编写程序。代码如下。

```
private void Form1_Paint(object sender, PaintEventArgs e)
{
    Image img = Image.FromFile("D: \\p1.jpg");
    pictureBox1.Image = img;                    //将 Image 对象显示在图片框控件中
    Graphics g = Graphics.FromImage(img);
    Pen myPen = new Pen(Color.Red, 5);          //创建画笔
    g.DrawEllipse(myPen,20, 20, 110, 110);      //绘制圆
}
```

在上述代码中，使用的是创建 Graphics 对象的第三种方法，通过 Image 图片对象创建 Graphics 类对象 g，这样画布就是 p1.jpg，定义好 Graphics 对象 g 后，还需要定义画笔 myPen，

之后使用 Graphics 对象的 DrawEllipse 方法，在有背景图片的 PictureBox 控件上绘制的红色圆形。

程序运行结果如图 9.4 所示。

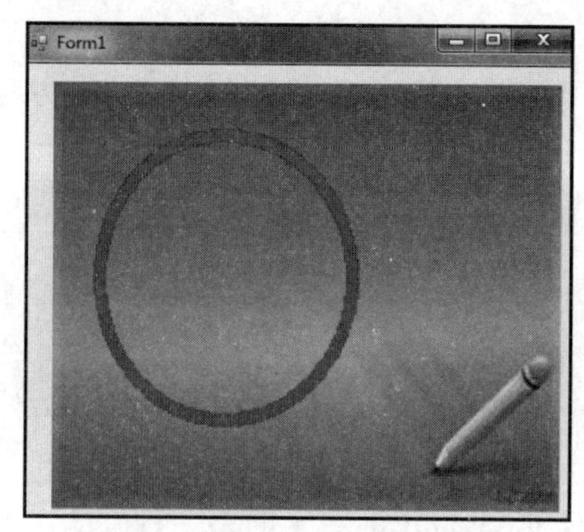

图 9.4　例 9-2 程序运行结果

9.2.2　窗体的 Paint 事件

Windows 应用程序的窗体和控件都有 Paint 事件。当窗体或控件需要重新绘图时就会触发 Paint 事件。如果在控件的 Paint 事件中利用传递的参数获取 Graphics 对象，则绘制的图形图像仅在该控件内显示。如果在窗体的 Paint 事件中绘制，则绘制的图形图像在该窗体内显示。Form 类窗体不能自动响应 Paint 事件，编程者必须将需要重新绘制图形的程序代码放置在窗体的 Paint 事件中，这样才能实现窗体的重绘。

例 9-1 和例 9-2 都是在窗体的 Paint 事件中添加了绘制图形的程序代码，程序运行时，Windows 操作系统向应用程序发送 Paint 事件，程序响应 Paint 事件，执行 Paint 事件中的代码，从而在窗体中实现绘图。

9.2.3　常用绘图对象

1. Point 结构

Point 结构表示在二维平面中定义点的整数坐标 x 和 y 的有序对，即定义的点相对于原点的水平距离和垂直距离。它描述了一对有序的 x、y 两个坐标值，其中，x 为该点的水平位置，y 为该点的垂直位置。例如：

```
Point p = new Point(10, 20);
```

2. Size 结构

Size 结构用来存储一个有序整数对，通常为矩形的宽度和高度。Size 结构中也有两个整数——Width 和 Height，表示水平距离和垂直距离。例如：

```
Size s = new Size(100,200);
```

3. Rectangle 结构

Rectangle 结构用来存储一组整数，共 4 个，表示一个矩形的位置和大小。通常，使用

Rectangle 结构定义一个矩形。常用的 Rectangle 结构的构造函数有以下两种。

*public Rectangle (Point location, Size size);　　　/*location 参数存储一点的坐标，表示矩形的左上角的起始位置；size 参数存储一个有序整数对，表示矩形的宽度和高度*/*

*public Rectangle (int x, int y ,int weight,int height); /*x 表示矩形左上角的 x 坐标，y 表示左上角的 y 坐标，weight 表示矩形的宽度，height 表示矩形的高度*/*

例如，定义矩形 r1 和 r2 的代码如下。

```
Point p = new Point(10, 20);
Size s = new Size(100, 200);
Rectangle r1 = new Rectangle(p, s);
Rectangle r2 = new Rectangle(30, 30, 100,200);
```

4. Color 结构

使用 Color 结构可以定义颜色。任何一种颜色都由透明度(A)和红绿蓝(R，G，B)三基色组成。在 GDI+中，通过 Color 结构封装对颜色的定义。在 Color 结构中，除了提供(A，R，G，B)以外，还提供许多系统定义的颜色，如 Pink(粉色)等。

在 Color 结构中，任何一种颜色都可以有 4 个分量。

- A：Alpha 值，即透明度，取值范围 0～255，0 表示完全透明，255 表示完全不透明。
- R：红色，取值范围 0～255，0 表示没有红色成分，255 为饱和红色。
- G：绿色，取值范围 0～255，0 表示没有绿色成分，255 为饱和绿色。
- B：蓝色，取值范围 0～255，0 表示没有蓝色成分，255 为饱和蓝色。

Color 结构中定义颜色的方式有以下几种。

(1) 调用静态方法 Color.FromArgb()指定的任意颜色。

FromArgb()方法有 3 种常用的形式：

*Public static Color FromArgb (int red,int green,int blue);　/*用指定的红、绿、蓝 3 种颜色创建新颜色，Alpha 值使用默认值 255，即完全不透明*/*

例如：

```
Color red = Color.FromArgb(255, 0, 0);
```

也可以使用以下形式：

Public static Color FromArgb (int alpha,int red,int green, int blue);
//用透明度、红、绿、蓝 4 个参数创建新颜色
Public static Color FromArgb (int alpha,Color color);
//使用透明度和指定的颜色创建新颜色

(2) C#中预定义的颜色常数。

System.Drawing.Color 结构中提供了许多静态属性，每个属性返回一个颜色名称，在 Color 结构中已经预定义了 141 种颜色，可以直接使用。例如：

```
button1.BackColor = Color.Blue;
```

5. Pen 类

画笔可用于绘制具有指定宽度和样式的直线、曲线或轮廓形状。Pen 类有 4 种不同的

构造函数，通过指定不同的参数，定义不同的画笔，绘制不同样式的线条。定义好 Graphics 画布对象后，就需要使用画笔绘制线条和图形。

Pen 类的构造函数有 4 个，如下所示。

```
public Pen (Color color);                   //建立颜色为 color 的画笔，宽度默认为 1
public Pen (Color color, float width);      //建立颜色为 color，宽度为 width 的画笔
public Pen (Brush brush);                   //建立画刷形式的画笔
public Pen (Brush brush, float width);      //建立画刷形式，宽度为 width 的画笔
```

例如，创建一支蓝色画笔。

```
Pen myPen = new Pen(Color.Blue);
Pen myPen = new Pen(Color.Blue, 10.5f);
```

例如，从画刷对象创建画笔对象。

```
SolidBrush myBrush = new SolidBrush(Color.Red);
Pen myPen = new Pen(myBrush);
Pen myPen = new Pen(myBrush, 5);
```

Pen 类的常用属性如表 9-1 所示。

表 9-1　Pen 类的常用属性

名　称	说　明
Alignment	获得或者设置画笔的对齐方式
Brush	获得或者设置画刷，用于确定画笔的属性
Color	获得或者设置画笔的颜色
Width	获得或者设置画笔的宽度
DashStyle	设置虚线样式
EndCap	设置直线终点使用的线帽样式
StartCap	设置直线起点使用的线帽样式
PenType	获取直线样式。只读属性

Pen 类的常用属性中，DashStyle 属性、EndCap 属性、StartCap 属性和 PenType 属性的取值都是一些在 System.Drawing.Drawing2D 命名空间下的枚举值。使用方法如例 9-3 所示。

【例 9-3】 在窗体上，定义画笔，并设置其属性。

新建一个 Windows 应用程序，命名为“Chap9_3”，对 Form1 的 Paint 事件编写程序。代码如下。

```
private void Form1_Paint(object sender, PaintEventArgs e)
{
    Graphics g = this.CreateGraphics();
    Pen myPen = new Pen(Color.Red,5);
    //定义画笔对象 myPen
    myPen.DashStyle = System.Drawing.Drawing2D.DashStyle.DashDot;
    //设置画笔的虚线样式为点划线图案
```

```
        myPen.StartCap = System.Drawing.Drawing2D.LineCap.SquareAnchor;
        //设置线条的起点使用的线帽为方锚头帽
        myPen.EndCap = System.Drawing.Drawing2D.LineCap.ArrowAnchor;
        //设置线条的终点使用的线帽为箭头状锚头帽
        g.DrawLine(myPen, 50, 50, 200, 200);
    }
```

在上述代码中，创建 Graphics 对象后，定义一支红色、宽度为 5 的画笔对象 myPen，并设置画笔的 DashStyle 属性、StartCap 属性和 EndCap 属性。其中，DashStyle 枚举用于设置虚线样式，LineCap 枚举用于指定系统预定义的线帽，如圆形、方形、三角形、菱形、箭头，并且在枚举前要加上命名空间的名称。程序运行结果如图 9.5 所示。

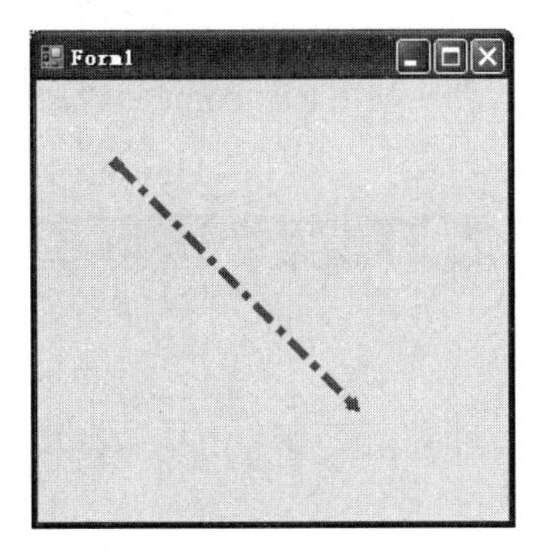

图 9.5　例 9-3 程序运行结果

9.3　基本图形的绘制

定义好 Graphics 对象和画笔对象后，即可使用定义好的画笔在画布上绘制各种图形。可以绘制空心图形和填充图形，根据图形的形状还可以分为直线、矩形、圆和椭圆、弧形、多边形等。

9.3.1　绘制直线

Graphics 对象提供了 DrawLine 方法绘制直线。DrawLine 方法有以下几种形式。

void DrawLine (Pen pen,int x1,int y1,int x2,int y2);
//以 pen 为画笔，(x1,y1)为起点坐标，(x2,y2)为终点坐标，绘制一条直线
void DrawLine (Pen pen,Point p1, Point p2);
//以 pen 为画笔，点 p1 为起点坐标，点 p2 为终点坐标，绘制一条直线
*void DrawLines (Pen pen,Point[] point);　　/*以 pen 为画笔，点 point[0]为起点坐标，点 point[1]为终点坐标，绘制第一条直线；点 point[1]为起点坐标，点 point[2]为终点坐标，绘制第二条直线……以此类推，绘制多条线段连接成一条曲线*/*

直线只有绘制方法，由于它不是闭合图形，所以只能绘制，无法填充。

【例 9-4】　在窗体中，绘制两条直线。

新建一个 Windows 应用程序，命名为“Chap9_4”，对 Form1 的 Paint 事件编写程序。代码如下。

```
private void Form1_Paint(object sender, PaintEventArgs e)
{
    Graphics g = e.Graphics;
    Pen myPen = new Pen(Color.Blue, 2);
    Point p1=new Point (100,100);
    Point p2=new Point (200,200);
    g.DrawLine (myPen ,70,70,220,70);
    g.DrawLine(myPen, p1, p2);
    Point[] points ={ new Point(10, 10), new Point(40, 40), new Point(40,
                     200), new Point(220, 230) };
    g.DrawLines(myPen, points);
}
```

程序的最后两条语句，定义了一个由4个Point点组成的一维数组，并使用DrawLines方法绘制了由3个线段组成的一条折线。程序运行结果如图9.6所示。

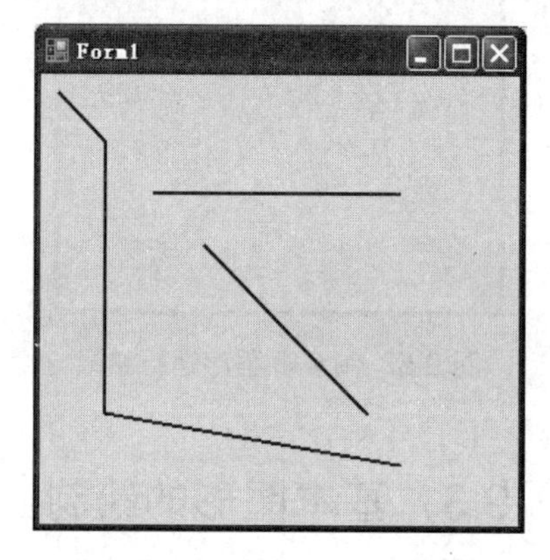

图9.6　例9-4程序运行结果

9.3.2　绘制矩形

前面介绍了Rectangle结构，矩形用Rectangle结构表示，在Rectangle结构中存储4个整数，用来表示一个矩形左上角顶点的坐标、矩形的宽和高。这样，就可以描绘出一个矩形的起始位置和大小。常用Graphics对象提供的DrawRectangle方法和DrawRectangles方法绘制一个或多个矩形，具体有以下3种。

*public void DrawRectangle (Pen pen, Rectangle rect);　/*该方法根据指定的矩形结构rect来绘制矩形*/*
*public void DrawRectangle (Pen pen, int x, int y, int width, int height);　/*该方法通过矩形的左上角坐标(x,y)和宽width、高height来绘制矩形*/*
*public void DrawRectangles (Pen pen, Rectangle[] rects);　/*该方法用于绘制多个矩形*/*

上面的3种方法可以绘制空心的矩形，如果需要绘制填充矩形，即矩形内部填充指定的颜色。可以使用Graphics对象提供的FillRectangle方法绘制一个填充矩形。常用结构如下。

public void FillRectangle (Brush brush, int x, int y, int width, int height);
//该方法使用画刷，通过矩形的左上角坐标(x,y)、宽width、高height来绘制填充矩形
public void FillRectangle (Brush brush, Rectangle rect);
//该方法使用画刷，根据指定的矩形结构rect来绘制填充矩形

public void FillRectangles (Brush brush, Rectangle[] rect);
//该方法使用画刷，绘制多个填充矩形

Brush 对象表示画刷，用来填充矩形、圆、多边形等封闭图形的内部。后面将会详细介绍。

【例 9-5】 在窗体中绘制和填充矩形。

新建一个 Windows 应用程序，命名为“Chap9_5”，对 Form1 的 Paint 事件编写程序。代码如下。

```
private void Form1_Paint(object sender, PaintEventArgs e)
{
    Graphics g = this.CreateGraphics();
    Pen myPen = new Pen(Color.Green, 3);
    Rectangle rect = new Rectangle(50, 50, 200, 150);
    Brush myBrush = new SolidBrush(Color.Pink);
    g.DrawRectangle(myPen, rect);
    g.FillRectangle(myBrush, 100, 100, 130, 90);
}
```

程序运行结果如图 9.7 所示。大矩形是使用 DrawRectangle 方法绘制的，中间的小的实心矩形是使用 FillRectangle 方法填充绘制的。

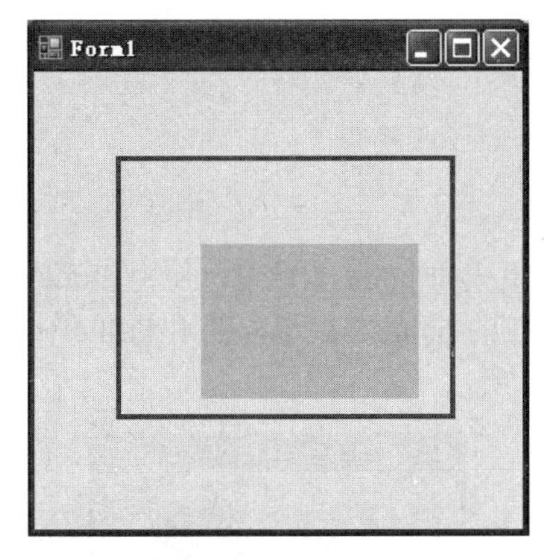

图 9.7　例 9-5 程序运行结果

9.3.3　绘制多边形

多边形是由 3 条或 3 条以上的边组成的闭合图形，如三角形、四边形、矩形、五边形和六边形等都属于多边形。Graphics 对象使用 DrawPolygon 方法绘制多边形的轮廓，使用 FillPolygon 方法绘制填充多边形。

DrawPolygon 方法和 FillPolygon 方法常用形式如下。

```
public void DrawPolygon (Pen pen, Point[] points);
//使用指定的画笔，绘制由一组 Point 结构对象定义的多边形
public void FillPolygon (Brush brush, Point[] points);
//使用指定的画刷，绘制由一组 Point 结构对象定义的填充多边形
```

【例 9-6】 在窗体上绘制和填充多边形。

新建一个 Windows 应用程序，命名为“Chap9_6”，添加 Form1 的 Paint 事件并编写程序。代码如下。

```
namespace Chap9_6
{
    public partial class Form1 : Form
    {
        public Form1()
        {
            InitializeComponent();
        }
        private void Form1_Paint(object sender, PaintEventArgs e)
        {
            Graphics g = this.CreateGraphics();
            Pen myPen=new Pen (Color.Red,2);
            Point[] points1={new Point(20,20),new Point(100,60),new
                             Point(150,150),new Point(10,150)};
            g.DrawPolygon(myPen, points1);
            Brush myBrush = new SolidBrush(Color.Blue);
            Point[] points2 ={ new Point(170, 20), new Point(230, 20),
              new Point(270, 100), new Point(230, 200), new Point(170,200)};
            g.FillPolygon(myBrush, points2);
        }
    }
}
```

程序中定义了由 4 个点组成的 points1 数组，使用 DrawPolygon 方法绘制了定义的四边形。还定义了由 5 个点组成的 points2 数组，使用 FillPolygon 方法绘制填充了定义的五边形。程序运行结果如图 9.8 所示。

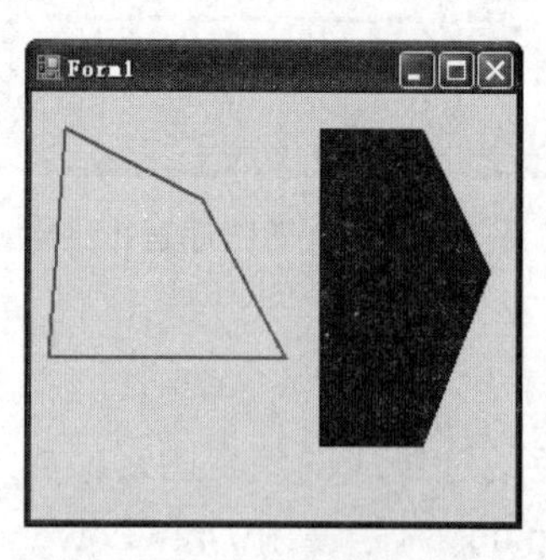

图 9.8 例 9-6 程序运行结果

9.3.4 绘制圆和椭圆

绘制圆和椭圆时，需要给定圆和椭圆的外接正方形和矩形，这样就可以确定圆和椭圆的位置和大小。Graphics 对象使用 DrawEllipse 方法绘制圆和椭圆，使用 FillEllipse 方法绘制填充圆和椭圆。

DrawEllipse 方法用于绘制圆和椭圆，常用的形式如下。

*public void DrawEllipse (Pen pen, int x, int y, int width, int height)；　/*通过给定椭圆左上角坐标和椭圆的外接矩形的宽度和高度，绘制圆和椭圆。其中，pen 为 Pen 对象，x、y 为椭圆左上角的坐标，width 为椭圆外接矩形的宽度，height 为椭圆外接矩形的高度*/*

*public void DrawEllipse (Pen pen, Rectangle rect)；　/*通过给定椭圆外接矩形的结构，绘制圆和椭圆。其中，rect 为 Rectangle 结构，用于确定椭圆的边界*/*

FillEllipse 方法用于绘制填充圆和椭圆，常用的形式如下。

*public void FillEllipse (Brush brush, int x, int y, int width, int height)；　/*通过给定椭圆左上角坐标和椭圆的外接矩形的宽度和高度，绘制填充圆和椭圆。其中，brush 为 Brush 对象，x、y 为椭圆左上角的坐标，width 为椭圆外接矩形的宽度，height 为椭圆外接矩形的高度*/*

*public void FillEllipse (Brush brush, Rectangle rect)；　/*通过给定椭圆外接矩形的结构，绘制填充圆和椭圆。其中，rect 为 Rectangle 结构，用于确定椭圆的边界*/*

【操作视频】

【例 9-7】 在窗体中绘制和填充圆和椭圆。

新建一个 Windows 应用程序，命名为“Chap9_7”，添加 Form1 的 Paint 事件并编写程序。代码如下。

```
private void Form1_Paint(object sender, PaintEventArgs e)
{
    Graphics g = this.CreateGraphics();
    Pen myPen = new Pen(Color.Red, 2);
    Brush myBrush=new SolidBrush (Color.Blue );              //定义画刷
    Rectangle myRect1 = new Rectangle(50, 50, 300, 200);     //定义矩形
    Rectangle myRect2 = new Rectangle(80, 80, 150, 150);     //定义正方形
    g.DrawEllipse(myPen, myRect1);        //通过定义的外接矩形绘制椭圆
    g.FillEllipse(myBrush, myRect2);      //通过定义的外接正方形绘制填充圆
}
```

程序中定义了一支红色的画笔和一支蓝色的画刷，并定义了一个矩形和一个正方形，使用 DrawEllipse 方法用红色画笔绘制了一个椭圆，使用 FillEllipse 方法用蓝色画刷绘制填充圆。程序运行结果如图 9.9 所示。

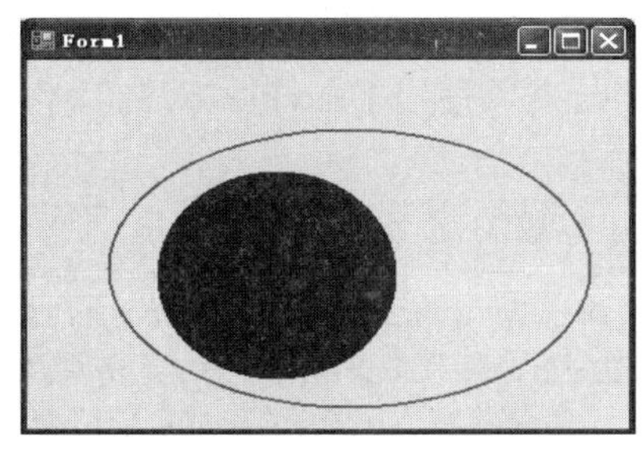

图 9.9 例 9-7 程序运行结果

9.3.5 绘制弧线

弧线是椭圆或圆上的一部分。Graphics 对象使用 DrawArc 方法绘制圆弧。圆弧不是闭合曲线，无法填充。DrawArc 方法的常用形式如下。

*public void DrawArc (Pen pen, int x, int y, int width, int height, int startAngle, int sweepAngle);   /*其中,x、y 为椭圆外接矩形左上角的坐标,width 定义椭圆的外接矩形的宽度,height 定义椭圆外接矩形的高度. startAngle 是圆弧的起点角度,sweepAngle 是顺时针画过的角度*/*

绘制弧线，需要给出弧线所在的圆或椭圆的外接矩形的参数，还需要给定圆弧的起始角度和顺时针画过的角度。

【例 9-8】 在窗体中绘制一段圆弧。

新建一个 Windows 应用程序，命名为“Chap9_8”，添加 Form1 的 Paint 事件并编写程序。代码如下。

```
private void Form1_Paint(object sender, PaintEventArgs e)
{
    Graphics g = this.CreateGraphics();
    Pen myPen = new Pen(Color.Red, 2);
    g.DrawArc(myPen, 30, 30, 300, 200, 90, 120);
    g.DrawArc(myPen, 30, 30, 300, 200, -60, 90);
}
```

程序中绘制的两段圆弧是同一个椭圆上的两部分。程序运行结果如图 9.10 所示。

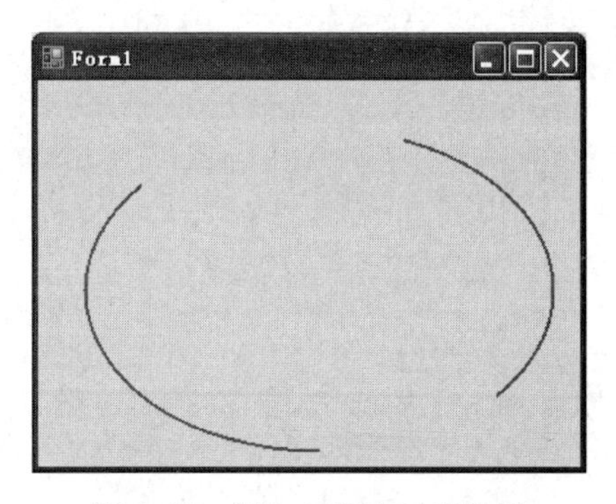

图 9.10 例 9-8 程序运行结果

9.3.6 绘制扇形

扇形是圆或椭圆的一部分组成的一个闭合图形。它是由两条从圆心出发的射线和一段圆弧组成的封闭图形。Graphics 对象使用 DrawPie 方法绘制空心的扇形，使用 FillPie 方法绘制填充扇形。

绘制空心扇形的 DrawPie 方法的常用形式如下。

*public void DrawPie (Pen pen, int x, int y, int width, int height, int startAngle, int sweepAngle); /*通过给定扇形的外接矩形的左上角顶点的坐标、矩形的宽和高,以及扇形的起始角度(以度为单位)和延伸角度,绘制扇形。其中,pen 为 Pen 对象,x、y 为椭圆左上角的坐标,width 定义扇形外接矩形的宽度,height 定义扇形外接矩形的高度,startAngle 为起始角度,sweepAngle 为延伸角度*/*

*public void DrawPie (Pen pen, Rectangle rect, float startAngle, float sweepAngle);   /*通过给定扇形外接矩形的结构,绘制扇形。其中,rect 为 Rectangle 结构,用于确定扇形的外接矩形*/*

绘制填充扇形的 FillPie 方法的常用形式如下。

*public void FillPie (Brush brush, int x, int y, int width, int height, int startAngle, int sweepAngle);   /*通*

过给定扇形的外接矩形的左上角顶点的坐标、矩形的宽和高,以及扇形的起始角度和延伸角度,绘制填充扇形。其中,brush 为 Brush 对象,其他参数的含义和 DrawPie 方法的参数相同/*

*public void FillPie (Brush brush, Rectangle rect, int startAngle, int sweepAngle);　/*通过给定扇形外接矩形的结构,绘制填充扇形。其中,rect 为 Rectangle 结构,用于确定扇形的外接矩形*/*

【例 9-9】 在窗体中绘制和填充扇形。

新建一个 Windows 应用程序，命名为“Chap9_9”，添加 Form1 的 Paint 事件并编写程序。代码如下。

```
private void Form1_Paint(object sender, PaintEventArgs e)
{
    Graphics g = this.CreateGraphics();
    Pen myPen = new Pen(Color.Red, 2);
    Brush myBrush=new SolidBrush (Color .Gold );
    Rectangle rect=new Rectangle (20,20,300,200);
    g.DrawPie(myPen, rect, 120, 90);
    g.FillPie(myBrush, 80, 50, 200, 200, -60, 60);
}
```

程序中使用红色的画笔用方法 DrawPie 绘制了一个扇形，使用金色画刷绘制填充了右侧的扇形。程序运行结果如图 9.11 所示。

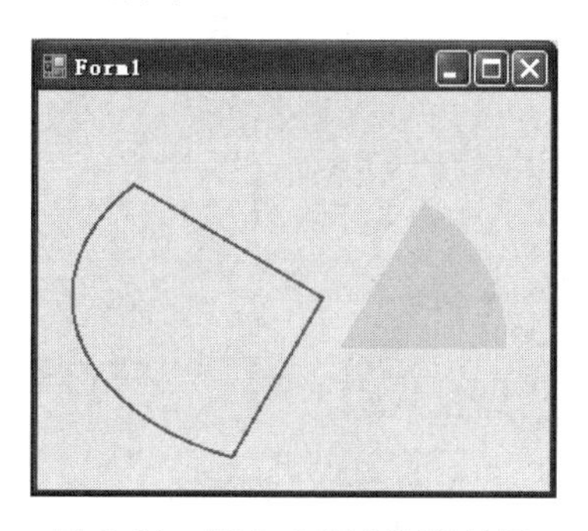

图 9.11　例 9-9 程序运行结果

9.3.7　绘制曲线

曲线可以分为非闭合曲线和闭合曲线。Graphics 对象使用 DrawCurve 方法绘制非闭合曲线，使用 DrawClosedCurve 方法绘制闭合曲线。

1. DrawCurve 方法绘制非闭合曲线

DrawCurve 方法用光滑的曲线把给定的点连接起来，常用形式如下。

*public void DrawCurve (Pen pen ,Point[] points);　/*Point 结构类型的数组中指明各节点,默认弯曲强度为 0.5。注意,数组中至少要有 3 个元素*/*

*public void DrawCurve (Pen pen ,Point[] points,float tension);　/*其中,tension 指定弯曲强度,该值范围为 0.0f～1.0f，超出此范围会产生异常。当弯曲强度为零时,即为直线*/*

2. DrawClosedCurve 方法绘制闭合曲线

通过连接数组中各节点画一条平滑的曲线，此方法会自动把首尾节点连接起来构成封

闭曲线。注意，数组中的节点至少要有3个，默认弯曲强度为0.5。

*public void DrawClosedCurve (Pen pen ,Point[] points); /*Point 结构类型的数组中指明各节点, 默认弯曲强度为0.5*/*

*public void FillClosedCurve (Brush brush ,Point[] points); /*用画刷brush 填充points 数组中各节点连接的闭合曲线*/*

【例9-10】 在窗体中绘制和填充曲线。

新建一个Windows应用程序，命名为“Chap9_10”，添加Form1的Paint事件并编写程序。代码如下。

```
namespace Chap9_10
{
    public partial class Form1 : Form
    {
        public Form1()
        {
            InitializeComponent();
        }

        private void Form1_Paint(object sender, PaintEventArgs e)
        {
            Graphics g = this.CreateGraphics();
            Pen myPen = new Pen(Color.Red, 2);
            Brush myBrush = new SolidBrush(Color.Blue);
            Point[] points1={new Point(20,30),new Point(50,60),new Point
                        (90,30),new Point(150,100)};
            Point[] points2 ={new Point(50, 200),new Point(100,70),new
                        Point(120,200),new Point(200,100),new Point(250,50)};
            g.DrawCurve(myPen, points1);
            g.FillClosedCurve(myBrush, points2);
        }
    }
}
```

程序中定义了两个Point类型数组，并使用Graphics对象g调用方法DrawCurve绘制不闭合的曲线，使用FillClosedCurve方法绘制填充曲线。程序运行结果如图9.12所示。

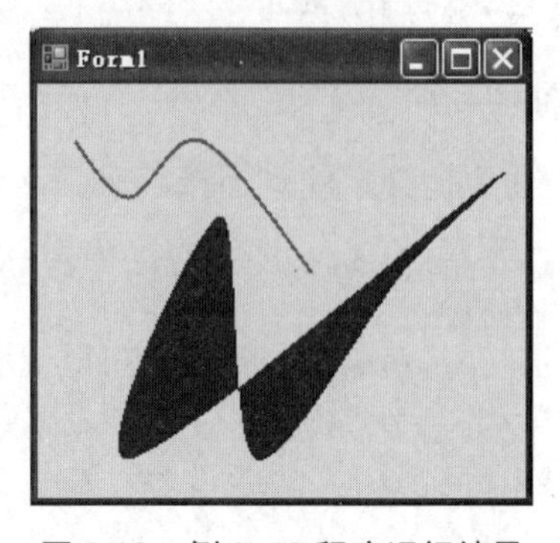

图9.12 例9-10程序运行结果

9.4 常用画刷的创建及使用

画刷通常用于填充闭合图形的内部。Graphics 对象使用画刷可以填充矩形、圆和椭圆、扇形、各种闭合曲线，还可以设置不同的图案和颜色。Brush 类是一个抽象类，不能直接使用，常用的 Brush 类的派生类有多种形式，表 9-2 列出了几种不同类型的画刷。

表 9-2 常用画刷类及其说明

类	说　明
SolidBrush	用纯色填充图形
HatchBrush	用各种图案填充图形
TextureBrush	用基于光栅的图像(位图、JPG 等)填充图形
LinearGradientBrush	用颜色渐变填充图形
PathGradientBrush	用渐变效果填充图形

其中，SolidBrush 在命名空间 System.Drawing 中定义，TextureBrush、LinearGradientBrush、PathGradientBrush、HatchBrush 类使用时要加入命名空间 System.Drawing.Drawing2D。

9.4.1 SolidBrush 类

前面已经使用过单色画刷，单色画刷就是只用一种颜色去填充图形的内部。SolidBrush 类只有一个构造函数，带有一个 Color 类型的参数。

例如：

Brush myBrush=new SolidBrush (Color.Red);
SolidBrush brush1 = new SolidBrush (Coloe.Blue);

9.4.2 HatchBrush 类

HatchBrush 类通过不同的前景色、背景色以及阴影样式，组合成不同的阴影图案，填充图形内部。其中，前景色 foreColor 表示线条的颜色，背景色 backColor 表示线条之间空隙的颜色，阴影样式 HatchStyle 表示各种不同的阴影，如 HatchStyle.Cross、HatchStyle.BackwardDiagonal 等。HatchStyle 有 56 种不同的枚举样式，通过 System.Drawing.Drawing2D.HatchStyle 枚举可以选择不同的阴影样式。

HatchBrush 类的构造函数有以下两种形式。

public void HatchBrush (HatchStyle hatchStyle, Color foreColor);
/ hatchStyle 为指定样式,foreColor 为线条颜色,背景色默认为黑色*/*
public void HatchBrush (HatchStyle hatchStyle, Color foreColor,Color backColor); / hatchStyle 为指定样式,foreColor 为线条颜色,backColor 为背景色*/*

【例 9-11】 在窗体中使用不同的 HatchBrush 填充图形。

新建一个 Windows 应用程序，命名为 Chap9_11，添加 Form1 的 Paint 事件并编写程序。代码如下。

```
namespace Chap9_11
{
```

```
        public partial class Form1 : Form
        {
            public Form1()
            {
                InitializeComponent();
            }

            private void Form1_Paint(object sender, PaintEventArgs e)
            {
                Graphics g=this.CreateGraphics ();
                HatchBrush brush1=new HatchBrush(HatchStyle.DarkHorizontal,
                                    Color.Red );
                //椭圆填充为横线
                g.FillEllipse (brush1 ,20,20,100,60);
                HatchBrush brush2 = new HatchBrush(HatchStyle.Cross, Color. Green,
                                    Color.Gold);
                //正方形填充为方格,前景色为绿色,背景色为金色
                g.FillRectangle(brush2, 100, 100, 80, 80);
            }
        }
    }
```

本例中，用黑色的背景、红色的横线条为阴影图案，绘制并填充了一个椭圆；用绿色方格及金色的背景为阴影图案，绘制并填充了一个正方形。程序运行结果如图 9.13 所示。

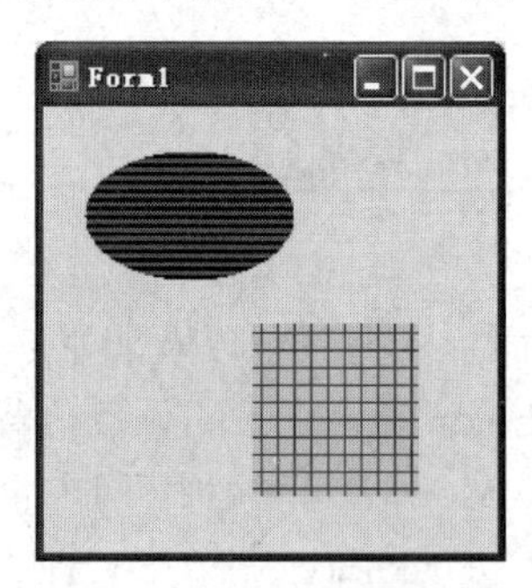

图 9.13　例 9-11 程序运行结果

9.4.3　TextureBrush 类

纹理(图像)画刷 TextureBrush 对象可以用扩展名为.bmp、.jpg 等图像填充图形。TextureBrush 类的构造函数有以下两种。

public TextureBrush (Image image, Rectangle rect);　/ image 指定要填充的图像, rect 指定图像上使用画刷的矩形块,其大小不能超出图形*/*

*public TextureBrush (Image image,WrapMode wrapMode, Rectangle rect);　/*image 指定要填充的图像,rect 指定图像上使用画刷的矩形块,wrapMode 用来指定如何填充图像,WrapMode 是一个枚举类型*/*

WrapMode 枚举常用的枚举值有以下几种。

(1) Clamp：完全由绘制对象的边框决定。(2) Tile：平铺。(3) TileFlipX：水平方向翻转并平铺图像。(4) TileFlipY：垂直方向翻转并平铺图像。(5) TileFlipXY：水平方向和垂直方向翻转并平铺图像。

【例 9-12】 在窗体中使用图像填充图形。

新建一个 Windows 应用程序，命名为“Chap9_12”，添加 Form1 的 Paint 事件并编写程序。代码如下。

```
private void Form1_Paint(object sender, PaintEventArgs e)
{
    Graphics g = this.CreateGraphics();
    Bitmap image1 = new Bitmap("D:\\dark.jpg");
    TextureBrush brush = new TextureBrush(image1, WrapMode.Tile);
    g.FillEllipse(brush, 20, 30, 250, 200);
}
```

程序中定义了 Bitmap 对象 image1，并对图片初始化。定义 TextureBrush 对象 brush，绘制图像填充的椭圆。程序运行结果如图 9.14 所示。

图 9.14 例 9-12 程序运行结果

9.4.4 LinearGradientBrush 和 PathGradientBrush 类

渐变画刷是通过两种或多种颜色，从一种颜色过渡到另一种颜色，具有渐变效果的画刷。渐变画刷可以分为线性渐变画刷 LinearGradientBrush 类和路径渐变画刷 PathGradientBrush 类。路径渐变画刷用于从路径中心向路径边缘通过颜色渐变来填充路径的内部区域。

线性渐变画刷 LinearGradientBrush 类常用的构造函数有以下几种。

*Public LinearGradientBrush（Point point1, Point point2, Color color1, Color color2）;　/*需要指定两个点和两种颜色。其中,point1 是起始点,point2 是终止点,color1 是起始颜色,color2 是终止颜色*/*

Public LinearGradientBrush (Rectangle rect ,Color color1, Color color2, float angle);
//需要指定一个矩形、两种颜色和一个角度

Public LinearGradientBrush (Rectangle rect ,Color color1, Color color2, LinearGradientMode linearGradientMode);　//需要指定一个矩形、两种颜色和渐变模式

路径渐变画刷 PathGradientBrush 类常用的构造函数如下。

public PathGradientBrush（GraphicsPath path）;　//GraphicsPath 类用于创建路径

利用 GraphicsPath 类，可以绘制形状的轮廓、填充形状内部和创建剪辑区域。下面的代码创建一个路径并在路径中添加一个椭圆。

```
GraphicsPath path = new GraphicsPath();
path.AddEllipse(this.ClientRectangle);
```

【例 9-13】 在窗体中使用渐变画刷填充图形。

新建一个 Windows 应用程序，命名为“Chap9_13”，添加 Form1 的 Paint 事件并编写程序。代码如下。

【操作视频】

```
namespace Chap9_13
{
    public partial class Form1 : Form
    {
        public Form1()
        {
            InitializeComponent();
        }

        private void Form1_Paint(object sender, PaintEventArgs e)
        {
            Graphics g = this.CreateGraphics();
            LinearGradientBrush brush1=new LinearGradientBrush( new Point
                  (20,20),new Point (200,200),Color.White ,Color .Blue );
            g.FillEllipse (brush1 ,50,50,150,150);
            GraphicsPath path=new GraphicsPath ();
            path.AddRectangle(new Rectangle(200, 30, 200, 200));
            PathGradientBrush brush2=new PathGradientBrush (path );
            brush2.CenterPoint = new Point(280, 100);
            brush2.CenterColor = Color.Red;
            brush2.SurroundColors = new Color[] { Color.Orange, Color.Gold,
                  Color.GreenYello };
            g.FillRectangle(brush2, new Rectangle(200, 50, 160, 150));
        }
    }
}
```

程序中使用线性渐变画刷绘制填充圆，使用路径渐变画刷绘制正方形。程序运行结果如图 9.15 所示。

图 9.15　例 9-13 程序运行结果

9.5 绘制文本

Graphics 对象使用 DrawString 方法绘制文本，用来实现一些文字的特殊效果。文本以图形的形式保存。DrawString 方法常用的形式如下。

Public DrawString (string s, Font font,Brush brush, Point point);

其中，s 为要绘制的字符串，font 指定字符串所用的字体，brush 指定字符串的颜色和纹理画刷，point 指定所绘制的文字的左上角位置。

【例 9-14】 在窗体中绘制文本。

新建一个 Windows 应用程序，命名为“Chap9_14”，添加 Form1 的 Paint 事件并编写程序。代码如下。

```
namespace Chap9_14
{
    public partial class Form1 : Form
    {
        public Form1()
        {
            InitializeComponent();
        }

        private void Form1_Paint(object sender, PaintEventArgs e)
        {
            Graphics g= this.CreateGraphics();
              HatchBrush brush=new HatchBrush (HatchStyle.Cross, Color.Red,
                        Color.Blue  );
            Font font1 = new Font("隶书",45, FontStyle.Bold | FontStyle. Italic);
            g.DrawString ("绘制文字! ",font1,brush ,new Point (50,50));
            Bitmap pic=new Bitmap ("D:\\dark.jpg");
            TextureBrush brush2=new TextureBrush (pic);
            Font font2 = new Font("姚体",50, FontStyle.Bold | FontStyle. Italic);
            g.DrawString("C#程序设计",font2,brush2 ,new PointF (70,150));
        }
    }
}
```

程序中定义了红线蓝底方格阴影画刷，定义了隶书、加粗、倾斜字体，使用 Graphics 对象 g 的 DrawString 方法绘制了文本“绘制文字！”的特殊效果。程序中还定义了纹理图像画刷，使用 DrawString 方法绘制了文本“C#程序设计”的特殊效果。程序运行效果如图 9.16 所示。

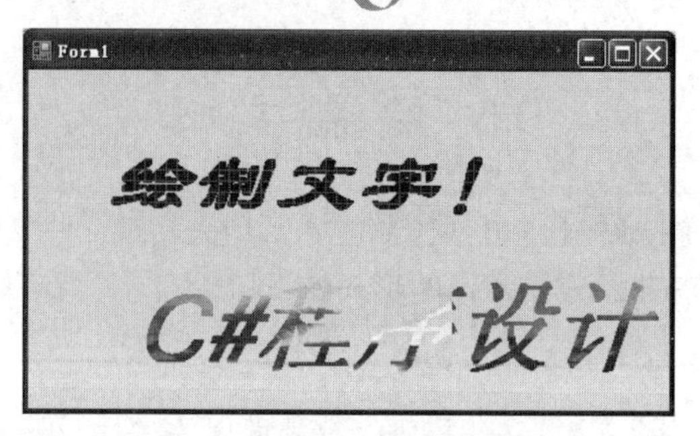

图 9.16　例 9-14 程序运行效果

9.6　Bitmap 类

GDI+中常使用 Bitmap 类表示位图图像。位图由图形图像及其特性的像素数据组成，可以使用许多标准格式将位图保存到文件中。Bitmap 用于处理由像素数据定义的图像对象。在 GDI+中，可以显示和处理多种格式的图像文件，如 BMP、GIF、EXIF、JPG、PNG、TIFF、ICON。

Bitmap 类有多个重载的构造函数，常用形式如下。

Public Bitmap (string filename);
//通过输入文件名创建 Bitmap 对象。其中 filename 是图像文件的名称

例如：

```
Bitmap bitmap = new Bitmap("filename.jpg");
Public Bitmap(Image original);  //通过指定的图像 original 创建 Bitmap 对象
```

例如：

```
Bitmap bitmap = new Bitmap(pictureBox1.Image);
```

Bitmap 类的常用属性如表 9-3 所示。

表 9-3　Bitmap 类的常用属性

属　性	说　明
Height	获取 Image 对象的高度(以像素为单位)
Weight	获取 Image 对象的宽度(以像素为单位)
Size	获取 Image 对象的高度和宽度(以像素为单位)
RawFormat	获取 Image 对象的格式
HorizontalResolution	图像水平方向上的分辨率

Bitmap 类的常用方法如表 9-4 所示。

表 9-4　Bitmap 类的常用方法

方　法	说　明
GetPixel	获取此 Bitmap 中指定的像素的颜色
RotateFlip	旋转、翻转或同时旋转和翻转 Image 对象

（续）

方　法	说　明
Save	将 Image 对象以指定的格式保存到指定的 Stream 对象中
SetPixel	设定 Bitmap 对象中指定像素的颜色
SetResolution	设置 Bitmap 对象的分辨率
Dispose	释放位图对象

9.7　图像的处理

图像的处理主要包括显示图像、保存图像、将彩色图片变为黑白图片、图片的翻转和旋转等内容。

9.7.1　显示图像

显示图像的方法，常用的有以下 3 种。

(1) 使用 PictureBox 图片控件，并设置 PictureBox 控件的 Image 属性。

在窗体中放置一个 PictureBox 控件，选中控件，在“属性”窗口中，选择 Image 属性，导入图片资源，为 PictureBox 控件设置 Image 属性，如图 9.17 所示。

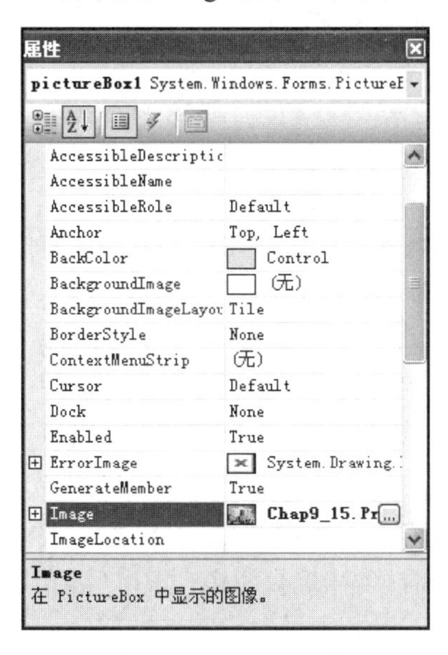

图 9.17　Image 属性

(2) 在程序中，通过“打开文件”对话框，选择图片文件，设置 PictureBox 控件的 Image 属性。

在窗体中添加一个图形框对象(pictureBox1)，在窗体的空白处双击，添加窗体的 Load 事件，在响应方法中输入如下代码。

```
private void Form1_Load(object sender, EventArgs e)
{
    OpenFileDialog dlg = new OpenFileDialog();
```

```
    dlg.Filter = "BMP文件(*.bmp)|*.bmp|JPEG文件(*.jpg)|*.jpg";
    if (dlg.ShowDialog() == DialogResult.OK)
    {
        Bitmap image = new Bitmap(dlg.FileName);
        pictureBox1.Image = image;
    }
}
```

(3) 使用Bitmap类从文件中读取一个位图，并在屏幕中显示图像。

使用这种方法需要以下3个步骤。

① 创建一个Bitmap对象指明要显示的图像文件。

② 创建一个Graphics对象表明要使用的绘图平面。

③ 通过调用Graphics对象的DrawImage方法显示图像。

在窗体中不用放置任何控件，直接添加窗体的Paint事件，并按照上面的3个步骤，加入语句即可。代码如下。

```
private void Form1_Paint(object sender, PaintEventArgs e)
{
    Graphics g=this.CreateGraphics ();
    Bitmap bitmap1=new Bitmap ("C: \\2.jpg");
    g.DrawImage(bitmap1, 30, 30);
}
```

注意

Graphics类的DrawImage方法用于在指定位置显示原始图像或者缩放后的图像。该方法的重载形式也非常多，其中常用的一种如下。

Public DrawImage (Image image,int x,int y,int width, int height);
*/*该方法在点(x,y)处，按指定的大小显示图像。利用此方法可以直接显示缩放后的图像*/*

9.7.2 保存图像

在窗体中绘制出图形或图像后，利用Image对象的Save方法可以将绘制的内容保存到文件中。Save方法的构造函数有多种重载形式，常用形式如下。

public Save (string filename);
public Save (string filename, ImageFormat format);

在上述构造函数中，filename为所要保存的文件名；format为保存的图像类型，图像类型由ImageFormat类的属性来指定，这些属性都是只读属性。如果不指定format参数，图像按原来的格式保存。使用时需加入命名空间。例如，System.Drawing.Imaging.ImageFormat.Gif。

利用Save方法的第二种构造函数，可以将一种图像格式保存为另一种图像格式。

【例9-15】 将窗体中已经显示的图像保存为BMP格式。

新建一个Windows应用程序，命名为“Chap9_15”，添加一个PictureBox控件pictureBox1

和一个 Button 按钮 button1，将 button1 的 Text 属性改为“保存”。添加 Form1 的 Load 事件和 button1 的 Click 事件，并编写程序，代码如下。

```
private void Form1_Load(object sender, EventArgs e)
{
    OpenFileDialog dlg = new OpenFileDialog();
    dlg.Filter = "BMP 文件(*.bmp)|*.bmp|JPEG 文件(*.jpg)|*.jpg";
    if (dlg.ShowDialog() == DialogResult.OK)
    {
        Bitmap image = new Bitmap(dlg.FileName);
        pictureBox1.Image = image;
    }
}
private void button1_Click(object sender, EventArgs e)
{
    SaveFileDialog dlg = new SaveFileDialog();
    dlg.Filter = "BMP 文件(*.bmp)|*.bmp";
    Bitmap image = new Bitmap(pictureBox1.Image);
    dlg.ShowDialog();
    image.Save(dlg.FileName, System .Drawing .Imaging.ImageFormat.Bmp );
    }
}
```

程序运行后，将显示的 JPEG 等格式的文件保存为 BMP 格式的文件。

9.7.3 彩色图片变为黑白图片

彩色图片的每个像素点的颜色都是由 3 种颜色(红、绿、蓝)合成的，3 种颜色的取值范围都是 0～255。对于不同的颜色，红(R)、绿(G)、蓝(B)3 种颜色的值是不同的。例如，红色用(255,0,0)表示，绿色用(0,255,0)表示，白色用(255,255,255)表示。

通常，使用 Bitmap 类的 GetPixel 方法获取图像上指定像素的颜色值，使用 SetPixel 方法设置指定像素的颜色值。例如：

```
Color c = new Color();
c = bitmap.GetPixel(i, j);
bitmap1.SetPixel(i, j, c);
```

彩色图像处理成黑白效果通常有以下 3 种算法。

(1) 最大值法：使每个像素点的 R、G、B 值等于原像素点的 RGB 值中最大的一个。

(2) 平均值法：使用每个像素点的 R、G、B 值等于原像素点的 RGB 值的平均值。

(3) 加权平均值法：对每个像素点的 R、G、B 值进行加权。

【例 9-16】 将彩色图片变为黑白图片。

新建一个 Windows 应用程序，命名为“Chap9_16”。在窗体中放置两个 PictureBox 图片控件 pictureBox1 和 pictureBox2，再添加一个按钮，将按钮的 Text 属性改为“黑白图片”，设置 pictureBox1 的 Image 属性，添加图片。为按钮添加 Click 事件，并添加如下代码。

【操作视频】

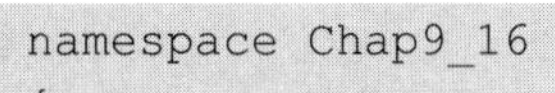

```
namespace Chap9_16
{
```

```
    public partial class Form1 : Form
    {
        public Form1()
        {
            InitializeComponent();
        }

        private void button1_Click(object sender, EventArgs e)
        {
            Color c = new Color();
            Bitmap bitmap = new Bitmap(pictureBox1.Image);
            Bitmap bitmap1 = new Bitmap(pictureBox1.Image);
            int r, g, b, avgColor;
            for (int i = 0; i < pictureBox2.Width ; i++)
            {
                for (int j = 0; j < pictureBox2.Height ; j++)
                {
                    c = bitmap.GetPixel(i, j);
                    r = c.R;
                    g = c.G;
                    b = c.B;
                    avgColor = (int)((r + g + b) / 3);  //求颜色的平均值
                    if (avgColor < 0)  avgColor = 0;
                    if (avgColor > 255)  avgColor = 255;
                    Color c1 = Color.FromArgb(avgColor, avgColor, avgColor);
                        /*使用 FromArgb 方法把颜色的平均值赋给 3 种颜色，并转换成颜色值*/
                    bitmap1.SetPixel(i, j, c1);
                }
                pictureBox2.Refresh();                          //刷新
                pictureBox2.Image = bitmap1;                    //bitmap1 赋给图片框 2
            }
        }
    }
}
```

程序使用平均值法，使用每个像素点的RGB值的平均值作为黑白图像的像素点的R、G、B的值。单击“黑白图片”按钮，可以将彩色图像变为黑白图像。程序运行结果如图9.18所示。

图 9.18　例 9-16 程序运行结果

9.7.4　图片的翻转和旋转

使用 Graphics 类的 DrawImage()方法可以实现图像的拉伸与反转。DrawImage 方法的形式如下。

void DrawImage (Image image,int x,int y,int w,int h);
void DrawImage (Image image,Rectangle rect);

其中，Image 为要绘制的图像；x，y 为要绘制图像区域的起始坐标(图像左上角)；w、h 为要绘制图像区域的宽度和高度，如果宽度为负值，则图像沿垂直轴反转，如果高度为负值，则图像沿着水平轴反转并颠倒显示。

例如：

```
Graphics g = this.CreateGraphics();
Bitmap b = new Bitmap("D:\\ pic.jpg");
g.DrawImage(b, 20, 20, 50, -50);
```

图像的高和宽都为 50，并且图像沿着水平轴反转并颠倒显示。

要实现图像的旋转、翻转或者同时旋转和翻转，经常使用 Image 类的 RotateFlip 方法实现。RotateFlip 方法的形式如下。

void RotateFlip (RotateFlipType　rotateFlipType);

RotateFlipType 参数是枚举值，部分枚举值含义如下。

(1) Rotate90FlipNone：不进行翻转的顺时针旋转 90 度。

(2) Rotate270FlipNone：不进行翻转的顺时针旋转 270 度。

(3) Rotate180FlipY：水平翻转。

(4) Rotate180FlipX：垂直翻转。

(5) Rotate180FlipXY：水平翻转和垂直翻转的 180 度旋转。

【例 9-17】 将给定图片分别旋转 90 度、旋转 180 度，水平翻转、垂直翻转。

【操作视频】

新建一个 Windows 应用程序，命名为“Chap9_17”。在窗体中放置两个 PictureBox 图片控件 pictureBox1 和 pictureBox2，再添加一个 GroupBox 控件，添加 4 个 RadioButton 单选按钮。将按钮的 Text 属性依次改为“旋转 90 度”“旋转 180 度”“水平翻转”“垂直翻转”。设置 pictureBox1 的 Image 属性，添加图片，为窗体添加 Load 事件和 4 个单选按钮的 CheckedChanged 事件，并添加如下代码。

```
private void radioButton1_CheckedChanged(object sender, EventArgs e)
{
    Image img = pictureBox1.Image;
    img.RotateFlip(RotateFlipType.Rotate90FlipNone);
    pictureBox2.Image = img;
}
private void radioButton2_CheckedChanged(object sender, EventArgs e)
{
    Image img = pictureBox1.Image;
    img.RotateFlip(RotateFlipType.Rotate180FlipNone);
    pictureBox2.Image = img;
```

```
    }
    private void radioButton3_CheckedChanged(object sender, EventArgs e)
    {
        Image img = pictureBox1.Image;
        img.RotateFlip(RotateFlipType.Rotate180FlipX);
        pictureBox2.Image = img;
        radioButton4.Enabled = true;
    }
    private void radioButton4_CheckedChanged(object sender, EventArgs e)
    {
        Image img = pictureBox1.Image;
        img.RotateFlip(RotateFlipType.Rotate180FlipY);
        pictureBox2.Image = img;
    }
    private void Form1_Load(object sender, EventArgs e)
    {
        pictureBox1.Image =Image.FromFile ("D:\\2.jpg");
    }
```

程序中图像的旋转和翻转的实现是通过 Image 类的 RotateFlip 方法实现的。程序运行结果如图 9.19 所示。

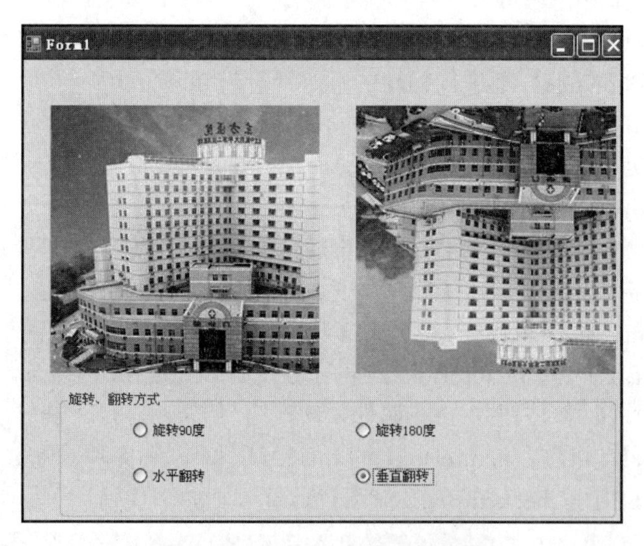

图 9.19　例 9-17 程序运行结果

9.8　案　　例

本案例通过一个单文档应用程序来演示如何在 PictureBox 控件中使用鼠标绘制基本图形，实现一个功能简单的画图程序，从而说明如何使用 Graphics 类绘制各种图形、如何使用画笔等 GDI+对象、Bitmap 类的使用及图像打开、保存等的处理。

在本案例中使用拖动鼠标的方法绘制直线、圆、椭圆、矩形、各种曲线等是难点。当打开一个图片文件作为 PictureBox 控件的背景图片时，即可在 PictureBox 控件上绘制各种图形，如果没有选择 PictureBox 控件的背景图片，PictureBox 控件默认颜色为白色。选择菜单上的不同选项，拖动鼠标，绘制不同的图形。例如，要绘制圆或椭圆，以鼠标左键被按下处作为外接矩形的一个顶点，记为起始顶点，该点坐标不改变。拖动鼠标移动到另一位置，以此位置作为矩形另一顶点，记为顶点 2，起始顶点和顶点 2 在矩形对角线的两端。绘制由起始顶点和顶点 2 定义的矩形的内切椭圆，以显示要绘制椭圆的位置，这个椭圆的位置随着鼠标指针的移动而改变。当释放鼠标时，以鼠标抬起位置为最终顶点，用指定的画笔绘制由起始顶点和最终顶点定义的矩形的内切椭圆，作为最终图形。在鼠标拖动时，会随着鼠标的移动，不断绘制大小不同的椭圆，会产生很多椭圆，因此，在新位置画椭圆或圆之前，应擦除原来的图形。用 PictureBox 控件的 Invalidate()方法即可实现此功能。

具体操作步骤如下。

(1) 创建一个 Windows 应用程序，命名为“Chap9”。

(2) 为 Form1 类增加如下变量。

```
private bool flag = false;         //表示鼠标左键是否按下
private Point point;               //记录画下一条很短线段的起始点
private Bitmap bits;
private Graphics bitG;
private bool isEllipse;            //是否绘制椭圆
private bool isPolygon;            //是否绘制曲线
private bool isRectangle;          //是否绘制矩形
private bool isLine;               //是否绘制直线
Point StartPoint;                  //矩形起点
Point EndPoint;                    //矩形终点
```

(3) 在 Form1 窗体中添加菜单 MenuStrip 控件，并设置文件和绘图菜单。

文件菜单中添加打开、保存、退出菜单项；绘图菜单中添加直线、圆/椭圆、矩形、曲线菜单项，并在窗体的空白处放置一个 PictureBox 控件，并将其属性 Dock 设置为 Fill。

(4) 在 Form1 的构造函数中创建并初始化位图对象、Graphics 类对象。

在 Form1 类的构造函数中继续添加如下代码。

```
bits = new Bitmap(pictureBox1.Width,pictureBox1.Height);
//建立位图类对象,宽和高为指定值
bitG = Graphics.FromImage(bits);          //得到位图对象的 Graphics 类的对象
bitG.Clear(Color.White);                  //用白色清除位图对象中的图像
pictureBox1.Image = bits;                 //bits 记录了 pictureBox1 显示的图像
isEllipse = false;
isPolygon = false;
isRectangle = false;
isLine = false;
```

(5) 在 Form1 类中增加 MakeRectangle 方法返回由参数指定的两个点定义的矩形。

在 Form1 类中添加私有方法 MakeRectangle，代码如下。

```
private Rectangle MakeRectangle(Point p1,Point p2)
{
```

```
    int top,left,bottom,right;
    top=p1.Y<=p2.Y? p1.Y:p2.Y;            //计算矩形左上角点的 y 坐标
    left=p1.X<=p2.X? p1.X:p2.X;           //计算矩形左上角点的 x 坐标
    bottom=p1.Y>p2.Y? p1.Y:p2.Y;          //计算矩形右下角点的 y 坐标
    right=p1.X>p2.X? p1.X:p2.X;           //计算矩形右下角点的 x 坐标
    return (new Rectangle(left, top, right, bottom));    //返回矩形
}
```

(6) 为 PictureBox 控件添加事件 MouseDown、MouseUp、MouseMove。增加事件处理函数如下。

```
private void pictureBox1_MouseDown(object sender, MouseEventArgs e)
{
    if (isPolygon && (e.Button == MouseButtons.Left))
    //是否绘制曲线、是否鼠标左键按下
    {
        point.X = e.X;
        point.Y = e.Y;       //画线段开始点
        flag = true;         //鼠标左键按下标志
    }
    if (isEllipse && (e.Button == MouseButtons.Left))
    //是否绘制椭圆、鼠标左键是否按下
    {
        StartPoint.X = e.X; //以鼠标左键被按下处作为矩形的一个顶点
        StartPoint.Y = e.Y; //StartPoint 记录矩形的这个顶点
        EndPoint.X = e.X;   //鼠标指针移动到的位置作为矩形另一顶点
        EndPoint.Y = e.Y;   //EndPoint 记录矩形的这个顶点，两个顶点定义一个矩形
        flag = true;
    }
    if (isRectangle && (e.Button == MouseButtons.Left))
    //是否绘制矩形、鼠标左键是否按下
    {
        StartPoint.X = e.X; //以鼠标左键被按下处作为矩形的一个顶点
        StartPoint.Y = e.Y; //StartPoint 记录矩形的这个顶点
        EndPoint.X = e.X;   //鼠标指针移动到的位置作为矩形另一顶点
        EndPoint.Y = e.Y;
        flag = true;
    }
    if (isLine && (e.Button == MouseButtons.Left))
    //是否绘制直线、鼠标左键是否按下
    {
        point.X = e.X;
        point.Y = e.Y;                                    //画线段开始点
        flag = true;                                      //鼠标左键按下标志
    }
}
```

```
private void pictureBox1_MouseUp(object sender, MouseEventArgs e)
{
    flag = false;
    if (isPolygon)
       pictureBox1.Image = bits;                              //保存所画的图形
    if (isEllipse)
    {
       Pen pen1 = new Pen(Color.Black,2);
       EndPoint.X = e.X;
       EndPoint.Y = e.Y;
       Rectangle r1 = MakeRectangle(StartPoint, EndPoint);
       bitG.DrawEllipse(pen1, r1);
       //最终椭圆画在 pictureBox1 的属性 Image 引用的对象中
       pictureBox1.Image = bits;
    }
    if (isRectangle)
    {
       Pen pen1 = new Pen(Color.Black,2);
       EndPoint.X = e.X;
       EndPoint.Y = e.Y;
       Rectangle r1 = MakeRectangle(StartPoint, EndPoint);
       bitG.DrawRectangle(pen1, r1);
       //最终矩形画在 pictureBox1 的属性 Image 引用的对象中
       pictureBox1.Image = bits;
    }
    if (isLine)
    {
       Pen pen1 = new Pen(Color.Black,2);
       EndPoint.X = e.X;
       EndPoint.Y = e.Y;
       bitG.DrawLine(pen1, point, EndPoint);
       //最终直线画在 pictureBox1 的属性 Image 引用的对象中
       pictureBox1.Image = bits;
    }
}

private void pictureBox1_MouseMove(object sender, MouseEventArgs e)
{
     if (flag && isPolygon)
     //如果鼠标左键按下并且绘制曲线
     {
        Graphics g = pictureBox1.CreateGraphics();
       Pen pen1 = new Pen(Color.Black,2);
       g.DrawLine(pen1, point.X, point.Y, e.X, e.Y);
       //图形画在 PictureBox 表面
       bitG.DrawLine(pen1, point.X, point.Y, e.X, e.Y);
       //图形画在位图对象 bits 中
```

```
        point.X = e.X;
        point.Y = e.Y;
        //再次绘制线段开始点
    }
    if (flag && isEllipse)
    //如果鼠标左键按下并且是绘制椭圆
    {
        Rectangle r1 = MakeRectangle(StartPoint, EndPoint);
         pictureBox1.Invalidate(r1);
         //擦除上次画的图形，r1 为擦除区域
         pictureBox1.Update();
         //立即重画，即擦除
         Graphics g = pictureBox1.CreateGraphics();
         Pen pen1 = new Pen(Color.Black,2);
         EndPoint.X = e.X;
         EndPoint.Y = e.Y;
         r1 = MakeRectangle(StartPoint, EndPoint);           //椭圆新位置
         g.DrawEllipse(pen1, r1);
         //在新位置画椭圆，显示椭圆绘制的新位置
     }
     if (flag && isRectangle)
     //如果鼠标左键按下并且绘制矩形
     {
         Rectangle r1 = MakeRectangle(StartPoint, EndPoint);
         pictureBox1.Invalidate(r1);
         //擦除上次画的图形，r1 为擦除区域
         pictureBox1.Update();
         //立即重画，即擦除
         Graphics g = pictureBox1.CreateGraphics();
         Pen pen1 = new Pen(Color.Black,2);
         EndPoint.X = e.X;
         EndPoint.Y = e.Y;
         r1 = MakeRectangle(StartPoint, EndPoint);           //矩形新位置
         g.DrawRectangle(pen1, r1);
         //在新位置画矩形，显示矩形绘制的新位置
     }
     if (flag && isLine)
     //如果鼠标左键按下并且绘制直线
     {
         pictureBox1.Invalidate();                         //擦除上次画的图形
         pictureBox1.Update();                             //立即重画，即擦除
         Graphics g = pictureBox1.CreateGraphics();
         Pen pen1 = new Pen(Color.Black,2);
         EndPoint.X = e.X;
         EndPoint.Y = e.Y;
         g.DrawLine(pen1, point ,EndPoint );
         //在新位置画直线，显示直线绘制的新位置
     }
}
```

在上述 3 个事件中，通过 4 个 if 语句，分情况绘制曲线、圆/椭圆、矩形和直线。当 MouseDown 事件触发时，保存起点坐标，并将鼠标左键已经按下标志 flag 置为 True；当鼠标 MouseMove 事件触发时，如果绘制的是曲线，可以认为曲线是由许多线段连接而成的，鼠标移动时绘制这些非常短的线段即可连接成曲线。如果绘制的是另外 3 种图形，鼠标移动时绘制图形，再次移动到新的位置时会再次触发事件，再次绘制图形，这时需要将原来绘制的图形擦除，不然会看到许多图形重叠在一起。擦除使用 pictureBox1.Invalidate() 方法即可实现。当鼠标的 MouseUp 事件触发时，将鼠标左键已经按下标志 flag 置为 False，如果绘制的是曲线，则在鼠标移动的过程中不断绘制。而对于其他图形而言，这时终点坐标已经确定，将最终的图形绘制出来即可。

(7) 为各个菜单项添加单击事件。增加的事件处理函数如下。

```
private void 打开ToolStripMenuItem_Click(object sender, EventArgs e)
{
    if (openFileDialog1.ShowDialog(this) == DialogResult.OK)
    {
        bits.Dispose();                    //撤销 bitG 所引用的对象
        bits = new Bitmap(openFileDialog1.FileName); //建立指定文件的新位图对象
        bitG = Graphics.FromImage(bits); //得到位图对象使用的 Graphics 类对象
        pictureBox1.Image = bits;
    }
}

private void 保存ToolStripMenuItem_Click(object sender, EventArgs e)
{
    if (saveFileDialog1.ShowDialog(this) == DialogResult.OK)
    {
        string s = saveFileDialog1.FileName;
        bits.Save(s,System.Drawing.Imaging.ImageFormat.Jpeg);
        //将图像保存为 JPEG 格式
    }
}

private void 退出ToolStripMenuItem_Click(object sender, EventArgs e)
{
    Close();
}

private void 曲线ToolStripMenuItem_Click(object sender, EventArgs e)
{
    isPolygon = true ;            //绘制曲线
    isEllipse = false ;
    isRectangle = false;
    isLine = false;
}
```

```
private void 圆椭圆 ToolStripMenuItem_Click(object sender, EventArgs e)
{
    isEllipse = true ;              //绘制圆、椭圆
    isPolygon = false;
    isRectangle = false;
    isLine = false;
}

private void 矩形 ToolStripMenuItem_Click(object sender, EventArgs e)
{
    isRectangle = true;             //绘制矩形
    isEllipse = false ;
    isPolygon = false;
    isLine = false;
}

private void toolStripMenuItem1_Click(object sender, EventArgs e)
{
    isLine = true ;                 //绘制直线
    isRectangle = false ;
    isEllipse = false;
    isPolygon = false;
}
```

【本章拓展】

在打开菜单中，可以打开图片文件作为绘图的背景，在图片上绘图。使用保存菜单，可以将绘制好的图片保存为 JPEG 格式的文件。

(8) 编译、运行程序，结果如图 9.1 所示。

习　题

1. 填空题

(1) 可以使用 Graphics 对象提供的________方法绘制一个填充矩形。

(2) Graphics 对象使用________方法绘制空心的扇形，使用________方法绘制填充扇形。

(3) 要在客户区画一条红色直线，起点为(100，100)，终点为(200，200)，使用的语句序列为________。

(4) 彩色图片的每个像素点的颜色都是由 3 种颜色(红、绿、蓝)合成的，3 种颜色的取值范围都是________。

2. 选择题

(1) Graphics 对象提供了________方法绘制直线。

A．DrawLine()　　B．DrawRectangle()

C．DrawPolygon()　　D．DrawEllipse()

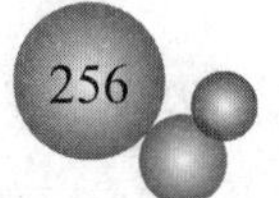

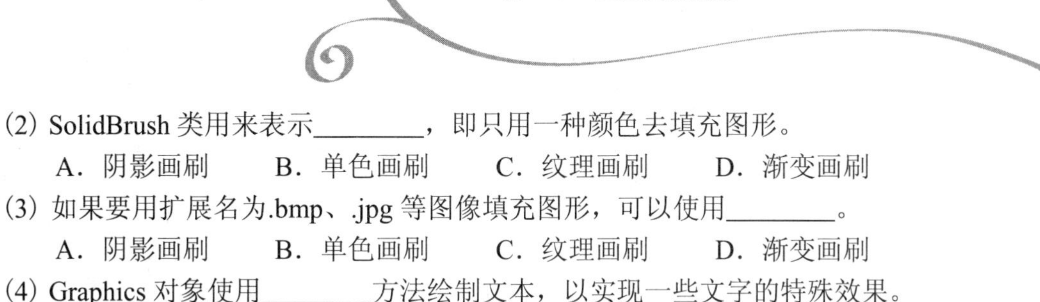

(2) SolidBrush 类用来表示________，即只用一种颜色去填充图形。

A．阴影画刷　　B．单色画刷　　C．纹理画刷　　D．渐变画刷

(3) 如果要用扩展名为.bmp、.jpg 等图像填充图形，可以使用________。

A．阴影画刷　　B．单色画刷　　C．纹理画刷　　D．渐变画刷

(4) Graphics 对象使用________方法绘制文本，以实现一些文字的特殊效果。

A．DrawString()　　B．DrawLine()

C．DrawRectangle()　　D．DrawPolygon()

(5) 下面的方法，不能用来显示图像的是________。

A．通过“属性”窗口设置 PictureBox 控件的 Image 属性显示图像

B．通过编程方式设置 PictureBox 控件的 Image 属性

C．使用 Bitmap 类从文件中读取一个位图，并在屏幕中显示图像

D．使用 Bitmap 类的 Save 方法显示图像

(6) 如果要实现图像的旋转、翻转或者同时旋转和翻转，经常使用 Image 类的________方法实现。

A．RotateFlip()　B．DrawImage()　C．GetPixel()　　D．SetPixel()

3．编程题

(1) 在窗体中绘制一个椭圆和一个矩形，并将其分别填充为红色和蓝色。

(2) 编写一个程序，将图片剪裁成圆形。

【习题答案】

文 件 和 流

【本章代码】

教学目标

- 掌握使用 FileStream 类读写字节的操作。
- 掌握 BinaryReader 类和 BinaryWriter 类的使用方法。
- 掌握 StreamReader 和 StreamWriter 类读写字符串的操作。
- 了解 Stream 类的其他派生类。
- 掌握 File 类和 FileInfo 类的常用属性和方法。
- 掌握 Directory 类和 DirectoryInfo 类操作文件夹的常用属性和方法。

案例说明

Windows 资源管理器管理计算机中的软硬件资源，通过资源管理器可以快速地找到文件或文件夹所在的路径，以便管理文件和文件夹。本章案例使用本章所学知识，设计一个功能简单的类似于资源管理器的小程序，管理计算机上“我的电脑”窗口中各个逻辑盘下的文件和文件夹。案例运行结果如图 10.1 所示。

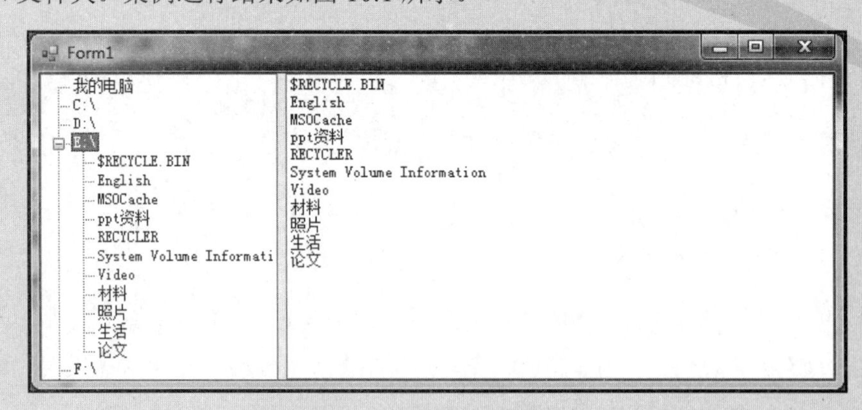

图 10.1 案例运行结果

10.1 用流读写文件

编写应用程序时，经常需要用文件来保存数据或配置信息。应用程序可以创建文件，将数据保存到文件中(即文件的写操作)，也可以将文件中的数据读取出来(即文件的读操作)。

计算机中的数据都是通过文件进行保存和管理的。文件是计算机管理数据的基本单位，同时也是应用程序保存和读取数据的一个重要场所。人们使用的各种文字、图片、数字、声音等，都以文件的形式存储在计算机的硬盘、可移动磁盘、CD 等各种存储介质中。通常情况下，文件按照树状目录进行组织，每个文件都有文件名、文件所在路径、创建时间、访问权限、共享权限等属性。

文件(File)和流(Stream)是两个既有区别又有联系的概念。

流是字节序列的抽象概念。C#将文件看作顺序的字节流，也称文件流。通过文件流，可以对文件进行读取、存储操作。流有多种形式，除文件流之外也存在多种流，如网络流、内存流和磁带流等。所有表示流的类都是从抽象基类 Stream 继承的。

在 C#中进行文件操作时，不需要考虑文件的具体存储格式。在 System.IO 命名空间中提供了多种类，用于进行文件和数据流的读写操作。使用这些类时，需要在程序的开始加入语句“using System.IO;”。

Stream 类有许多派生类，可以使用 FileStream 类以字节为单位读写文件，使用 BinaryReader 类和 BinaryWriter 类读写基本数据类型，可以从文件直接读写 bool、string、int 等基本数据类型数据，使用 StreamReader 和 StreamWriter 类以字符或字符串为单位读写文件。除此以外，Stream 类还有其他的派生类，包括 MemoryStream、BufferStream、NetworkStream 等。

10.1.1 FileStream 类读写字节

使用 FileStream 类可以创建文件流对象，表示在磁盘或网络路径下指向文件的流，常用于打开、关闭、读取和写入文件。FileStream 类以字节为单位读写文件，因此，FileStream 类可以读写任何数据文件，而不仅仅是文本文件。FileStream 类可以读写字节数据，通过读取字节数据，FileStream 对象甚至可以读取图像、声音等类型的文件。

1. FileStream 类的常用属性

- CanRead 用于判断当前文件流是否支持文件读取操作。
- CanSeek 用于判断当前文件流是否支持文件查找操作。
- CanWrite 用于判断当前文件流是否支持文件写入操作。
- Length 用于获取用字节表示的文件流长度。
- Position 用于获取或设置文件流的当前位置。

2. FileStream 类的构造函数

FileStream 类有很多重载的构造函数，常用的有以下两种形式。

```
public FileStream (string path,FileMode mode);   /*默认为 FileAccess.ReadWrite*/
public FileStream (string path,FileMode mode,FileAccess access);
```

参数说明如下。

(1) path 是文件的相对路径或绝对路径。

(2) mode 用于指定操作系统打开文件的方式，FileMode 参数是一个枚举类型，下面列出了所有的枚举值。

① FileMode.Append —— 打开文件并将读写位置移到文件尾，向文件中追加数据，若文件不存在则创建新文件。

② FileMode.Create——创建新文件，如果文件已存在，则新建文件将覆盖原文件。

③ FileMode.CreateNew——创建新文件，如果文件已存在，则引发异常。

④ FileMode.Open——打开现有文件，如果文件不存在，则引发异常。

⑤ FileMode.OpenOrCreate——打开或创建文件，如果文件存在，则打开文件，否则创建新文件。

⑥ FileMode.Truncate——打开现有文件，将文件截断为 0 字节，即将文件中所有内容删除。

(3) access 用于控制对文件的访问方式是读访问、写访问，还是读/写访问。FileAccess 也是枚举类型，若省略，则默认为 FileAccess.ReadWrite。它有以下一些枚举值。

① FileAccess.Read——以只读方式打开文件，从文件中读取数据。

② FileAccess.Write——以只写方式打开文件，可以将数据写入文件。

③ FileAccess.ReadWrite——以读写方式打开文件，从文件中读取数据和将数据写入文件。

3. FileStream 类的常用方法

(1) Write 方法。

```
void Write (byte[] array,int offset,int count);   /*使用从缓冲区读取的数据将字节块写入该流*/
```

其中，array 指定数组中多个字节写入流，要写入流的第一个字节是 array[offset]，count 为要写入的字节数。

(2) Read 方法。

```
int Read (byte[] array,int offset,int count);   /*从流中读取字节块并将该数据写入给定缓冲区*/
```

从流中读数据写入字节数组 array，读入的第一个字节写入 array[offset]，count 为要读入的字节数。返回值为所读字节数，如果已读到文件尾部，则返回值可能小于 count，甚至为 0。

(3) Seek 方法。

```
long Seek (long offset,SeekOrigin origin);   /*将文件流的读写位置设置为 origin 指定位置+offset 指定偏移量*/
```

其中，SeekOrigin 参数可以是 SeekOrigin.Begin、SeekOrigin.End、SeekOrigin.Current，分别表示开始位置、结束位置、当前读写位置。

(4) Close 方法。

```
void Close ();   //用于关闭当前文件流,并释放与之关联的所有资源
```

(5) Flush 方法。

```
void Flush ();   /*清除该流的所有缓冲区,使得所有缓冲的数据都被写入基础设备*;/
```

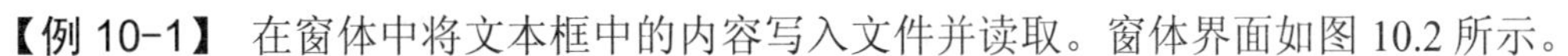

【例 10-1】 在窗体中将文本框中的内容写入文件并读取。窗体界面如图 10.2 所示。

图 10.2　例 10-1 窗体界面

新建一个 Windows 应用程序，命名为“Chap10_1”。在 Form1 窗体中添加 4 个文本框控件，将 textBox1 的 MultiLine 属性设为 True。添加 3 个 Label 控件，将 Text 属性分别改为“姓名”“性别”“爱好”。添加两个按钮控件，将 Text 属性分别改为“写入文件”“读取文件”。分别为两个按钮添加 Click 事件，并编写程序。该窗体包含的代码如下。

```
using System;
using System.Text;
using System.Windows.Forms;
using System.IO;

namespace Chap10_1
{
    public partial class Form1 : Form
    {
        public Form1()
        {
            InitializeComponent();
        }
        private void button1_Click(object sender, EventArgs e)
        {
            FileStream fs = new FileStream("D:\\file.txt", FileMode.
                OpenOrCreate, FileAccess.Write);
            byte[] b = new byte[40];
            char[] ch = new char [40];

            ch = this.textBox2.Text.ToCharArray();
            //将 textBox2 中的 Text 属性赋给 ch 数组
            for (int i = 0; i < ch.Length ; i++)  //遍历所有的字符
            {
                b[i] = (byte)ch[i];                    //把该字符数组转换为字节数组
            }
```

```
            fs.Write(b, 0, ch.Length);              //把该字节写入文件

            ch = this.textBox3.Text.ToCharArray(); ;
            for (int i = 0; i < ch.Length; i++)   //遍历所有的字符
            {
                b[i] = (byte)ch[i];                 //把该字符数组转换为字节数组
            }
            fs.Write(b, 0, ch.Length);

            ch = this.textBox4.Text.ToCharArray(); ;
            for (int i = 0; i < ch.Length; i++)   //遍历所有的字符
            {
                b[i] = (byte)ch[i];                 //把该字符数组转换为字节数组
            }
            fs.Write(b, 0, ch.Length);
            fs.Flush();                             //刷新文件
            fs.Close();                             //关闭文件
        }
        private void button2_Click(object sender, EventArgs e)
        {
            FileStream fs = new FileStream("D:\\file.txt", FileMode.
                          OpenOrCreate, FileAccess.Read);
            int a = 0;
            string str = "";
            string ch;
             a = fs.ReadByte();                     //从文件中读取一个字节
            while (a > -1)
            {
                ch = ((char)a).ToString();
                str = str + ch;
                a = fs.ReadByte();
            }/*如果不是文件的结尾,则把读取的字节转换为字符串型,并将该字符串连接到结果
字符串的末尾,再读下一个字节*/
            textBox1.Text = str;
            fs.Close();                             //关闭文件
        }
    }
}
```

程序中 button1 实现写入文件的功能，button2 实现读取文件的功能。写入文件时，定义了一个字节数组和一个字符数组。将用于输入姓名、性别、爱好的文本框的 Text 属性赋给字符数组，并通过 for 循环，将字符数组转换成字节数组，以便使用 FileStream 类的对象进行写入操作。读取文件时，通过 FileStream 类的对象的 ReadByte 方法从文件中读取一个字节，使用 While 循环不断读取字节，并把读取的字节转换为字符串类型。读取完数据后，将数据显示在文本框 textBox1 中。运行程序，结果如图 10.2 所示。

10.1.2 BinaryReader 类和 BinaryWriter 类读写基本数据类型

在System.IO类库中，使用BinaryReader类可以以文件流的形式读取基本数据类型的数据，使用 BinaryWriter 类可以直接以文件流的形式把基本数据类型的数据写入文件。BinaryReader 类和 BinaryWriter 类可以读写的数据类型有 bool、string、char、byte、int16、int32 等。

1. BinaryReader 类的构造函数

public BinaryReader (Stream input);//参数为 FileStream 类对象

*public BinaryReader (Stream input, Encoding encoding); /*参数为 FileStream 类对象参数，encoding 为字符编码*/*

2. BinaryReader 类的常用方法

(1) 读方法。

```
bool ReadBoolean ();              //从当前流中读取 Boolean 值
byte ReadByte ();                 //从当前流中读取下一个字节
char ReadChar ();                 //从当前流中读取下一个字符 decimal ReadDecimal ();
double ReadDouble ();             //从当前流中读取 8 字节浮点值
float ReadSingle ();              //从当前流中读取 4 字节浮点值
string ReadString ();             //从当前流中读取一个字符串
byte[] ReadBytes (int count);     /*从当前流中读取 count 个字符，并以字符数组的形式返回数据*/
```

(2) Close 方法。

```
void Close ();                    //用于关闭当前阅读器及基础流
```

(3) PeekChar 方法。

```
int PeekChar ();                  //返回下一个可用的字符
```

3. BinaryWriter 类的构造函数

public BinaryWriter (Stream input);　　//参数 input 为 FileStream 类对象

*public BinaryWriter (Stream input, Encoding encoding); /*参数 input 为 FileStream 类对象，参数 encoding 为字符编码*/*

4. BinaryWriter 类的常用方法

(1) Write 写方法。

*void Write (数据类型 Value); /*写入参数指定的数据类型的一个数据，数据类型可以是基本数据类型，如 string、char、int、bool、float 等*/*

(2) Close 方法。

```
void Close ();          //用于关闭当前阅读器及基础流
```

【例 10-2】 在窗体中将输入的学生信息保存到文件中，并读取出来。

新建一个 Windows 应用程序，命名为“Chap10_2”。在 Form1 窗体中添加 4 个文本框控件，将 textBox4 的 MultiLine 属性设为 True。添加 3 个 Label 控件，将 Text 属性分别改为“姓名”“年龄”“班级”。添加 3 个按钮控件，将 Text 属性分别改为“添加数据”“写入文件”“读取文件”。该窗体包含的代码如下。

```
using System;
using System.Text;
using System.Windows.Forms;
using System.IO;
using System.Collections ;

namespace Chap10_2
{
    public partial class Form1 : Form
    {
        public ArrayList stuList = new ArrayList();
        struct student
        {
            public string name;
            public int age;
            public string classname;
        }
        public Form1()
        {
            InitializeComponent();
        }
        private void button1_Click(object sender, EventArgs e)
        //将数据添加到学生结构体数组中
        {
            student stu;
            stu.name = textBox1.Text;
            stu.age = Convert.ToInt32(textBox2.Text);
            stu.classname = textBox3.Text;
            stuList.Add(stu);
        }
        private void button2_Click(object sender, EventArgs e)//写入文件
        {
            FileStream fs = new FileStream("file.txt", FileMode.OpenOrCreate,
                      FileAccess.Write);
            BinaryWriter bw = new BinaryWriter(fs, Encoding.Default);
            foreach (student stu in stuList)
            {
                bw.Write(stu.name);
                bw.Write(stu.age);
                bw.Write(stu.classname);
            }
            bw.Close();
            fs.Close();

        }
        private void button3_Click(object sender, EventArgs e)//读取文件
        {
```

```
            string str = "";
            FileStream fs = new FileStream("file.txt", FileMode.OpenOrCreate,
                        FileAccess.Read);
            BinaryReader br = new BinaryReader(fs, Encoding.Default);
            fs.Seek(0, SeekOrigin.Begin);
            while (br.PeekChar() > -1)
            {
                str = str + br.ReadString() + "\t" + br.ReadInt32() + "\t"
                        + br.ReadString() + "\r\n";
            }
            br.Close();
            fs.Close();
            textBox4.Text = str;
        }
    }
}
```

定义学生结构体，表示学生的姓名、年龄和班级名称。由于不能确定学生结构体数组的大小，因此使用动态数组。

单击 button1“添加数据”按钮，将会定义一个 student 类型的变量 stu，并将窗体中 3 个文本框 textBox1、textBox2、textBox3 中输入的数据赋给 stu 的 name、age、classname。使用动态数组 ArrayList 的 Add 方法，将输入的学生信息添加到数组中。单击 button2“写入文件”按钮，将动态数组中的所有元素写入当前路径下的文件 file.txt 中。单击 button3“读取文件”按钮，将当前路径下的文件 file.tx 中的所有数据读到 textBox4 中。

程序运行结果如图 10.3 所示。

图 10.3　例 10-2 程序运行结果

10.1.3　StreamReader 类和 StreamWriter 类读写字符串

在 C#中，使用 StreamReader 类和 StreamWriter 类读写字符串。FileStream 类中的 Read 和 Write 方法只能读写字节，使用时很不方便。相比之下，StreamReader 和 StreamWriter 这两个类的应用更为广泛。其中，StreamReader 类用于读取文本文件或文本数据流，StreamWriter 类用于写入文本文件或文本数据流。

1. StreamReader 类的构造函数

StreamReader 类的构造函数很多，常见的有如下几种形式。

public StreamReader (Stream stream);
public StreamReader (string path);
public StreamReader (Stream stream, Encoding encoding);
public StreamReader (string path, Encoding encoding);

其中，参数 stream 指定要写入的流，参数 path 指定写入文件的完整路径，参数 encoding 指定字符编码。

2. StreamReader 类的常用方法

(1) Read 方法。

int Read ();　　　　//读取流中的下一个字符

(2) ReadLine 方法。

string ReadLine ();　　//读取一行字符并将数据作为字符串返回

(3) ReadToEnd 方法。

string ReadToEnd ();　//读取从流的当前位置到末尾的所有字符

(4) Close 方法。

*void Close ();　　　　/*关闭 StreamReader 对象和基础流,并释放与读取器关联的所有系统资源*/*

3. StreamWriter 类的构造函数

StreamWriter 类的构造函数很多，常见的有如下几种形式。

public StreamWriter (Stream stream);　//参数 stream 为要写入的流
public StreamWriter (string path);　　//参数 path 表示完整的文件路径
*public StreamWriter (Stream stream, Encoding encoding);　/*参数 stream 为要写入的流,参数 encoding 为使用的字符编码*/*
*public StreamWriter (string path, bool append);　/*参数 path 表示写入文件的完整路径,参数 append 表示是否将数据追加到文件。如果该文件存在,并且 append 为 False,则该文件被改写;如果该文件存在,并且 append 为 True,则数据被追加到该文件中。如果文件不存在,则创建新文件*/*

4. StreamWriter 类的常用方法

(1) Write 方法。

void Write (基本类型 value);　　　//将任何类型数据写入流

(2) WriteLine 方法。

void WriteLine (基本类型 value);　　//将任何类型数据写入流,插入行结束符

(3) Close 方法。

void Close ();　　　　　　　//关闭当前的 Stream 对象和基础流

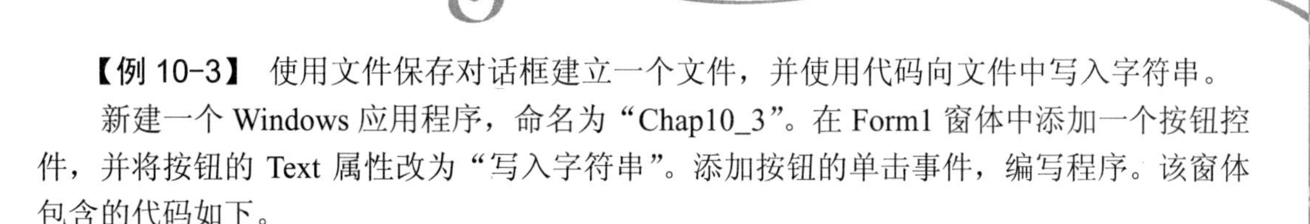

【例 10-3】 使用文件保存对话框建立一个文件，并使用代码向文件中写入字符串。

新建一个 Windows 应用程序，命名为“Chap10_3”。在 Form1 窗体中添加一个按钮控件，并将按钮的 Text 属性改为“写入字符串”。添加按钮的单击事件，编写程序。该窗体包含的代码如下。

```
using System;
using System.Text;
using System.Windows.Forms;
using System.IO;

namespace Chap10_3
{
    public partial class Form1 : Form
    {
        public Form1()
        {
            InitializeComponent();
        }

        private void button1_Click(object sender, EventArgs e)
        {
            SaveFileDialog sfdlg = new SaveFileDialog();
            sfdlg.Filter = "所有文件*.*|*.*|文本文件*.txt|*.txt|C#文件|*.cs|
                           C 文件|*.c";
            sfdlg.InitialDirectory = "D:\\";
            sfdlg.Title = "保存文本文件";
            sfdlg.FilterIndex = 2;    //把文件过滤器设为第二项“*.txt”
            //如果用户单击文件保存对话框的“保存”按钮，则向文件中写入“This is test”
            if (sfdlg.ShowDialog() == DialogResult.OK)
            {
                FileStream fs = new FileStream(sfdlg.FileName, FileMode.
                                OpenOrCreate, FileAccess.Write);
                StreamWriter fileStream = new StreamWriter(fs);
                fileStream.WriteLine("This is a test");
                fileStream.Close();
            }
        }
    }
}
```

运行程序，在保存文件对话框中输入文件名，即可把字符串“This is a test”保存到文件中。

【例 10-4】 在窗体中将文本框中输入的数据保存到文件中，并将数据读取出来。

新建一个 Windows 应用程序，命名为“Chap10_4”。在 Form1 窗体上添加一个文本框，将其 MultiLine 属性改为 True；添加两个按钮控件，并将按钮的 Text 属性分别改为“写入数据”“读取数据”。添加两个按钮的单击事件，编写程序。该窗体包含的代码如下。

【操作视频】

```
using System;
using System.Text;
using System.Windows.Forms;
using System.IO;

namespace Chap10_4
{
    public partial class Form1 : Form
    {
        public Form1()
        {
            InitializeComponent();
        }

        private void button1_Click(object sender, EventArgs e)
        {
            SaveFileDialog mydlg = new SaveFileDialog();
            mydlg.Filter = "所有文件(*.*)|*.*|文本文件*.txt|*.txt";
            mydlg.InitialDirectory = "D:\\";
            mydlg.FilterIndex = 2;
            if (mydlg.ShowDialog() == DialogResult.OK)
            {
                FileStream fs = new FileStream(mydlg.FileName, FileMode.
                            OpenOrCreate, FileAccess.Write);
                StreamWriter filestream = new StreamWriter(fs);
                filestream.WriteLine(textBox1.Text);
                filestream.Close();
                MessageBox.Show("数据成功写入！");
            }
        }

        private void button2_Click(object sender, EventArgs e)
        {
            OpenFileDialog mydlg = new OpenFileDialog();
            mydlg.Filter = "所有文件(*.*)|*.*|文本文件*.txt|*.txt";
            mydlg.InitialDirectory = "D:\\";
            mydlg.FilterIndex = 2;
            if (mydlg.ShowDialog() == DialogResult.OK)
            {
                FileStream fs = new FileStream(mydlg.FileName, FileMode.
                            OpenOrCreate, FileAccess.Read);
                StreamReader filestream = new StreamReader(fs);
                textBox1.Text = filestream.ReadToEnd();
                filestream.Close();
            }
        }
    }
}
```

程序运行结果如图10.4所示。

图10.4 例10-4程序运行结果

10.1.4 Stream类的其他派生类

Stream类还包括MemoryStream、BuffereStream、NetworkStream等派生类。其中，MemoryStream类用于向内存读写数据，BuffereStream类使用缓冲区读写文件，NetworkStream类将网络传输的数据以流的形式处理。

10.2 使用File类和FileInfo类操作文件

在C#中，使用File类和FileInfo类可以创建、复制、删除、移动和打开文件，可以利用这些方法实现基本的文件管理操作。但是，File类中的所有方法都是静态方法，调用方法时需要通过类名直接调用，不必创建类的实例对象，使用时用“类名.方法名”的形式调用；而FileInfo类则提供非静态的实例方法，必须先创建类的实例对象，使用对象名调用实例方法，使用时用“对象名.方法名”的形式调用。

10.2.1 File类的常用方法

File类提供用于创建、复制、删除、移动和打开文件的静态方法，并协助创建FileStream对象。File类的常用方法和FileInfo类的常用方法非常相似，两个类功能相似。File类的常用方法如表10-1所示。

表10-1 File类的常用方法

方法	说明
AppendText	创建一个StreamWriter，它将UTF-8编码文本追加到现有文件中
Copy	将现有文件复制到新文件中
Create	创建文件并返回相关联的FileStream
CreateText	创建或打开一个文件用于写入UTF-8编码的文本
Delete	删除文件，如果文件不存在，也不引发异常

(续)

方　法	说　明
Exists	判断文件是否存在
GetCreationTime	获取文件或目录创建的日期和时间
GetLastAccessTime	获取上次访问文件或目录的日期和时间
GetLastWritcTimc	获取上次写入文件或目录的日期和时间
Move	将文件移动到新位置，并提供指定新文件名的选项
Open	打开指定路径下的 FileStream
OpenRead	打开现有文件以进行读取
OpenText	打开现有 UTF-8 编码的文本文件，以进行读取
OpenWrite	打开现有文件以进行写入
ReadAllBytes	打开一个文件，将文件的内容读入一个字符串，然后关闭该文件
ReadAllLines	打开一个文本文件，将文件的所有行都读入一个字符串数组，然后关闭文件
ReadAllText	打开一个文本文件，将文件的所有行都读入一个字符串，然后关闭文件
Repalce	使用其他文件的内容替换指定文件的内容，将会删除原始文件，并创建被替换文件的备份
SetAttributes	设置指定路径下文件的指定属性
WriteAllBytes	创建一个新文件，在其中写入指定的字节数组，然后关闭该文件。如果目标文件已存在，则覆盖该文件
WriteAllLines	创建一个新文件，使用指定的编码在其中写入指定的字符串数组，然后关闭该文件。如果目标文件已存在，则覆盖该文件
WriteAllText	创建一个新文件，使用指定的编码在其中写入指定的内容，然后关闭该文件。如果目标文件已存在，则覆盖该文件

10.2.2 复制文件

File 类通过 Copy 方法实现以文件为单位的数据复制操作。Copy 方法能将源文件中的所有内容复制到目标文件中。若目标文件已经存在，允许改写目标文件，则可以通过参数设置。

Copy 方法有以下两种形式。

```
public static void Copy (string sourceFileName, string destFileName);
public static void Copy (string sourceFileName, string destFileName, bool overwrite);
```

其中，sourceFileName 参数表示源文件的路径名和文件名，destFileName 参数表示目标文件的路径名和文件名，overwrite 参数表示若目标文件已经存在，是否覆盖目标文件。

【例 10-5】 在窗体中选择源文件和目标文件的路径，复制文件。

新建一个 Windows 应用程序，命名为“Chap10_5”。在 Form1 窗体中添加一个文本框，用来显示选择的文件路径及文件名；添加两个按钮控件，并将按钮的 Text 属性分别改为“选择文件”“复制文件”。添加列表框控件，用来列出目标文件的路径。添加两个 Label 标签，将 Text 属性分别改为“请选择要复制的文件”“请选择目标路径”。添加 Form1 窗体的 Load 事件，添加按钮的单击事件。编写程序。该窗体包含的代码如下。

```
using System;
using System.Text;
using System.Windows.Forms;
using System.IO;

namespace Chap10_5
{
    public partial class Form1 : Form
    {
        public Form1()
        {
            InitializeComponent();
        }

        private void Form1_Load(object sender, EventArgs e)
        {
            listBox1.Items.Add("C:\\");
            listBox1.Items.Add("C:\\Documents and Settings\\");
            listBox1.Items.Add("D:\\");
            listBox1.Items.Add("E:\\");
        }

        private void button1_Click(object sender, EventArgs e)
        {
            OpenFileDialog myDlg = new OpenFileDialog();
            myDlg.Filter = "所有文件*.*|*.*|文本文件*.txt|*.txt";
            myDlg.InitialDirectory = "D:\\";
            myDlg.FilterIndex = 2;
            if (myDlg.ShowDialog() == DialogResult.OK)
            {
                textBox1.Text = myDlg.FileName ;
            }
        }

        private void button2_Click(object sender, EventArgs e)
        {
            string destFile=listBox1.SelectedItem.ToString ()+"myFile.txt";
            File.Copy(textBox1.Text, @destFile,true );
            MessageBox.Show("文件已经复制! ");
        }
    }
}
```

程序运行结果如图 10.5 所示。

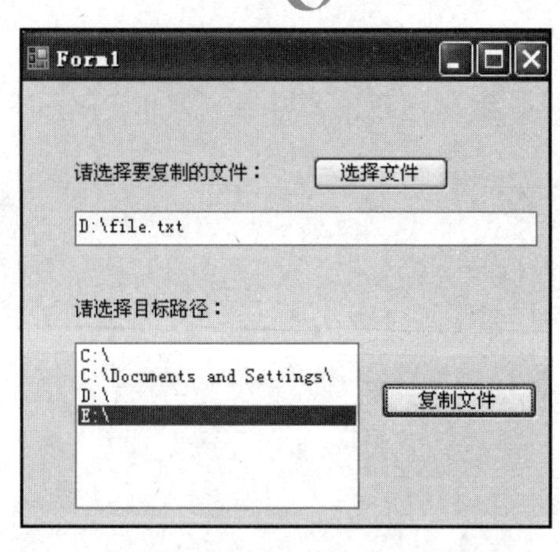

图 10.5　例 10-5 程序运行结果

10.2.3　移动文件

File 类中通过 Move 方法将指定文件移动到新位置，并提供指定新文件名的选项。如果目标文件已经存在，则会引发异常。移动后的文件名称可以和源文件不同。需要注意的是，使用 Move 方法可以在不同的逻辑盘中进行文件转移，如将 D 盘的文件移动到 E 盘，此时不会引发异常。

Move 方法的定义如下。

public static void Move (string sourceFileName, string destFileName);

其中，sourceFileName 参数表示源文件的路径名和文件名，destFileName 参数表示文件的新路径名和新文件名。

【例 10-6】 将例 10-5 中的复制文件功能改为移动文件功能，并编写程序。

新建一个 Windows 应用程序，命名为“Chap10_6”。窗体布局如图 10.5 所示，只需将 button2 按钮的 Text 属性改为“移动文件”，并改写 button2 按钮的单击事件即可。程序其他代码和例 10-5 相同。button2 按钮的单击事件代码如下。

```
private void button2_Click_1(object sender, EventArgs e)
{
    string destFile = listBox1.SelectedItem.ToString() + "myFile.txt";
    if(File.Exists (@destFile))
    {
        MessageBox.Show ("对不起，文件已经存在，不能成功移动！请选择其他路径。");
    }
    else
    {
        File.Move (textBox1.Text, @destFile);
        MessageBox.Show("文件已经成功移动！");
    }
}
```

10.2.4　删除文件

File 类通过 Delete 方法从指定的路径删除一个文件，如果文件不存在，则不会引发异常。

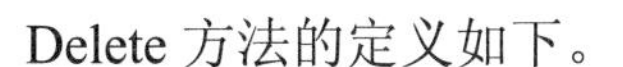

Delete 方法的定义如下。

public static void Delete (string path);

其中，path 参数表示要删除的文件的路径名和文件名。

【例 10-7】 选择文件并将其删除。

新建一个 Windows 应用程序，命名为“Chap10_7”。在 Form1 窗体中添加一个文本框，用来输入或选择文件的路径名及文件名；添加两个按钮控件，并将按钮的 Text 属性分别改为“选择文件”“删除文件”。添加一个 Label 标签控件，修改其 Text 属性为“请选择要删除的文件”。添加两个按钮的单击事件。编写程序，该窗体包含的代码如下。

```
using System;
using System.Text;
using System.Windows.Forms;
using System.IO;

namespace Chap10_7
{
    public partial class Form1 : Form
    {
        public Form1()
        {
            InitializeComponent();
        }

        private void button1_Click(object sender, EventArgs e)
        {
            OpenFileDialog myDlg = new OpenFileDialog();
            myDlg.Filter = "所有文件*.*|*.*|文本文件*.txt|*.txt";
            myDlg.InitialDirectory = "D:\\";
            myDlg.FilterIndex = 1;
            if (myDlg.ShowDialog() == DialogResult.OK)
            {
                textBox1.Text = myDlg.FileName;
            }
        }

        private void button2 Click(object sender, EventArgs e)
        {
            string path = @textBox1.Text;
            if (File.Exists(path))
            {
                File.Delete(path);
                MessageBox.Show("文件已经成功删除！");
            }
            else
                MessageBox.Show("文件不存在！");
```

```
            }
        }
    }
```

程序运行结果如图 10.6 所示。

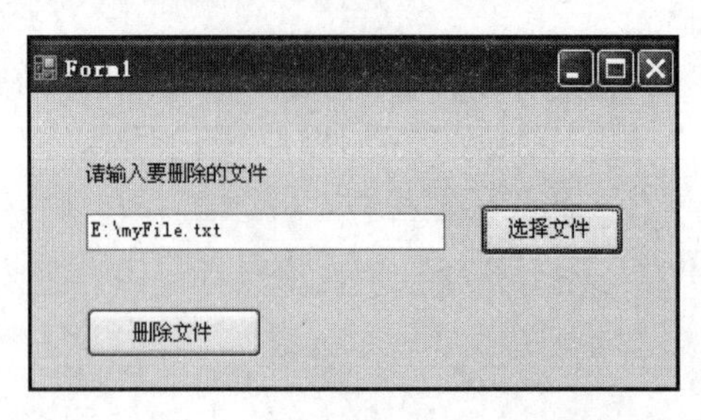

图 10.6　例 10-7 程序运行结果

10.2.5　设置文件的属性

在 File 类中，使用 SetAttributes 方法设置指定路径下的文件或文件夹的属性。通过设置，可以将文件或文件夹的属性设置为存档文件、隐藏文件、只读文件、临时文件、系统文件等。

SetAttributes 方法的定义如下。

public static void SetAttributes (string path, FileAttributes fileAttributes);

其中，path 指定要修改属性的文件路径和文件名，fileAttributes 指定要修改的文件的属性。FileAttributes 是枚举类型，有以下枚举值。

(1) FileAttributes.Archive：文件的存档状态。

(2) FileAttributes.Compressed：文件已压缩。

(3) FileAttributes.Directory：目录文件。

(4) FileAttributes.Encrypted：文件或目录是加密的。

(5) FileAttributes. Hidden：隐藏文件。

(6) FileAttributes.Normal：普通文件，没有设置其他属性。

(7) FileAttributes. ReadOnly：只读文件。

(8) FileAttributes.System：系统文件。

(9) FileAttributes. Temporary：临时文件。

【例 10-8】 在窗体中输入文件的路径，并设置文件的属性。

新建一个 Windows 应用程序，命名为“Chap10_8”。在 Form1 窗体中添加一个文本框，用来输入文件路径及文件名；添加一个 Label 标签控件，修改其 Text 属性为“请输入文件的路径”。添加一个 GroupBox 控件和三个复选框控件，将 groupBox1 的 Text 属性改为“选择属性”，将三个复选框控件的 Text 属性分别改为“只读”“隐藏”“存档”；添加一个按钮控件，并将按钮的 Text 属性改为“设置属性”。添加按钮的单击事件并编写程序。该窗体包含的代码如下。

【操作视频】

```
using System;
using System.Text;
using System.Windows.Forms;
```

```
using System.IO;

namespace Chap10_8
{
    public partial class Form1 : Form
    {
        public Form1()
        {
            InitializeComponent();
        }

        private void button1_Click_1(object sender, EventArgs e)
        {
            if (textBox1.Text == "")
            {
                MessageBox.Show("请输入文件的路径和名称！");
            }
            else
            {
                if (File.Exists(@textBox1.Text))
                {
                    if (checkBox1.Checked == true && checkBox2.Checked == true
                            && checkBox3.Checked == true)
                        File.SetAttributes(@textBox1.Text, FileAttributes.
                            ReadOnly | FileAttributes.Hidden | FileAttributes.Archive);
                    else if (checkBox1.Checked == true && checkBox2.Checked ==
                            true)
                        File.SetAttributes(@textBox1.Text, FileAttributes.
                            ReadOnly | FileAttributes.Hidden);
                    else if (checkBox1.Checked == true && checkBox3.Checked ==
                            true)
                        File.SetAttributes(@textBox1.Text, FileAttributes.
                            ReadOnly | FileAttributes.Archive);
                    else if (checkBox2.Checked == true && checkBox3.Checked ==
                            true)
                        File.SetAttributes(@textBox1.Text, FileAttributes.
                            Hidden | FileAttributes.Archive);
                    else if (checkBox1.Checked == true )
                        File.SetAttributes(@textBox1.Text, FileAttributes. ReadOnly);
                    else if (checkBox2.Checked == true)
                        File.SetAttributes(@textBox1.Text, FileAttributes. Hidden);
                    else if (checkBox3.Checked == true )
                        File.SetAttributes(@textBox1.Text, FileAttributes. Archive);
                }
                else
                    MessageBox.Show("文件不存在，请重新输入！");
            }
```

```
            }
        }
    }
```

程序运行结果如图 10.7 所示。

图 10.7　例 10-8 程序运行结果

10.2.6　获得文件的属性

在 File 类中使用 GetAttributes 方法获取指定路径下的文件的属性。

GetAttributes 方法的声明如下。

public static FileAttributes GetAttributes (string path);

方法返回参数指定的文件的属性，是 FileAttributes 枚举中的一个枚举值。如果未找到路径或文件，则返回–1。

【例 10-9】 在窗体中选择文件，并将文件的属性显示在列表框中。

【操作视频】

新建一个 Windows 应用程序，命名为“Chap10_9”。在 Form1 窗体中添加一个文本框，用来选择文件的路径名及文件名；添加一个列表框控件和两个按钮控件。将两个按钮的 Text 属性分别改为“选择文件”“显示属性”。添加窗体的 Load 事件及按钮的单击事件并编写程序。该窗体包含的代码如下。

```
using System;
using System.Text;
using System.Windows.Forms;
using System.IO;

namespace Chap10_9
{
    public partial class Form1 : Form
    {
        public Form1()
        {
            InitializeComponent();
        }

        private void Form1_Load(object sender, EventArgs e)
```

```
        {
            listBox1.Items.Add("名称" + "\t\t" + "大小" + "\t" + "创建时间"
                 + "\t\t" + "属性");
        }

        private void button1_Click(object sender, EventArgs e)
        {
            OpenFileDialog myDlg = new OpenFileDialog();
            myDlg.Filter = "所有文件*.*|*.*";
            myDlg.InitialDirectory = "D:\\";
            if (myDlg.ShowDialog() == DialogResult.OK)
            {
                textBox1.Text = myDlg.FileName;
            }
        }

        private void button2_Click(object sender, EventArgs e)
        {
            string str = "";
            string path = textBox1.Text;
            FileInfo f = new FileInfo(@path);
            str = str + textBox1.Text + "\t" + f.Length + "\t" + File.
                 GetCreationTime(@path) + "\t" + File.GetAttributes(@path);
            listBox1.Items.Add(str);
        }
    }
}
```

程序运行结果如图 10.8 所示。

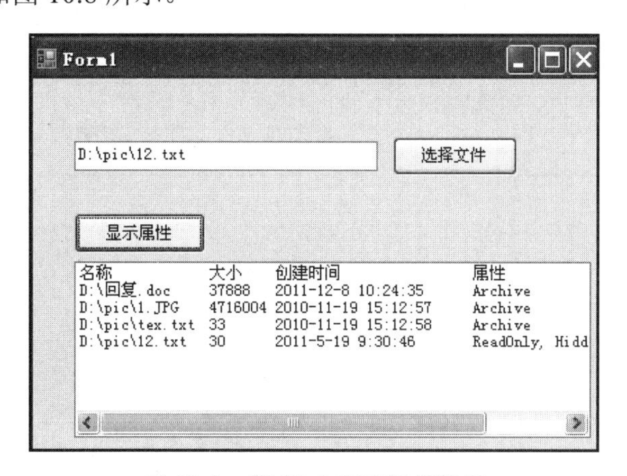

图 10.8　例 10-9 程序运行结果

10.3　使用 Directory 类和 DirectoryInfo 类操作文件夹

在 System.IO 名称空间中，使用 Directory 类和 DirectoryInfo 类操作文件夹，进行目录管理。Directory 类和 DirectoryInfo 类可以用来创建目录、移动目录、删除目录、判断目录是否

存在、获取目录下的所有子目录、获取目录下的所有文件等。Directory 类和 DirectoryInfo 类都是密封类，因此无法继承这两个类。Directory 类和 DirectoryInfo 类的不同之处在于：Directory 类的所有方法都是静态的，不必创建类的实例就可以调用，使用时直接用“类名.方法名”的形式调用；DirectoryInfo 类的所有方法都是实例方法，必须先创建 DirectoryInfo 类的实例对象，才可以调用，使用时用“对象名.方法名”的形式调用。

1. Directory 类的常用静态方法

使用 Directory 类中提供的方法可以完成创建目录、移动目录、删除目录、设置目录属性、获取目录下的子目录和所有文件等操作。Directory 类和 DirectoryInfo 类功能相似。表 10-2 列出了 Directory 类的常用静态方法。

表 10-2　Directory 类的常用静态方法

静 态 方 法	说　　明
CreateDirectory	创建目录和子目录
Delete	删除目录及其内容
Exists	确定给定的目录是否存在物理上对应的目录
GetCurrentDirectory	获取应用程序的当前工作目录
GetCreationTime	获取目录创建的日期和时间
GetDirectories	获取指定目录中子目录的名称
GetFiles	获取指定目录中文件的名称
GetFileSystemEntries	获取指定目录中所有文件和子目录的名称
GetLastAccessTime	获取上次访问指定文件或目录的日期和时间
GetLastWriteTime	获取上次写入指定文件或目录的日期和时间
GetLogicalDrives	获取计算机中的逻辑驱动器的名称
Move	移动文件和目录内容
SetCurrentDirectory	将参数指定目录设置为应用程序当前工作目录

2. 创建目录

在 Directory 类中，使用 CreateDirectory 方法创建指定路径中的所有目录。

CreateDirectory 方法常用的形式如下。

public static DirectoryInfo CreateDirectory (string path);

其中，参数 path 指定要创建的目录路径。如果由参数 path 指定的目录已存在，或者由参数 path 指定的目录格式不正确，则将引发异常。返回值是 path 指定的所有 DirectoryInfo 对象，包括子目录。

3. 移动目录

在 Directory 类中，使用 Move 方法将文件或目录及其内容移动到新位置。

Move 方法只有以下一种形式。

public static void Move (string sourceDirName, string destDirName);

其中，参数 sourceDirName 指定要移动的文件或目录的路径，参数 destDirName 指定移动后的文件或目录的新位置的路径。

注意

Move 方法将文件或目录及其子目录移动到新位置，如果目标目录已经存在，或者路径格式不对，则会引发异常。

例如，将 C:\mydir 移动到 C:\public，并且 C:\public 已存在，将会引发异常。此时，必须将“C:\public\mydir”指定为 destDirName 参数(假设“C:\public”目录下不存在“mydir”)，或者指定一个新的目录名，即原来不存在的目录，如“C:\newdir”(C 盘根目录下不存在文件夹“newdir”，需要在 Move 方法中指定这个新路径)。

```
Directory.Move(@"C:\mydir", @"C:\public");              //错误
Directory.Move(@"C:\mydir", @" C:\public\mydir");   //正确
Directory.Move(@"C:\mydir", @" C:\mewdir");            //正确
```

只能在同一个逻辑盘下进行目录转移，不然会引发异常。例如，将 C 盘下的目录转移到其他逻辑盘(如 D 盘、E 盘)时将会引发异常。

【例 10-10】 在窗体中输入路径，创建目录，并移动目录。

新建一个 Windows 应用程序，命名为“Chap10_10”。在 Form1 窗体中添加两个文本框，用来输入文件路径。添加两个按钮控件，并将按钮的 Text 属性改为“创建目录”“移动目录”。添加按钮的单击事件并编写程序。该窗体包含的代码如下。

```
using System;
using System.Text;
using System.Windows.Forms;
using System.IO;

namespace Chap10_10
{
    public partial class Form1 : Form
    {
        public Form1()
        {
            InitializeComponent();
        }

        private void button1_Click(object sender, EventArgs e)
        {
            if (Directory.Exists(@textBox1.Text))
                MessageBox.Show("目录路径已经存在，请重新输入！");
            else
            {
                Directory.CreateDirectory(@textBox1.Text);
                MessageBox.Show("目录路径已经成功创建！");
            }
```

```
        }

        private void button2_Click(object sender, EventArgs e)
        {
            if (Directory.Exists(@textBox2.Text))
                MessageBox.Show("目的目录路径已经存在,请重新输入! ");
            else
            {
                Directory.Move(@textBox1.Text, @textBox2.Text);
                MessageBox.Show("目录路径已经成功移动! ");
            }
        }
    }
}
```

程序运行结果如图 10.9 所示。

图 10.9　例 10-10 程序运行结果

4. 获取目录下所有子目录的名称

在 Directory 类中，使用 GetDirectories 方法获取指定的路径下的所有子目录的名称。GetDirectories 方法的常用形式如下。

public static string[] GetDirectories (string path);

其中，参数 path 指定要获取文件夹的路径。

5. 获取目录下所有文件

在 Directory 类中，使用 GetFiles 方法获取指定路径下的所有文件的名称及扩展名。GetFiles 方法的常用形式如下。

public static string[] GetFiles (string path);

其中，参数 path 指定要获取文件的路径。

【例 10-11】 在窗体中，输入路径，将该路径中的所有文件夹及文件显示出来。

新建一个 Windows 应用程序，命名为“Chap10_11”。在 Form1 窗体中添加一个文本框，用来输入文件路径。添加一个 ListBox 列表框。添加一个按钮控件，并将按钮的 Text 属性改为“显示文件及文件夹”。添加按钮的单击事件并编写程序。该窗体包含的代码如下。

```
using System;
using System.Text;
using System.Windows.Forms;
using System.IO;

namespace Chap10_11
{
    public partial class Form1 : Form
    {
        public Form1()
        {
            InitializeComponent();
        }

        private void button1_Click(object sender, EventArgs e)
        {
            listBox1.Items.Clear();
            if (Directory.Exists(@textBox1.Text) == false)
                MessageBox.Show("路径不存在，请重新输入！");
            else
            {
                string[] dir = Directory.GetDirectories(@textBox1.Text);
                string[] file = Directory.GetFiles(@textBox1.Text);
                foreach (string path in dir)
                {
                    listBox1.Items.Add(path);
                }
                foreach (string str in file)
                {
                    listBox1.Items.Add(str);
                }
            }
        }
    }
}
```

程序运行结果如图 10.10 所示。

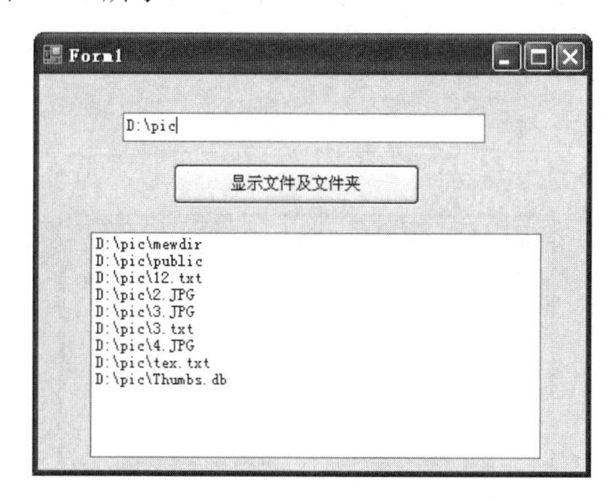

图 10.10　例 10-11 程序运行结果

10.4 案　　例

本案例使用本章所学的知识，实现一个功能简单、类似于资源管理器的小程序。程序左面是一个 TreeView 控件，用来显示“我的电脑”及各个逻辑盘下的文件夹；右面是一个 ListView 控件，用来显示具体目录下的所有文件和子文件夹。程序可以将“我的电脑”中的各个逻辑盘下的文件动态地添加到左面的 TreeView 中，单击某个文件夹，会把该文件夹中的所有文件和子文件夹添加在右面的 ListView 中。

在本案例中将目录动态地添加到 TreeView 中和 ListView 中是非常关键的。当单击某个路径下的子文件夹时，要将该文件夹下的所有下一级文件夹动态添加到 TreeView 中，同时将该文件夹下的所有文件和文件夹添加到 ListView 中。实现时通过创建 DirectoryInfo 类的实例，并使用 DirectoryInfo 类型的数组存放当前目录的所有子目录，如果数组不为空，则将数组中的所有子目录添加到左面的 TreeView 控件和右面的 ListView 控件中；创建 FileInfo 类型的数组，存放当前路径下的所有文件，如果文件存在，则将这些文件添加到右面的 ListView 控件中。

具体操作步骤如下。

(1) 创建一个 Windows 应用程序，命名为“Chap10”。

(2) 在 Form1 窗体中添加一个 TreeView 控件，放置在窗体的左面。添加一个 ListView 控件，放置在窗体的右面。添加 Form1 窗体的 Load 事件，将“我的电脑”及逻辑盘显示在左面的 TreeView 控件中，代码如下。

```
private void Form1_Load(object sender, EventArgs e)
{
    string[] drive = Directory.GetLogicalDrives();
    TreeNode Mynode;
    Mynode=treeView1.Nodes.Add("我的电脑");
    foreach (string str in drive)
    {
        TreeNode node = new TreeNode();
        node.Text = str;
        node.ToolTipText = str;
       treeView1.Nodes.Add(node);
    }
    listView1.View = View.List;//列表显示方式
}
```

添加完窗体的 Load 事件后，程序运行结果如图 10.11 所示。

图 10.11　程序运行结果

(3) 添加 TreeView 控件的 NodeMouseClick 事件，当单击 TreeView 控件中的一个节点时触发该事件。

在事件处理过程中，在左面的 TreeView 中添加当前目录的所有子目录，同时在右面的 ListView 控件中添加当前目录下的所有文件和文件夹。NodeMouseClick 事件代码如下。

```
private void treeView1_NodeMouseClick(object sender, TreeNodeMouseClick
        EventArgs e)
{
    e.Node.Nodes.Clear();
    listView1.Items.Clear();

    DirectoryInfo f = new DirectoryInfo(@e.Node.ToolTipText);
    DirectoryInfo[] path = f.GetDirectories();
    if (path.Length != 0)
    {
     foreach (DirectoryInfo str in path)
        {
            TreeNode node = new TreeNode();
            node.Text = str.Name;
            node.ToolTipText = str.FullName;
            node.Tag = str.Parent;
            @e.Node.Nodes.Add(node);
            ListViewItem item = new ListViewItem(str.Name);
            item.Tag = node;
            listView1.Items.Add(item);
        }
    }
    FileInfo[] file = f.GetFiles();
    if (file.Length != 0)
    {
        foreach (FileInfo str in file)
        {
            ListViewItem item = new ListViewItem(str.Name);
            listView1.Items.Add(item);
        }
    }
}
```

(4) 添加 ListView 控件的 MouseDoubleClick 事件，当双击 ListView 控件时触发这个事件。

当在 ListView 控件上双击时，如果双击的是一个文件，则将该文件打开；如果双击的是一个文件夹，则将该文件夹下的所有子目录添加到左面的 TreeView 控件中，将文件夹中的所有文件和文件夹都显示在右面的 ListView 结构中。代码如下。

```
private void listView1_MouseDoubleClick(object sender, MouseEventArgs e)
{
    if (listView1.SelectedItems.Count < 1) return;

    ListViewItem curritem = listView1.SelectedItems[0];

    if (curritem.Tag is TreeNode)
    {
        TreeNode currnode = curritem.Tag as TreeNode;
        if (currnode.Nodes.Count < 1)
        AddTreeDir(currnode);
        currnode.Expand();
        AddListDir(currnode);
    }
    else if (curritem.Tag is FileInfo
    {
        FileInfo file = curritem.Tag as FileInfo;
        System.Diagnostics.Process.Start(file.FullName);
    }
}
public void AddTreeDir(TreeNode parentNode)
{
    parentNode.Nodes.Clear();
    if (parentNode.Nodes.Count > 0) return;
    if (parentNode.Tag  is DirectoryInfo)
    {
        DirectoryInfo dirInfo = parentNode.Tag as DirectoryInfo;
        DirectoryInfo[] dirList = dirInfo.GetDirectories();
        foreach (DirectoryInfo dir in dirList)
        {
            TreeNode node = new TreeNode(dir.Name);
            node.Tag = dir;
            parentNode.Nodes.Add(node);
        }
    }
}
public void AddListDir(TreeNode parentNode)
{
    if (parentNode.Tag is DirectoryInfo)
    {
        listView1.Items.Clear();
        foreach (TreeNode node in parentNode.Nodes)
        {
            ListViewItem item = new ListViewItem(node.Text);
            DirectoryInfo dir = node.Tag as DirectoryInfo;
            item.Tag = node;
            listView1.Items.Add(item);
        }
```

```
            DirectoryInfo dirInfo = parentNode.Tag as DirectoryInfo;
            FileInfo[] fileList = dirInfo.GetFiles();
            foreach (FileInfo file in fileList)
            {
                ListViewItem item = new ListViewItem(file.Name);
                item.Tag = file;
                listView1.Items.Add(item);
            }
        }
    }
```

在上述事件中，如果双击的是一个文件夹，则使用 AddTreeDir 方法将该文件夹下的所有子目录添加到左面的树结构中，使用 AddListDir 方法将所有的文件和文件夹添加在右面的 ListView 控件中。在 AddTreeDir 方法中使用数组 dirList 存储子目录数组，并新建树节点，将子目录添加到树中。在 AddListDir 方法中，分别添加文件和文件夹。

【本章拓展】

(5) 编译、运行程序，结果如图 10.1 所示。

习　　题

1. 填空题

(1) 所有表示流的类都是从抽象基类________继承的。

(2) 使用________类可以读取文本文件或文本数据流，________类可以写入文本文件或文本数据流。

(3) 在 C#中，使用________类和________类可以创建、复制、删除、移动和打开文件，可以利用这些方法实现基本的文件管理操作。

(4) 在 File 类中，使用________方法设置指定路径下的文件或文件夹的属性，可以使用________方法获取指定路径下的文件的属性。

2. 选择题

(1) ________类以字节为单位读写文件。因此，该类可以读写任意数据文件，而不仅仅是文本文件。

A．FileStream　　B．StreamReader

C．StreamWriter　　D．MemoryStream

(2) 以下有关 FileStream 类中的 FileMode 参数的说法中，错误的是________。

A．FileMode.Create 用于创建新文件，如果文件已存在，则新建文件将覆盖原文件

B．FileMode.CreateNew 用于创建新文件，如果文件已存在，则不会引发异常

C．FileMode.OpenOrCreate 用于打开或创建文件，如果文件存在，则打开文件，否则创建新文件

D．FileMode.Truncate 用于打开现有文件，并将文件中的所有内容删除

(3) 使用________类把文件放到内存中，极大地提高了文件读写速度。

A．MemoryStream　　B．BuffereStream

C. NetworkStream　　　　　　　　　D. FileStream

(4) 以下有关 Directory 类和 DirectoryInfo 类的说法中，错误的是________。

A. Directory 类和 DirectoryInfo 类可以用来创建目录、移动目录、删除目录

B. Directory 类和 DirectoryInfo 类可以派生其他类

C. Directory 类的所有方法都是静态的，不必创建类的实例就可以调用

D. DirectoryInfo 类的所有方法都是实例方法，必须在创建 DirectoryInfo 类的实例对象后才可以调用

(5) 将 C:\mydir 移动到 C:\public，如果 C:\public 已存在，则会引发异常的语句是________。

A. Directory.Move(@"C:\mydir", @"C:\dir ");

B. Directory.Move(@"C:\mydir", @" C:\public\mydir");

C. Directory.Move(@"C:\mydir", @" C:\newdir");

D. Directory.Move(@"C:\mydir", @"C:\public");

3. 编程题

(1) 在文本框中输入一个文本文件的完整路径，单击“确定”按钮打开文件，将其内容显示在另一个多行显示的文本框中，如图 10.12 所示。

图 10.12　读取文件界面

(2) 给定一个路径，将该路径下的所有文本文件删除。

【习题答案】

C#数据库编程

【本章代码】

教学目标

- 了解 ADO.NET 体系结构。
- 掌握数据库应用程序设计的基本步骤。
- 掌握 ADO.NET 数据访问对象。
- 掌握数据绑定控件。
- 掌握 DataGridView 控件的使用方法。
- 了解 ADO.NET 访问数据库的方法。

案例说明

数据库应用程序使用非常广泛，各行各业几乎都要使用数据库管理系统进行信息管理，例如，图书馆的图书管理系统、学校的宿舍管理系统、医院的药房管理系统、各单位的人事管理系统等。本章案例介绍了一个小型的教务管理系统，主要对系统的用户，学校的学生信息、教师信息及学生成绩进行管理。该系统可以浏览、添加、修改、删除各类信息。案例运行结果如图 11.1 所示。

图 11.1　案例运行结果

11.1 ADO.NET 数据库访问

数据库编程是应用程序设计中非常重要的一部分，在 C#中，使用 ADO.NET 构建数据库应用程序。Visual Studio 2013 提供了一套完整的工具，可以快速创建数据库应用程序，而且几乎不用编写任何代码，就可以实现很多功能。

11.1.1 ADO.NET 概述

ADO.NET 是专门为.NET 框架设计的数据对象访问模型，是构建.NET 数据库应用程序的基础。

ADO.NET 提供了一组用于和数据源进行交互的面向对象类库。数据源可以是 SQL Server 数据库、Oracle 数据库、其他数据库，也可以是文本文件、Excel 表格或者 XML 文件，并且这些数据源都可以通过 ADO.NET 类库来进行连接。

ADO.NET 支持平台的互用性和数据访问的扩展性。ADO.NET 支持断开连接的编程模式，并支持 RICH XML。

ADO.NET 的体系结构由两个部分组成：.NET Framework 数据提供程序(data provider)和数据集(dataset)，如图 11.2 所示。

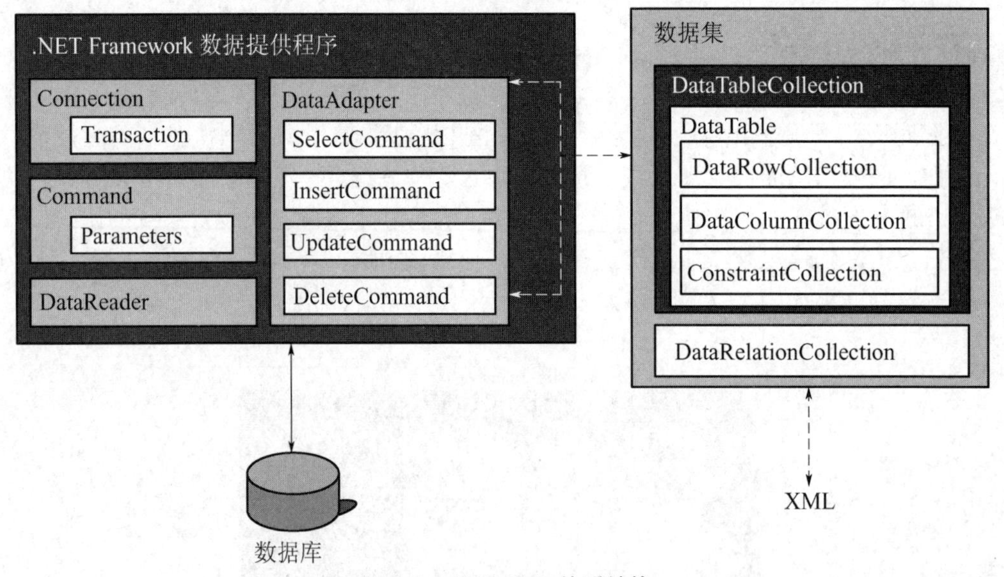

图 11.2 ADO.NET 体系结构

1. .NET Framework 数据提供程序

.NET Framework 数据提供程序用于连接数据库、执行 SQL 命令、检索数据和读取数据。在.NET Framework 数据提供程序中包含 4 个对象：Connection 对象、Command 对象、DataReader 对象和 DataAdapter 对象。

- Connection 对象用于建立应用程序到数据源的连接。
- Command 对象用于运行 SQL 命令和存储过程。Command 对象可以执行查询、更新、删除、插入等操作。

- DataReader 对象用于以顺序方式读取数据，与只读(read-only)、只向前(forward-only)的数据集非常相似，并可以用来从数据库中检索只读、只向前的数据流。在任意时刻，DataReader 对象只允许一行数据存储在内存中，这样就提高了应用程序的性能，并减少了系统开销。
- DataAdapter 对象用于在数据源和数据集之间传送数据。修改了数据集中的数据之后，可以把修改后的数据回送给数据源。

ADO.NET 提供了 4 种数据提供程序：OLE DB 数据提供程序、ODBC 数据提供程序、SQL Client 数据提供程序和 Oracle 数据提供程序。

1) OLE DB 数据提供程序

OLE DB 数据提供程序主要用于访问 OLE DB 所支持的数据库，如 Access、FoxPro 等。使用 OLE DB 数据提供程序时，需要引入的命名空间有 System.Data 和 System.Data.OleDb。对应 ADO.NET 对象模型中的对象，OLEDB 数据提供程序的对象名称分别为 OleDbConnection 对象、OleDbCommand 对象、OleDbDataAdapter 对象和 OleDbDataReader 对象。

2) ODBC 数据提供程序

ODBC 数据提供程序主要用于连接 ODBC 所支持的数据库，如 Access、FoxPro 等。使用 ODBC 数据提供程序时，需要引入的命名空间有 System.Data 和 System.Data.Odbc，对应 ADO.NET 对象模型中的对象，ODBC 数据提供程序的对象名称分别为 OdbcConnection 对象、OdbcCommand 对象、OdbcDataAdapter 对象和 OdbcDataReader 对象。

3) SQL Client 数据提供程序

SQL Client 数据提供程序只用于访问 SQL Server 数据库，提供对 SQL Server 7.0 或更高版本数据库的访问。在使用 SQL Client 数据提供程序时，需要引入的命名空间有 System.Data 和 System.Data.SqlClient，对应于 ADO.NET 对象模型中的对象，SQL Client 数据提供程序的对象名称分别是 SqlConnection 对象、SqlCommand 对象、SqlDataAdapter 对象和 SqlDataReader 对象。

4) Oracle 数据提供程序

Oracle 数据提供程序主要用于连接 ODBC 所支持的数据库，提供对 Oracle 8.0 或更高版本数据库的访问。使用 Oracle 数据提供程序时需要引入的命名空间有 System.Data 和 System.Data.Oracle，对应 ADO.NET 对象模型中的对象，Oracle 数据提供程序的对象名称分别为 OracleConnection 对象、OracleCommand 对象、OracleDataAdapter 对象和 OracleDataReader 对象。

2. 数据集

ADO.NET 支持断开连接的数据访问模式，通过数据集可以实现。DataAdapter 将数据源中的数据读取出来，数据集将这些数据暂存在内存中。数据集包含来自数据源的一个或多个表或记录，还包含与这些表或记录之间的关系信息。数据集实际上是一个持久的、完整的关系模型，可以把数据集看作内存中的数据源。DataSet 对象用于填充 DataAdapter 对象从数据库中检索的数据。DataAdapter 对象不仅可以从数据库中检索数据，填充到数据集中，还可以从数据集中读取数据，更新数据库。因此，当应用程序与数据源断开连接时，也可以完成查询、更新等操作。这样就极大地节约了有限的连接资源。

数据集可以看作内存中的数据库。数据集中的表是用 DataTable 对象表示的，DataTable 表又由许多行和列组成，用 DataRow 和 DataColumn 表示。表和表之间的关系用 DataRelation 表示。

11.1.2 设计数据库应用程序的基本步骤

数据库应用程序的开发方式和基本步骤是非常重要的。我们需要先了解 ADO.NET 数据库中包含的类及其之间的关系，如图 11.3 所示。

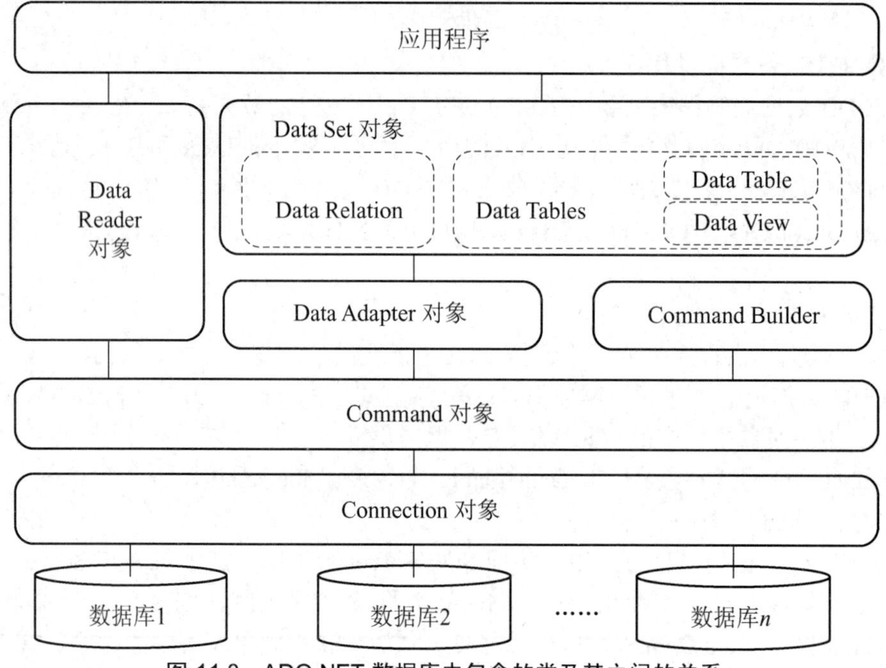

图 11.3 ADO.NET 数据库中包含的类及其之间的关系

1. ADO.NET 中的基本数据库应用程序开发方式

1）使用 Command 对象和 DataReader 对象直接操作和显示数据

这种数据库应用程序开发方式首先使用 Connection 对象与数据库建立连接，之后使用数据命令 Command 对象和数据读取器 DataReader 对象与数据库直接通信。使用这种方式可以运行查询和存储过程、创建数据库对象、浏览记录。在这种方式中，必须保持与数据库的连接。操作完成后，才可以断开与数据库的连接。

2）使用 DataAdapter 对象和 DataSet 对象完成数据库操作

这种数据库应用程序的开发方式在 Connection 对象与数据源建立连接以后，使用数据命令 Command 对象和数据适配器 DataAdapter 对象提取数据源中的数据，并将提取的数据写入 DataSet。之后，便可以与数据源断开连接。对数据源的操作都可以在 DataSet 中完成。

2. 创建数据库应用程序的基本步骤

(1) 选择使用哪个.NET Framework 数据提供程序。

(2) 使用 Connection 对象建立与数据源的连接。

(3) 使用 Command 对象完成对数据源的操作。

(4) 使用 DataReader 对象或 DataSet 对象对获得的数据进行各种操作。

(5) 使用各种数据控件(如 DataGrid 控件)显示数据。

11.2　ADO.NET 数据访问对象

ADO.NET 数据库访问对象有 Connection 对象、Command 对象、DataAdapter 对象、DataReader 对象和 DataSet 对象。除 DataSet 对象外，其他的 4 种对象对于不同的数据提供程序有不同的数据访问对象，其使用方法都是相似的。

11.2.1　Connection 对象

Connection 对象用于建立应用程序到数据源的连接。应用程序访问任何数据源的前提都是先建立一个 Connection 连接对象。

选择不同的.NET Framework 数据提供程序，就有不同的 Connection 对象。根据数据提供程序的不同，Connection 对象分为 SqlConnection 对象、OleDbConnection 对象、OdbcConnection 对象和 OcralConnection 对象。

1. Connection 对象的常用属性

ConnectionString 属性用于获取或设置连接字符串。对于不同的 Connection 对象，连接字符串不同。

例如，使用 OleDbConnection 类创建 OleDbConnection 对象，连接 Access 2007 或 Access 2010 版本的数据库，代码如下。

```
    string strCon = "Provider=Microsoft.ACE.OLEDB.12.0;Data Source=D:\\教学管
理.accdb";
    OleDbConnection myConnection=new OleDbConnection(strCon);
```

State 属性用于获取连接的当前状态。

2. Connection 对象的常用方法

public void Open ();　//使用 ConnectionString 所指定的属性设置打开与数据库的连接
public void Close ();　//关闭与数据库的连接

【例 11-1】 使用 OleDbConnection 对象建立数据库连接。

新建一个 Windows 应用程序，命名为“Chap11_1”。在 Form1 窗体中添加一个按钮，修改其 Text 属性为“建立连接”。添加按钮的单击事件并编写程序。该窗体包含的代码如下。

```
using System;
using System.Data;
using System.Windows.Forms;
using System.Data.OleDb;//新增

namespace Chap11_1
{
    public partial class Form1 : Form
    {
```

```
        public Form1()
        {
            InitializeComponent();
        }

        private void button1_Click(object sender, EventArgs e)
        {
            string strCon = "Provider=Microsoft.ACE.OLEDB.12.0;Data Source
                        =教学管理.accdb";
            OleDbConnection myConnection = new OleDbConnection(strCon);
            try
            {
                myConnection.Open();
                MessageBox.Show("数据库连接成功！");
            }
            catch (OleDbException e1)
            {
                MessageBox.Show("对不起，数据库连接错误！");
            }
            myConnection.Close();
        }
    }
}
```

程序成功连接数据库时的运行结果如图 11.4 所示。

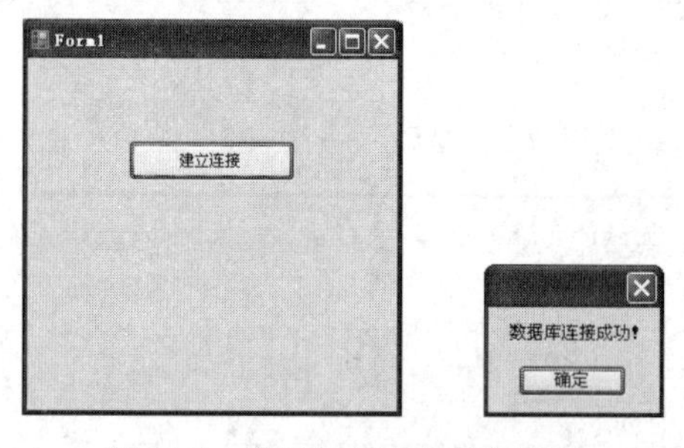

图 11.4　例 11-1 程序运行结果

11.2.2　Command 对象

建立了与数据源的连接后，使用 Command 对象以命令的形式处理请求并从数据库返回处理后的结果。Command 对象主要用于完成对数据源的各种操作，包括查询、插入、删除、更新等。Command 对象可以通过运行 SQL 语句或运行存储过程完成这些操作。

选择不同的.NET Framework 数据提供程序，就有不同的 Command 对象。根据数据提供程序的不同，Command 对象分为 SqlCommand 对象、OleDbCommand 对象、OdbcCommand 对象和 OcralCommand 对象。

1. Command 对象的常用属性

- CommandType 属性用于获取或设置执行的是存储过程还是 SQL 语句。
- CommandText 属性用于获取或设置存储过程的名称或者 SQL 语句。

- Connection 属性用于获取或设置 Command 对象的连接对象。

2. Command 对象的常用方法

*public int ExecuteNonQuery ();　/*执行 INSERT、DELETE、UPDATE 等 SQL 命令,返回值为受影响的行数*/*
public OleDbDataReader ExecuteReader ();　/ 将 CommandText 发送到 Connection 并生成一个 DataReader 对象*/*
*public object ExecuteScalar ();　/*执行查询,并返回查询所返回的结果集中第一行的第一列*/*

3. Command 对象的创建

以 OleDbCommand 类为例，常用的 Command 对象的创建有以下 3 种方法。

public OleDbCommand ();
public OleDbCommand (string cmdText);
public OleDbCommand (string cmdText, OleDbConnection connection);

其中，参数 cmdText 指定要查询的文本，参数 connection 表示已经建立的到数据库的一个连接对象。

【例 11-2】 将数据库中第一条记录的内容显示在文本框中。窗体界面如图 11.5 所示。

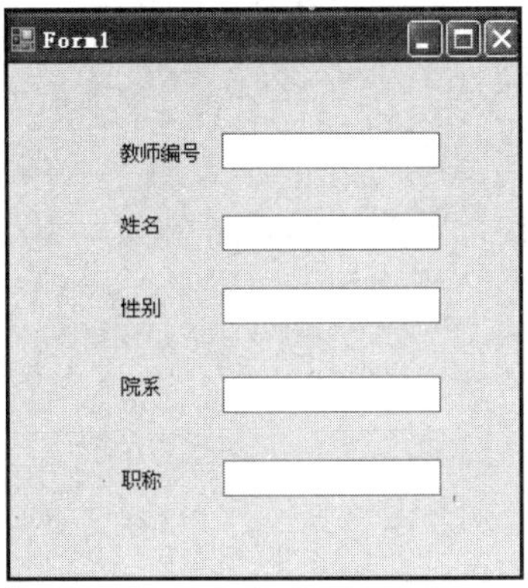

图 11.5　例 11-2 设计界面

新建一个 Windows 应用程序，命名为“Chap11_2”。在 Form1 窗体中添加 5 个文本框，添加 5 个标签控件。修改标签的 Text 属性分别为“教师编号”“姓名”“性别”“院系”“职称”。添加窗体 Form1 的 Load 事件并编写程序。该窗体包含的代码如下。

```
System;
using System.Data;
using System.Windows.Forms;
using System.Data.OleDb;
namespace Chap11_2
{
    public partial class Form1 : Form
    {
        public Form1()
        {
```

```
            InitializeComponent();
        }

        private void Form1_Load(object sender, EventArgs e)
        {
            string myConStr = "Provider=Microsoft.ACE.OLEDB.12.0;Data
                               Source=教学管理.accdb";
            OleDbConnection myCon = new OleDbConnection(myConStr);
            try
            {
                myCon.Open();
            }
            catch (OleDbException ee)
            {
                MessageBox.Show(ee.Message);
            }
            OleDbCommand myCom = new OleDbCommand();
            String myComStr = "select 教师编号,姓名,性别,系别,职称 from 教师档案表";
            myCom.CommandType = CommandType.Text;
            myCom.CommandText = myComStr;
            myCom.Connection = myCon;
            OleDbDataReader myReader = myCom.ExecuteReader();
            myReader.Read();
            textBox1.Text = myReader.GetString(0);
            textBox2.Text = myReader.GetString(1);
            textBox3.Text = myReader.GetString(2);
            textBox4.Text = myReader.GetString(3);
            textBox5.Text = myReader.GetString(4);
            myReader.Close();
            myCon.Close();
        }
    }
}
```

程序运行结果如图 11.6 所示。

图 11.6　例 11-2 程序运行结果

【例 11-3】 通过窗体，对“教学管理.accdb”数据库中的“教师档案表”进行插入记录和删除记录的操作。

新建一个 Windows 应用程序，命名为“Chap11_3”。在 Form1 窗体中添加 5 个文本框，添加 5 个标签控件。修改标签的 Text 属性分别为“教师编号”“姓名”“性别”“院系”“职称”。添加两个按钮，并修改 Text 属性分别为“添加记录”“删除记录”。添加窗体 Form1 的 Load 事件和按钮的单击事件，并编写程序。该窗体包含的代码如下。

【操作视频】

```
using System;
using System.Data;
using System.Windows.Forms;
using System.Data.OleDb;//新增

namespace Chap11_3
{
    public partial class Form1 : Form
    {
        public Form1()
        {
            InitializeComponent();
        }
        private void ExecuteSQL(string sql)
        /*连接数据库,并运行形参传送的 SQL 语句*/
        {
            string myConStr = "Provider=Microsoft.ACE.OLEDB.12.0;Data
                              Source=教学管理.accdb";
            OleDbConnection myCon = new OleDbConnection(myConStr);
            try
            {
                myCon.Open();
            }
            catch (OleDbException ee)
            {
                MessageBox.Show(ee.Message);
            }
            OleDbCommand cmd = new OleDbCommand("", myCon);
            cmd.CommandText = sql;
            cmd.ExecuteNonQuery();
            myCon.Close();
        }
        private object QuerySQL(string sql)
        /*执行查询记录,并返回查找到的第一条记录的第一列*/
        {
            object myobj = null;
            string myConStr = "Provider=Microsoft.ACE.OLEDB.12.0;Data
                              Source=教学管理.accdb";
            OleDbConnection myCon = new OleDbConnection(myConStr);
```

```
        try
        {
            myCon.Open();
        }
        catch (OleDbException ee)
        {
            MessageBox.Show(ee.Message);
        }
        OleDbCommand cmd = new OleDbCommand("", myCon);
        cmd.CommandText = sql;
        myobj = cmd.ExecuteScalar ();
        myCon.Close();
        return myobj;
    }
    private void clearTea()  //清除文本框中的内容
    {
        txtTeaNo.Clear();
        txtTeaName.Clear();
        txtTeaSex.Clear();
        txtTeaDept.Clear();
        txtTea.Clear();
    }
    private void Form1_Load(object sender, EventArgs e)
    /*打开窗体时,显示表中的第一条记录*/
    {
        string myConStr = "Provider=Microsoft.ACE.OLEDB.12.0;Data
                           Source=教学管理.accdb";
        OleDbConnection myCon = new OleDbConnection(myConStr);
        try
        {
            myCon.Open();
        }
        catch (OleDbException ee)
        {
            MessageBox.Show(ee.Message);
        }
        OleDbCommand myCom = new OleDbCommand();
        String myComStr = "select 教师编号,姓名,性别,系别,职称 from 教师档案表";
        myCom.CommandType = CommandType.Text;
        myCom.CommandText = myComStr;
        myCom.Connection = myCon;
        OleDbDataReader myReader = myCom.ExecuteReader();
        myReader.Read();
        txtTeaNo.Text = myReader.GetString(0);
        txtTeaName.Text = myReader.GetString(1);
        txtTeaSex.Text = myReader.GetString(2);
        txtTeaDept.Text = myReader.GetString(3);
```

```
        txtTea.Text = myReader.GetString(4);
        myReader.Close();
        myCon.Close();
    }

    private void button1_Click(object sender, EventArgs e)  //插入记录
    {
        if (txtTeaNo.Text.Trim() == "" || txtTeaName.Text.Trim() == ""
            || txtTeaSex.Text.Trim() == "" || txtTeaDept.Text.Trim() ==
            "" || txtTea. Text.Trim() == "" )
            MessageBox.Show("请输入所有信息", "提示");
        else
        {
            string sql = "select * from 教师档案表 where 教师编号='"
                            + txtTeaNo.Text.Trim() + "'";
            if (QuerySQL (sql)==null)
            {
                string sql1 = "insert into 教师档案表(教师编号,姓名,性别,系别,
                        职称) values ('" + txtTeaNo.Text.Trim() + "','"
                        + txtTeaName.Text.Trim() + "','" + txtTeaSex.
                        Text.Trim() + "','" + txtTeaDept.Text.Trim() + "','"
                        + txtTea. Text.Trim() + "')";
                ExecuteSQL(sql1);
                MessageBox.Show("教师信息添加成功！", "提示");
            }
            else
            {
                MessageBox.Show("教师编号已经存在，请重新输入！", "提示");
                clearTea();
            }
        }
    }

    private void button2_Click(object sender, EventArgs e)  //删除记录
    {
        if (txtTeaNo.Text.Trim() == "" || txtTeaName.Text.Trim() == ""
            || txtTeaSex.Text.Trim() == "" || txtTeaDept.Text.Trim() ==
            "" || txtTea. Text.Trim() == "")
            MessageBox.Show("请输入所有信息", "提示");
        else
        {
            string sql1 = "delete from 教师档案表 where 教师编号= '"
                            + txtTeaNo.Text.Trim() + "'";
            ExecuteSQL(sql1);
            MessageBox.Show("教师记录成功删除！", "提示");
            clearTea();
        }
```

```
            }
        }
    }
```

程序中，当需要插入记录时，需要判断是否已输入了所有信息，还需要判断当前要插入的记录号在数据库中是否已经存在。通过调用私有的自定义的方法 QuerySQL 可以判断记录是否存在，如果返回值为空，则可以插入记录；否则说明这条记录已经存在，不能插入。程序运行结果如图 11.7 所示。

图 11.7　例 11-3 程序运行结果

11.2.3　DataReader 对象

当应用程序和数据源建立连接以后，使用 Command 对象对数据源中的数据进行操作，之后需要将数据提取出来，通常提取数据有两种方式：可以使用 DataReader 对象顺序读取数据，也可以使用 DataAdapter 对象将数据填充到 DataSet 中。其中，第一种方式使用 DataReader 读取数据时必须独占数据连接资源，数据读取完毕后，才可以断开与数据库的连接；第二种方式则可以将数据暂存在 DataSet 中，可以断开与数据库之间的连接。

1. DataReader 对象的常用属性

- FieldCount 属性用于获取当前行中的列数。
- IsClosed 属性用于指示是否可关闭数据阅读器。
- RecordsAffected 属性用于通过执行 SQL 语句获取更改、删除或插入的行数。

2. DataReader 对象的常用方法

```
public void Close ();                              //关闭 DataReader 对象
public bool Read ();                               //使 DataReader 前进到下一条记录
public bool GetBoolean (int ordinal);              //获取指定列的布尔形式的值
public byte GetByte (int ordinal);                 /*获取指定列的字节形式的值*/
public DateTime GetDateTime (int ordinal);         /*获取指定列的 DateTime 对象形式的值*/
public decimal GetDecimal (int ordinal);           /*获取指定列的 decimal 对象形式的值*/
public double GetDouble (int ordinal);             /*获取指定列的双精度浮点数形式的值*/
```

public int GetInt32 (int ordinal); *＊获取指定列的 32 位有符号整数形式的值＊/*
public string GetString (int ordinal); */＊获取指定列的字符串形式的值＊/*

3. DataReader 对象的创建

DataReader 类的构造函数是用 private 修饰的构造函数，无法在程序使用 new 的形式建立对象，只能调用 Command 对象的 ExecuteReader()方法产生 DataReader 对象。

OleDbDataReader myReader = new OleDbDataReader (); *//错误*
OleDbDataReader myReader = myCom.ExecuteReader (); */＊正确，myCom 为 Command 对象＊/*

注意

在 DataReader 的使用过程中，与之对应的 Connection 对象保持打开状态，并被 DataReader 以独占的方式使用，因此，除了关闭之外不能对 Connection 执行其他任何操作。关闭时，应先调用 DataReader 的 Close 方法关闭 DataReader，之后再关闭 Connection 连接对象。

【例 11-4】 使用 DataReader 读取“教学管理.accdb”数据库中的“学生档案表”中的部分数据。

【操作视频】

(1) 新建一个 Windows 应用程序，命名为“Chap11_4”。在 Form1 窗体上添加一个 ListBox 列表框，添加一个 Button 按钮。添加按钮的单击事件，并编写程序。该窗体包含的代码如下。

```
using System;
using System.Data;
using System.Windows.Forms;
using System.Data.OleDb;

namespace Chap11_4
{
    public partial class Form1 : Form
    {
        public Form1()
        {
            InitializeComponent();
        }

        private void button1_Click(object sender, EventArgs e)
        {
            string strCon = "Provider=Microsoft.ACE.Oledb.12.0;Data Source
                            =教学管理.accdb";
            OleDbConnection myCon = new OleDbConnection(strCon);
            myCon.Open();
            string strSql = "select 教师编号,姓名,性别,职称 from 教师档案表 where
                            职称='教授'";
            OleDbCommand myCom = new OleDbCommand(strSql);
            myCom.Connection = myCon;
```

```
            OleDbDataReader myReader = myCom.ExecuteReader();
            /*创建 OleDbDataReader 对象 myReader*/
            while (myReader.Read())
            {
                listBox1.Items.Add(myReader.GetString(0) + "\t" + myReader.
                         GetString(1) + "\t" + myReader.GetString(2)+ "\t"
                         + myReader.GetString(3));
            }
            myReader.Close();
            myCon.Close();
        }
    }
}
```

(2) 程序中，需要查找满足条件的记录，并将每一条记录显示出来，实际上就是遍历符合条件的结果集中的每一条记录。常使用如下形式。

```
while (myReader.Read())
{
    ……
}
```

Read 方法每次读取一条记录，不断循环，不断读取下一条记录。当所有记录读取完毕后，read 方法返回 False，循环退出。

当获取每条记录中每个字段的值时，可以使用 DataReader 对象的 GetString、GetBool 等方法。例如，myReader.GetString(0)，其中，0 表示第一列，列标从 0 开始。

(3) 运行程序，结果如图 11.8 所示。

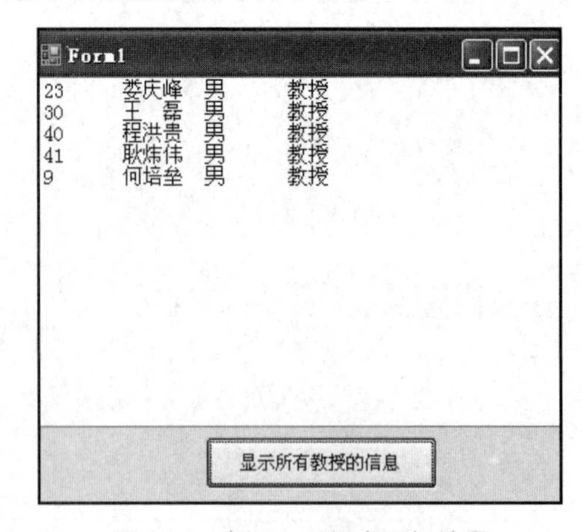

图 11.8 例 11-4 程序运行结果

11.2.4 DataAdapter 对象

DataAdapter 对象用来在数据源和数据集之间传送数据。DataAdapter 对象如同数据源和数据集之间的桥梁，当应用程序和数据源之间建立连接后，数据并不会自动传递，要使用 DataAdapter 适配器将数据源中的数据填充到数据集中。之后，即可断开与数据源的连接。数据集中的数据被修改之后，可以通过 DataAdapter 对象把修改过的数据传送给数据源。DataAdapter 对象就是用这种方式在数据源和数据集之间进行通信的。

对于 DataAdapter 对象，数据提供程序不同，DataAdapter 对象也不同。但是，各种对象的属性、常用方法和创建方法是相同的。

1. DataAdapter 对象的常用属性

- SelectCommand 属性用于获取或设置 SQL 语句或存储过程，以选择数据源中的记录。
- InsertCommand 属性用于获取或设置 SQL 语句或存储过程，以将新记录插入数据源中。
- UpdateCommand 属性用于获取或设置 SQL 语句或存储过程，以更新数据源中的记录。
- DeleteCommand 属性用于获取或设置 SQL 语句或存储过程，以从数据集中删除记录。

2. DataAdapter 对象的常用方法

Fill 方法用于将数据源中取得的数据填充到 DataSet 数据集中。

Fill 方法有多种形式，常用的有以下 3 种。

*public int Fill (DataSet dataSet);　　/*将数据填充到 dataSet 数据集中*/*
*public int Fill (DataTable dataTable);　　/*将数据填充到 dataTable 数据表中*/*
*public int Fill (DataSet dataSet, string srcTable);　　/*从参数 srcTable 指定的表中提取数据以填充数据集*/*

例如：

```
myAdp.Fill(mySet,"学生档案表");   /* myAdp 为 DataAdapter 对象,mySet 为 DataSet
对象*/
```

Update 方法用于自动执行插入、删除、更新操作，将数据集中的数据更新到数据源中。

Update 方法常用的形式如下。

*public override int Update (DataSet dataSet);　/*把对参数 dataSet 所指定的数据集进行的插入、删除等操作更新到数据源中。该方法用于数据集中只有一个表的情况下*/*

*public override int Update (DataSet dataSet,string table);　/*将参数 dataSet 所指定的数据集中的 table 表中的数据更新到数据源中。适用于数据集中存在多个表的情况*/*

3. OledbDataAdapter 对象的创建

OledbDataAdapter 类的构造函数有以下几种。

public OleDbDataAdapter ();
*public OleDbDataAdapter (Command selectCommand);　/*参数 selectCommand 为 select 语句或存储过程*/*
*public OleDbDataAdapter (string selectCommandText, Connection selectConnection);　/*参数 selectCommandText 为 select 语句或存储过程，参数 selectConnection 为 Connection 对象*/*

11.2.5 DataSet 对象

DataSet 是一种集合，该集合包含来自数据源的一个或多个表或记录，以及这些表之间的关系。通常使用 DataAdapter 对象从数据库中检索数据，并将这些数据填充到 DataSet 中。DataSet 暂存在内存中，就如同内存中的一个临时数据库。当应用程序与数据源断开连接后，可以直接从 DataSet 中获取数据，也可以删除、更新、添加数据。当再次与数据源建立连接后，使用 DataAdapter 对象不仅可以从数据库中检索数据，并填充到 DataSet 中，

也可以从 DataSet 组件中读取数据，更新数据库，使得 DataSet 中的数据和数据源中的数据保持一致。因此，使用 DataSet 可以实现断开式访问数据库，并且也可以访问多种数据源。

1. DataSet 对象的常用属性

- Tables 属性用于设置 DataSet 中的表的集合。
- Relations 属性用于设置 DataSet 中表之间的关系的集合。

2. DataSet 对象的常用方法

```
public void AcceptChanges ();     /*提交自加载此 DataSet 或自上次调用 AcceptChanges () 以来对其进行的所有的修改*/
public void Clear ();             //通过移除所有表中的所有行来清除 Dataset 中的数据
public DataSet Copy ();           //复制 DataSet 的数据和结构
public void Reset ();             //将 DataSet 重置为其初始状态
```

3. DataSet 对象的创建

DataSet 对象的构造函数有以下两种形式。

```
public DataSet ();
public DataSet (string dataSetName);    /*参数 dataSetName 表示数据集的名称*/
```

例如：

```
DataSet myset = new DataSet();
DataSet myset = new DataSet("Student");
```

在实际应用中，DataSet 使用方法一般有以下 3 种。

(1) 把数据源中的数据通过 DataAdapter 对象填充到 DataSet 中。

(2) 通过 DataAdapter 对象操作 DataSet 实现更新数据库。

(3) 把 XML 数据流或文本加载到 DataSet 中。

4. DataTable 对象

在 DataSet 中，可以包含一个或多个数据表。数据表用 DataTable 类表示，每一个表就是一个具体的 DataTable 对象。而每一个 DataTable 对象都由数据行 DataRow、数据列 DataColumn 以及约束 Constraint 和有关 DataTable 对象中数据的关系 DataRelations 信息组成的。

通过 DataSet 对象的 Tables 属性，可以获得该 DataSet 对象中的所有表，可以通过以下方式访问具体的表。

```
DataSet.Tables[表名];
DataSet.Tables[表索引];
```

例如：

```
myDataSet.Tables[“学生表”];/*其中,myDataSet是DataSet对象,“学生表”是表的名称*/
myDataSet.Tables[0];          //表的索引从0开始
```

(1) DataTable 对象的常用属性

- ChildRelations 属性用于获取此 DataTable 的子关系的集合。

- Columns 属性用于获取属于该表的列的集合。
- Constraints 属性用于获取由该表维护的约束的集合。
- DataSet 属性用于获取此表所属的 DataSet。
- DefaultView 属性用于获取可能包括筛选视图或游标位置的表的自定义视图。
- HasErrors 属性用于获取一个值，该值指示该表所属的 DataSet 的任何表的任何行中是否有错误。
- MinimumCapacity 属性用于获取或设置该表最初的行起始大小。默认值为 50。
- Rows 属性用于获取属于该表的行的集合。
- TableName 属性用于获取或设置 DataTable 的名称。

(2) DataTable 对象的常用方法。

*public void AcceptChanges ();　　/*提交自上次调用 AcceptChanges () 以来对该表进行的所有更改*/*
*public void BeginInit ();　　/*开始初始化在窗体中使用或由另一个组件使用的 DataTable*/*
public void Clear ();　　//清除所有 DataTable 的数据
*public DataTable Clone ();　　/*复制 DataTable 的结构,包括所有 DataTable 架构和约束*/*
*public void EndInit ();　　/*结束在窗体中使用或由另一个组件使用的 DataTable 的初始化*/*
*public void ImportRow (DataRow row);　　/*将 DataRow 复制到 DataTable 中，保留任何属性设置以及初始值和当前值*/*
*public void Merge (DataTable table) ;　　/*将指定的 DataTable 与当前的 DataTable 合并*/*
*public DataRow NewRow ();　　/*创建与该表具有相同架构的新 DataRow*/*

(3) DataTable 的构造函数。

public DataTable ();　　//不带参数初始化 DataTable 类的新实例
*public DataTable (string tableName);　　/*用指定的表名初始化 DataTable 类的新实例*/*
*public DataTable (string tableName, string tableNamespace);　　/*用指定的表名和命名空间初始化 DataTable 类的新实例*/*

(4) 创建数据集中的表。创建数据集中的表常用以下两种方法。

方法一：使用 DataTable 类的构造函数创建 DataTable 对象，再使用 DataSet 的 Tables 属性的 Add 方法将已创建的表加入数据集。

例如：

```
DataSet myset = new DataSet("StudentDB");
DataTable myTable = new DataTable("studentInfo");
myset.Tables.Add(myTable);
```

方法二：使用 DataReader 对象的 Fill 方法，将数据源中选择的数据直接填充到数据集的某个表中，可以指定一个数据集中原来不存在的表名，先创建表，再将数据填充到这个表中。

例如：

```
OleDbDataAdapter myAdp=new OleDbDataAdapter (); //创建 myAdp 对象
myAdp.SelectCommand = myCom;
DataSet mySet=new DataSet ();                    //创建 DataSet 对象 mySet
myAdp.Fill(mySet,"学生档案表");  /*将 myAdp 对象从数据源中选择的数据填充到 mySet 数据集的学生档案表中*/
```

(5) 复制数据集中的表。复制数据集中的表可以分为以下两种方法。

方法一：复制表的结构及表中的数据可以使用 DataTable 类的 Copy 方法实现。

例如：

```
DataSet myset = new DataSet("StudentDB");
DataTable myTable = new DataTable("studentInfo");
DataTable newTable = myTable.Copy();  /*创建新表 newTable,newTable 的表结构及
数据与 studentInfo 表相同*/
```

方法二：只复制表的结构可以使用 DataTable 类的 Clone 方法实现。

例如：

```
DataSet myset = new DataSet("StudentDB");
DataTable myTable = new DataTable("studentInfo");
DataTable newTable = myTable.Clone();  /*创建新表 newTable,newTable 的表结构
与 studentInfo 表相同,但表中没有数据*/
```

5. DataRow 对象

使用 DataRow 对象表示 DataTable 表中的一行数据。在 DataTable 表的水平方向，可以由一行或多行数据组成，每一行就是一个 DataRow 对象。

(1) DataRow 对象的常用属性。

- HasError 属性用于确定行是否包含错误。
- Item 属性用于通过指定行的列数、列的名称或 DataColumn 对象本身，访问列的内容。
- ItemArray 属性用于获取或设置行中所有列的值。
- RowState 属性用于返回 DataRowState 枚举中的值来表示行的当前状态。
- Table 属性用于返回 DataRow 对象所在的 DataTable。

(2) DataRow 对象的常用方法。

```
public void AcceptChanges ();     /*提交自上次调用 AcceptChanges 方法以来对该行进行的所有更改*/
public void BeginEdit ();         //对 DataRow 对象开始编辑操作
public void EndEdit ();           //对 DataRow 对象结束编辑操作
public void ClearErrors ();       //清除 DataRow 中所有的错误
public void Delete ();                //删除 DataRow
```

(3) 向表中添加数据行。使用 DataTable 对象的 NewRow 方法可以创建与该表具有相同结构的新行，并可以为新行中的每一列赋值。使用 DataTable 对象的 Rows 属性的 Add 方法，可以将新行添加到表中。

例如：

```
DataRow myRow =myTable .NewRow ();  //创建数据行对象 myRow
myRow["stuNumber"] = 1001;          //为 myRow 行的 stuNumber 列赋值 1001
myRow["stuName"] = "Mike";          //为 myRow 行的 stuName 列赋值 Mike
myTable.Rows.Add(myRow);            //将 myRow 行添加到 myTable 表中
```

注意

访问数据行中的每列可以用列名，也可以用列的索引，列的索引从 0 开始。

6. DataColumn 对象

使用 DataColumn 对象表示 DataTable 中列的结构。DataTable 对象在垂直方向上可以由一列或多列组成，每一列就是一个 DataColumn 对象。

(1) DataColumn 对象的常用属性。AllowDBNull 属性用于获取或设置一个值，该值指示对于属于该表的行，此列中是否允许空值。

- Caption 属性用于获取或设置列的标题。
- ColumnName 属性用于获取或设置 DataColumnCollection 中的列的名称。
- DataType 属性用于获取或设置存储在列中的数据类型。
- DefaultValue 属性用于在创建新行时获取或设置列的默认值。
- Expression 属性用于获取或设置表达式，以筛选行，计算列中的值或创建聚合类。
- MaxLength 属性用于获取或设置文本列的最大长度。
- ReadOnly 属性用于获取或设置一个值，该值指示一旦向表中添加了行，列是否允许更改。
- Table 属性用于获取列所属的 DataTable。
- Unique 属性用于获取或设置一个值，该值指示列的每一行中的值是否必须是唯一的。

(2) DataColumn 对象的常用方法。

public Type GetType ();　　　　　　　　//获取当前列的 Type
*public void SetOrdinal (int ordinal);　　　/*将 DataColumn 的序号或位置更改为指定的序号或位置*/*

DataColumn 类的构造函数如下。

public DataColumn ();　　　　　　　　　//新实例初始化为类型字符串
*public DataColumn (string columnName);　　/*参数 columnName 指定要创建的列的名称*/*
*public DataColumn (string columnName, Type dataType);/*参数 dataType 指示列的类型*/*

(3) 向表中添加列。可以使用以下两种方法向表中添加新列。

方法一：直接使用 DataTable 对象的 Columns 属性的 Add 方法添加新列。

例如：

```
    DataTable myTable = new DataTable("studentInfo");  /*创建名为 studentInfo 的
myTable 表实例*/
    myTable .Columns .Add ("stuNumber",System .Type .GetType ("System.Int32" ));
    //向 myTable 表中添加列名为 stuNumber,类型为 int32 的新列
```

方法二：先创建 DataColumn 类的实例，之后再使用 DataTable 对象的 Columns 属性的 Add 方法添加新列。

例如：

```
    DataTable myTable = new DataTable("studentInfo");
    DataColumn  dc  =  new  DataColumn("stuName",  System.Type.GetType("System.
String"));                        //创建一个 DataColumn 对象 dc
    myTable.Columns.Add(dc);      //将 dc 添加到 myTable 表中
```

【例 11-5】 在窗体中创建 DataSet 中的表，并添加数据。

新建一个 Windows 应用程序，命名为“Chap11_5”。在 Form1 窗体中添加一个 DataGridView 控件(将在 11.3 节中介绍)。添加窗体的 Load 事件，并编写程序。该窗体包含的代码如下。

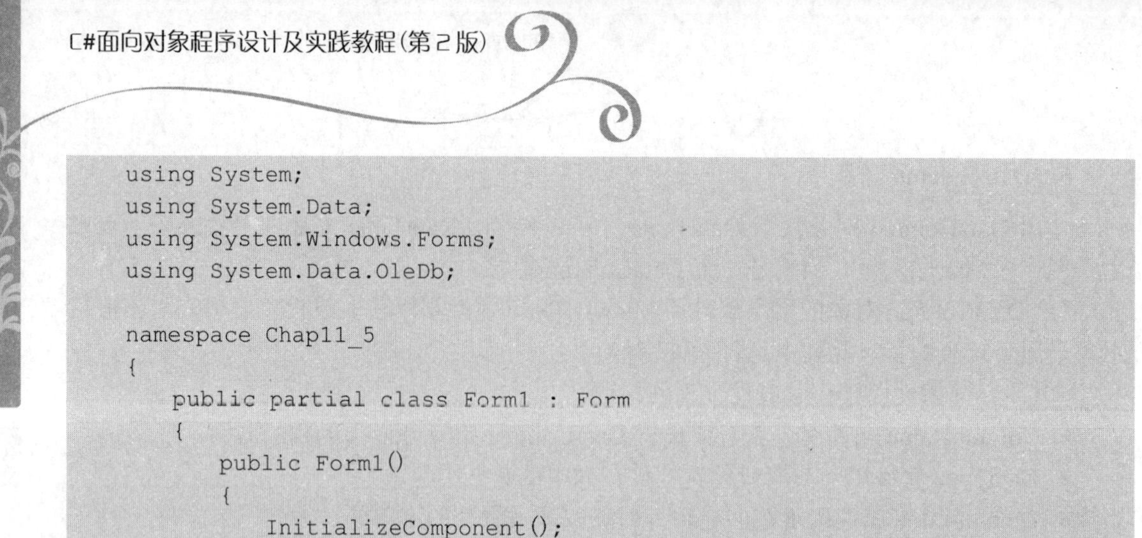

```
using System;
using System.Data;
using System.Windows.Forms;
using System.Data.OleDb;

namespace Chap11_5
{
    public partial class Form1 : Form
    {
        public Form1()
        {
            InitializeComponent();
        }

        private void Form1_Load(object sender, EventArgs e)
        {
            DataSet myset = new DataSet("StudentDB");
            DataTable myTable = new DataTable("studentInfo");
            myTable.Columns.Add("stuNumber",System.Type.GetType("System.
                                    int32"));
            DataColumn dc = new DataColumn("stuName", System.Type.GetType
                                ("System.String"));
            myTable.Columns.Add(dc);
            myset.Tables.Add(myTable);
            DataRow myRow = myTable.NewRow();
            myRow["stuNumber"] = 1001;
            myRow["stuName"] = "李明";
            myTable.Rows.Add(myRow);
            DataRow myRow1 = myTable.NewRow();
            myRow1["stuNumber"] = 1002;
            myRow1["stuName"] = "刘芳";
            myTable.Rows.Add(myRow1);
            dataGridView1.DataSource = myTable;
        }
    }
}
```

程序运行结果如图 11.9 所示。

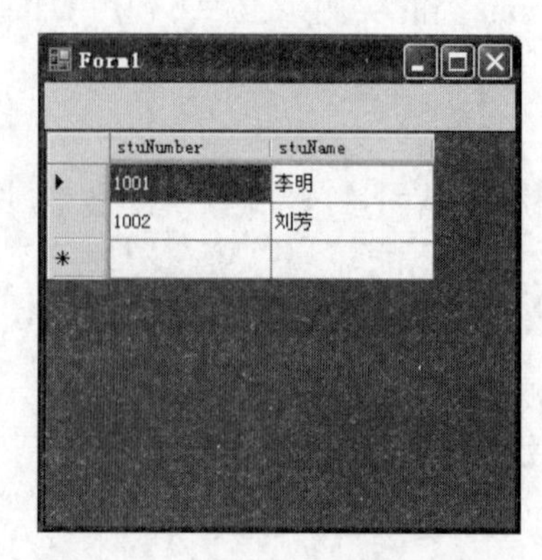

图 11.9　例 11-5 程序运行结果

【例 11-6】 在窗体中使用 DataSet 将“学生档案表”中的数据在列表框中显示出来。

新建一个 Windows 应用程序，命名为“Chap11_7”。在 Form1 窗体中添加一个 listBox 控件和一个按钮控件。添加按钮的单击事件，并编写程序。该窗体包含的代码如下。

【操作视频】

```
using System;
using System.Data;
using System.Windows.Forms;
using System.Data.OleDb;

namespace Chap11_6
{
    public partial class Form1 : Form
    {
        public Form1()
        {
            InitializeComponent();
        }

        private void button1_Click(object sender, EventArgs e)
        {
            string strRow = "";
            string strCon = "Provider=Microsoft.ACE.Oledb.12.0;Data Source=
                             教学管理.accdb";
            string strSql = "select * from 学生档案表 ";
            OleDbConnection myCon = new OleDbConnection(strCon);
            try
            {
                myCon.Open();
                MessageBox.Show("已正确建立连接！", "连接提示");
            }
            catch (OleDbException ee)
            {
                MessageBox.Show("数据库连接失败！");
                return;
            }
            OleDbDataAdapter myAdp = new OleDbDataAdapter(strSql ,myCon);
            DataSet mySet = new DataSet();
            myAdp.Fill(mySet, "学生档案表");
              myCon.Close();
            for (int i = 0; i < mySet.Tables["学生档案表"].Rows.Count; i++)
            {
                strRow=mySet.Tables["学生档案表"].Rows[i]["学号"].ToString()+"\t";
                strRow = strRow + mySet.Tables["学生档案表"].Rows[i]["姓名"].
                           ToString() + "\t";
                strRow = strRow + mySet.Tables["学生档案表"].Rows[i]["性别"].
                           ToString() + "\t";
                strRow = strRow + mySet.Tables["学生档案表"].Rows[i]["出生日期"].
```

```
                    ToString() + "\t";
            strRow = strRow + mySet.Tables["学生档案表"].Rows[i]["政治面貌"].
                    ToString() + "\t";
            strRow = strRow + mySet.Tables["学生档案表"].Rows[i]["毕业学校"].
                    ToString() + "\t";

            listBox1.Items.Add(strRow);
        }
    }
  }
}
```

程序运行结果如图 11.10 所示。

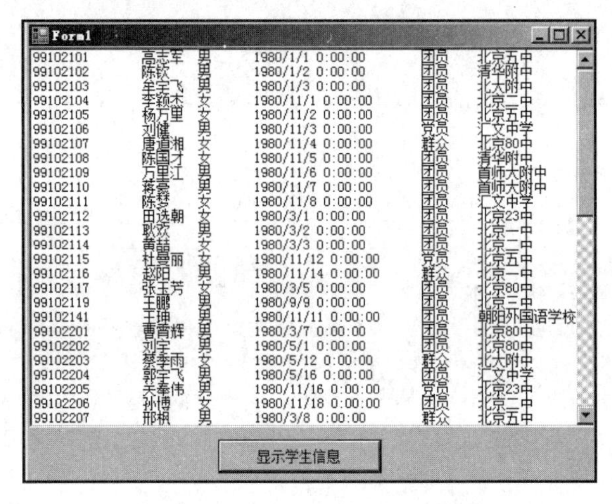

图 11.10　例 11-6 程序运行结果

7. DataRelation 对象

DataRelation 对象表示两个 DataTable 对象之间的父/子关系。两个 DataTable 对象之间的关系可以通过两个表之间的公共字段建立。一个数据集中的所有关系，可以通过数据集的属性 Relations 获得。

(1) DataRelation 对象的常用属性。

- ChildColumns 属性用于获取此关系的 DataColumn 对象。
- ChildTable 属性用于获取此关系的子表。
- DataSet 属性用于获取此关系所属的 DataSet。
- ParentColumns 属性用于获取此关系的父列的 DataColumn 对象的数组。
- ParentKeyConstraint 属性用于获取 UniqueConstraint，它确保 DataRelation 的父列中的值是唯一的。
- ParentTable 属性用于获取此关系的父级 DataTable。
- RelationName 属性用于获取或设置此 DataRelation 对象的名称。

(2) DataRelation 对象的构造函数。DataRelation 类的构造函数很多，常用的有以下构造函数。

public DataRelation (string ralationName,DataColumn parentColumn, DataColumn childColumn);

其中，ralationName 是一个字符串，表示关系的名称；parentColumn 表示关系中父级的 DataColumn；childColumn 表示关系中子级的 DataColumn。

例如：

```
DataRelation myR=newDataRelation("R1",stuTable.Columns["stuNo"],couTable.
Columns["stuNo"]);
```

上述语句表示为表 stuTable 和 couTable 创建关系 myR 对象，关系名为 R1，通过父表 stuTable 中的列 stuNo 和子表 couTable 中的列 stuNo 创建。

11.3　C#数据库的 Windows 编程

在 C#中，编写 Windows 界面的数据库应用程序时，除了使用 ADO.NET 数据访问对象进行编程外，也可以使用数据控件和数据绑定控件，进行程序设计。使用控件编程，可以快速设计数据库程序，只需要编写几行代码。

常用的 ADO.NET 数据控件包括 DataSet、BindingSource、BindingNavigator。这些控件在“工具箱”的“数据”工具组中，如图 11.11 所示。

数据绑定就是将控件与数据源的数据绑在一起，通过控件显示或修改数据。数据绑定有两种类型：简单数据绑定和复杂数据绑定。简单数据绑定是指将一个控件和单个数据元素进行绑定，如将某个文本框和表中的某个字段(列)进行绑定。Windows 窗体控件文本框、单选按钮控件都能够实现简单数据绑定。复杂数据绑定是指将一个控件和多个数据元素进行绑定，具有该功能的控件有 DataGrid、ListBox、ComboBox、DataGridView 等。

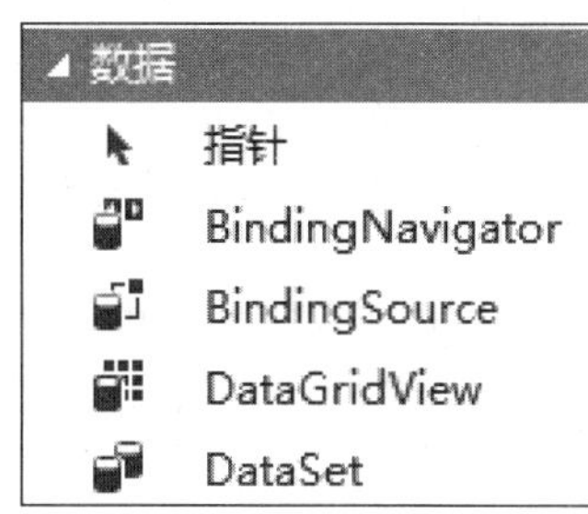

图 11.11　ADO.NET 数据控件

11.3.1　BindingSource 控件

BindingSource 控件充当数据绑定控件和数据源之间的桥梁。使用 BindingSource 控件可以简化窗体中控件到数据的绑定。BindingSource 控件提供了一个通用接口，其中包含控件绑定到数据源时所需的所有功能。通常当使用向导将控件绑定到数据源时，实际上创建并配置了一个 BindingSource 控件实例，并绑定到该实例。在 C#中，通过“数据源配置向导”对话框，可以在向导的指引下设置 BindingSource 控件。

【例 11-7】 使用数据控件浏览“教学管理.accdb”数据库中的学生档案表中的信息。

新建一个 Windows 应用程序，命名为“Chap11_7”。在 Form1 窗体中添加一个 DataGridView 控件。之后按下面的步骤进行设置。

(1) 单击 dataGridView1 控件右上角的按钮，选择数据源后的下拉列表展开，并选择“添加项目数据源”，将会弹出“数据源配置向导”对话框，如图 11.12 所示。

(2) 选择“数据库”选项，单击“下一步”按钮。

(3) 再次单击“下一步”按钮，弹出“数据源配置向导”对话框，如图 11.13 所示。单击“新建连接”按钮，弹出“选择数据源”对话框，选择数据源类型，如图 11.14 所示。

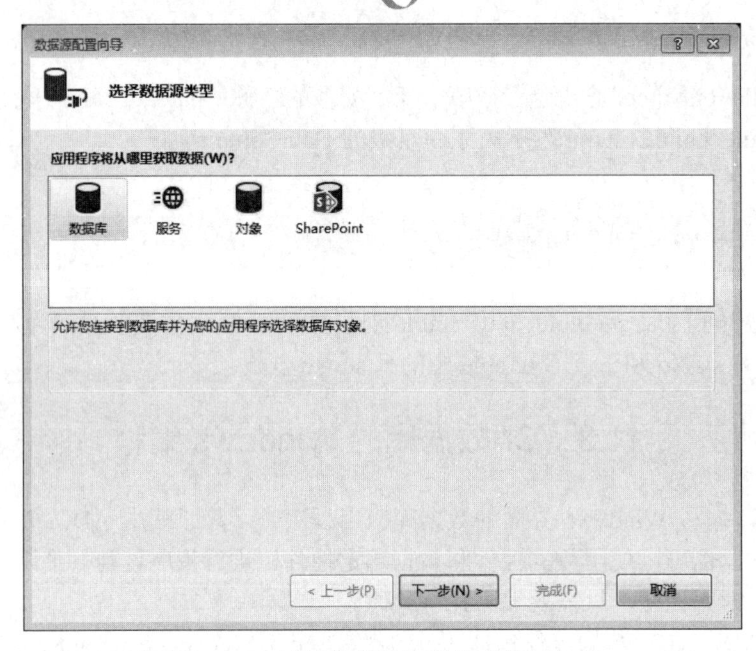

图 11.12 “数据源配置向导”对话框(一)

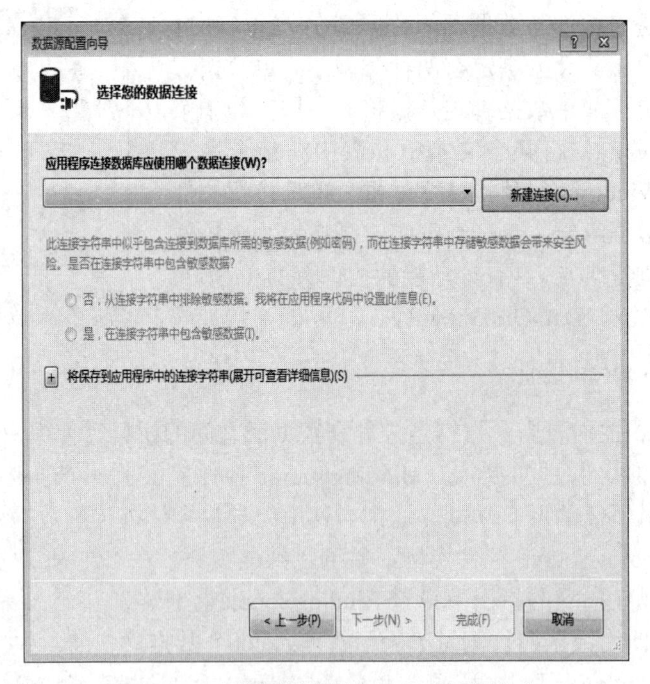

图 11.13 “数据源配置向导”对话框(二)

(4) 单击“继续”按钮，将会弹出“添加连接”对话框，如图 11.15 所示。选择数据库文件所在的位置，并测试连接。如果测试连接不成功，可以根据错误提示，上网找到相应的数据库引擎程序下载安装即可。

(5) 在向导的指引下，多次单击“下一步”按钮，当弹出图 11.16 所示的对话框时，选择需要在 DataGridView 中展示的数据表。单击“完成”按钮，整个过程结束。

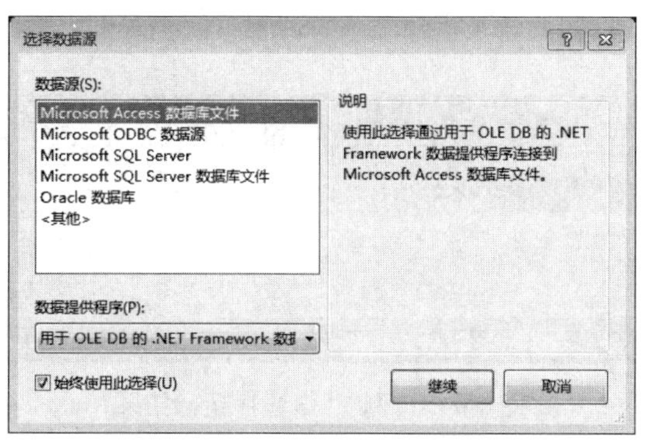

图 11.14　“选择数据源”对话框

图 11.15　“添加连接”对话框

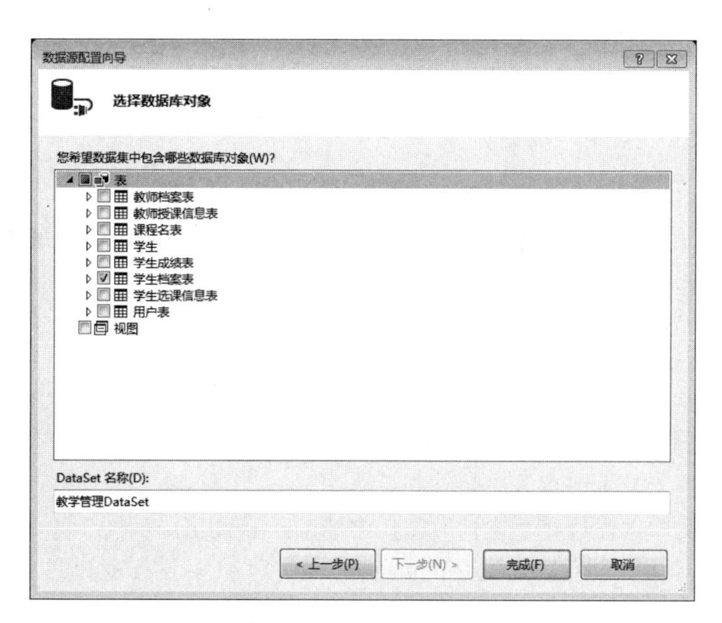

图 11.16　选择数据表

程序运行结果如图 11.17 所示。

Form1

	学号	姓名	性别	出生日期	政治面
▶	99102101	高志军	男	1980-1-1	团员
	99102102	陈钦	男	1980-1-2	团员
	99102103	牟宇飞	男	1980-1-3	团员
	99102104	李颖杰	女	1980-11-1	团员
	99102105	杨万里	女	1980-11-2	团员

图 11.17　例 11-7 程序运行结果

11.3.2　数据绑定控件

简单数据绑定是将一个控件绑定到数据库的某一字段上，如 TextBox 控件、Label 控件等。复杂数据绑定是指将一个控件绑定到多个数据元素，通常绑定到数据库的多条记录，如 DataGridView 控件等。

对于控件的简单数据绑定，可以编程实现，也可以通过可视化的操作实现。

1. 编程实现简单数据绑定

编程时通过直接指定该控件的 DataBindings 属性来实现简单数据绑定。DataBindings 控件是一个集合类型，存储的是 Binding 类对象。只要调用 DataBindings 集合的 Add 方法即可加入新的绑定对象。

例如，将 DataSet1 数据集中的表 stuents 中的字段(列)“学号”和窗体中的文本框 textBox1 绑定在一起。

```
textBox1.DataBindings.Add("Text", dataSet1, "stuents.学号");
```

或

```
Binding newBinging = new Binding("Text", dataSet1, "stuents.学号");
textBox1.DataBindings.Add(newBinding);
```

2. 可视化设置实现简单数据绑定

通过设置，不用编程也可实现简单数据绑定。

如例 11-8 所示，与数据源建立连接；在窗体中放置控件，并设置控件的 DataBindings 属性。这样即可完成简单控件和字段的绑定。

【例 11-8】 在窗体中将文本框控件和“学生档案表”中的字段绑定在一起，并显示出来。

新建一个 Windows 应用程序，命名为“Chap11_8”。在 Form1 窗体中添加 5 个 Label 控件和 5 个文本框控件，并分别修改 Label 控件的 Text 属性为“学号:”“姓名:”“性别:”“出生日期:”“政治面貌:”。选择“数据源”视图，添加新数据源，按照例 11-7 所示的方法先与数据集中的“学生档案表”建立联系。

选择第一个文本框，选择“属性”窗口中的 DataBindings 属性，并单击属性节点，将其展开，设置 Text 为“学生档案表 BindingSource－学号”。这样就为文本框和表中的“学号”字段建立了绑定关系。

剩余 4 个文本框，也按照这种方法即可建立数据的绑定关系。程序运行结果如图 11.18 所示。

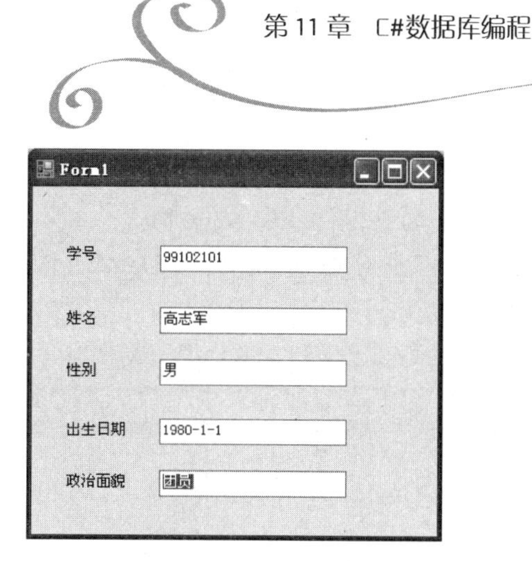

图 11.18 例 11-8 运行结果

11.3.3 BindingNavigator 控件

使用 BindingNavigator 控件可以浏览数据表中的记录，添加新记录和删除记录，只要设置 BindingNavigator 控件的 BindingSource 属性，不用添加任何代码，即可实现浏览、添加、删除记录的功能。

【例 11-9】 为例 11-8 添加一个 BindingNavigator 控件，实现浏览、添加记录的功能。

在例 11-8 的基础上，在窗体中添加一个 BindingNavigator 控件，并设置该控件的 BindingSource 属性为“学生档案表 BindingSource”，如图 11.19 所示。

图 11.19 例 11-9 运行结果

11.3.4 DataGridView 控件

DataGridView 控件常用来以二维表的形式显示数据源中的数据或者查询的结果，也可以显示自己定义的行或列。

1. DataGridView 控件的常用属性

- BackgroundColor 属性用于获取或设置 DataGridView 控件的背景颜色。
- ColumnCount 属性用于获取或设置控件中显示的列数。
- ColumnHeadersBorderStyle 属性用于获取应用于列标题的边框样式。
- ColumnHeadersHeight 属性用于获取或设置列标题行的高度(以像素为单位)。

- Columns 属性用于获取一个控件中包含所有列的集合。
- DataBindings 属性用于为该控件获取数据绑定。
- DataMember 属性用于获取或设置数据源中 DataGridView 显示其数据的列表或表的名称。
- DataSource 属性用于获取或设置 DataGridView 所显示的数据的数据源。
- FirstDisplayedCell 属性用于获取或设置当前显示在 DataGridView 控件中的第一个单元格，此单元格通常位于左上角。
- FirstDisplayedScrollingRowIndex 属性用于获取或设置某一行的索引，该行显示在 DataGridView 控件的第一行。
- MultiSelect 属性用于获取或设置一个值，该值指示是否允许用户一次选择 DataGridView 控件的多个单元格、行或列。
- RowCount 属性用于获取或设置 DataGridView 控件中显示的行数。
- SelectedCells 属性用于获取用户选中的单元格的集合。
- SelectedColumns 属性用于获取用户选中的列的集合。
- SelectedRows 属性用于获取用户选中的行的集合。
- SortOrder 属性用于获取一个值，该值指示是否按升序或降序对 DataGridView 控件中的项进行排序。

2. DataGridView 控件的常用方法

DataGridView 控件的常用方法如下：

```
public void Select ();          //激活控件
public void SelectAll ();       //选择 DataGridView 控件中的所有单元格
public void Show ();            //向用户显示控件
public void Sort (DataGridViewColumn dataGridViewColumn, System.ComponentModel. ListSortDirection
direction); /*对 DataGridView 控件中的内容进行排序*/
```

3. DataGridView 控件的常用事件

- Click 事件：单击控件时触发。
- DoubleClick 事件：双击控件时触发。
- CellClick 事件：单击单元格的任意部分时触发。
- CellValueChanged 事件：单元格的值更改时触发。
- ColumnAdded 事件：将列添加到控件时触发。
- DataSourceChanged 事件：DataSource 属性值更改时触发。
- RowsAdded 事件：将一行或多行添加到行集合时触发。
- RowEnter 事件：行接受输入焦点因而成为当前行时触发。
- RowsRemoved 事件：在从行集合中移除一行或多行时触发。

【例 11-10】 在窗体中用 DataGridView 控件显示数据集中的数据，选中一行时，能将该行的数据显示在文本框中。

新建一个 Windows 应用程序，命名为“Chap11_10”。在 Form1 窗体中添加 6 个 Label 控件和 6 个文本框控件，并分别修改 Label 控件的 Text 属性为“学号：”“姓名：”“性别：”

“出生日期:”“政治面貌:”“班级编号:”。为窗体添加 Load 事件，并为 DataGridView 控件添加 RowEnter 事件，代码如下。

【操作视频】

```
using System;
using System.Data;
using System.Windows.Forms;
using System.Data.OleDb;

namespace Chap11_10
{
    public partial class Form1 : Form
    {
        DataSet mySet;
        public Form1()
        {
            InitializeComponent();
        }

        private void Form1_Load(object sender, EventArgs e)
        {
            string strCon = "Provider=Microsoft.ACE.Oledb.12.0;Data Source
                            =教学管理.accdb";
            OleDbConnection myCon = new OleDbConnection(strCon);
            try
            {
                myCon.Open();
                MessageBox.Show("已正确建立连接! ", "连接提示");
            }
            catch (OleDbException ee)
            {
                MessageBox.Show("数据库连接失败!");
                return;
            }

            OleDbDataAdapter myAdp = new OleDbDataAdapter("select * from
                                      学生档案表 ",myCon);
            mySet = new DataSet();
            myAdp.Fill(mySet, "student");
            dataGridView1.DataSource = mySet.Tables["student"];
        }

        private void dataGridView1_RowEnter(object sender, DataGridView
                CellEventArgs e)
        {
            textBox1.Text = mySet.Tables[0].Rows[e.RowIndex]["学号"].
                            ToString();
            textBox2.Text = mySet.Tables[0].Rows[e.RowIndex]["姓名"].
```

```
                        ToString();
            textBox3.Text = mySet.Tables[0].Rows[e.RowIndex]["性别"].
                        ToString();
            textBox4.Text = mySet.Tables[0].Rows[e.RowIndex]["出生日期"].
                        ToString().Replace("0:00:00", "");
            textBox5.Text = mySet.Tables[0].Rows[e.RowIndex]["政治面貌"].
                        ToString();
            textBox6.Text = mySet.Tables[0].Rows[e.RowIndex]["班级编号"].
                        ToString();
        }
    }
}
```

程序运行结果如图 11.20 所示。

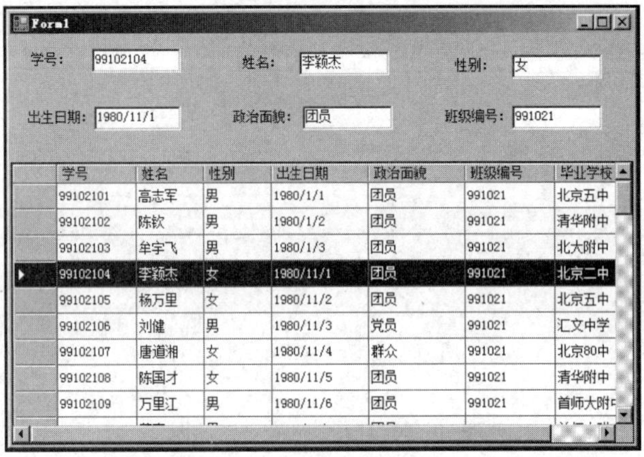

Form1

学号: 99102104　姓名: 李颖杰　性别: 女

出生日期: 1980/11/1　政治面貌: 团员　班级编号: 991021

学号	姓名	性别	出生日期	政治面貌	班级编号	毕业学校
99102101	高志军	男	1980/1/1	团员	991021	北京五中
99102102	陈钦	男	1980/1/2	团员	991021	清华附中
99102103	牟宇飞	男	1980/1/3	团员	991021	北大附中
99102104	李颖杰	女	1980/11/1	团员	991021	北京二中
99102105	杨万里	女	1980/11/2	团员	991021	北京五中
99102106	刘健	男	1980/11/3	党员	991021	汇文中学
99102107	唐道湘	女	1980/11/4	群众	991021	北京80中
99102108	陈国才	女	1980/11/5	团员	991021	清华附中
99102109	万里江	男	1980/11/6	团员	991021	首师大附中

图 11.20　例 11-10 程序运行结果

11.4　ADO.NET 访问常用数据库

在数据库编程中，经常使用 ADO.NET 访问不同的数据库。当访问不同的数据库，使用不同的数据提供程序时，连接字符串往往是不同的。正确书写连接字符串是访问数据库时不可缺少的一项工作。

下面介绍常用的连接字符串。

1. 连接 SQL Server 数据库

(1) OLE DB 连接字符串。

"Provider=sqloledb;Data Source=Aron1;Initial Catalog=pubs;User Id=sa; Password=asdasd;"

(2) ODBC 连接字符串。

"Driver={SQL Server};Server=Aron1;Database=pubs;Uid=sa;Pwd=asdasd;"

当服务器为本机时，Server 可以使用(local)。

"Driver={SQL Server};Server= (local);Database=pubs;Uid=sa;Pwd=asdasd;"

当连接远程服务器时，需指定地址、端口号和网络库。

"Driver={SQL Server};Server=202.204.41.200;Address=202.204.41.200,1052; Network=dbmssocn;Database=pubs; Uid=sa;Pwd=asdasd;"

注意

Address 参数必须为 IP 地址，而且必须包括端口号。

(3) SQL Client 连接字符串。

"Data Source=Aron1;Initial Catalog=pubs;User Id=sa;Password=asdasd;"

2. 连接 Access 数据库

(1) OLE DB 连接字符串。连接 Access 2003 数据库时，使用下面的连接字符串：

"Provider=Microsoft.Jet.OLEDB.4.0;DataSource=mydb.mdb;User Id=admin; Password=;"

连接 Access 2007、2010 数据库时，使用下面的连接字符串：

"Provider=Microsoft.ACE.OLEDB.12.0;DataSource=mydb.accdb;User Id=admin; Password=;"

(2) ODBC 连接字符串。连接 Access 2003 数据库时，使用下面的连接字符串：

"Driver={Microsoft Access Driver (.mdb)};Dbq= mydb.mdb;Uid=Admin;Pwd=;"*

3. 连接 Oracle 数据库

(1) OLE DB 连接字符串。

"Provider=msdaora;Data Source=MyOracleDB;User Id=UserName;Password=asdasd;"

(2) ODBC 连接字符串。

"Driver={Microsoft ODBC for Oracle};Server=OracleServer.world;Uid= Username; Pwd=asdasd;"

(3) Oracle 数据提供程序连接字符串。

"Data Source=Oracle8i;Integrated Security=yes";

【例 11-11】在窗体中用 DataGridView 控件显示 SQL Server 2008 R2 数据库中的数据。服务器地址为本地 SQLEXPRESS，数据库名称为 JWGL，表名称为 book。连接 SQL Server 采用 Windows 身份验证，当前应用程序有访问 SQL Server 的全权限，连接字符串选用信任用户，不需要用户名、密码。

新建窗体，并放置一个 DataGridView 控件。连接 SQl Server 2008 数据库，在 DataGridView 控件中显示 JWGL 数据库中的 book 表中的所有书目信息。

```
using System;
using System.Collections.Generic;
using System.ComponentModel;
using System.Data;
```

```
using System.Drawing;
using System.Linq;
using System.Text;
using System.Windows.Forms;
using System.Data.SqlClient;//新增

namespace Exam11._4
{
    public partial class Form1 : Form
    {
        DataSet mySet;
        public Form1()
        {
            InitializeComponent();
        }

        private void Form1_Load(object sender, EventArgs e)
        {
            MessageBox.Show("正在连接数据库...");
            string strCon = "Data Source=.\\SQLEXPRESS;Initial
              Catalog=JWGL;Integrated Security=True;User Id=;Password=;";
            SqlConnection mycon = new SqlConnection(strCon);
            try
            {
                mycon.Open();
                MessageBox.Show("已正确建立连接！", "连接提示");
            }
            catch (SqlException ee)
            {
                MessageBox.Show(ee.ToString(),"数据库连接失败提示");
                return;
            }
            SqlCommand com = new SqlCommand("select * from book", mycon);
            SqlDataAdapter myAdp = new SqlDataAdapter();
            myAdp.SelectCommand = com;
            mySet = new DataSet();
            myAdp.Fill(mySet, "book");
            dataGridView1.DataSource = mySet.Tables["book"];
        }
    }
}
```

程序运行结果如图 11-21 所示。

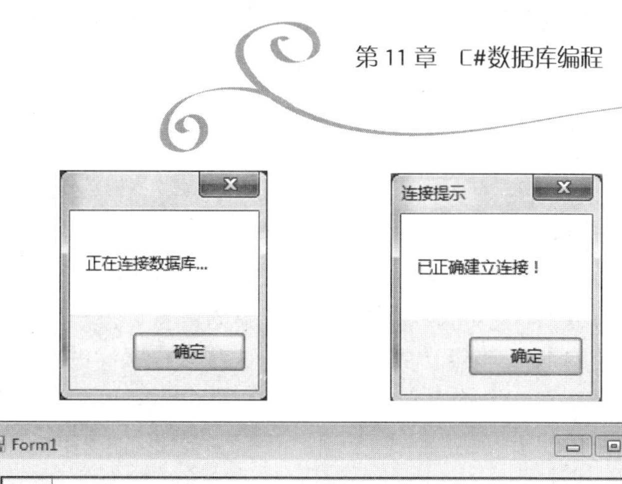

Form1

book_id	book_name	publish_company	author	price
dep01_s001_01	电磁波工程	电子工业出版社	顾华	21.00
dep04_b001_01	计算机基础	清华大学出版社	洪涛	16.00
dep04_b001_02	计算机应用	电子工业出版社	李群	19.80
dep04_p001_01	C语言程序设计	清华大学出版社	钟军	18.80
dep04_p001_02	C语言程序设计	南京大学出版社	李力	17.70
dep04_s001_01	SQL Server数...	北方交通出版社	成虎	21.50
dep04_s002_01	Java语言程序...	东南大学出版社	王平	22.50
dep04_s003_01	单片机原理	东南大学出版社	肖红	16.80
dep04_s004_01	软件开发技术	南京大学出版社	刘雨	15.00
dep04_s005_01	网页设计	地质出版社	张凯芝	12.00

图 11.21　例 11-11 程序运行结果

11.5　案　　例

【操作视频】

本案例通过教务管理系统应用程序演示如何创建一个数据库应用程序。案例根据数据库程序设计的基本步骤，使用 Connection 对象建立与数据源之间的连接，使用 Command 对象对数据源进行查询、更新、添加、删除等操作，使用 DataAdapter 对象读取数据源中的数据，并将其填充到数据集中，使用数据集在内存中临时存储的数据。使用 DataGridView 控件和其他多种控件与数据源绑定，并将数据源中的数据显示在窗体中。

教务管理系统可以实现用户管理、学生信息管理、教师信息管理、学生成绩管理的功能。用户管理主要实现用户登录、用户注册功能；学生信息管理实现学生信息浏览、学生信息查询、学生信息添加、学生信息修改、学生信息删除功能；教师信息管理实现教师信息浏览、教师信息查询、教师信息添加、教师信息修改、教师信息删除功能；学生成绩管理实现学生成绩信息浏览、学生成绩信息查询功能。

在本案例中按各种条件查询信息、添加信息、修改信息、删除信息是难点，也是本章学习的重点。以学生信息查询为例，案例中分 3 种情况进行查询，可以按班级查询每个班的学生信息，也可以按照性别查询男生和女生的信息，还可以按照不同的政治面貌查询学生的信息。编程的思路是，定义学生信息查询窗体中使用的 OleDbConnection 对象和 DataSet 对象，并在窗体类的构造函数中初始化 OleDbConnection 对象；打开与数据源的连接，当按照不同情况查询时，分别使用不同的 SQL 语句，使用 DataAdapter 对象检索数据源中的数据，并将搜索到的数据填充到数据集中，最后将数据集中的数据显示在 dataGridView 控件中。添加信息、修改信息、删除信息的思路与查询信息的思路相同，只是使用的 SQL 语句不同。

具体操作步骤如下。

(1) 创建一个 Windows 应用程序，项目名为“Chap11”。

(2) 为 Form1 类添加菜单 MenuStrip1 控件，并输入菜单项。

当用户没有成功登录时，不能显示数据库系统中的信息，将学生信息、教师信息、成绩信息菜单属性设置为 False。当用户成功登录后，这些菜单属性设置为 True，此时即可使用。在 Form1 类中，还需要为各个菜单项添加单击事件，将菜单和各个不同的窗体联系起来。Form1 类的代码文件如下。

```
namespace stuManagement
{
    public partial class Form1 : Form
    {
        public Form1()
        {
            InitializeComponent();
        }

        private void Form1_Load(object sender, EventArgs e)
        {
            学生信息管理 ToolStripMenuItem.Enabled = false;
            教师信息管理 ToolStripMenuItem.Enabled = false;
            学生成绩管理 ToolStripMenuItem.Enabled = false;
        }

        private void 登录 ToolStripMenuItem_Click(object sender, EventArgs e)
        {
            LoginForm log = new LoginForm();
            log.ShowDialog();
            if (log.loginFlag == true)
            {
                学生信息管理 ToolStripMenuItem.Enabled = true ;
                教师信息管理 ToolStripMenuItem.Enabled = true;
                学生成绩管理 ToolStripMenuItem.Enabled = true;
            }
        }

        private void 退出 ToolStripMenuItem_Click(object sender, EventArgs e)
        {
            Application.Exit();
        }

        private void 浏览学生信息 ToolStripMenuItem_Click(object sender, EventArgs e)
        {
            StudForm f = new StudForm();
            f.Show();
        }
```

```
private void 浏览教师信息ToolStripMenuItem_Click(object sender, EventArgs e)
{
    TeacherForm t = new TeacherForm();
    t.Show();
}

private void 新用户注册ToolStripMenuItem_Click(object sender, EventArgs e)
{
    AddUser dlg = new AddUser();
    dlg.Show();
}

private void toolStripMenuItem4_Click(object sender, EventArgs e)
{
    stuQuery sq = new stuQuery();
    sq.Show();
}

private void 添加学生信息ToolStripMenuItem_Click(object sender, EventArgs e)
{
    AddStuForm add = new AddStuForm();
    add.Show();
}

private void toolStripMenuItem2_Click(object sender, EventArgs e)
{
    UpdateStuForm update = new UpdateStuForm();
    update.Show();
}

private void 删除学生信息ToolStripMenuItem_Click(object sender, EventArgs e)
{
    DeleteStuForm delete = new DeleteStuForm();
    delete.Show();
}

private void 查询教师信息ToolStripMenuItem_Click(object sender, EventArgs e)
{
    QueryTeacher teacher = new QueryTeacher();
    teacher.Show();
}

private void 添加教师信息ToolStripMenuItem_Click(object sender, EventArgs e)
{
    AddTeacher add = new AddTeacher();
    add.Show();
```

```
        }

        private void 修改教师信息ToolStripMenuItem_Click(object sender, EventArgs e)
        {
            UpdateTeacher tea = new UpdateTeacher();
            tea.Show();
        }

        private void 删除教师信息ToolStripMenuItem_Click(object sender, EventArgs e)
        {
            DeleteTeacher delTea = new DeleteTeacher();
            delTea.Show();
        }

        private void 浏览学生成绩ToolStripMenuItem_Click(object sender, EventArgs e)
        {
            StudentScore score = new StudentScore();
            score.Show();
        }

        private void 查询学生成绩ToolStripMenuItem_Click(object sender, EventArgs e)
        {
            QueryScore score = new QueryScore();
            score.Show();
        }
    }
}
```

(3) 在项目中添加一个窗体LoginForm，实现登录对话框的功能。

当窗体加载时，打开与数据库之间的连接，并使用myCommand对象查找数据库的用户表中的所有数据，使用myAdpt对象，将用户表中的数据填充到mySet数据集中，将用户表暂存到内存中，之后断开与数据源之间的连接。输入用户名和密码，单击“确定”按钮时，到数据集的用户表中去查找输入的用户是否存在，如果用户名和密码都正确，即可成功登录；如果用户名不存在，则提示先注册；如果密码有误，则提示重新输入。登录对话框LoginForm.cs文件中的代码如下。

```
using System;
using System.Data;
using System.Windows.Forms;
using System.Data.OleDb;

namespace stuManagement
{
    public partial class LoginForm : Form
    {
        public bool loginFlag = false;//是否成功登录
```

```
DataSet mySet=null;
public LoginForm()
{
    InitializeComponent();
}

private void LoginForm_Load(object sender, EventArgs e)
{
    string strCon="Provider=Microsoft.ACE.OLEDB.12.0;Data Source=
                教学管理.accdb";
    OleDbConnection myCon = new OleDbConnection(strCon);
    try
    {
        myCon.Open();
    }
    catch(OleDbException ee)
    {
        MessageBox.Show(ee.Message.ToString());
    }
    OleDbCommand myCommand=new OleDbCommand ("select * from 用户表",myCon );

    OleDbDataAdapter myAdpt = new OleDbDataAdapter();
    myAdpt.SelectCommand = myCommand;
    mySet = new DataSet();
    myAdpt.Fill(mySet, "用户表");
    myCon.Close();
}

private void button1_Click(object sender, EventArgs e)
{
     int i=0;
     do
     {
        if (mySet.Tables["用户表"].Rows[i]["用户名"].ToString () ==
             username.Text)
        {
            if (mySet.Tables["用户表"].Rows[i]["密码"].ToString () ==
                password.Text)
            {
                MessageBox.Show("欢迎  " + username.Text +"  登录教学
                   管理系统！");
                loginFlag = true;
                this.Close();
                return;
            }
            else
            {
```

```
                    MessageBox.Show("对不起，密码不正确，请重新输入！");
                    password.Focus() ;
                    password.SelectAll();
                    return;
                }


            }
            i = i + 1;
        }while (i < mySet.Tables["用户表"].Rows.Count);
        MessageBox.Show("对不起，没有这个用户，请先注册！");
    }

    private void button2_Click(object sender, EventArgs e)
    {
        Application.Exit();
    }

    private void LoginForm_Activated(object sender, EventArgs e)
    {
        username.Focus ();
    }

    private void linkLabel1_LinkClicked(object sender, LinkLabelLink
            ClickedEventArgs e)
    {
        AddUser user = new AddUser();
        user.Show();
        this.Close();
    }
  }
}
```

登录窗体的运行结果如图 11.22 所示。

图 11.22　登录对话框

(4) 在项目中添加一个名称为 AddUser 的窗体，实现用户注册功能。

当用户名输入完整的信息后，判断用户是否已经存在，如果已经存在，则需要重新注册。AddUser.cs 文件的代码如下。

```
using System;
using System.Data;
using System.Windows.Forms;
using System.Data.OleDb;

namespace stuManagement
{
    public partial class AddUser : Form
    {
        private OleDbConnection oleConnection1;
        public AddUser()
        {
            InitializeComponent();
            oleConnection1=new OleDbConnection (dbConnection .connection );
        }

        private void button1_Click(object sender, EventArgs e)
        {
            oleConnection1 = new OleDbConnection(dbConnection.connection);
            if (textBox1.Text.Trim() == "" || textBox2.Text.Trim() == "" ||
                textBox3.Text.Trim() == "" || comboBox1.Text == "")
                MessageBox.Show("请输入所有信息", "提示");
            else
            {
                oleConnection1.Open();
                OleDbCommand cmd = new OleDbCommand("", oleConnection1);
                string sql = "select * from 用户表 where 用户名='" + textBox1.
                             Text.Trim() + "'";
                cmd.CommandText = sql;

                if (cmd.ExecuteScalar() == null)
                {
                    string sql1 = "insert into 用户表(用户名,密码,权限) values
                                  ('" + textBox1.Text.Trim() + "','" + textBox3.
                                  Text.Trim() + "','" + comboBox1. SelectedItem.
                                  ToString().Trim() + "')";
                    cmd.CommandText = sql1;
                    cmd.ExecuteNonQuery();
                    MessageBox.Show("用户信息添加成功！", "提示");
                    this.Close();
                }
                else
                {
                    MessageBox.Show("用户名已经存在，请重新输入！", "提示");
                    textBox1.Clear();
                    textBox2.Clear();
                    textBox3.Clear();
```

```
                }
                oleConnection1.Close();
            }
        }

        private void button2_Click(object sender, EventArgs e)
        {
            this.Close();
        }
    }
}
```

用户注册的窗体如图 11.23 所示。

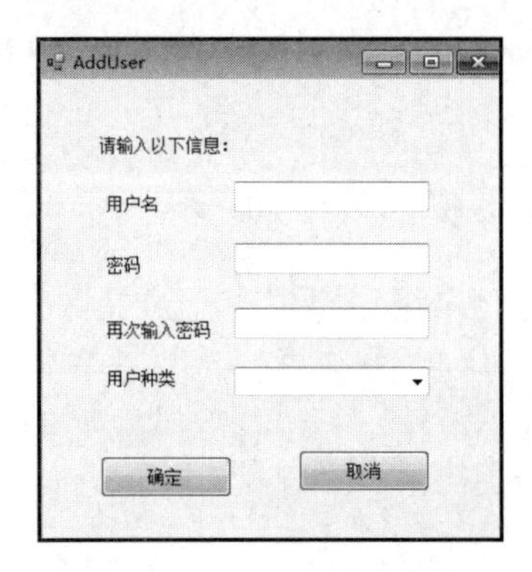

图 11.23　AddUser 窗体

(5) 在项目中，要与数据源多次建立连接，因此定义了一个 dbConnection 类，通过类中的 Connection 属性保存连接字符串。

dbConnection 类的定义如下。

```
using System;
using System.Collections.Generic;
using System.Text;

namespace stuManagement
{
    public class dbConnection
    {
        public dbConnection()
        { }
        public static string connection
        {
            get
            {
                return "Data Source=教学管理.accdb;Provider=Microsoft.ACE.
                                OLEDB.12.0;";
            }
```

```
        }
    }
}
```

(6) 在项目中添加一个 StudForm 的窗体，用来显示学生信息。

在窗体中，学生信息通过 DataGridView 控件显示，单击 DataGridView 控件中的每一行，能够将这一行中的数据显示在控件上方的文本框中，代码如下。

```
using System;
using System.Data;
using System.Windows.Forms;
using System.Data.OleDb;

namespace stuManagement
{
    public partial class StudForm : Form
    {
        private OleDbConnection oleConnection1;
        private DataSet ds;
        public StudForm()
        {
            InitializeComponent();
            oleConnection1 = new OleDbConnection(dbConnection.connection);
        }

        private void StudForm_Load(object sender, EventArgs e)
        {
            oleConnection1.Open();
            string sql = "select 学号,姓名,性别,出生日期,政治面貌,班级编号,
                    毕业学校 from 学生档案表";
            OleDbDataAdapter adp = new OleDbDataAdapter(sql, oleConnection1);
            ds = new DataSet();
            ds.Clear();
            adp.Fill(ds, "student");
            dataGridView1.DataSource = ds.Tables [0];
            textBox1.Text = ds.Tables[0].Rows[0]["学号"].ToString ();
            textBox2.Text = ds.Tables[0].Rows[0]["姓名"].ToString ();
            textBox3.Text = ds.Tables[0].Rows[0]["性别"].ToString ();
            textBox4.Text = ds.Tables[0].Rows[0]["班级编号"].ToString ();
            textBox5.Text = ds.Tables[0].Rows[0]["出生日期"].ToString ();
            textBox6.Text = ds.Tables[0].Rows[0]["政治面貌"].ToString ();
            oleConnection1.Close();
        }

        private void dataGridView1_RowEnter(object sender, DataGridView
                CellEventArgs e)
        {
```

```
                textBox1.Text = ds.Tables[0].Rows[e.RowIndex ]["学号"]. ToString();
                textBox2.Text = ds.Tables[0].Rows[e.RowIndex]["姓名"]. ToString();
                textBox3.Text = ds.Tables[0].Rows[e.RowIndex]["性别"]. ToString();
                textBox4.Text = ds.Tables[0].Rows[e.RowIndex]["班级编号"]. ToString();
                textBox5.Text = ds.Tables[0].Rows[e.RowIndex]["出生日期"]. ToString();
                textBox6.Text = ds.Tables[0].Rows[e.RowIndex]["政治面貌"]. ToString();
            }
        }
    }
```

在上述窗体加载事件中，打开与数据源之间的连接，使用SQL语句从数据库中查找需要显示的数据，并使用OleDbDataAdapter对象adp将数据填充到数据集中，并将数据显示在dataGridView1控件中。同时将第一行的数据显示在上方的文本框控件中。使用dataGridView1_RowEnter事件，当单击控件中的一行时，将这一行的数据显示在文本框中。

显示学生信息的StudForm窗体的效果如图11.24所示。

图11.24　浏览学生信息窗体

(7) 在项目中添加一个窗体，实现按不同情况查询学生信息。

在窗体中使用TabControl控件分多页显示不同的查询条件。查询的结果显示在DataGridView控件中。详细代码如下。

```
using System;
using System.Data;
using System.Windows.Forms;
using System.Data.OleDb;

namespace stuManagement
{
    public partial class stuQuery : Form
    {
```

```
    private OleDbConnection oleConnection1;
    private DataSet ds;
    public stuQuery()
    {
        InitializeComponent();
        oleConnection1 = new OleDbConnection(dbConnection.connection);
    }

    private void button1_Click(object sender, EventArgs e)
    {
        this.Close();
    }
    //按政治面貌查询
    private void button4_Click(object sender, EventArgs e)
    {
        oleConnection1.Open();
        string sql = "select 学号,姓名,性别,出生日期,政治面貌,班级编号,毕业学校
                    from 学生档案表 where 政治面貌='"+textBox3.Text.Trim()+"'";
        OleDbDataAdapter adp = new OleDbDataAdapter(sql, oleConnection1);
        ds = new DataSet();
        ds.Clear();
        adp.Fill(ds, "student1");
        dataGridView1.DataSource = ds.Tables[0];

        oleConnection1.Close();
    }
    //窗体加载
    private void stuQuery_Load(object sender, EventArgs e)
    {
        oleConnection1.Open();
        string sql = "select 学号,姓名,性别,出生日期,政治面貌,班级编号,
                    毕业学校 from 学生档案表";
        OleDbDataAdapter adp = new OleDbDataAdapter(sql, oleConnection1);
        ds = new DataSet();
        ds.Clear();
        adp.Fill(ds, "student");
        dataGridView1.DataSource = ds.Tables[0];

        oleConnection1.Close();
    }
    //按性别查询
    private void button3_Click(object sender, EventArgs e)
    {
        oleConnection1.Open();
        string sql = "select 学号,姓名,性别,出生日期,政治面貌,班级编号,毕业学校
                    from 学生档案表 where 性别='" + textBox2.Text.Trim() + "'";
        OleDbDataAdapter adp = new OleDbDataAdapter(sql, oleConnection1);
```

```
            ds = new DataSet();
            ds.Clear();
            adp.Fill(ds, "student1");
            dataGridView1.DataSource = ds.Tables[0];

            oleConnection1.Close();
        }
        //按班级编号查询
        private void button2_Click(object sender, EventArgs e)
        {
            oleConnection1.Open();
            string sql = "select 学号,姓名,性别,出生日期,政治面貌,班级编号,毕业学校
                        from 学生档案表 where 班级编号='" + textBox1.Text.Trim() + "'";
            OleDbDataAdapter adp = new OleDbDataAdapter(sql, oleConnection1);
            ds = new DataSet();
            ds.Clear();
            adp.Fill(ds, "student1");
            dataGridView1.DataSource = ds.Tables[0];

            oleConnection1.Close();
        }
    }
}
```

学生信息查询窗体如图 11.25 所示。

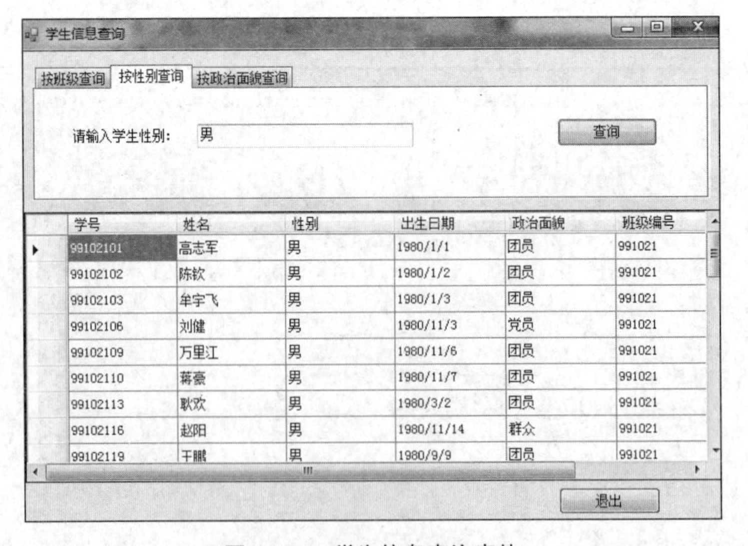

图 11.25 学生信息查询窗体

(8) 在项目中添加一个 AddStuForm 窗体，实现学生信息的添加。

添加学生信息和添加用户信息的设计思路一样，代码如下。

```
using System;
using System.Data;
```

```
using System.Windows.Forms;
using System.Data.OleDb;

namespace stuManagement
{
    public partial class AddStuForm : Form
    {
        private OleDbConnection oleConnection1;
        public AddStuForm()
        {
            InitializeComponent();
            oleConnection1 = new OleDbConnection(dbConnection.connection);
        }

        private void AddStuForm_Load(object sender, EventArgs e)
        {
            oleConnection1.Open();
            string sql = "select 学号,姓名,性别,出生日期,政治面貌,班级编号,
                        毕业学校 from 学生档案表";
            OleDbDataAdapter adp = new OleDbDataAdapter(sql, oleConnection1);
            DataSet ds = new DataSet();
            ds.Clear();
            adp.Fill(ds, "student");
            dataGridView1.DataSource = ds.Tables[0];

            oleConnection1.Close();
        }

        private void button2_Click(object sender, EventArgs e)
        {

            if (txtStuNo.Text.Trim() == "" || txtStuName.Text.Trim() ==
                "" || txtSex.Text.Trim() == "" || txtBirthday.Text.Trim() ==
                "" || txtPolSta.Text.Trim() == "" || txtClaNo.Text.Trim() ==
                "" || txtSchool.Text.Trim() == "")
                MessageBox.Show("请输入所有信息", "提示");
            else
            {
                oleConnection1.Open();
                OleDbCommand cmd = new OleDbCommand("", oleConnection1);
                string sql = "select * from 学生档案表 where 学号='"
                            + txtStuNo.Text.Trim() + "'";
                cmd.CommandText = sql;

                if (cmd.ExecuteScalar() == null)
                {
                    string sql1 = "insert into 学生档案表(学号,姓名,性别,出生日期,
```

```
                                政治面貌,班级编号,毕业学校) values ('" + txtStuNo.
                                Text.Trim() + "','" + txtStuName.Text.Trim()
                                + "','" + txtSex.Text.Trim() + "','" + txtBirthday.
                                Text.Trim() + "','" + txtPolSta.Text.Trim()
                                + "','" + txtClaNo.Text.Trim() + "','" +
                                txtSchool.Text.Trim() + "')";
                    cmd.CommandText = sql1;
                    cmd.ExecuteNonQuery();
                    MessageBox.Show("用户信息添加成功！", "提示");
                    this.Close();
                }
                else
                {
                    MessageBox.Show("用户名已经存在，请重新输入！", "提示");

                    txtStuNo.Clear();
                    txtStuName.Clear();
                    txtSex.Clear();
                    txtBirthday.Clear();
                    txtPolSta.Clear();
                    txtClaNo.Clear();
                    txtSchool.Clear();
                }
                oleConnection1.Close();
            }
        }
    }
}
```

添加学生信息窗体如图 11.26 所示。

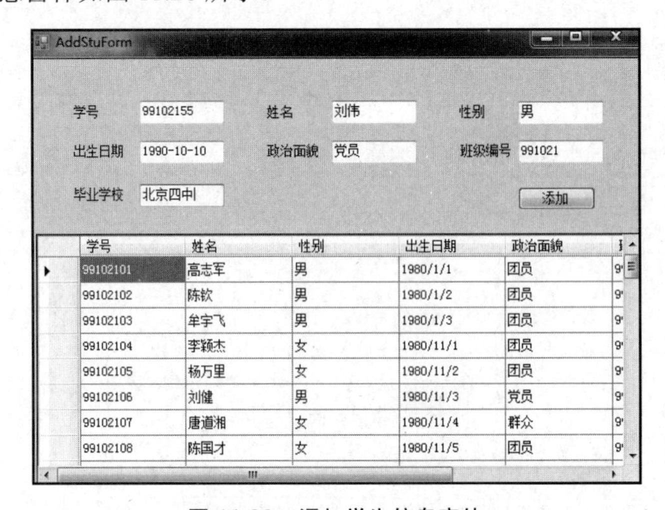

图 11.26 添加学生信息窗体

(9) 在项目中添加一个 UpdateStuForm 窗体，用于修改学生信息。

加载窗体时，将学生信息显示在 DataGridView 控件中，单击控件上的某行，将这一行的数据显示在文本框中。修改文本框中的数据，单击“修改学生信息”按钮，即可将修改后的数据更新到数据源中。

UpdateStuForm.cs 文件的代码如下。

```
using System;
using System.Data;
using System.Windows.Forms;
using System.Data.OleDb;

namespace stuManagement
{
    public partial class UpdateStuForm : Form
    {
        private OleDbConnection oleConnection1;
        DataSet ds;
        public UpdateStuForm()
        {
            InitializeComponent();
            oleConnection1 = new OleDbConnection(dbConnection.connection);
        }

        private void UpdateStuForm_Load(object sender, EventArgs e)
        {
            oleConnection1.Open();
            string sql = "select 学号,姓名,性别,出生日期,政治面貌,班级编号,
                        毕业学校 from 学生档案表";
            OleDbDataAdapter adp = new OleDbDataAdapter(sql, oleConnection1);
            ds = new DataSet();
            ds.Clear();
            adp.Fill(ds, "student");
            dataGridView1.DataSource = ds.Tables[0];
            txtStuNo.Text = ds.Tables[0].Rows[0]["学号"].ToString();
            txtStuName.Text = ds.Tables[0].Rows[0]["姓名"].ToString();
            txtSex.Text = ds.Tables[0].Rows[0]["性别"].ToString();
            txtClaNo.Text = ds.Tables[0].Rows[0]["班级编号"].ToString();
            txtBirthday.Text = ds.Tables[0].Rows[0]["出生日期"]. ToString();
            txtPolSta.Text = ds.Tables[0].Rows[0]["政治面貌"].ToString();
            txtSchool.Text = ds.Tables[0].Rows[0]["毕业学校"].ToString();
            oleConnection1.Close();
        }

        private void button2_Click(object sender, EventArgs e)
        {
            oleConnection1.Open();
            string sql = "update 学生档案表 set 姓名='" + txtStuName.Text.Trim()
                       + "',性别='" + txtSex.Text.Trim() + "',出生日期='"
                       + txtBirthday.Text.Trim() + "',政治面貌='" + txtPolSta.
```

```
                         Text.Trim() + "',班级编号='" + txtClaNo.Text.Trim() +
                         "',毕业学校='" + txtSchool.Text.Trim() + "' where 学号='"
                         + txtStuNo .Text .Trim ()+"'";
            OleDbCommand cmd1 = new OleDbCommand(sql, oleConnection1);
            cmd1.ExecuteNonQuery();
            MessageBox.Show("学生信息修改成功! ", "提示");
            this.Close();
            oleConnection1.Close();
        }

        private void dataGridView1_RowEnter(object sender, DataGridView
                CellEventArgs e)
        {
            txtStuNo.Text = ds.Tables[0].Rows[e.RowIndex]["学号"]. ToString();
            txtStuName.Text = ds.Tables[0].Rows[e.RowIndex]["姓名"]. ToString();
            txtSex.Text = ds.Tables[0].Rows[e.RowIndex]["性别"]. ToString();
            txtClaNo.Text = ds.Tables[0].Rows[e.RowIndex]["班级编号"]. ToString();
            txtBirthday.Text = ds.Tables[0].Rows[e.RowIndex]["出生日期"]. ToString();
            txtPolSta.Text = ds.Tables[0].Rows[e.RowIndex]["政治面貌"]. ToString();
            txtSchool.Text = ds.Tables[0].Rows[e.RowIndex]["毕业学校"]. ToString();
        }

        private void button3_Click(object sender, EventArgs e)
        {
            txtStuNo.Text = "";
            txtStuName.Text = "";
            txtSex.Text = "";
            txtClaNo.Text = "";
            txtBirthday.Text = "";
            txtPolSta.Text = "";
            txtSchool.Text = "";
        }
    }
}
```

修改学生信息窗体如图 11.27 所示。

图 11.27　修改学生信息窗体

（10）在项目中添加一个 DeleteStuForm 窗体，用来删除学生信息。思路与修改学生信息相似。

DeleteStuForm.cs 文件的代码如下。

```
using System;
using System.Data;
using System.Windows.Forms;
using System.Data.OleDb;

namespace stuManagement
{
    public partial class DeleteStuForm : Form
    {
        private OleDbConnection oleConnection1;
        DataSet ds;
        public DeleteStuForm()
        {
            InitializeComponent();
            oleConnection1 = new OleDbConnection(dbConnection.connection);
        }

        private void DeleteStuForm_Load(object sender, EventArgs e)
        {
            oleConnection1.Open();
            string sql = "select 学号,姓名,性别,出生日期,政治面貌,班级编号,
                        毕业学校 from 学生档案表";
            OleDbDataAdapter adp = new OleDbDataAdapter(sql, oleConnection1);
            ds = new DataSet();
            ds.Clear();
            adp.Fill(ds, "student");
            dataGridView1.DataSource = ds.Tables[0];

            oleConnection1.Close();
        }

        private void dataGridView1_RowEnter(object sender, DataGridView
                CellEventArgs e)
        {
            txtStuNo.Text = ds.Tables[0].Rows[e.RowIndex]["学号"]. ToString();
            txtStuName.Text = ds.Tables[0].Rows[e.RowIndex]["姓名"]. ToString();
            txtSex.Text = ds.Tables[0].Rows[e.RowIndex]["性别"]. ToString();
            txtClaNo.Text = ds.Tables[0].Rows[e.RowIndex]["班级编号"]. ToString();
            txtBirthday.Text = ds.Tables[0].Rows[e.RowIndex]["出生日期"]. ToString();
            txtPolSta.Text = ds.Tables[0].Rows[e.RowIndex]["政治面貌"]. ToString();
            txtSchool.Text = ds.Tables[0].Rows[e.RowIndex]["毕业学校"]. ToString();
        }

        private void button2_Click(object sender, EventArgs e)
        {
            oleConnection1.Open();
```

```
            string sql = "delete * from 学生档案表 where 学号='" + txtStuNo.
                         Text.Trim() + "' ";
            OleDbCommand cmd1 = new OleDbCommand(sql, oleConnection1);
            cmd1.ExecuteNonQuery();
            MessageBox.Show("学生信息删除成功! ", "提示");
            this.Close();
            oleConnection1.Close();
        }

        private void button3_Click(object sender, EventArgs e)
        {
            txtStuNo.Text = "";
            txtStuName.Text = "";
            txtSex.Text = "";
            txtClaNo.Text = "";
            txtBirthday.Text = "";
            txtPolSta.Text = "";
            txtSchool.Text = "";
        }
    }
}
```

删除学生信息窗体如图 11.28 所示。

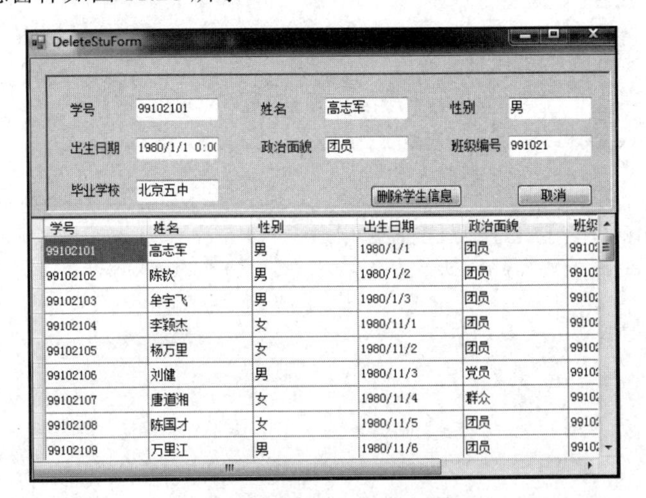

图 11.28　删除学生信息窗体

【本章拓展】

(11) 教师信息、学生成绩信息的管理的实现过程与学生信息管理的实现类似，这里不再赘述。编译、运行程序，结果如图 11.1 所示。

习　题

1. 填空题

(1) .NET Framework 提供了 4 个.NET Framework 数据提供程序：SQL Server .NET Framework、OLEDB .NET Framework、________和 Oracle .NET Framework。

(2) Connection 对象负责建立与数据库的连接，它使用________方法建立连接，使用完毕后，一定要用________方法关闭连接。

(3) Connection 对象的主要属性是________，用于设置连接字符串。

(4) ________是一个简单的数据集，用于从数据源中检索只读、只向前的数据流。

(5) 一个________对象包含一组 DataTable 对象和 DataRelation 对象，其中每个 DataTable 对象都由 DataColumn、DataRow 组成。

(6) 调用 DataAdapter 对象的________方法填充数据集。

(7) ________是 DataSet 对象和数据源之间的一个桥梁，用于从数据源中检索数据、填充 DataSet 对象中的表及对 DataSet 对象做出的更改提交回数据源。

(8) 可以将数据源中的数据与控件的属性关联起来，这称为________。

2. 选择题

(1) 在 ADO.NET 中，用来与数据源建立连接的对象是________。

A．Connection 对象　　B．Command 对象

C．DataAdapter 对象　　D．DataSet 对象

(2) 已知一条 SQL 语句为“Select count(*) from student where subject='计算机'”，则使用 Command 对象的________方法执行 SQL 语句最恰当。

A．ExecuteReader　　B．ExeucteScalar

C．ExecuteNonQuery　　D．ExecuteXmlReader

(3) 使用 Command 对象的________方法，可执行不返回结果的命令，常用于记录的插入、删除、更新等操作。

A．ExecuteReader　　B．ExeucteScalar

C．ExecuteNonQuery　　D．ExecuteXmlReader

(4) 通常情况下，DataReader 对象在内存中保留________数据。

A．多行　　B．两行　　C．一行　　D．零行

(5) 若把数据集中的数据更新到数据源，则应该使用________对象的 update 方法。

A．Connection　　B．Command　　C．DataAdapter　　D．DataSet

(6) 已知：DataSet data=new DataSet();则删除数据集中 person 数据表的第五行数据的方法为________。

A．data.Tables["person"].Rows[5].Delete();

B．data.Tables["person"].Rows.Delete(5);

C．data.Tables["person"].Rows[4].Delete();

D．data.Tables["person"].Rows.Delete(4);

3. 编程题

将教学管理数据库的“学生档案表”中的所有男生的信息显示在列表框控件中。

【习题答案】

C# Web 应用程序基础

【本章代码】

教学目标

- 了解 ASP.NET 的基础知识及开发环境的配置。
- 掌握 ASP.NET Web 应用程序的开发步骤。
- 了解 ASP.NET 的页面结构、事件处理。
- 掌握 ASP.NET 常用的 Web 服务器控件。

案例说明

在网上浏览时，经常需要输入用户名和密码登录某个系统，如电子邮箱。如果初次登录，则需要先注册一个新用户。只有顺利地进入系统后，才可以浏览或使用某个系统。本章案例模拟了这样一个过程，在登录页面中，用户可以输入用户名和密码登录系统，如果顺利进入系统，则可以浏览学生信息；否则，需要先注册一个新用户，然后进入系统。案例运行结果如图 12.1 所示。

(a) 用户登录

(b) 用户注册

学号	姓名	政治面貌	班级编号	毕业学校
99102101	高志军	团员	991021	北京五中
99102102	陈钦	团员	991021	清华附中
99102103	牟宇飞	团员	991021	北大附中
99102104	李颖杰	团员	991021	北京二中
99102105	杨万里	团员	991021	北京五中
99102106	刘健	国民党员	991021	汇文中学
99102107	唐道湘	群众	991021	北京80中
99102108	陈国才	团员	991021	清华附中
99102109	万里江	团员	991021	首师大附中
99102110	蒋豪	团员	991021	首师大附中

(c) 浏览或使用系统

图 12.1 案例运行结果

12.1　ASP.NET 概述

ASP.NET(Active Server Pages .NET)是由Microsoft公司推出的.NET Framework中的重要的组成部分，主要用于 Web 应用开发。ASP.NET 是一个统一的 Web 开发模型，使用ASP.NET 可以用尽可能少的代码生成企业级 Web 应用程序所必需的各种服务。当编写ASP.NET应用程序的代码时，可以访问.NET Framework中的类，同时可以使用与公共语言运行时兼容的任何语言(包括 Visual Basic 和 C#)编写应用程序。

2000年Microsoft公司正式发布ASP.NET 1.0，2005年发布ASP.NET 2.0，2010年发布了 ASP.NET 4.0。

在ASP.NET中，当有一个HTTP请求发送到Web服务器上，要求访问一个Web网页时，Web服务器分析客户的HTTP请求。如果所请求的网页的文件扩展名是.aspx，则把这个文件传送到aspnet_isapi.dll进行处理，由aspnet_isapi.dll把ASP.NET代码提交给公共语言进行时。如果以前没有执行过这个程序，则由公共语言进行时编译并执行、得到纯HTML结果；如果已经执行过这个程序，则直接执行编译好的程序并得到纯 HTML 结果。最后把这些纯HTML结果传回浏览器作为HTTP响应。浏览器收到这个响应之后，即可显示Web网页。

12.2　ASP.NET 的开发环境配置

ASP.NET运行时需要安装和配置Web服务器。通常使用的Web服务器有Apache和IIS。在Visual Studio 2013中，除可以使用IIS外，还可以使用内置的IIS Express运行程序。IIS Express使得开发、运行和测试Web程序更加容易。

12.2.1　安装、配置 IIS

1. 安装、配置 IIS

IIS用于创建、管理ASP.NET网站的Web服务器。IIS是Windows操作系统的一个组件，如果操作系统是Windows 2000和Windows Server 2003，则IIS是默认安装的。如果是其他的Windows操作系统，则需要手动安装IIS。下面以Windows 7为例，说明IIS的安装步骤。

选择“开始”→“控制面板”选项，打开“控制面板”窗口，选择“程序”选项，再选择“程序和功能”选项组中的“打开或关闭 Windows 功能”选择，弹出图 12.2 所示的“Windows 功能”对话框。

在该对话框中，选择与Internet信息服务有关的所有组件，如图12.3所示。单击“确定”按钮，Windows 7会自动安装。

2. 设置虚拟目录

【操作视频】

(1) 打开“控制面板”窗口，选择“系统和安全”选项，打开“管理工具”窗口，双击“Internet信息服务(IIS)管理器”选项，如图12.4所示，将会打开“Internet信息服务(IIS)管理器”窗口，如图12.5所示。

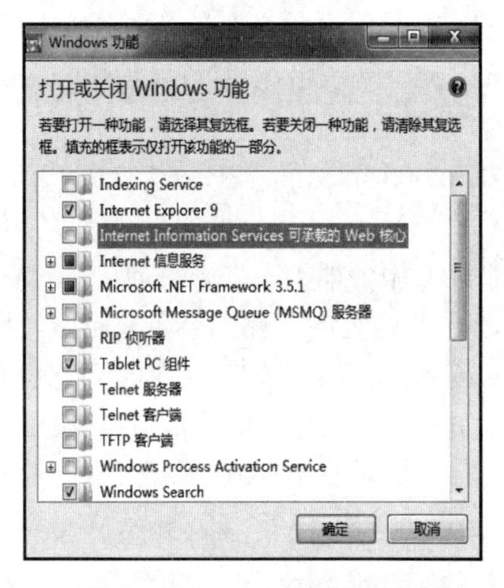

图 12.2 “Windows 功能”对话框

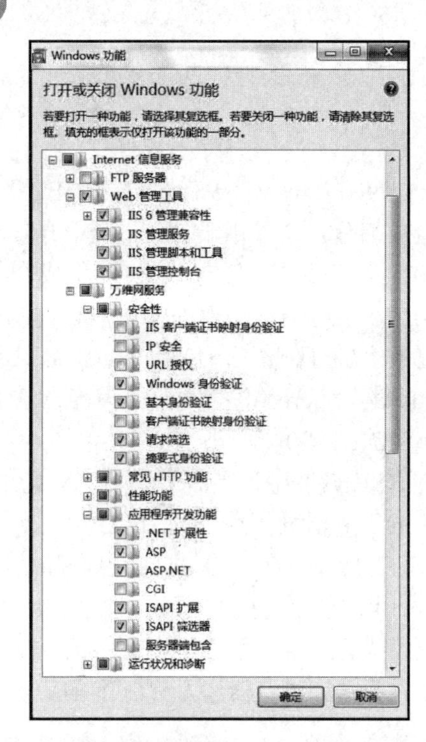

图 12.3 选择与 Internet 信息服务有关所有组件

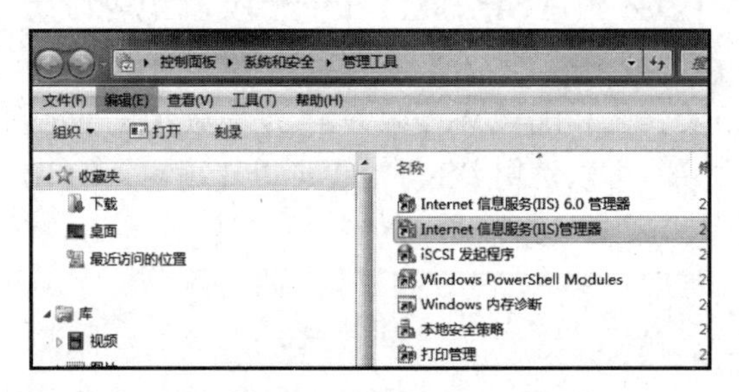

图 12.4 配置 IIS

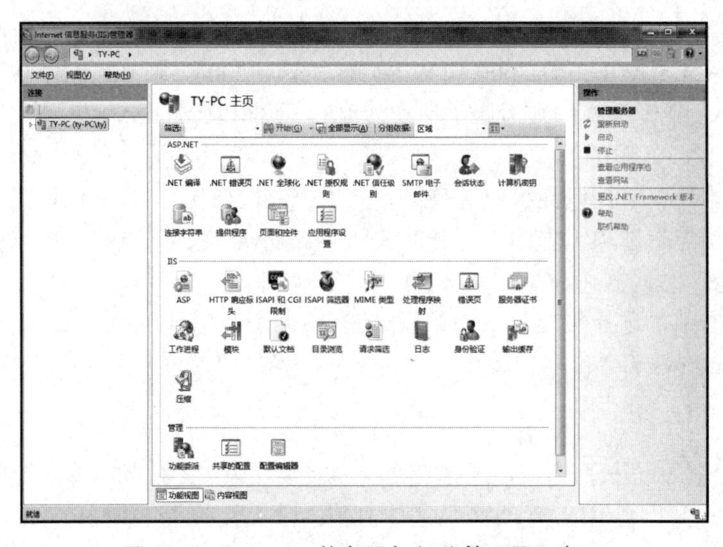

图 12.5 “Internet 信息服务(IIS)管理器”窗口

(2) 单击图 12.5 所示的左侧机器名图标展开，显示“网站”，并再次单击展开，如图 12.6 所示。在“Default Web Site”选项上右击，在弹出的快捷菜单中选择“添加虚拟目录...”命令，在弹出的“添加虚拟目录”对话框中分别设置别名和路径。例如，在“C:\inetpub\wwwroot”下新建文件夹“MyWeb”，设置如图 12.7 所示。

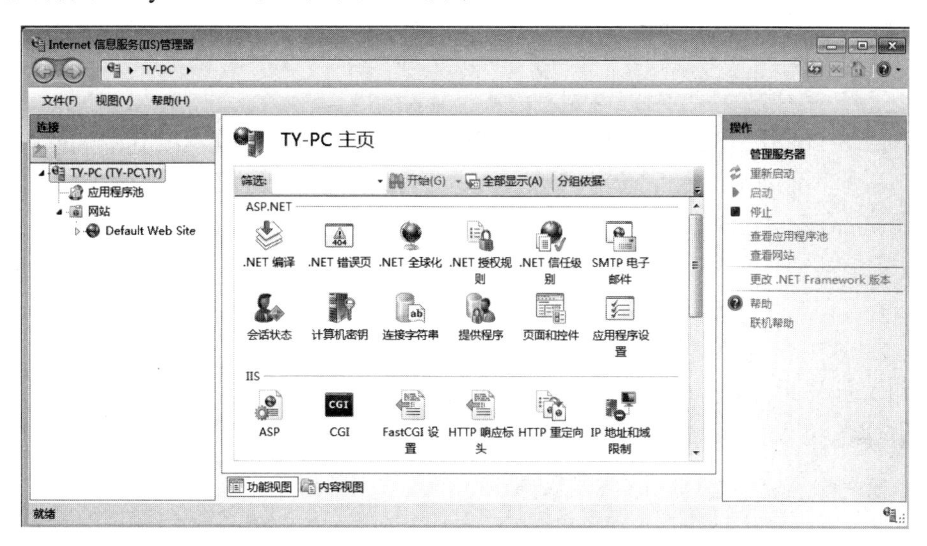

图 12.6　ASP 的设置内容

图 12.7　虚拟目录的设置

(3) 单击“确定”按钮，完成设置。新建记事本文件，输入以下 Html 语句：

```
<html>
<head>
<title>My Web</title>
<body>
<div>
My First Web!
```

```
    </div>
    </body>
    </html>
```

将记事本文件保存为“default.htm”。打开浏览器，输入“http://localhost/MyWeb/default.htm”，将会看到在浏览器中显示“My First Web!”。

12.2.2 安装 IIS Express

在 Visual Studio 2013 中，如果创建 ASP.NET 应用程序，选择本地 IIS Express 直接运行程序，程序不能正确执行，显示“无法启动 IIS Express Web 服务器”。此时，还需要下载安装“Microsoft WebMatrix 3.0”。之后程序就可以正常运行了。

12.3 编写 ASP.NET Web 应用程序

使用 Visual Studio 2013 可以创建不同类型的 ASP.NET 项目，包括网站、Web 应用程序、Web 服务和 AJAX 服务器控件。下面通过实例演示如何创建一个 Web 应用程序。

12.3.1 第一个 ASP.NET Web 应用程序

创建 ASP.NET Web 应用程序的步骤如下。

(1) 选择“开始”→“所有程序”→“Microsoft Visual Studio 2013”(以管理员身份运行)选项，将其打开。在菜单栏中选择“文件”→“新建”→“网站”命令，弹出“新建网站”对话框，如图 12.8 所示。单击左侧窗格的“Visual C#”节点，在中间窗格中列出应用程序列表，选择“ASP.NET 空网站”选项，单击“浏览”按钮，选择文件存储的位置，将会弹出图 12.9 所示的“选择位置”对话框。选择本地 IIS，在右侧可以设置 IIS 或 IIS Express 网站所在的路径，也可以单击右上角的按钮“新建网站”“删除网站”等按钮进行操作。本例中，选择 IIS Express 网站，单击右上角“新建网站”按钮，输入“Chap12”，并单击“创建 Web 应用程序”按钮创建 Web 应用程序，输入“Chap12_1”，单击“打开”按钮。返回图 12.8 所示界面，单击“确定”按钮，创建网站。

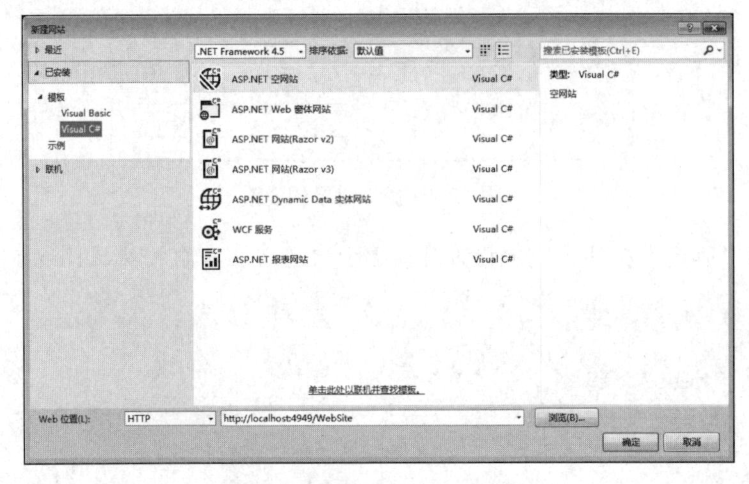

图 12.8 “新建网站”对话框

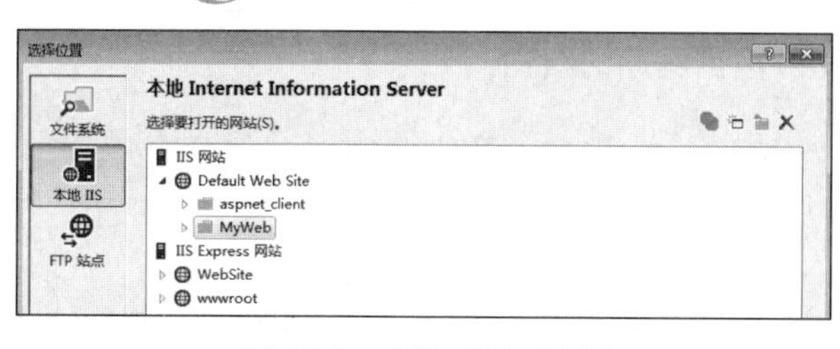

图 12.9 选择位置对话框

(2) 在已经创建好的空的解决方案中，选中“解决方案资源管理器”中的项目名称Chap12_1并右击，在弹出的快捷菜单中选择“添加”→“新建项”命令，在弹出的“添加新项-Chap12_1”对话框中，选择“Web 窗体”选项，输入名称“WebForm1.aspx”，单击“添加”按钮，如图12.10所示。这样就为项目添加了一个Web窗体。

图 12.10 添加 Web 窗体

(3) 在“解决方案资源管理器”窗口中，双击“WebForm1.aspx”文件图标，将其打开。单击左下角的“设计”视图切换按钮，在Web窗体的设计视图中输入“Welcome to ASP.NET”。按F5键运行程序。

(4) 程序自动打开IE，在浏览器中显示运行结果，如图12.11所示。

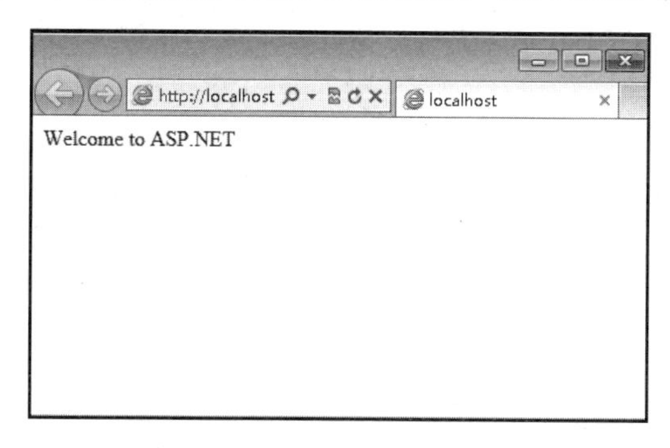

图 12.11 Chap12_1 运行结果

12.3.2 ASP.NET Web 应用程序的结构

ASP.NET Web 应用程序至少由一个 Web 页面或一个 Web 服务组成，主要包含以下一些文件。

(1) Web 网页：文件扩展名是.aspx，主要用于显示网页。

(2) 代码隐藏文件：文件扩展名是.aspx.cs 或.aspx.vb。使用 Code Behind 技术将控件的事件处理过程以扩展名为.aspx.cs 或.aspx.vb 的形式单独显示。

(3) Web 服务：文件扩展名是.asmx。使用 Web 服务能够实现在其他计算机上共享应用程序的功能。

(4) 配置文件：文件扩展名是 web.config，主要用于配置各种 ASP.NET 功能的 XML 元素。

其中，ASP.NET Web 窗体可以在源视图中直接编写页面的设计代码；在页面的设计视图中，可以直接拖动或双击工具箱中的控件，将其添加到网页中，并可以在设计视图中直观地修改控件的外观、位置和属性。也可以选择拆分窗口，在这种视图中，上方显示网页的设计代码，下方显示网页中控件的布局设计。

12.4 ASP.NET 技术基础

12.4.1 使用记事本编写动态网页

网页可以分为静态网页和动态网页。静态网页是网站建设初期经常采用的一种形式，访问者只能浏览网页中的信息；动态网页可以与访问者进行交互，可以实现很多功能，如用户注册、提交信息、查询及搜索信息等。

下面使用记事本编写一个功能简单的动态网页。具体步骤如下。

打开记事本，输入下面的源程序，并将其保存为 1.aspx。

```
<%@ Page language="c#" %>
<script language="C#" runat="server">
protected void Button1_Click(object sender, EventArgs e)
{
Label1.Text = "欢迎您，" + TextBox1.Text;
}
protected void Page_Load(object sender, EventArgs e)
{
Label1.Text = "请在文本框中输入您的名字！";
}
</script>
<html>
<head>
<title>欢迎浏览我的网页</title>
</head>
<body>
<form runat="server">
```

```
    <asp:TextBox  ID="TextBox1"  runat="server"  Height="29px"  Width="155px">
</asp:TextBox>
    <asp:Button ID="Button1" runat="server" Height="27px" Text="Button"
    Width="78px" onclick="Button1_Click" />
    <br />
    <br />
    <asp:Label ID="Label1" runat="server" Text="Label"></asp:Label>
    <br />
    </form>
    </body>
    </html>
```

将 1.aspx 文件保存在 C:\inetpub\wwwroot 文件夹下，可以将该路径设定为 IIS 虚拟路径。打开 IE，并在地址栏中输入 URL 地址“http://localhost/1.aspx”，将会在浏览器中看到程序的运行结果，如图 12.12 所示。

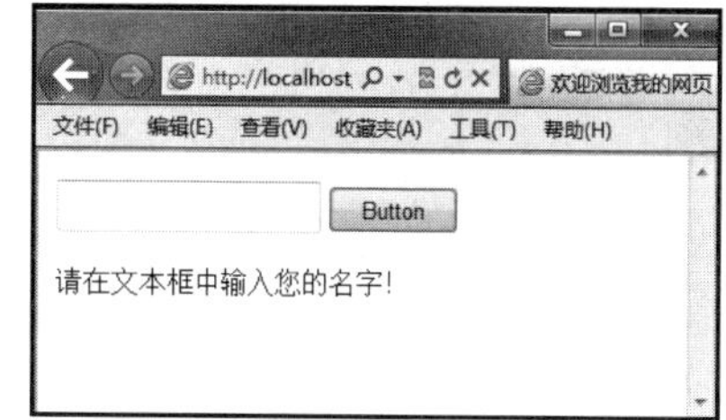

图 12.12　程序运行结果

程序说明如下。

网页文件第一条语句表示网页中使用 C#语言。

第 2～9 行，<script language="c#" runat="server">表示使用 C#语言编制程序，并且定义的事件运行在 Web 服务器端。在<script language="c#" runat="server">和</script>标记之间定义了网页中使用的两个事件，即 Button1_Click()事件和 Page_Load()事件。其中，Button1_Click()事件表示单击网页中的按钮时触发的事件，Page_Load()事件在网页每次被重新生成时调用。

第 10～24 行是网页的界面部分，主要由 HTML 标记和控件标记构成。<html>表示网页文件的开始，</html>表示网页文件的结束，网页的所有内容都应在这两个标记之间。

<head>和</head>之间可以设定网页的一些信息，<title>和</title>之间的文字显示在浏览器的标题栏中，<body>和</body>之间是网页在浏览器中显示的内容。

<form runat=server>和</form>之间的 HTML 语言定义了 Web 窗体。其中，runat="server"表示 Web 窗体由 Web 服务器解释。在 Web 窗体中增加了 3 个控件对象，即 TextBox 控件、Button 控件和 Label 控件。其中，<asp:TextBox ID="TextBox1" runat="server" Height="29px" Width="155px">表示文本框控件的名称、由服务器解释执行控件的高度和宽度；<asp:Button ID="Button1" runat="server" Height="27px" Text="Button" Width="78px" onclick="Button1_Click" />分别表示按钮控件的名称、由服务器解释执行、控件的高度、控件上显示的文本、控件的宽度，以及控件上添加的单击事件；<asp:Label ID="Label1" runat="server" Text="Label"></asp:Label>表示标签控件的名称、由服务器解释执行及控件上显示的文本。

12.4.2　ASP.NET 的页面生命周期

ASP.NET 运行时会经历一个生命周期，在这个生命周期，将会执行一系列的操作。一般来说，ASP.NET 页面要经历下面几个阶段。

(1) 页请求。页请求发生在页面生命周期开始之前。用户请求页时，ASP.NET 将确定

是否需要分析和编译页(从而开始页的生命周期)，或者是否可以在不运行页的情况下发送页的缓存版本以进行响应。

(2) 开始。在开始阶段将设置页属性，如 Request 和 Response。在此阶段，页还将确定请求是回发请求还是新请求，并设置 IsPostBack 属性。此外，在开始阶段，还将设置页的 UICulture 属性。

(3) 页初始化。在页初始化阶段，可以使用页中的控件，并设置每个控件的 UniqueID 属性。此外，任何主题都将应用于页。如果当前请求是回发请求，则回发数据尚未加载，并且控件属性值尚未还原为视图状态中的值。

(4) 加载。在加载阶段，如果当前请求是回发请求，则将使用从视图状态和控件状态恢复的信息加载控件属性。

(5) 验证。在验证阶段，将调用所有验证程序控件的 Validate 方法，此方法将设置各个验证程序控件和页的 IsValid 属性。

(6) 回发事件处理。如果请求是回发请求，则将调用所有事件处理程序。

(7) 呈现。在呈现之前，会针对该页和所有控件保存视图状态。在呈现阶段中，页会针对每个控件调用 Render 方法，它会提供一个文本编写器，用于将控件的输出写入页的 Response 属性的 OutputStream 中。

(8) 卸载。完全呈现页并已将页发送至客户端、准备丢弃该页后，将调用卸载。此时，将卸载页属性(如 Response 和 Request)并执行清理。

12.4.3 ASP.NET 的事件处理

在 ASP.NET 页面生命周期的不同阶段，页面将调用不同的事件处理函数。通常，页面事件的触发顺序为，Init 事件→Load 事件→控件事件→PreRender 事件→Unload 事件。

(1) Init 事件。在所有控件都已初始化且已应用所有外观设置后触发。使用该事件来读取或初始化控件属性。当 Init 事件触发时，在扩展名为.aspx 的源文件中，静态声明的所有控件都已实例化并取其默认值。在初始化之后，页面框架立即加载该页面的视图状态。

(2) Load 事件。在页面中调用 OnLoad 事件方法，以递归方式对每个子控件执行加载操作，直到加载完本页和所有控件为止。也可以使用 OnLoad 事件方法来设置控件中的属性并建立数据库连接。

(3) 控件事件。页面中的各种控件有自己特有的多种事件，使用控件事件可以处理不同控件的不同事件，如常用的 Button 控件的 Click 事件、TextBox 控件的 TextChanged 事件等。

(4) PreRender 事件。PreRender 事件在页面显示前触发。控件可以利用这段时间来执行那些需要在保存视图状态和显示输出的前一刻执行的更新操作。然后保存视图状态，所有控件和页面本身都将更新自己 ViewState 集合的内容，并将页面显示出来。通过覆盖 Render 方法可以改变各个控件的显示机制。Page 类的 Render 方法的默认实现包括对所有成员控件的递归调用。对于每个控件，页面都将调用 Render 方法，并将缓存 HTML 输出。

(5) Unload 事件。Unload 事件首先针对每个控件触发，继而针对该页触发。在控件中，使用该事件对特定控件执行最后清理，如关闭控件特定数据库连接。对于页自身，使用该事件来执行最后清理工作，如关闭打开的文件和数据库连接，或完成日志记录或其他请求特定任务。

12.4.4 Code Behind 技术

Code Behind 技术是指在 ASP.NET 中，使用两个文件创建一个 Web 页面。其中一个文件以.aspx 或者.ascx 为扩展名，显示页面的设计；另一个文件以.aspx.vb 或者.aspx.cs 为扩展名，显示页面的程序代码。

例如，在 Web 网页中放置一个按钮控件、一个文本框控件和一个标签控件，单击按钮，将文本框中输入的内容显示在标签控件上。ASP.NET 中默认使用 Code Behind 技术，代码分离显示。

在 WebForm1.aspx 文件中显示如下代码。

```
<%@  Page  Language="C#"  AutoEventWireup="true"  CodeBehind="WebForm1.aspx.cs" Inherits="WebApplication1.WebForm1" %>

<!DOCTYPE html PUBLIC "-//W3C//DTD XHTML 1.0 Transitional//EN" "http://www.w3.org/TR/xhtml1/DTD/xhtml1-transitional.dtd">

<html xmlns="http://www.w3.org/1999/xhtml">
<head runat="server">
   <title></title>
</head>
<body>
   <form id="form1" runat="server">
   <div>

      <asp:TextBox ID="TextBox1" runat="server"></asp:TextBox>
      <asp:Button ID="Button1" runat="server" onclick="Button1_Click"
                   Text="确定" />
      <br />
      <asp:Label ID="Label1" runat="server"></asp:Label>

   </div>
   </form>
</body>
</html>
```

程序自动将按钮的单击事件添加在 WebForm1.aspx.cs 文件中，代码如下。

```
using System;
using System.Collections.Generic;
using System.Linq;
using System.Web;
using System.Web.UI;
using System.Web.UI.WebControls;

namespace WebApplication1
{
    public partial class WebForm1 : System.Web.UI.Page
    {
```

```
        protected void Button1_Click(object sender, EventArgs e)
        {
            Label1.Text = TextBox1.Text;
        }
    }
}
```

从上述程序可以看出，网页文件由 WebForm1.aspx 文件和相应的代码文件 WebForm1. aspx.cs 组成。通过 WebForm1.aspx 文件中的语句 CodeBehind="WebForm1. aspx.cs"可以找到代码文件。

另外，通过 WebForm1 的定义“public partial class WebForm1 : System.Web.UI.Page”，可以看出 WebForm1 是一个分部类，派生于 System.Web.UI.Page。

CodeBehind 技术允许 HTML 与表示逻辑完全分离，使得在编写结构比较复杂的程序时，代码结构清晰，便于修改和调试程序。

12.5 Web 服务器控件

ASP.NET 中提供了大量的服务器控件，使用这些控件可以设计 Web 页面的用户界面。当用户与客户端页面的控件发生交互，页面被提交后，控件在服务器端触发事件，并在服务器端执行相关的事件处理程序。

Web 服务器控件非常丰富，根据控件的定义方式可以分为 HTML 服务器控件、Web 服务器控件和自定义服务器控件。本节主要介绍常用的 Web 服务器控件。表 12-1 列出了常用的 Web 服务器控件。

表 12-1 常用的 Web 服务器控件

控件名称	主要功能
Label	用于显示文本
HyperLink	用于建立超链接
Image	图片框控件
Button	按钮控件
LinkButton	功能与按钮相似，以按钮的形式显示超链接
TextBox	文本框控件，可以建立单行、多行文本框
CheckBox	复选框控件，可以实现多选功能
RadioButton	单选按钮控件，主要用于实现单选功能
ListBox	列表框控件
Table	用于表格的动态处理
Panel	容器控件，在其上可放置其他控件
Calendar	日历控件，可用于显示日历和选择日期
DataList	显示数据库中的数据
GridView	显示数据库中的数据

12.5.1 Label控件和TextBox控件

1. Label控件

Label控件可以用来静态地显示Web窗体页面中的文本，用户无法修改Label控件中的文本内容，主要用来显示提示、说明性的信息。

语法格式如下：

<asp:Label id="label1" runat="server" Text="显示的内容"/>

其中，常用属性id为控件名称，runat表示控件是服务器端控件，Text为控件上显示的文字。

2. TextBox控件

TextBox控件可以用于输入信息、显示信息。通过使用TextBox控件，用户可以将信息输入Web页面中，也可以查看页面中显示的信息，从而实现交互。

语法格式如下：

<asp:TextBox id="textbox1" runat="server" Text="显示的内容" On TextChanged ="事件的名称"/>

其中，常用属性Text为文本框上显示的文字。此外，属性TextMode表示默认值是单行文本(SingleLine)，其有SingleLine、MultiLine、Password 3个取值，分别表示单行文本、多行文本和密码；MaxLength表示文本框中能够输入的最大字符数；Rows表示当为多行文本时的行数；Wrap为Ture或False，表示是否允许自动换行；AutoPostBack为Ture或False，表示是否允许自动回传事件到服务器。

常用事件为OnTextChanged事件，当文字改变时将会触发该事件。

【例12-1】 Label控件和TextBox控件的简单应用。

新建一个空Web应用程序，命名为“Chap12_2”。在Chap2_2中，添加一个Web窗体WebForm1。在WebForm1.aspx文件中添加代码，能够在页面中显示一个Label控件和一个TextBox控件，并添加TextBox控件的OnTextChanged事件，使得TextBox文本框中输入的内容在按Enter键后就可以在Label控件中显示出来。

WebForm1.aspx源文件如下。

```
    <%@ Page Language="C#" AutoEventWireup="true" CodeBehind="WebForm1.aspx.
cs" Inherits="Chap12_2.WebForm1" %>

    <!DOCTYPE html PUBLIC "-//W3C//DTD XHTML 1.0 Transitional//EN" "http://www.
3.org/TR/xhtml1/DTD/xhtml1-transitional.dtd">

    <html xmlns="http://www.w3.org/1999/xhtml">
    <head runat="server">
        <title></title>
    </head>
    <body>
        <form id="form1" runat="server">
        <div>
```

```
        <asp:Label id="label1" runat="server" Text="这是一个 Label 控件! "/>
        <asp:TextBox id="textbox1" runat="server" Text="" ontextchanged=
"textbox1_TextChanged"/>
        </div>
        </form>
    </body>
    </html>
```

WebForm1.aspx.cs 源文件如下。

```
using System.Collections.Generic;
using System.Linq;
using System.Web;
using System.Web.UI;
using System.Web.UI.WebControls;

namespace Chap12_2
{
    public partial class WebForm1 : System.Web.UI.Page
    {
        protected void textbox1_TextChanged(object sender, EventArgs e)
        {
            label1.Text = textbox1.Text;
        }
    }
}
```

程序运行结果如图 12.13 所示。

图 12.13　例 12-1 程序运行结果

12.5.2　HyperLink 控件和 LinkButton 控件

1. HyperLink 控件

HyperLink 控件用于实现超文本链接，可以以文本方式或图形方式显示，使得当前页面可以转向其他页面。

语法格式如下：

<asp:HyperLink ID="hyperLink1" runat="server" Text="超级链接文本" ImageUrl ="图片所在地址" Target="目标页面" />

其中，常用属性 Text 为超链接显示的文本；ImageUrl 用于获取或设置 HyperLink 控件显示的图像路径；NavigeteUrl 用于获取或设置单击控件时链接到的 URL；Target 用于获取或设置单击控件时链接到的目标框架，默认为本框架。

2. LinkButton 控件

LinkButton 控件功能与 Button 控件相似，但是以超链接的形式显示。

语法格式如下：

<asp:LinkButton ID="linkButton1" runat="server" Text="按钮上的文字" PostBackUrl="网页的URL"/>

其中，常用属性为 PostBackUrl，用于获取或设置单击 LinkButton 控件时从当前页发送到的网页的 URL。

【例 12-2】 HyperLink 控件和 LinkButton 控件的简单应用。

新建一个空 Web 应用程序，命名为“Chap12_3”。在 Chap2_3 中，添加两个 Web 窗体：WebForm1 和 WebForm2。在 WebForm1.aspx 文件中添加代码，能够在页面中显示一个 HyperLink 控件和一个 LinkButton 控件，使得 HyperLink 控件能链接到 www.sina.com，LinkButton 控件能打开另一个页面 WebForm2。WebForm2 中使用 Label 控件显示“欢迎打开新页面！”。

WebForm1.aspx 源文件如下。

```
    <%@ Page Language="C#" AutoEventWireup="true" CodeBehind="WebForm1.aspx.
cs" Inherits="Chap12_3.WebForm1" %>

    <!DOCTYPE html PUBLIC "-//W3C//DTD XHTML 1.0 Transitional//EN" "http://www.
w3.org/TR/xhtml1/DTD/xhtml1-transitional.dtd">

    <html xmlns="http://www.w3.org/1999/xhtml">
    <head runat="server">
        <title></title>
    </head>
    <body>
        <form id="form1" runat="server">
        <div>
        <asp:HyperLink ID="hyperLink1" runat="server" Text="链接到新浪首页"
           NavigateUrl="http://www.sina.com"  />
        </div>
        <p>
        <asp:LinkButton ID="linkButton1" runat="server" Text="单击进入新页面"
           PostBackUrl="~/WebForm2.aspx"/>
        </p>
        </form>
    </body>
    </html>
```

WebForm2.aspx 源文件如下。

```
<%@ Page Language="C#" AutoEventWireup="true" CodeBehind="WebForm2. aspx.cs"
Inherits="Chap12_3.WebForm2" %>

<!DOCTYPE html PUBLIC "-//W3C//DTD XHTML 1.0 Transitional//EN" "http://
www.w3.org/TR/xhtml1/DTD/xhtml1-transitional.dtd">

<html xmlns="http://www.w3.org/1999/xhtml">
<head runat="server">
    <title></title>
</head>
<body>
    <form id="form1" runat="server">
    <div>

        <asp:Label ID="Label1" runat="server" Text="欢迎进入新页面! "></asp:Label>

    </div>
    </form>
</body>
</html>
```

程序运行结果如图 12.14 所示。

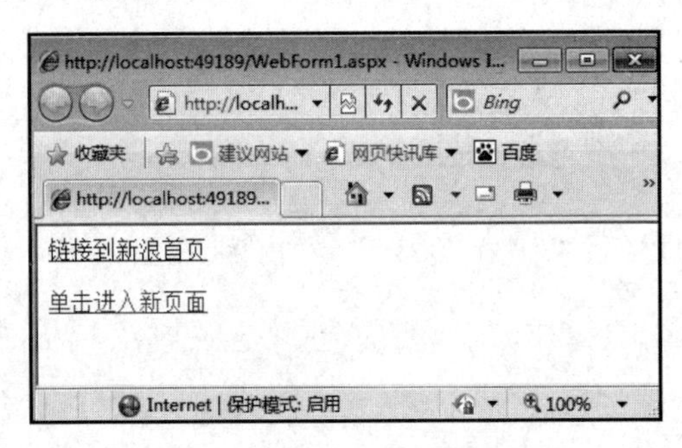

图 12.14　例 12-2 程序运行结果

12.5.3　Button 控件、RadioButton 控件及 RadioButtonList 控件

1. Button 控件

Button 控件通过用户的操作完成一定的任务。常用的事件是单击事件。

2. RadioButton 控件

RadioButton 控件常用来实现单选的功能，用于从多个互斥的选项中选择其中之一。语法格式如下：

<asp:RadioButton ID="RadioButton1" runat="server" GroupName="组名称" Text="显示选项" onCheckedchanged="Radio Button1_CheckedChanged" />

其中，常用属性 Text 用于显示选项。其他常用属性 TextAlign 用于指定文本的对齐方式；GroupName 用于指定该单选按钮所属的选项组的名称；Checked 用于指定控件是否被点选；AutoPostBack 表示当单击控件时，自动回发到服务器。

常用事件为 OnCheckedChanged 事件，当点选单选按钮，更改控件的显示属性时触发。

RadioButton 控件很少单独使用，当一组 RadioButton 控件中只能选择其中一个时，可以将该组控件的 GroupName 属性设置为同一个值。

3. RadioButtonList 控件

RadioButtonList 控件包含一组 RadioButton 单选按钮。当有多个选项时，使用 RadioButtonList 控件非常方便。

语法格式如下：

```
<asp:RadioButtonList ID="RadioButtonList1" runat="server"
        onselectedindexchanged="RadioButtonList1_SelectedIndexChanged">
        <asp:ListItem>选项 1</asp:ListItem>
        <asp:ListItem>选项 2</asp:ListItem>
</asp:RadioButtonList>
```

【例 12-3】 RadioButton 控件和 RadioButtonList 控件的简单应用。

新建一个空 Web 应用程序，命名为“Chap12_3”。在 Chap12_3 中，添加一个 Web 窗体 WebForm1。在 WebForm1.aspx 文件中的设计视图中，添加三个 RadioButton 控件、一组 RadioButtonList 控件、一个按钮控件和三个 Label 控件。

WebForm1.aspx 源文件如下。

```
<%@ Page Language="C#" AutoEventWireup="true" CodeBehind="WebForm1. aspx.
cs" Inherits="Chap12_3.WebForm1" %>

<!DOCTYPE html PUBLIC "-//W3C//DTD XHTML 1.0 Transitional//EN" "http://
www.w3.org/TR/xhtml1/DTD/xhtml1-transitional.dtd">

<html xmlns="http://www.w3.org/1999/xhtml">
<head runat="server">
   <title></title>
</head>
<body>
   <form id="form1" runat="server">
   <div style="margin-left: 0px">

      请选择出版社：</div>
   <p style="margin-left: 0px">

      <asp:RadioButton ID="RadioButton1" runat="server" GroupName="group1"
         Text="北大出版社" AutoPostBack="True"  />

      <asp:RadioButton ID="RadioButton2" runat="server" GroupName="group1"
```

```
            Text="清华出版社" />
        <asp:RadioButton ID="RadioButton3" runat="server" GroupName="group1"
            Text="电子工业出版社" />
    </p>
</body>
</html>
    <asp:Label ID="Label1" runat="server" Text="请选择语言种类: "></asp:Label>
    <asp:RadioButtonList ID="RadioButtonList1" runat="server">
        <asp:ListItem>C#</asp:ListItem>
        <asp:ListItem>C++</asp:ListItem>
        <asp:ListItem>Java</asp:ListItem>
    </asp:RadioButtonList>
    <asp:Button ID="Button1" runat="server" onclick="Button1_Click" Text= "确定"
        Width="75px" />
    <p>
        <asp:Label ID="Label2" runat="server" Text="Label"></asp:Label>
    </p>
    </form>
```

WebForm1.aspx.cs 源文件如下。

```
using System;
using System.Collections.Generic;
using System.Linq;
using System.Web;
using System.Web.UI;
using System.Web.UI.WebControls;

namespace Chap12_3
{
    public partial class WebForm1 : System.Web.UI.Page
    {

        protected void Button1_Click(object sender, EventArgs e)
        {
            if (RadioButton1.Checked)
                Label2.Text = "您选择了: " + RadioButton1.Text;
            if (RadioButton2.Checked)
                Label2.Text = "您选择了: " + RadioButton2.Text;
            if (RadioButton3.Checked)
                Label2.Text = "您选择了: " + RadioButton3.Text;
            Label2.Text +=",语言种类为:"+RadioButtonList1.SelectedItem.Text;
        }
    }
}
```

程序运行结果如图 12.15 所示。

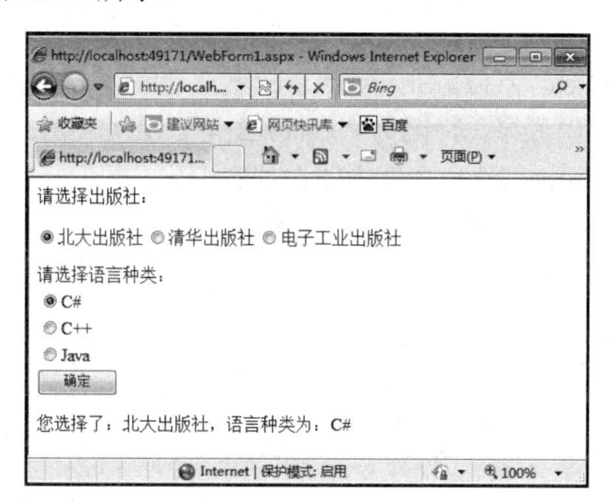

图 12.15　例 12-3 程序运行结果

12.5.4　CheckBox 控件和 CheckBoxList 控件

1. CheckBox 控件

CheckBox 控件是复选框控件，有勾选/取消勾选两种状态。为用户提供了一种真/假、是/否或开/关选项之间切换功能的方法。

语法格式如下：

```
<asp:CheckBox ID="CheckBox1" runat="server" Text="选项内容" />
```

常用属性 Checked 表示 CheckBox 控件是否被选中，Text 为 CheckBox 控件上显示的字符串，TextAlign 为文本标签相对于每项的对齐方式。

常用事件为 CheckedChanged 事件，在更改选项的状态时触发。

2. CheckBoxList 控件

CheckBoxList 控件将多个 CheckBox 控件组合在一起使用，可以实现多个选项之间的复选功能。CheckBoxList 控件和 RadioButtonList 控件非常相似。

语法格式如下：

```
<asp:CheckBoxList ID="CheckBoxList1" runat="server"
        onselectedindexchanged="CheckBoxList1_SelectedIndexChanged">
        <asp:ListItem>选项 1</asp:ListItem>
        <asp:ListItem>选项 2</asp:ListItem>
        <asp:ListItem>选项 3</asp:ListItem>
</asp:CheckBoxList>
```

常用属性 DataMember 表示用于绑定的表或视图，DataTextField 表示数据源中提供项文本的字段；DataValueField 表示数据源中提供项的值的字段；Items 表示列表中项的集合；SelectedIndex 用于获取或设置列表中选定项的最低序号索引；SelectedItem 用于获取列表控件中索引最小的选定项；SelectedValue 用于获取列表控件中选定项的值，或选择列表控件中包含指定项的值。

常用事件为SelectedIndexChanged事件(在更改选定索引后触发)、TextChanged事件(在更改文本属性后触发)。

【例 12-4】 CheckBox控件和CheckBoxList控件的简单使用。

新建一个空Web应用程序，命名为“Chap12_4”。在Chap12_4中，添加一个Web窗体WebForm1。在WebForm1.aspx文件中的设计视图中，添加一个CheckBox控件、一组CheckBoxList控件、一个按钮控件和三个Label控件。

WebForm1.aspx源文件如下。

```
    <%@ Page Language="C#" AutoEventWireup="true" CodeBehind="WebForm1.aspx.
cs" Inherits="Chap12_4.WebForm1" %>

    <!DOCTYPE html PUBLIC "-//W3C//DTD XHTML 1.0 Transitional//EN" "http:
//www.w3.org/TR/xhtml1/DTD/xhtml1-transitional.dtd">

    <html xmlns="http://www.w3.org/1999/xhtml">
    <head runat="server">
       <title></title>
       <style type="text/css">
          #form1
          {
             height: 295px;
          }
       </style>
    </head>
    <body>
       <form id="form1" runat="server">
       <div>

          <asp:Label ID="Label1" runat="server" Text="请选择是否会员: "></asp: Label>
          <br />
          <asp:CheckBox ID="CheckBox1" runat="server" Text="会员" />
          <br />

       </div>
       <asp:Label ID="Label2" runat="server" Text="您的爱好是: "></asp:Label>
       <asp:CheckBoxList ID="CheckBoxList1" runat="server">
          <asp:ListItem>唱歌</asp:ListItem>
          <asp:ListItem>跳舞</asp:ListItem>
          <asp:ListItem>看电影</asp:ListItem>
       </asp:CheckBoxList>
       <asp:Button ID="Button1" runat="server" onclick="Button1_Click" Text ="确定"
          Width="75px" />
       <br />
       <br />
       <asp:Label ID="Label3" runat="server"></asp:Label>
       </form>
```

```
</body>
</html>
```

WebForm1.aspx.cs 源文件如下。

```
using System;
using System.Collections.Generic;
using System.Linq;
using System.Web;
using System.Web.UI;
using System.Web.UI.WebControls;

namespace Chap12_4
{
    public partial class WebForm1 : System.Web.UI.Page
    {
        protected void Button1_Click(object sender, EventArgs e)
        {
            if (CheckBox1.Checked)
                Label3.Text = "您是: " + CheckBox1.Text +"\t";
            if (CheckBoxList1.SelectedIndex >= 0)
            {
                Label3.Text += "您的爱好是: ";
                for (int i=0;i< CheckBoxList1 .Items.Count ;i++ )
                    if(CheckBoxList1 .Items [i].Selected)
                        Label3.Text +=  CheckBoxList1.Items[i].Text ;
            }
        }
    }
}
```

程序运行结果如图 12.16 所示。

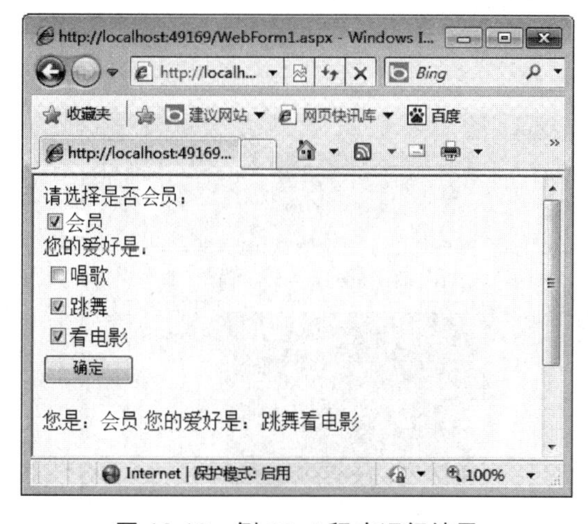

图 12.16　例 12-4 程序运行结果

12.5.5 Image 控件

Image 控件表示图片框，用来显示图片。可以显示扩展名为.jpg、.gif、.png 等图形文件。

语法格式如下：

<asp:Image ID="Image1" runat="server" ImageUrl="图片地址" />

常用属性为 ImageUrl，表示要显示的图片的路径或网址。当图片文件和网页存放在同一路径下时，可以省略路径。

【例 12-5】 在网页中显示图片。

新建一个空 Web 应用程序，命名为“Chap12_5”。在 Chap12_5 中，添加一个 Web 窗体 WebForm1。在 WebForm1.aspx 文件中的设计视图中，添加一个 Image 控件。

WebForm1.aspx 源文件如下。

```
<%@ Page Language="C#" AutoEventWireup="true" CodeBehind="WebForm1.aspx.cs" Inherits="Chap12_5.WebForm1" %>

<!DOCTYPE html PUBLIC "-//W3C//DTD XHTML 1.0 Transitional//EN" "http://www.w3.org/TR/xhtml1/DTD/xhtml1-transitional.dtd">

<html xmlns="http://www.w3.org/1999/xhtml">
<head runat="server">
    <title></title>
</head>
<body>
    <form id="form1" runat="server">
    <div>

        <asp:Image ID="Image1" runat="server" Height="152px" Width= "216px"
         ImageUrl="koala.jpg" />

    </div>
    </form>
</body>
</html>
```

程序运行结果如图 12.17 所示。

图 12.17 例 12-5 程序运行结果

12.5.6　DropDownList 控件和 ListBox 控件

1. DropDownList 控件

DropDownList 控件是下拉列表框控件，将选项以下拉列表的形式列出，用户单击选项即可将其选中。

语法格式如下：

```
<asp:DropDownList ID="DropDownList1" runat="server"
            onselectedindexchanged="事件名称" >
            <asp:ListItem>选项 1</asp:ListItem>
            <asp:ListItem>选项 2</asp:ListItem>
            ……
</asp:DropDownList>
```

其中，常用属性 Items 为列表中项的集合，SeletedIndex 用于获取或设置控件中的选定项的索引，SeletedItem 用于获取列表控件中索引最小的选定项。

常用事件为 SelectedIndexChanged(在更改选定索引后触发)事件、TextChanged 事件(在更改文本属性后触发)。

2. ListBox 控件

ListBox 控件是列表框控件，可以将选项都显示出来。用户可以选择其中的一项或多项。

语法格式如下：

```
<asp:ListBox ID="ListBox1" runat="server">
            <asp:ListItem>选项 1</asp:ListItem>
            <asp:ListItem>选项 2</asp:ListItem>
            ……
</asp:ListBox>
```

ListBox 控件的功能和 DropDownList 控件的功能非常相似。DropDownList 控件的常用属性和事件也同样适用于 ListBox 控件。下面只列举 ListBox 控件特有的一些属性。

常用属性为 SelectionMode，用于获取或设置控件的选择模式。默认是单选(Single)模式，也可以设置为多选(Multiple)模式。

【例 12-6】 DropDownList 控件和 ListBox 控件的简单使用。

新建一个空 Web 应用程序，命名为“Chap12_6”。在 Chap12_6 中，添加一个 Web 窗体 WebForm1。在 WebForm1.aspx 文件中的设计视图中，添加一个 DropDownList 控件、一个 ListBox 控件、一个按钮控件和三个 Label 控件。

WebForm1.aspx 源文件如下。

```
    <%@ Page Language="C#" AutoEventWireup="true" CodeBehind="WebForm1.aspx.
cs" Inherits="Chap12_7.WebForm1" %>

    <!DOCTYPE html PUBLIC "-//W3C//DTD XHTML 1.0 Transitional//EN" "http://
www.w3.org/TR/xhtml1/DTD/xhtml1-transitional.dtd">
```

```
<html xmlns="http://www.w3.org/1999/xhtml">
<head runat="server">
    <title></title>
</head>
<body>
    <form id="form1" runat="server">
    <div style="height: 281px; width: 738px">

        <asp:Label ID="Label1" runat="server" Text="请选择教师的职称: "></ asp:Label>
        <br />
        <asp:DropDownList ID="DropDownList1" runat="server" Height="19px"
            style="margin-left: 3px" Width="103px">
            <asp:ListItem>教授</asp:ListItem>
            <asp:ListItem>副教授</asp:ListItem>
            <asp:ListItem>讲师</asp:ListItem>
            <asp:ListItem>助教</asp:ListItem>
        </asp:DropDownList>
        <br />
        <br />
        <asp:Label ID="Label2" runat="server" Text="请选择学校: "></asp:Label>
        <br />
        <asp:ListBox ID="ListBox1" runat="server" Height="62px" Width="106px">
            <asp:ListItem>北京大学</asp:ListItem>
            <asp:ListItem>清华大学</asp:ListItem>
            <asp:ListItem>南开大学</asp:ListItem>
            <asp:ListItem>浙江大学</asp:ListItem>
        </asp:ListBox>
        <br />
        <br />
        <asp:Button ID="Button1" runat="server" onclick="Button1_Click"
            style="margin-left: 20px" Text="确定" Width="71px" />
        <br />
        <asp:Label ID="Label3" runat="server"></asp:Label>
        <br />

    </div>
    </form>
</body>
</html>
```

WebForm1.aspx.cs 源文件如下。

```
using System;
using System.Collections.Generic;
using System.Linq;
using System.Web;
using System.Web.UI;
```

```
using System.Web.UI.WebControls;

namespace Chap12_6
{
    public partial class WebForm1 : System.Web.UI.Page
    {

        protected void Button1_Click(object sender, EventArgs e)
        {
            Label3 .Text ="您选的内容是: "+ DropDownList1 .SelectedItem .Text
                        +"\t" +ListBox1 .SelectedItem .Text ;
        }
    }
}
```

程序运行结果如图 12.18 所示。

图 12.18　例 12-6 程序运行结果

12.5.7　数据验证控件

数据验证控件可以对用户输入的数据是不是正确，是不是一个符合要求的有效的数据进行判断，以避免输入垃圾数据。在 ASP.NET 中有 6 种数据验证控件。

1. RequiredFieldValidator 控件

RequiredFieldValidator 控件是非空验证控件，用于要求用户必须输入数据，如果用户没有输入数据，数据为空，则会弹出未通过验证的提示信息。

语法格式如下：

<asp:CompareValidator ID="CompareValidator1" runat="server" ControlToValidate="要验证的控件ID" ErrorMessage="验证失败时显示的消息"></asp:CompareValidator>

其中，常用属性 ControlToValidate 为正在验证控件的 ID，ErrorMessage 为验证失败时显示的消息。

2. CompareValidator 控件

CompareValidator 控件是比较验证控件，用于将用户输入的数据和某个特定的数据(如常量、某个控件的值或数据库中的数据等)进行比较，如果比较的结果不相同，则显示错误提示信息。

语法格式如下：

<asp:CompareValidator ID="CompareValidator1" runat="server" ControlToCompare="要比较的控件名称" ControlToValidate="所要验证的控件名称" ErrorMessage="验证失败时显示的消息" ValueToCompare="要比较的值"></asp:CompareValidator>

其中，常用属性 ControlToValidate 为正在验证控件的 ID，ErrorMessage 为验证失败时显示的消息，ControlToCompare 用于比较的控件 ID，ValueToCompare 用于比较的值。

3. RangeValidator 控件

RangeValidator 控件是范围验证控件。使用该控件可以限制用户输入的数据在指定的范围之内。如果输入的数据不在指定的范围之内，则会弹出错误提示信息。

语法格式如下：

<asp:RangeValidator ID="RangeValidator1" runat="server" ControlToValidate="正在验证控件的 ID " ErrorMessage="验证失败时显示的消息" MaximumValue="所验证的控件的最大值" MinimumValue="所验证的控件的最小值"></asp:RangeValidator>

其中，常用属性 ControlToValidate 为正在验证控件的 ID，ErrorMessage 为验证失败时显示的消息，MaximumValue 为所验证的控件的最大值，MinimumValue 为所验证的控件的最小值。

4. RegularExpressionValidator 控件

RegularExpressionValidator 控件是正则表达式验证控件，用于验证用户输入的信息是否满足指定的正则表达式，如果不满足，则会弹出错误提示信息。

语法格式如下：

<asp:RegularExpressionValidator ID="RegularExpressionValidator1" runat="server" ControlToValidate=" 正在验证控件的 ID " ErrorMessage="验证失败时显示的消息"ValidationExpression="用于确定有效性的正则表达式"></asp: RegularExpressionValidator>

其中，常用属性 ControlToValidate 为正在验证控件的 ID，ErrorMessage 为验证失败时显示的消息，ValidationExpression 用于确定有效性的正则表达式。

5. CustomValidator 控件

CustomValidator 控件是用户自定义验证控件。用户输入的数据要符合用户自定义的验证表达式，如果不满足条件，则会弹出错误信息提示。

语法格式如下：

<asp:CustomValidator ID="CustomValidator1"runat="server" ControlToValidate="正在验证控件的ID"ErrorMessage="验证失败时显示的消息"onservervalidate="执行验证的程序名称"></asp:CustomValidator>

其中，常用属性 ControlToValidate 为正在验证控件的 ID，ErrorMessage 为验证失败时显示的消息。常用属性 ClientValidationFunction 为指定客户端脚本验证程序。

常用事件为 Onservervalidate 事件，用于调用已在服务器端执行的验证程序。

6. ValidationSummary 控件

ValidationSummary 控件是错误总结控件，用于集中显示验证错误信息，将网页中所有的验证错误信息按一定显示方式显示出来。

语法格式如下：

<asp:ValidationSummary ID="ValidationSummary1" runat="server" DisplayMode="显示方式" HeaderText="控件的标题信息" />

其中，常用属性 DisplayMode 为错误信息的显示方式，HeaderText 为控件的标题信息。

【例 12-7】 数据验证控件的简单应用。

新建一个空 Web 应用程序，命名为“Chap12_7”。在 Chap12_7 中，添加一个 Web 窗体 WebForm1。在 WebForm1.aspx 文件中的设计视图中，添加六个 TextBox 控件、六个 Label 控件、一个按钮控件、一个 RequiredFieldValidator 控件、一个 CompareValidator 控件、三个 RegularExpressionValidator 控件。

【操作视频】

WebForm1.aspx 源文件如下。

```
    <%@ Page Language="C#" AutoEventWireup="true" CodeBehind=" WebForm1. aspx.
cs" Inherits="Chap12_7.WebForm1" %>

    <!DOCTYPE html PUBLIC "-//W3C//DTD XHTML 1.0 Transitional//EN" "http:
//www.w3.org/TR/xhtml1/DTD/xhtml1-transitional.dtd">

    <html xmlns="http://www.w3.org/1999/xhtml">
    <head runat="server">
        <title></title>
    </head>
    <body>
        <form id="form1" runat="server">
        <div>

            <asp:Label ID="Label1" runat="server" Text="用户名: "></asp:Label>
            <asp:TextBox ID="TextBox1" runat="server" style="margin-left: 0px"
                Width="143px"></asp:TextBox>
             
            <asp:RequiredFieldValidator ID="RequiredFieldValidator1" runat= "server"
                ControlToValidate="TextBox1" ErrorMessage="姓名不能为空"></asp:
                  RequiredFieldValidator>
            <br />
            <asp:Label ID="Label2" runat="server" Text="设置密码: "></asp: Label>
            <asp:TextBox ID="TextBox2" runat="server" TextMode="Password"> </asp:TextBox>
            <br />
            <asp:Label ID="Label3" runat="server" Text="再次确认密码: "></asp: Label>
            <asp:TextBox ID="TextBox3" runat="server" Height="16px"
                style="margin-left: 0px" TextMode="Password" Width="150px"></asp:TextBox>
```

```
        <asp:CompareValidator ID="CompareValidator2" runat="server"
           ControlToCompare="TextBox3" ControlToValidate="TextBox2"
           ErrorMessage="两次输入的密码必须一致"ValueToCompare="TextBox2 ">
                      </ asp:CompareValidator>
        <br />
        <asp:Label ID="Label4" runat="server" Text="邮政编码: "></asp: Label>
        <asp:TextBox ID="TextBox4" runat="server"></asp:TextBox>
        <asp:RegularExpressionValidator ID="RegularExpressionValidator1"
             runat="server"
           ControlToValidate="TextBox4" ErrorMessage="邮政编码格式不正确"
           ValidationExpression="\d{6}"></asp:RegularExpressionValidator>
        <br />
        <asp:Label ID="Label5" runat="server" Text="手机号码: "></asp: Label>
        <asp:TextBox ID="TextBox5" runat="server"></asp:TextBox>
        <asp:RegularExpressionValidator ID="RegularExpressionValidator2"
             runat="server"
           ControlToValidate="TextBox5" ErrorMessage="手机号为1开头的11位数字"
           ValidationExpression="1\d{10}"></asp:RegularExpressionValidator>
        <br />
        <asp:Label ID="Label6" runat="server" Text="电子邮箱: "></asp:Label>
        <asp:TextBox ID="TextBox6" runat="server"></asp:TextBox>
        <asp:RegularExpressionValidator ID="RegularExpressionValidator3"
             runat="server"
           ControlToValidate="TextBox6" ErrorMessage="电子邮箱格式不正确"
           ValidationExpression="\w+([-+.']\w+)*@\w+([-.]\w+)*\.\w
                +([-.]\w+)*"></asp:RegularExpressionValidator>
        <br />
        <asp:Button ID="Button1" runat="server" onclick="Button1_Click"
             Text="提交" />
        <br />
        <br />
        <asp:Label ID="Label7" runat="server"></asp:Label>
        <br />
        <asp:ValidationSummary ID="ValidationSummary1" runat="server"
           DisplayMode="List" HeaderText="验证错误信息: " />

    </div>
    </form>
</body>
</html>
```

WebForm1.aspx.cs 源文件如下。

```
using System;
using System.Collections.Generic;
using System.Linq;
using System.Web;
```

```
using System.Web.UI;
using System.Web.UI.WebControls;

namespace Chap12_7
{
    public partial class WebForm1 : System.Web.UI.Page
    {
        protected void Button1_Click(object sender, EventArgs e)
        {
            if (Page.IsValid)
                Label7.Text = "恭喜你，验证通过了！";
        }
    }
}
```

程序运行结果如图 12.19 所示。

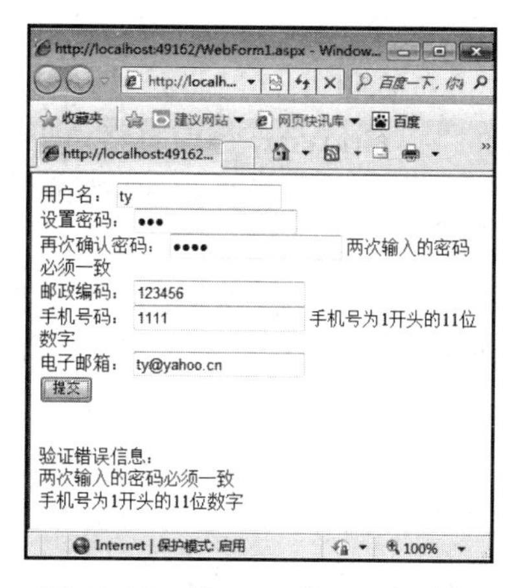

图 12.19　例 12-7 代码运行结果

12.5.8　GridView 控件

GridView 控件可以以表格的形式显示数据，通常将 GridView 控件和数据源连接起来，用以显示数据源中的数据。GridView 控件可以显示、编辑、删除数据源中的数据，还可以实现对数据的分页、排序等操作。

常用属性如下。

- AllowPaging：是否启用分页功能。
- AllowSorting：是否启用排序功能。
- AlternatingRowStyle：应用于交替行的样式。
- AutoGenerateDeleteButton：运行时是否自动生成“删除”按钮。
- AutoGenerateEditButton：运行时是否自动生成“编辑”按钮。
- AutoGenerateSelectButton：运行时是否自动生成“选择”按钮。
- BorderStyle：该控件边框的样式。
- DataKeyNames：数据源中键字段的名称的列表。

- DataMember：用于绑定的表或视图。
- DataSourceID：将被用作数据源的 DataSource 的控件 ID。
- PageCount：获取在 GridView 控件中显示数据源记录所需的页数。
- PageIndex：当前页的索引。
- PageSize：数据源中每页要显示的行的数目。

常用方法如下。

```
void DeleteRow (int RowIndex)          //从数据源中删除位于指定位置的记录
void SetFocus ()                       //为控件设置输入焦点
void SelectedIndex (int RowIndex)      //选择要在控件中编辑的行
void SetEditRow (int RowIndex)         //将指定索引行置于编辑状态
```

常用事件如下。

- DataBinding 事件：再次计算控件的数据表达式时触发。
- DataBound 事件：在控件被数据绑定后触发。
- Load 事件：在加载页面后触发。
- PageIndexChanged 事件：在 GridView 当前页索引已更改时触发。
- PageIndexChanging 事件：在 GridView 当前页索引正在更改时触发。
- RowCommand 事件：单击 GridView 控件内的按钮时触发。
- RowCreated 事件：创建行时触发。
- RowDeleted 事件：在对数据源执行了 Delete 命令后触发。
- RowDeleting 事件：对数据源执行 Deleting 命令前触发。
- RowEdiding 事件：在 GridView 内生成 Edit 事件时触发。
- RowUpdated 事件：对数据源执行 Update 命令后触发。
- RowUpdating 事件：对数据源执行 Update 命令前触发。
- SelectedIndexChanged 事件：在 GridView 控件上选择行时，选择操作完成后触发。
- SelectedIndexChanging 事件：在 GridView 控件上选择新行时，在选择新行前触发。
- Sorted 事件：在 GridView 控件中排序时，排序完成后触发。
- Sorting 事件：在 GridView 控件中排序时，排序完成前触发。
- UnLoad 事件：在卸载该页面时触发。

【例 12-8】 在 Web 页面中使用 GridView 控件显示“学生档案表”中的数据，并设置 GridView 控件的外观。

新建一个空 Web 应用程序，命名为“Chap12_8”。在 Chap12_8 中，添加一个 Web 窗体 WebForm1。在 WebForm1.aspx 文件中的设计视图中，添加一个 GridView 控件。

(1) 打开 GridView 任务菜单，如图 12.20 所示。

Column0	Column1	Column2
abc	abc	abc
abc	abc	abc
abc	abc	abc
abc	abc	abc
abc	abc	abc

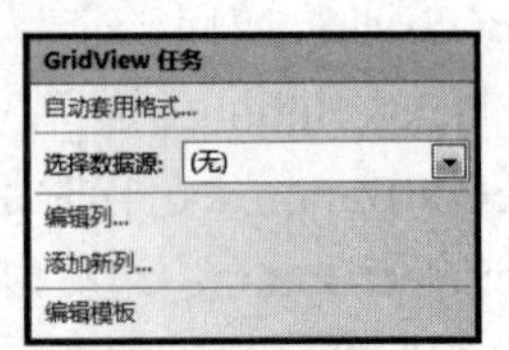

图 12.20 GridView 控件及 GridView 任务菜单

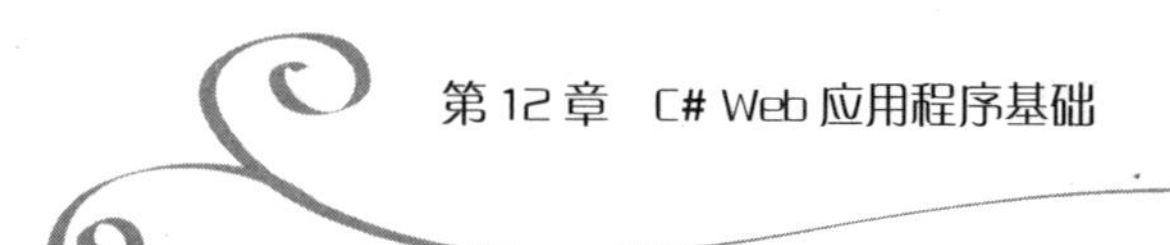

(2) 选择“选择数据源”下拉列表中的“新建数据源”选项，弹出“数据源配置向导”对话框。如图 12.21 所示，选择 Access 数据库。

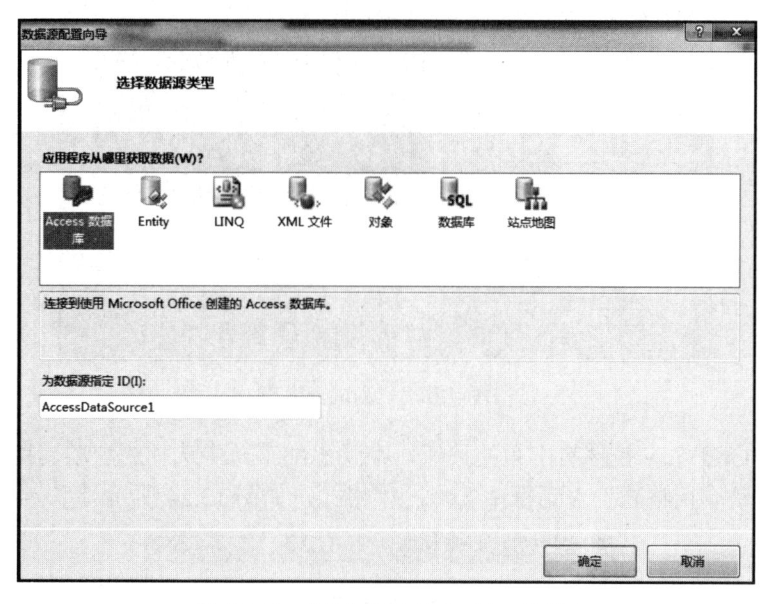

图 12.21 “数据源配置向导”对话框

(3) 单击“确定”按钮后，选择或填写 Access 数据库文件所在的路径，并继续单击“下一步”按钮，选择数据库中的表或视图，并选择表或视图中的字段，如图 12.22 所示。

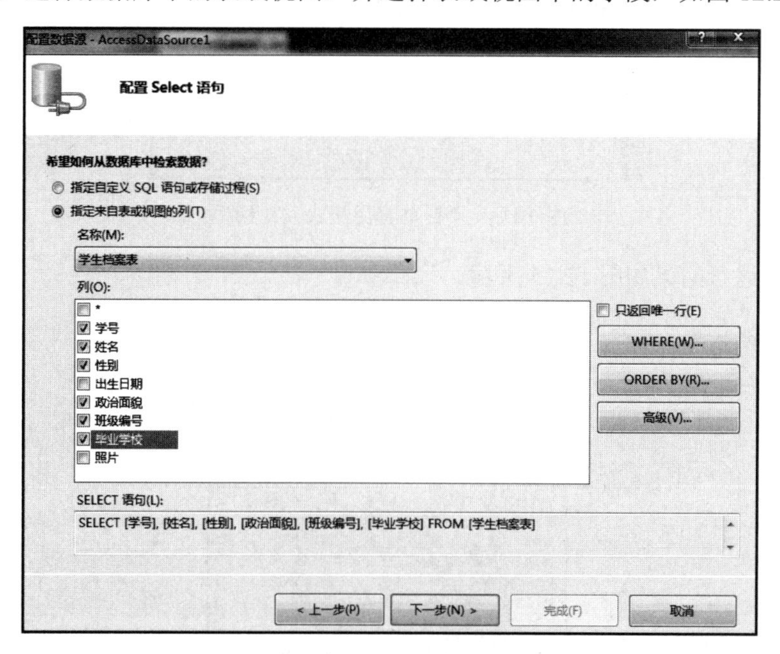

图 12.22 选择表或视图及表或视图中的字段

(4) 单击“下一步”按钮，并单击“测试查询”按钮，再单击“完成”按钮，即可为 GridView 控件成功添加数据源配置及数据库的连接，如图 12.23 所示。

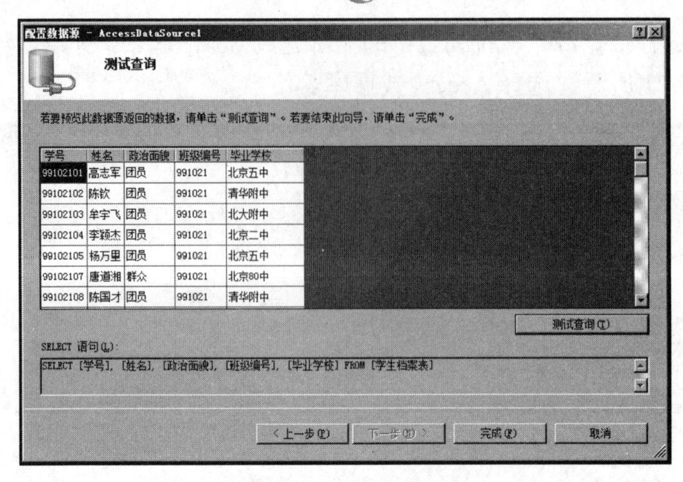

图 12.23 测试查询

(5) 单击 GridView 控件右上角的按钮，在弹出的菜单中选择“自动套用格式”选项，在弹出的“自动套用格式”对话框中选择一种格式，如图 12.24 所示。

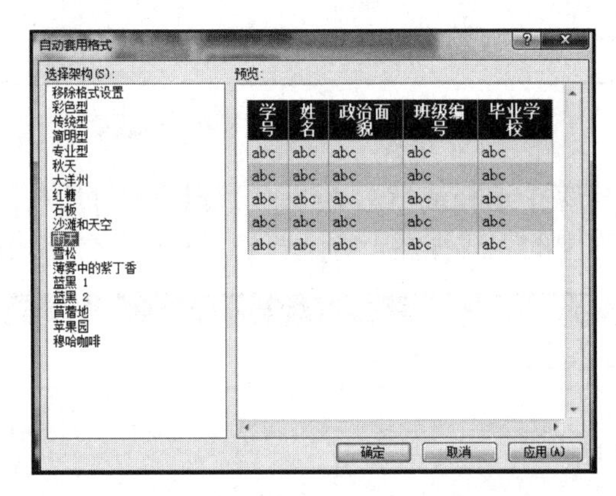

图 12.24 “自动套用格式”对话框

(6) 程序运行结果如图 12.25 所示。

http://localhost:49166/WebForm1.aspx - Windows In...

学号	姓名	政治面貌	班级编号	毕业学校
99102101	高志军	团员	991021	北京五中
99102102	陈钦	团员	991021	清华附中
99102103	牟宇飞	团员	991021	北大附中
99102104	李颖杰	团员	991021	北京二中
99102105	杨万里	团员	991021	北京五中
99102107	唐道湘	群众	991021	北京80中
99102108	陈国才	团员	991021	清华附中
99102109	万里江	团员	991021	首师大附中
99102110	蒋豪	团员	991021	首师大附中
99102111	陈梦	团员	991021	汇文中学
99102112	田选朝	团员	991021	北京23中
99102113	耿欢	团员	991021	北京一中
99102114	黄喆	团员	991021	北京二中
99102115	杜曼丽	党员	991021	北京五中
99102116	赵阳	群众	991021	北京一中
99102117	张玉芳	团员	991021	北京80中
99102119	王鹏	团员	991021	北京三中

图 12.25 例 12-8 运行结果

12.6 案　　例

本案例通过 3 个简单的 Web 页面模拟 Web 应用程序登录并使用系统的过程。当程序运行时，在用户登录页面中，需要用户输入用户名和密码。单击“确定”按钮，判断用户名和密码是否正确。如果正确，则进入学生信息页面，浏览学生信息；否则，可以在登录页面中单击“新用户注册”链接，链接到用户注册页面，进行新用户的注册。

在本案例中，用户名和密码的判定及用户注册信息的提交是难点。首先，需要在数据库中创建一个名为 user 的用户表，用于存储用户注册的用户名和密码。在登录页面中，当用户输入完用户名和密码时，程序需要与数据库建立连接，连接到 Access 数据库“教学管理.mdb”中，到“user”表中去查找是否存在输入的用户名。这个过程与 Windows 应用程序的数据库编程是一样的。在扩展名为.aspx.cs 文件中，添加“using System.Data ;”和“using System.Data.OleDb;”名称空间。创建 OleDbConnection 对象，并设置连接字符串，与数据库建立连接；创建 OleDbCommand 对象，使用 SQl 语句实现对数据库的查询、插入等操作；创建 OleDbDataReader，查找满足条件的记录。操作完成后，关闭与数据库之间的连接。用户注册信息的提交和上面的操作过程相似，这里不再赘述。

具体操作步骤如下。

(1) 创建一个 ASP.NET Web 空应用程序，命名为 Chap12。

(2) 为 Chap12 添加一个 Web 窗体 WebForm1.aspx。

在 Web 窗体的设计视图中，添加 Label 控件、TextBox 控件、按钮控件，页面如图 12.25 所示。

(3) 添加图 12.26 所示的“确定”按钮的单击事件。WebForm1.aspx.cs 文件的代码如下。

图 12.26　登录窗体页面设计

```
using System;
using System.Collections.Generic;
using System.Linq;
using System.Web;
using System.Web.UI;
using System.Web.UI.WebControls;
using System.Data;
using System.Data.OleDb;

namespace Chap12_new
{
    public partial class WebForm1 : System.Web.UI.Page
    {

        protected void Button1_Click(object sender, EventArgs e)
        {
            string str;
```

```
            str = "Provider=Microsoft.Jet.oledb.4.0;data Source=" + Server.
                 MapPath("教学管理.mdb");
            OleDbConnection mycon = new OleDbConnection(str);
            mycon.Open();
            string mySql = "select * from [user] where userName='" + TextBox1.
                 Text.Trim() + "' and password='" + TextBox2.Text.Trim() + "'";
            OleDbCommand mycommand = new OleDbCommand(mySql,mycon );
            OleDbDataReader myRead = mycommand.ExecuteReader();
            if (!myRead.Read())
            {
               Label5.Text = "对不起，用户名和密码不正确，请先注册！";
            }
            else
            {
               Response.Redirect("NewUser.aspx");
            }
            mycon.Close();
        }

        protected void LinkButton1_Click(object sender, EventArgs e)
        {
            LinkButton1.PostBackUrl = "Info.aspx";
        }
    }
}
```

上述代码中，SQL 语句直接查找用户名和密码与文本框中输入的内容完全一致的记录。使用 OleDbDataReader 对象 myRead 读取记录，如果能读取到这条记录，则说明数据库的 user 表中有此用户，则打开页面 NewUser.aspx。当用户单击“新用户注册”链接时，打开页面 Info.aspx。

(4) 为 Chap12 再添加一个 Web 窗体 Info.aspx。在 Web 页面上添加 Label 控件、文本框控件、按钮控件，添加一个 RequiredFieldValidator 数据验证控件和一个 CompareValidator 控件，用于验证用户名不能为空和两次输入的密码要保持一致。添加按钮的单击事件，在单击事件中，要将用户输入的用户名和密码保存到数据库中，使用 Insert into SQL 语句插入数据库即可。页面效果如图 12.27 所示。

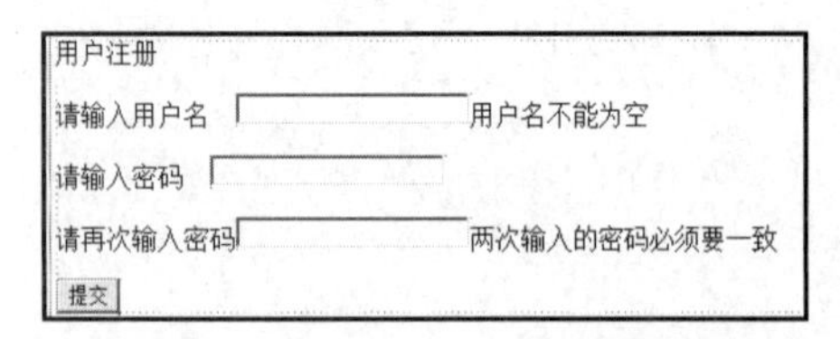

图 12.27　用户注册页面

Info.aspx.cs 代码文件如下。

```
using System;
using System.Collections.Generic;
using System.Linq;
using System.Web;
using System.Web.UI;
using System.Web.UI.WebControls;
using System.Data ;
using System.Data.OleDb;
```

```
namespace Chap12_new
{
    public partial class Info : System.Web.UI.Page
    {

        protected void Button1_Click(object sender, EventArgs e)
        {
            if (Page.IsValid)
            {
                OleDbConnection mycon;
                string str;
                str = "Provider=Microsoft.Jet.oledb.4.0;data Source=" +
                      Server.MapPath("教学管理.mdb");
                mycon = new OleDbConnection(str);
                mycon.Open();
                string mySql = "insert into [user]([userName],[password])
                                values('"+ TextBox1.Text.Trim() + "','"
                                +TextBox2.Text.Trim()+ "')";
                OleDbCommand mycommand = new OleDbCommand(mySql, mycon);
                mycommand.ExecuteNonQuery();
                mycon.Close();
            }
        }
    }
}
```

(5) 为 Chap12 再添加一个 Web 窗体 NewUser.aspx。为 Web 页面添加 GridView 控件，并单击控件右上角的按钮，在弹出的下拉列表中选择“设置数据源”选项。在弹出的“数据源配置向导”对话框中按照向导，设置 GridView 控件与当前路径下“教学管理.mdb”数据库的连接，选择数据库中的“学生档案表”中的部分字段，将其显示在控件中。页面效果如图 12.28 所示。

http://localhost　localhost

学号	姓名	政治面貌	班级编号	毕业学校
99102101	高志军	团员	991021	北京五中
99102102	陈钦	团员	991021	清华附中
99102103	牟宇飞	团员	991021	北大附中
99102104	李颖杰	团员	991021	北京二中
99102105	杨万里	团员	991021	北京五中
99102107	唐道湘	群众	991021	北京80中
99102108	陈国才	团员	991021	清华附中
99102109	万里江	团员	991021	首师大附中
99102110	蒋豪	团员	991021	首师大附中
99102111	陈梦	团员	991021	汇文中学
99102112	田选朝	团员	991021	北京23中
99102113	耿欢	团员	991021	北京一中
99102114	黄喆	团员	991021	北京二中
99102115	杜曼丽	党员	991021	北京五中
99102116	赵阳	群众	991021	北京一中

图 12.28　学生信息显示页面

【本章拓展】

(6) 编译、运行程序，结果如图 12.1 所示。

习　题

1. 填空题

(1) 使用________技术可以在 ASP.NET 中，使用两个文件创建一个 Web 页面。其中，一个显示页面的设计，另一个显示页面的程序代码。

(2) ________控件用于实现超文本链接，可以以文本方式或图形方式显示，使得页面转向其他页面。

(3) 对于 ASP.NET 中的 Web 服务器控件，通过设置________属性，可以使用户在更改选项内容时自动向服务器回传。

(4) 在 ASP.NET 中有 6 种数据验证控件，即________、CompareValidator 控件、RangeValidator 控件、________、CustomValidator 控件和 ValidationSummary 控件。

(5) 使用 Page 类的________属性可知页面是否通过验证。

2. 选择题

(1) 在 ASP.NET 中，网页被加载时触发的事件是________。

A. Page_Load　　B. Page_Unload
C. Page_Close　　D. Page_Open

(2) 下面的编程语言中，ASP.NET 不支持的编程语言是________。

A. C#　　B. VB.NET
C. JScript.NET　　D. C

(3) 通过设置 TextMode 属性中的________可以使 TextBox Web 服务器控件中输入的数据以密码的形式显示。

A. SingleLine　　B. MultiLine
C. Password　　D. Wrap

(4) 当需要将多个单选按钮(RadioButton)控件组成一组时，需要将这些控件的________属性设置为同一个值。

A. Text　　B. TextAlign
C. Checked　　D. GroupName

(5) GridView 控件中使用________方法可以将指定索引行置于编辑状态。

A. DeleteRow　　B. SetFocus
C. SelectedIndex　　D. SetEditRow

(6) ________控件是非空验证控件，用于要求用户必须输入数据，如果用户没有输入数据，数据为空，则会弹出未通过验证的提示信息。

A. RequiredFieldValidator　　B. CompareValidator
C. RangeValidator　　D. RegularExpressionValidator

3. 编程题

(1) 如图 12.29 所示，设计一个能浏览学生信息的 Web 页面。

学号	姓名	政治面貌	毕业学校
99102101	高志军	团员	北京五中
99102102	陈钦	团员	清华附中
99102103	牟宇飞	团员	北大附中
99102104	李颖杰	团员	北京二中
99102105	杨万里	团员	北京五中
99102107	唐道湘	群众	北京80中
99102108	陈国才	团员	清华附中
99102109	万里江	团员	首师大附中
99102110	蒋豪	团员	首师大附中
99102111	陈梦	团员	汇文中学
99102112	田选朝	团员	北京23中
99102113	耿欢	团员	北京一中
99102114	黄喆	团员	北京二中
99102115	杜曼丽	党员	北京五中

图 12.29 学生信息浏览页面

(2) 如图 12.30 所示，设计一个验证用户密码的 Web 页面。

图 12.30 设置密码页面

【习题答案】

参 考 文 献

[1] 杨晓光．Visual C#.NET 程序设计(修订本)[M]．北京：清华大学出版社，2006.

[2] 李春葆，谭成予，金晶，等．C#程序设计教程[M]．北京：清华大学出版社，2010.

[3] 蒋培，王笑梅．ASP.NET Web 程序设计[M]．北京：清华大学出版社，2007.

[4] 耿肇英，耿燚．C#应用程序设计教程[M]．北京：人民邮电出版社，2007.

[5] 刘烨，季石磊．C#编程及应用程序开发教程[M]．北京：清华大学出版社，2007.

[6] 翁键红．基于 C#的 ASP.NET 程序设计[M]．北京：机械工业出版社，2007.

[7] 刘慧宁，李清华，刘蕾．C#程序设计(C#2.0 版)实验指导及习题解答[M]．北京：机械工业出版社，2009.

[8] 宋智军，邱仲潘．Visual C# 2010 从入门到精通[M]．北京：电子工业出版社，2011.

[9] [美]沃森，[美]内格尔．C#入门经典[M]．5 版．齐立波，译．北京：清华大学出版社，2010.

[10] 微软 MSDN. http://msdn.microsoft.com/[EB/OL].

北大版 · 计算机专业规划教材

精美课件

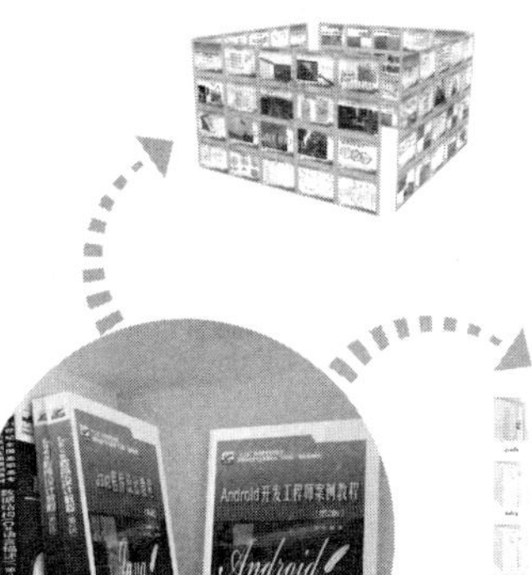

图文案例

配套代码

课程平台

教学视频

本科计算机教材

高职计算机教材

扫码进入电子书架查看更多专业教材，如需申请样书、获取配套教学资源或在使用过程中遇到任何问题，请添加客服咨询。